高等职业教育系列教材

电气控制与可编程序控制器应用技术

第2版

主　编　刘祖其
副主编　谢　波　胡小东
参　编　刘德兵　柯俊霄　莫　磊

机 械 工 业 出 版 社

本书从工程实际和教学需要出发，介绍了继电接触器控制系统和 PLC 控制系统的工作原理、设计方法和实际应用。主要内容有常用低压电器、基本电气控制电路、典型机床电气控制、电气控制系统设计、PLC 基础知识、三菱 FX 系列 PLC、三菱 FX_{2N} 系列 PLC 基本指令及编程、三菱 FX_{2N} 系列 PLC 功能指令、西门子 S7 系列 PLC 简介、PLC 的工程应用及案例、PLC 编程软件的安装与使用，实验与实训等。

本书可作为高职高专院校或应用型本科电气自动化、工业自动化、机电一体化、电子信息工程及其相关专业的教材，也可供相关工程技术人员参考使用。

本书配有授课用 PPT 课件和全部习题答案，PPT 课件含各章节重点及大量的实物图片，需要的教师可登录机械工业出版社教材服务网 www. cmpedu. com 免费注册后下载，或联系编辑索取（微信：15910938545，电话：010 - 88379739）。

图书在版编目(CIP)数据

电气控制与可编程序控制器应用技术/刘祖其主编．—2 版．—北京：机械工业出版社，2015. 9(2021. 1 重印)
高等职业教育系列教材
ISBN 978-7-111-50952-3

Ⅰ.①电… Ⅱ.①刘… Ⅲ.①电气控制 - 高等职业教育 - 教材 ②可编程序控制器 - 高等职业教育 - 教材 Ⅳ.①TM921.5 ②TP332.3

中国版本图书馆 CIP 数据核字(2015)第 168267 号

机械工业出版社(北京市百万庄大街 22 号 邮政编码 100037)
责任编辑：刘闻雨 曹帅鹏 责任校对：张艳霞
责任印制：常天培

北京富资园科技发展有限公司印刷

2021 年 1 月第 2 版 · 第 2 次印刷
184mm × 260mm · 17. 25 印张 · 426 千字
3001 - 3800 册
标准书号：ISBN 978-7-111-50952-3
定价：49. 90 元

电话服务
客服电话：010 - 88361066
010 - 88379833
010 - 68326294

网络服务
机 工 官 网：www. cmpbook. com
机 工 官 博：weibo. com/cmp1952
金 书 网：www. golden - book. com
机工教育服务网：www. cmpedu. com

前　　言

本书第2版是在第1版的基础上作了重大调整和修改，内容包括常用低压电器、基本电气控制电路、典型机床电气控制、电气控制系统设计、PLC基础知识、三菱FX系列PLC、三菱FX_{2N}系列PLC基本指令及编程、三菱FX_{2N}系列PLC的功能指令、西门子S7系列PLC简介、PLC的工程应用及案例、PLC编程软件的安装与使用、实验与实训共12章。

本书第2版新增对智能电器、变频调速与变频器、软起动器及应用、智能低压电器及应用、PLC在智能配电系统中的应用、PLC编程软件的安装与使用、现代电气控制技术等的介绍；实验与实训部分，删除了不实用的内容，对保留部分的结构作了调整和修改。同时对每章的综合练习题进行了更新，便于教师随堂测试与读者自测，适合教学与自学。

“电气控制与PLC”是一门实践性较强的课程，在修订过程中，本着结合工程实际、突出技术应用的原则，吸取各校教改经验，结合编者多年来的理论和实践教学经验，系统地介绍了电气控制系统以及PLC应用技术。

本书是机械工业出版社组织出版的“高等职业教育系列教材”之一，由中国石油大学克拉玛依校区刘祖其教授担任主编、克拉玛依职业技术学院谢波、胡小东任副主编，四川托普信息技术职业学院刘德兵、柯俊霄和成都航空职业技术学院莫磊参加编写。

本书可作为高职高专院校或应用型本科电气自动化、机电一体化、电子信息工程及其相关专业的教材，也适合相关工程技术人员参考使用。

由于编者水平有限，书中疏漏和不足之处在所难免，敬请读者批评指正。

编　者

目　　录

第1章 常用低压电器

1.1 概述

根据外界特定信号自动或手动地接通或断开电路，实现对电路或非电对象控制的电工设备都叫做电器。电器对电能的生产、输送及分配与应用起着控制、检测、调节和保护的作用。

低压电器通常是指工作在交流电压1200 V或直流电压1500 V及以下的电路中起通断、保护、控制或调节作用的电器产品，例如接触器、继电器等。

低压电器是电力拖动自动控制系统的基本组成元件，电气技术人员必须熟练掌握低压电器的结构、原理，并能正确选用和维护。

凡是工作在交流电压1200 V或直流电压1500 V以上的电路中的电器产品叫做高压电器，如高压断路器、高压隔离开关、高压熔断器等。

1.1.1 低压电器的分类

1. 按用途分类

(1) 控制电器　控制电器用于各种控制电动机的起动、制动、调速等动作，如开关电器、信号控制电器、接触器、继电器、电磁起动器、控制器等。

(2) 主令电器　主令电器用于自动控制系统中发送控制指令的电器，例如主令开关、行程开关、按钮、万能转换开关等。

(3) 保护电器　保护电器用于保护电动机和生产机械，使其安全运行，如熔断器、电流继电器、热继电器、避雷器等。

(4) 配电电器　配电电器用于电能的输送和分配，例如低压隔离器、断路器、刀开关等。

(5) 执行电器　执行电器用于完成某种动作或传动功能，例如电磁离合器、电磁铁等。

2. 按工作原理分类

(1) 电磁式电器　电磁式电器是依据电磁感应原理来工作的电器，例如直流接触器、交流接触器及各种电磁式继电器等。

(2) 非电量控制电器　非电量控制电器是靠外力或某种非电物理量的变化而动作的电器，例如刀开关、行程开关、按钮、速度继电器、压力继电器、温度继电器等。

3. 按执行机能分类

(1) 有触头电器　有触头电器是利用触头的接触和分离来通断电路的电器，例如接触器、电磁阀、电磁离合器、刀开关、继电器等。

(2) 无触头电器　无触头电器是利用电子电路发出检测信号，达到执行指令并控制电路目的的电器，例如电子接近开关、电感式开关、电子式时间继电器等。

1.1.2 常用的低压电器

常用的低压电器包括以下几种。

（1）接触器　交流接触器、直流接触器。

（2）继电器

1）电磁式继电器包括电压继电器、电流继电器、中间继电器。

2）时间继电器包括直流电磁式继电器、空气阻尼式继电器、电动式继电器、电子式继电器。

3）其他继电器包括热继电器、干簧继电器、速度继电器、温度继电器、压力继电器。

（3）熔断器　瓷插式熔断器、螺旋式熔断器、有填料封闭管式熔断器、无填料密闭管式熔断器、快速熔断器、自复式熔断器。

（4）开关电器

1）断路器包括框架式断路器、塑料外壳式断路器、快速直流限流式断路器、漏电保护器。

2）刀开关。

（5）行程开关　直动式行程开关、滚动式行程开关、微动式行程开关。

（6）其他电器　按钮、指示灯等。

1.1.3 常用低压电器的基本结构

从结构上看，低压电器一般都具有感测与执行两个基本组成部分。感测部分大都是指电磁机构，执行部分一般是指触头。

1. 电磁机构

电磁机构是各种电磁式电器的感测部分，它的主要作用是将电磁能转换为机械能，带动触头动作，完成接通或分断电路。电磁机构主要由吸引线圈、铁心和衔铁等几部分组成。按动作方式，可分为绕轴转动式和直线运动式等，如图 1-1 所示。

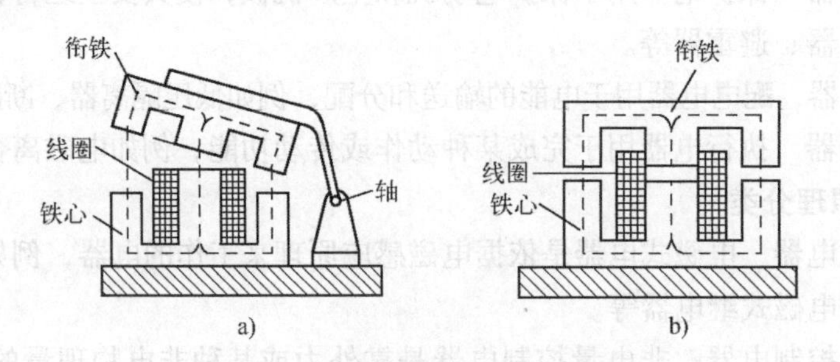

图 1-1　交流接触器电磁系统结构图
a）衔铁绕轴转动式　b）衔铁直线运动式

电磁机构的工作原理是：当线圈通入电流后，将产生磁场，磁通经过铁心，在衔铁和工作气隙间形成闭合回路，产生电磁吸力，将衔铁吸向铁心。同时衔铁还要受到复位弹簧的反作用力，只有当电磁吸力大于弹簧的反作用力时，衔铁才能可靠地被铁心吸住。电磁机构又常称为电磁铁。

电磁铁可分为交流电磁铁和直流电磁铁。交流电磁铁为减少交变磁场在铁心中产生的涡流与磁滞损耗，一般采用硅钢片叠压后铆成，线圈有骨架，且成短粗形，以增加散热面积，如图 1-2a 所示。而直流电磁铁线圈通入直流电，产生恒定磁通，铁心中没有磁滞损耗与涡流损耗，只有线圈本身的铜损，所以铁心用电工纯铁或铸钢制成，线圈无骨架，且成细长形。

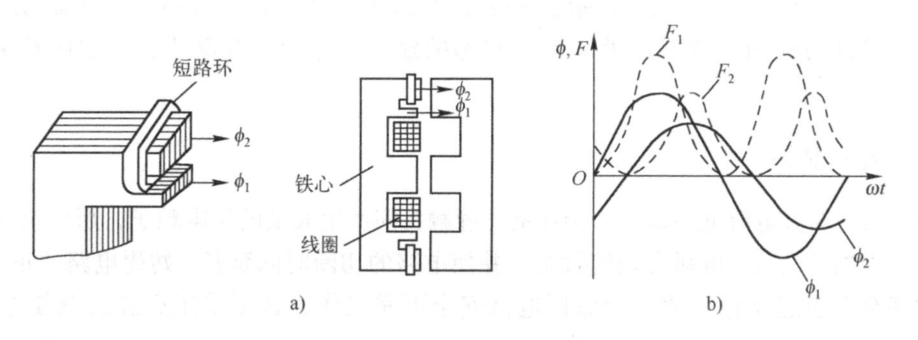

图 1-2　交流电磁铁结构

a）结构图　b）电磁吸力波形

由于交流电磁铁的铁心的磁通是交变的，当线圈中通以交变电流时，在铁心中产生的磁通 ϕ_1 也是交变的，对衔铁的吸力时大时小。当磁通过零时，电磁吸力也为零，吸合后的衔铁在复位弹簧的反力作用下将被拉开，磁通过零后电磁吸力又增大，当吸力大于反力时，衔铁又被吸合。这样造成衔铁产生振动，同时还产生噪声，甚至使铁心松散。如果在交流接触器铁心端面上都安装一个铜制的短路环后，如图 1-2a 所示，交变磁通 ϕ_1 的一部分穿过短路环，在环中产生感应电流，产生磁通，与环中的磁通合成为磁通 ϕ_2。ϕ_1 与 ϕ_2 相位不同，也即不同时为零，如图 1-2b 所示。这样就使得线圈的电流和铁心磁通 ϕ_1 为零时，环中产生的磁通不为零，仍然将衔铁吸住，衔铁就不会产生振动和噪声了。

2. 触头系统

触头是电器的执行部件，用来接通或断开被控制电路。

触头按其结构形式可分为桥式触头和指式触头，如图 1-3 所示。

触头按其接触形式可分为点接触、线接触和面接触三种，如图 1-4 所示。

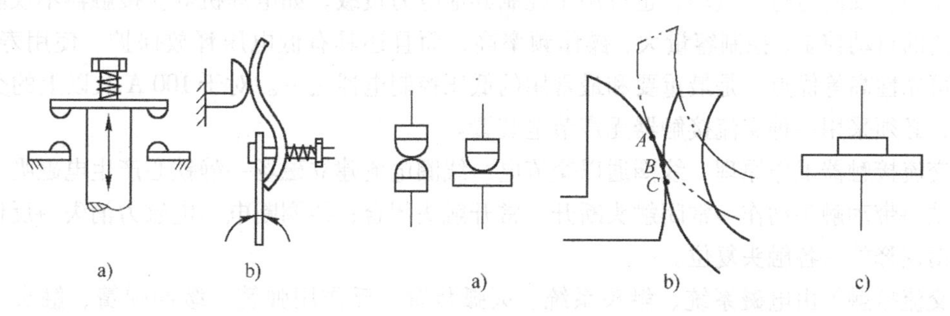

图 1-3　触头的结构形式

a）桥式触头　b）指式触头

图 1-4　触头的接触形式

a）点接触　b）线接触　c）面接触

桥式触头有点接触和面接触两种，点接触适用于小电流电路，面接触适用于大电流电路。指式触头为线接触，在接通和分断电路时产生滚动摩擦，以利于去除触头表面的氧化膜，这种触头形式适用于大电流电路且操作频繁的场合。

为了增强触头接触时的导电性能，在触头上装了触头弹簧，增加了动、静触头间的接触压力，减小接触电阻并消除接触时产生的振动。

根据用途的不同，触头按其原始状态可分为常开触头和常闭触头两类。电器元件在没有通电或不受外力作用的常态下处于断开状态的触头，称为常开触头，反之则称为常闭㊀触头。

1.1.4 灭弧装置

当触头分断大电流电路瞬间，会在动、静触头间产生大量的带电粒子，形成炽热的电子流，产生强烈的电弧。电弧会烧伤触头，并使电路的切断时间延长，妨碍电路的正常分断，严重时甚至会引起其他事故。为保证电器安全可靠工作，必须采用灭弧装置使电弧迅速熄灭。

对用于10 A以下的小容量交流电器，灭弧比较简便，不需专门的灭弧装置；对容量较大的交流电器一般要采用灭弧栅灭弧；对于直流电器可采用磁吹灭弧装置；对交直流电器可采用纵缝灭弧。实际应用中，上述灭弧装置有时是综合应用的。

1.2 接触器

接触器是电力拖动和自动控制系统中用来自动接通或断开大电流电路的一种低压控制电器，主要控制对象是电动机，能实现远距离控制，并具有欠（零）电压保护。

接触器种类很多，按其主触头所控制主电路电流的种类，可分为交流接触器和直流接触器两种。

1.2.1 交流接触器

交流接触器主要用于控制笼型和绕线转子电动机的起动、运行中断开以及笼型电动机的反接制动、反向运行、点动，也可用于控制其他电力负载，如电焊机等。接触器不仅能实现远距离的自动控制，控制容量大，操作频率高，而且还具有低电压释放保护、使用寿命长、工作可靠性高等优点，是最重要和最常用的低压控制电器之一。对于100 A及以上的交流接触器，必须采用一种交流接触器无声节电装置。

交流接触器工作原理：线圈通以交流电→线圈电流建立磁场→静铁心产生电磁吸力→吸合衔铁→带动触头动作→常闭触头断开，常开触头闭合；线圈断电→电磁力消失→反作用弹簧使衔铁释放→各触头复位。

交流接触器由电磁系统、触头系统、灭弧装置、反作用弹簧、缓冲弹簧、触头压力弹

㊀ 根据国家标准，“常开”应称作“动合”，“常闭”应称作“动断”，但考虑到目前工程应用的习惯，本书仍称作“常开”“常闭”。

簧、传动机构等部分组成。其结构如图 1-5 所示，工作原理示意图如图 1-6 所示，接触器的图形符号和文字符号如图 1-7 所示。

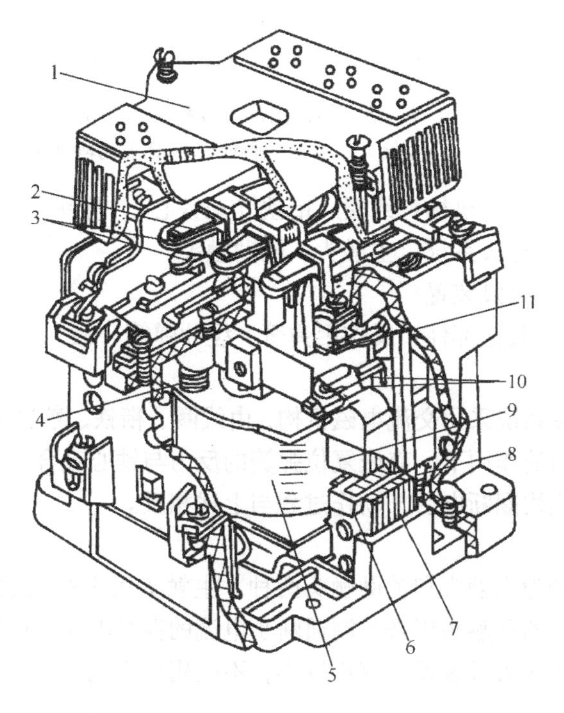

图 1-5　CJ10 - 20 型交流接触器的外形结构图

1—灭弧罩　2—压力弹簧片　3—主触头　4—反作用弹簧
5—线圈　6—短路环　7—静触头　8—弹簧
9—动铁心　10—辅助常开触头　11—辅助常闭触头

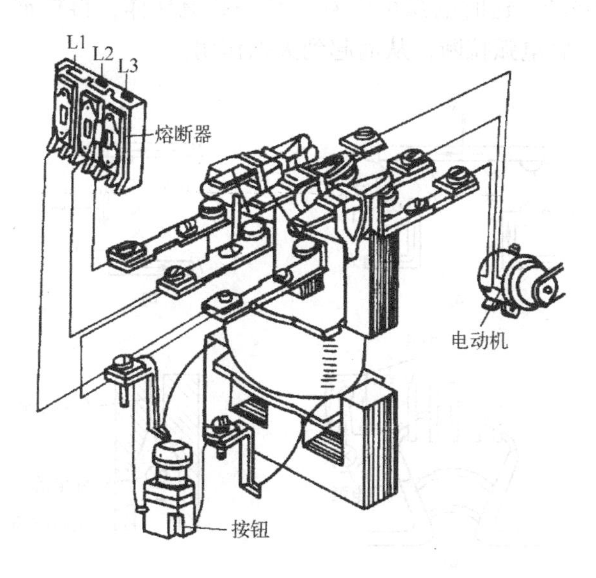

图 1-6　交流接触器的工作原理示意图

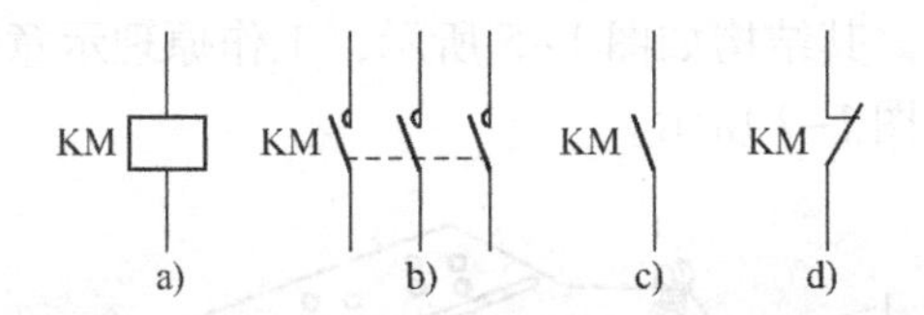

图 1-7　接触器的图形符号和文字符号

a）线圈　b）主触头　c）常开辅助触头　d）常闭辅助触头

交流接触器的组成
- 电磁机构：线圈、衔铁（动铁心）、静铁心
- 触头系统：主触头、辅助触头
- 灭弧装置
- 其他部件：反作用弹簧、缓冲弹簧、触头压力弹簧、传动机构等

1. 电磁系统

交流接触器的电磁系统采用交流电磁机构，由线圈、衔铁、静铁心部分组成。当线圈通电后，衔铁在电磁吸力的作用下，克服复位弹簧的反力与铁心吸合，带动触头动作，从而接通或断开相应电路。当线圈断电后，动作过程与上述相反。

2. 触头系统

接触器的触头可分为主触头和辅助触头两种。主触头用来控制通断电流较大的主电路，由三对常开触头组成；辅助触头用来控制通断小电流的控制电路，由常开触头和常闭触头成对组成。其中辅助触头无灭弧装置，容量较小，不能用于主电路。

3. 灭弧装置

接触器灭弧装置用于通断大电流电路，通常采用电动力灭弧、纵缝灭弧和金属栅片灭弧。

（1）电动力灭弧　当触头断开瞬间，在断口中要产生电弧，根据右手螺旋定则，将产生如图 1-8a、b 所示的磁场，这时电弧可以看作是一载流导体，再根据电动力左手定则，对电弧产生图示电动力，将电弧拉断，从而起到灭弧作用。

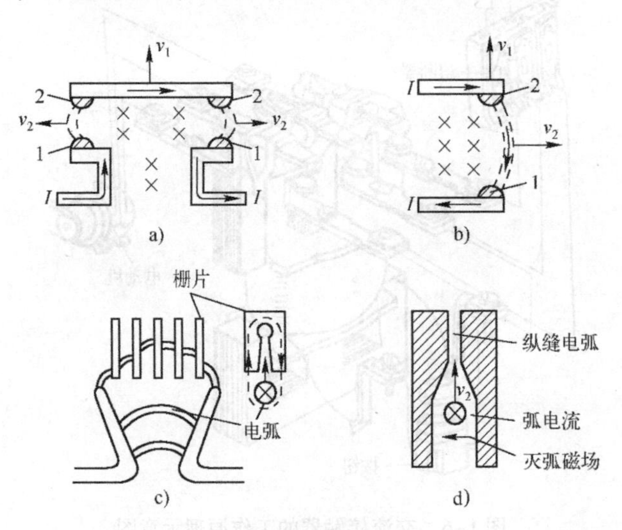

图 1-8　灭弧装置

1—静触头　2—动触头　v_1—动触头移动速度　v_2—电弧在电磁力作用下的移动速度

（2）栅片灭弧　如图 1-8c 所示，当电器的触头分开瞬间，所产生的电弧在电动力的作用下被拉入一组静止的金属片内。电弧进入栅片（互相绝缘的金属片）后迅速被分割成数股，并被冷却以达到灭弧目的。

（3）纵缝灭弧　如图 1-8d 所示，是靠磁场产生的电动力将电弧强制拉入用耐弧材料制成的狭缝中，加快电弧冷却，达到灭弧目的。

1.2.2　直流接触器

直流接触器主要用来远距离接通和分断电压至 440 V、电流至 630 A 的直流电路，以及频繁地控制直流电动机的起动、反转与制动等。直流接触器的外形如图 1-9 所示。

直流接触器的结构和工作原理与交流接触器基本相同，采用的是直流电磁机构。直流接触器的线圈通以直流电，铁心中不会产生涡流和磁滞损耗，不会发热。为了保证动铁心的可靠释放，常在磁路中夹有非磁性垫片，以减小剩磁的影响。

直流接触器的主触头在断开直流电路时，如电流过大，会产生强烈的电弧，直流接触器灭弧较困难，一般都采用灭弧能力较强的磁吹式灭弧装置。磁吹灭弧示意图如图 1-10 所示，实物图如图 1-11 所示。

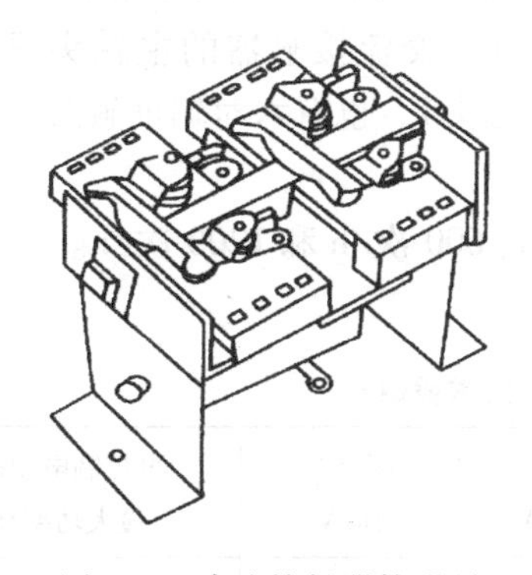

图 1-9　直流接触器外形图

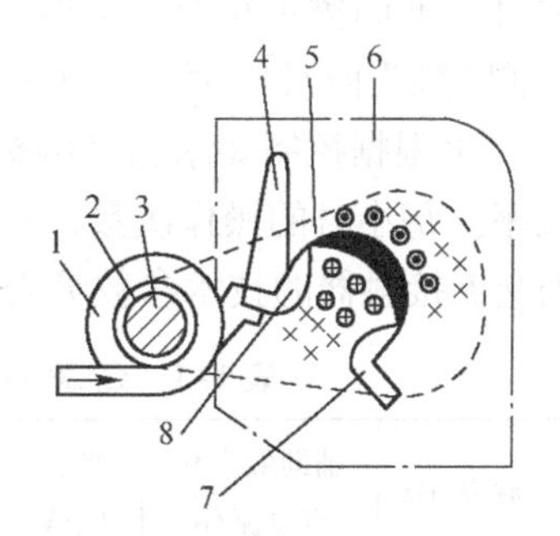

图 1-10　磁吹灭弧示意图

1—磁吹线圈　2—绝缘套　3—铁心　4—引弧角
5—导磁夹板　6—灭弧罩　7—动触头　8—静触头

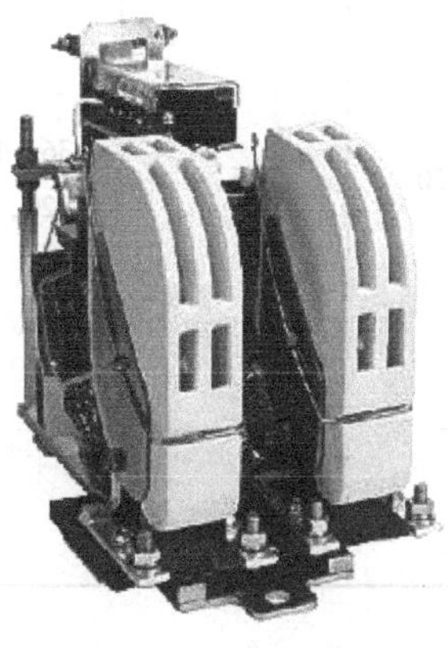

图 1-11　磁吹灭弧实物图

1.2.3 接触器的型号和主要技术参数

1. 交流接触器的型号与主要技术参数

（1）交流接触器的型号及表示意义

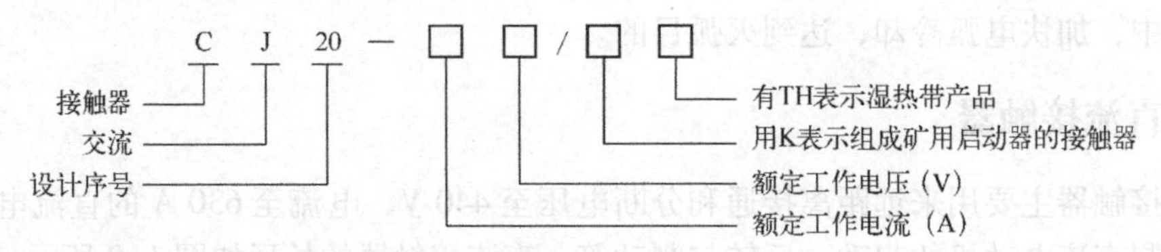

（2）交流接触器的主要技术参数

1）额定电压。接触器铭牌上的额定电压是指主触头的额定电压，应等于负载的额定电压。通常交流电压的等级有 36 V、127 V、220 V、380 V、660 V 及 1140 V。

2）额定电流。接触器铭牌上的额定电流是指主触头的额定电流，应等于或稍大于负载的额定电流。CJ20 系列交流接触器的额定电流等级有 5 A、10 A、20 A、40 A、60 A、100 A、150 A、250 A、400 A 和 600 A。

3）吸引线圈的额定电压。交流电压的等级有 36 V、110 V、127 V、220 V 和 380 V。

4）触头数目。不同类型的接触器触头数目有所不同。交流接触器的主触头只有三对（常开触头），辅助触头四对（两对常开触头，两对常闭触头），也有六对辅助触头（三对常开，三对常闭），可根据控制要求选择触头数目。

5）操作频率。每小时的操作次数，一般为 300 次/h、600 次/h 和 1200 次/h。

CJ20 系列交流接触器的技术参数见表 1-1。

表 1-1 CJ20 系列交流接触器的技术参数

型　号	频率/Hz	辅助触头额定电流/A	吸引线圈电压/V（AC）	主触头额定电流/A	额定电压/V	可控制电动机的最大功率/kW
CJ20－10	50	5	36，127，220，380	10	380/220	4/2.2
CJ20－16				16	380/220	7.5/4.5
CJ20－25				25	380/220	11/5.5
CJ20－40				40	380/220	22/11
CJ20－63				63	380/220	30/18
CJ20－100				100	380/220	50/28
CJ20－160				160	380/220	85/48
CJ20－250				250	380/220	132/80
CJ20－250/06				250	660	190
CJ20－400				400	380/220	220/115
CJ20－630				630	380/220	300/175
CJ20－630/06				630	660	350

目前常用的交流接触器有：C320、CJ24、C326、CJ28、CJ29、CJTl、CJ40 和 CJXl、CJX2、CJX3、CJX4、CJX5、CJX8 系列以及 NC2、NC6、B、CDC、CKl、CK2、EB、HC1、

HUCl、CKJ5、CKJ9 等系列。

2. 直流接触器的型号与主要技术参数

（1）直流接触器的型号　国内常用的直流接触器有 CZ18、CZ21、CZ22 等系列。直流接触器的型号及表示意义如下：

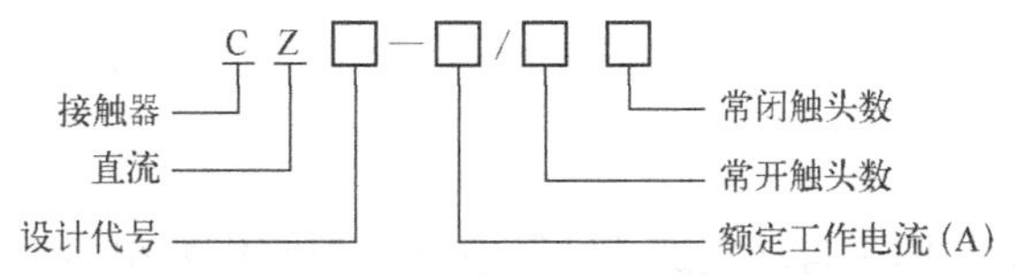

（2）直流接触器的主要技术参数

1）额定电压。接触器铭牌上的额定电压是指主触头的额定电压，应等于负载的额定电压。通常直流接触器的额定电压等级有 24 V、48 V、110 V、220 V、440 V 和 660 V。

2）额定电流。接触器铭牌上的额定电流是指主触头的额定电流，应等于或稍大于负载的额定电流。CZ18 系列直流接触器的额定电流等级有 40 A、80 A、160 A、315 A、630 A 和 1000 A。

3）吸引线圈的额定电压。直流线圈的额定电压等级有 24 V、48 V、110 V 和 220 V。

1.2.4　常用接触器的选用

为了保证系统正常工作，要根据控制电路的要求正确选择接触器，使接触器的技术参数满足条件。

（1）接触器类型的选择　一般，接触器的类型应根据电路中负载电流的种类来选择。对交流负载应选用交流接触器，直流负载应选用直流接触器。

根据使用类别选用相应系列产品，若电动机承担一般任务，可选 AC－3 类接触器（笼型感应电动机的起动、运转中分断，允许接通 8～10 倍的额定电流和分断 6～8 倍的额定电流）；若承担重要任务可选用 AC－4 类接触器（笼型感应电动机的起动、反接制动或反向运转、点动，允许接通 10～12 倍的额定电流和分断 8～10 倍的额定电流）。如选用 AC－3 类用于重要任务时，应降低容量使用。直流接触器的选择类别与交流接触器类似。

（2）接触器主触头额定电压的选择　被选用的接触器主触头的额定电压应大于或等于负载的额定电压。

（3）接触器主触头的额定电流的选择　对于电动机负载，接触器主触头的额定电流按下式计算

$$I_N = \frac{P_N \times 10^3}{\sqrt{3}\,U_N \cos\varphi \cdot \eta}$$

式中　P_N——电动机功率（kW）；

U_N——电动机额定线电压（V）；

$\cos\varphi$——电动机功率因数，0.85～0.9；

η——电动机的效率，0.8～0.9。

（4）接触器吸引线圈电压的选择　当控制电路比较简单，所用接触器数量较少时，交流接触器线圈的额定电压一般直接选用 380 V 或 220 V。当控制电路比较复杂，使用的电器又比较多时，一般交流接触器线圈的电压可选择 127 V 或 36 V 等，这时需要附加一个控制变

压器。

直流接触器线圈的额定电压要根据控制电路的情况而定。同一系列、同一容量等级的接触器，其线圈的额定电压有几种，尽量选线圈的额定电压与直流控制电路的电压一致的直流接触器。

1.3 继电器

继电器和接触器都是用于自动接通或断开电路，但它们有很多不同之处。继电器主要用于控制与保护电路或作信号转换用，可对各种电量或非电量的变化作出反应，而接触器只有在一定的电压信号下动作；继电器用来控制小电流电路，而接触器则用来控制大电流电路，继电器触头容量不大于5 A。

继电器的种类很多，用途广泛，常用的分类方法有：

按用途可分为控制继电器和保护继电器。

按反应的参数可分为电压继电器、电流继电器、中间继电器、时间继电器和速度继电器等。

按动作原理可分为电磁式继电器、电动式继电器、感应式继电器、电子式继电器和热继电器等。

1.3.1 电磁式电流、电压、中间继电器

电磁式继电器是电气控制设备中用得最多的一种继电器。电磁式继电器的结构和工作原理与接触器相似，也是由电磁系统、触头系统和释放弹簧等组成。图1-12为电磁式继电器的典型结构图。图1-13为电磁式继电器的图形、文字符号。

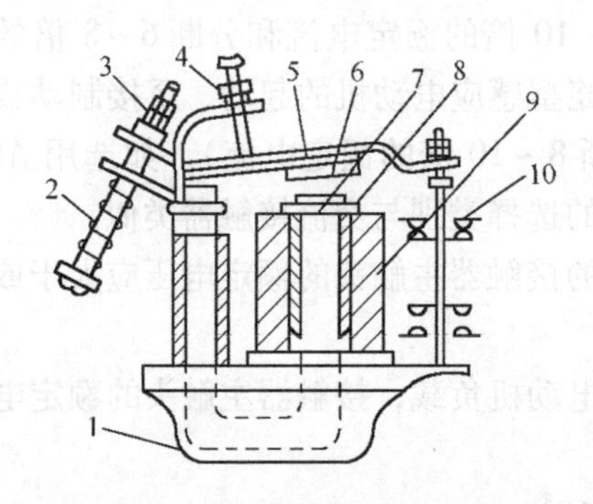

图1-12 电磁式继电器典型结构

1—底座 2—反力弹簧 3、4—调节螺钉 5—非磁性垫片 6—衔铁 7—铁心 8—极片 9—电磁铁 10—触头

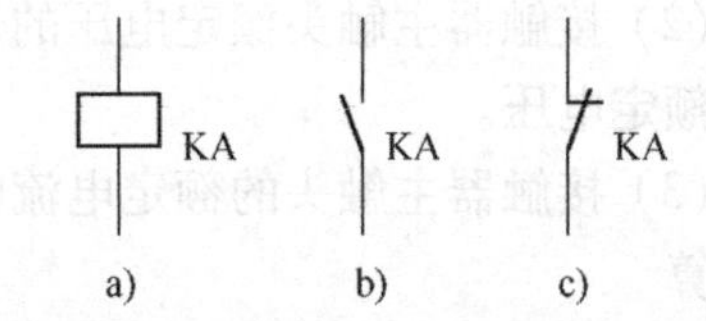

图1-13 电磁式继电器的图形、文字符号

a）线圈 b）常开触头 c）常闭触头

电磁式继电器又分为电磁式电流继电器、电磁式电压继电器和中间继电器三种。

1. 电流继电器

电流继电器反映的是电流信号。线圈匝数少而线径粗、阻抗小、分压小，不影响电路正常工作。常用的有欠电流继电器和过电流继电器两种。使用时，电流继电器的线圈应串联在被保护的设备中。图1-14为JT4系列电流继电器外形、结构示意图。

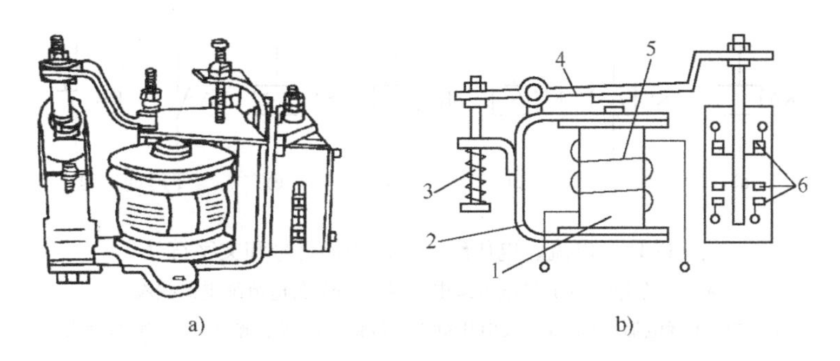

图 1-14　JT4 系列电流继电器

a) 外形　b) 结构

1—铁心　2—磁轭　3—反作用弹簧　4—衔铁　5—线圈　6—触头

(1) 欠电流继电器在正常工作时，衔铁是吸合的，欠电流继电器吸合电流为额定电流的 30% ~65%，当电流降到额定电流的 20% 左右时，欠电流继电器才释放，起欠电流保护作用。

(2) 过电流继电器在正常工作时不动作，当交流电流超过额定电流的 110% ~400%，直流电流超过额定电流的 70% ~300% 时，过电流继电器吸合动作，对电路起过电流保护作用。

电流继电器的型号及表示意义如下：

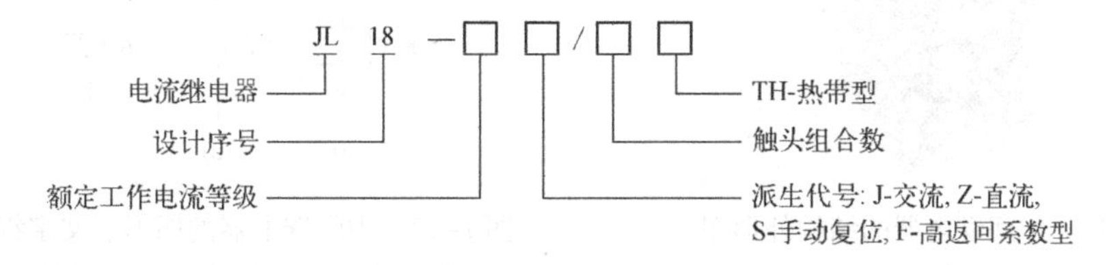

2. 电压继电器

电压继电器线圈匝数多而线径细，使用时电压继电器的线圈与负载并联。电压继电器反映的是电压信号。常用的有过电压、欠电压和零电压继电器。

(1) 过电压继电器在电路电压为额定电压的 105% ~120% 时吸合动作，对电路实现过电压保护。

(2) 欠电压继电器在正常工作时吸合，当电路电压减小到额定值的 25% ~50% 时继电器释放，对电路实现欠电压保护。

(3) 零电压继电器在电路电压降到额定值的 7% ~25% 时释放，对电路实现零电压保护。

图 1-15 所示为电流、电压继电器的图形符号和文字符号。

直流电磁式通用继电器，常用的有 JT3、JT9、JT10、JT18 等系列。

JT 等系列型号及表示意义如下：

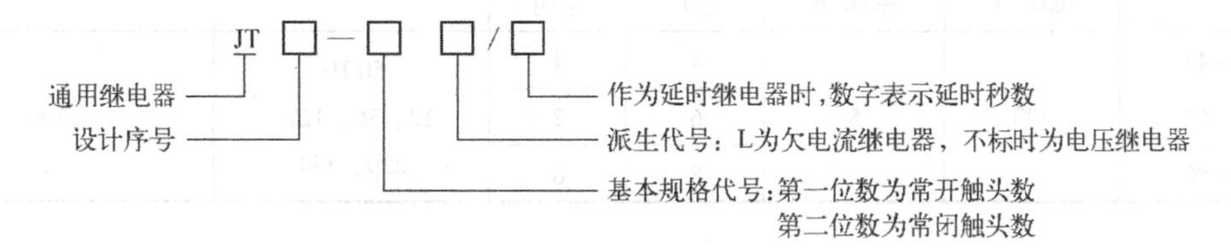

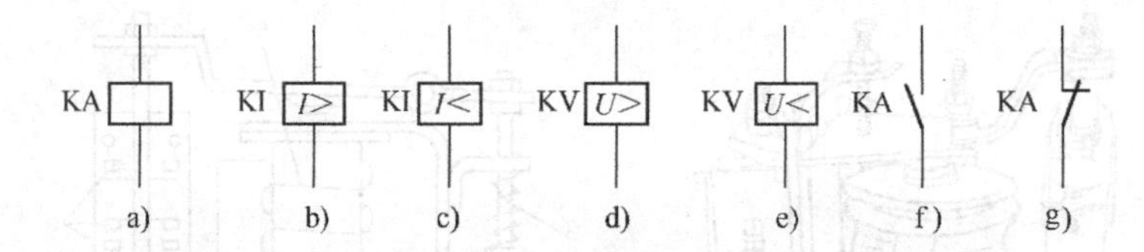

图 1-15　电流、电压继电器的图形符号和文字符号

a）一般线圈　b）过电流继电器线圈　c）欠电流继电器线圈

d）过电压继电器线圈　e）欠电压继电器线圈　f）常开触头　g）常闭触头

3. 中间继电器

中间继电器实质上是一种电压继电器，它的特点是触头数量较多，触头容量较大（额定电流为 2 A/5 A/10 A）。当一个输入信号需变成多个输出信号或信号容量需放大时，可采用中间继电器来扩大信号的数量和容量。图 1-16 所示为中间继电器的结构外形图，图 1-17 所示为中间继电器的图形、文字符号。

图 1-16　中间继电器的结构外形图

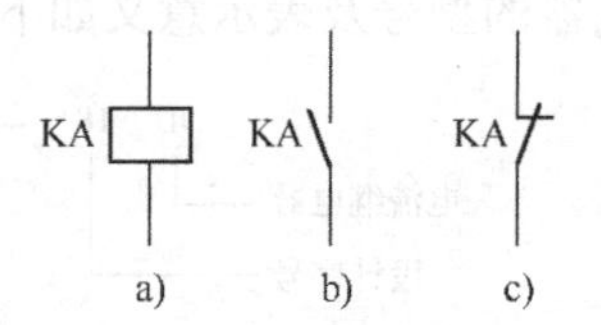

图 1-17　中间继电器的图形、文字符号

a）线圈　b）常开触头　c）常闭触头

中间继电器的型号及表示意义如下：

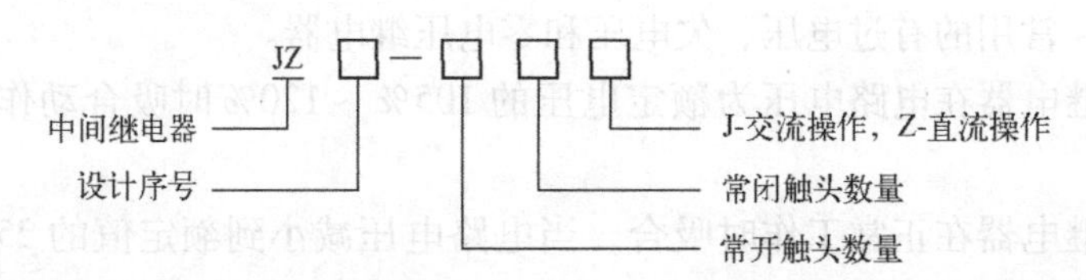

中间继电器类型有 JZ 系列电磁式继电器、HH/JQX 系列小型继电器、JGF－F 系列固态继电器等。常用的中间继电器有 JZ7 系列，以 JZ7－62 为例，JZ 为中间继电器的代号，7 为设计序号，有 6 对常开触头，2 对常闭触头。表 1-2 列出了 JZ7 系列的主要技术参数。

表 1-2　JZ7 系列中间继电器技术参数

型　号	触头额定电压/V	触头额定电流/A	触头对数		吸引线圈电压/V	额定操作频率/（次/h）
			常开	常闭		
JZ7－44	500	5	4	4	50 Hz 12、36、127、 220、380	1200
JZ7－62			6	2		
JZ7－80			8	0		

1.3.2 时间继电器

时间继电器是一种接收信号后，经过一定的延时才能输出信号，实现触头延时接通或断开的继电器。

时间继电器有两种延时方式：

1）通电延时方式。接收输入信号后延迟一定的时间，输出信号才发生变化。当输入信号消失后，输出瞬时复原。

2）断电延时方式。接收输入信号时，瞬时产生相应的输出信号。当输入信号消失后，延迟一定的时间，输出才复原。

时间继电器的种类很多，常用的有电磁式、空气阻尼式、电动式、电子式等。

1. 直流电磁式时间继电器

直流电磁式时间继电器是在铁心上增加一个阻尼铜套，即可构成时间继电器。当继电器吸合时，由于衔铁处于释放位置，气隙大、磁阻大、磁通少，铜套的阻尼作用也小，延缓了磁通变化的速度，以达到延时的目的。当继电器断电时，磁通量的变化大，铜套的阻尼作用也大，使衔铁延时释放，并达到延时的目的。

直流电磁式时间继电器运行可靠，寿命长，允许通电次数多，结构简单，但仅适用于直流电路，延时时间较短。一般通电延时仅为 0.1 ~ 0.5 s，而断电延时可达 0.2 ~ 10 s。因此，直流电磁式时间继电器主要用于断电延时。

2. 空气阻尼式时间继电器

空气阻尼式时间继电器是利用空气阻尼作用而获得延时，延时方式有通电延时和断电延时两种类型。它由电磁机构、延时机构和触头组成。空气阻尼式时间继电器的电磁机构有交流、直流两种。

JS7-A 系列时间继电器的结构示意图如图 1-18 所示，它主要由电磁系统、延时机构和工作触头三部分组成。其工作原理如下。

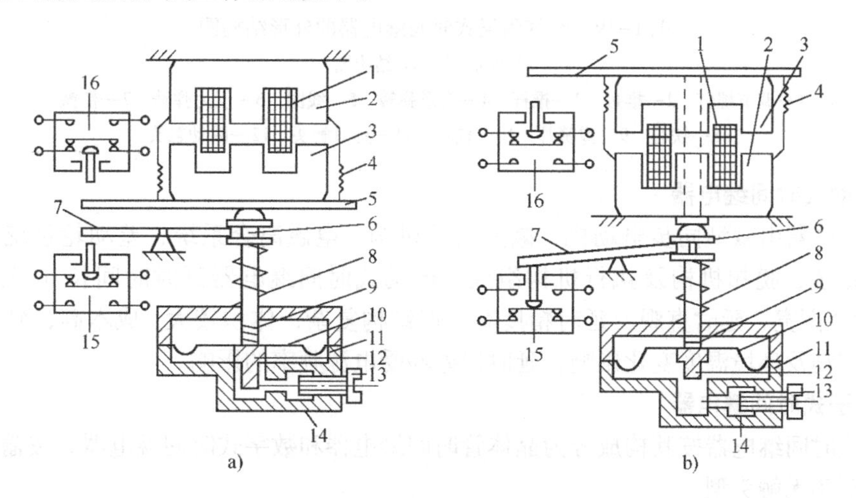

图 1-18 JS7-A 系列时间继电器结构示意图

a）通电延时型 b）断电延时型

1—线圈 2—铁心 3—衔铁 4—复位弹簧 5—推板 6—活塞杆 7—杠杆 8—塔形弹簧 9—弱弹簧 10—橡皮膜 11—空气室腔 12—活塞 13—调节螺杆 14—进气孔 15、16—微动开关

通电延时型时间继电器如图1-18a所示。当线圈1得电后，铁心2将衔铁3吸合，活塞杆6在塔形弹簧8的作用下，带动活塞12及橡皮膜10向上移动，但由于橡皮膜下方气室空气稀薄，形成负压，此时的活塞杆6不能迅速上移。当空气由进气孔14进入时，活塞杆6才逐渐上移。移到最上端时，杠杆7才使微动开关15动作，使其触头动作，起到通电延时作用。延时时间即为自电磁铁吸引线圈通电时刻起到微动开关动作时为止的这段时间。延时时间的长短可以通过调节螺杆13调节进气孔气隙大小来改变。

如果将电磁机构翻转180°安装，可得到图1-18b所示的断电延时型时间继电器。它的工作原理与通电延时型相似。当线圈1断电时，衔铁3在复位弹簧4的作用下将活塞12推向下端。当活塞往下推时，橡皮膜10下方气室内的空气都通过橡皮膜10、弱弹簧9和活塞12肩部所形成的单向阀，经上气室缝隙排出，此时延时微动开关15迅速复位，不延时的微动开关16同时迅速复位。

图1-19所示为空气阻尼式时间继电器的外形结构图。这类时间继电器的延时时间有0.4~60 s和0.4~180 s两种规格，特点是结构简单、价格低廉、延时范围较宽、工作可靠、寿命长等，主要用于机床交流控制电路中。

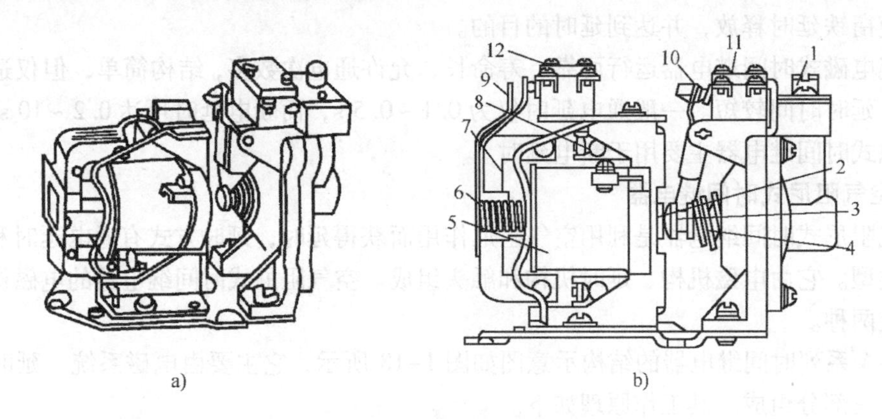

图1-19　空气阻尼式时间继电器的外形结构图

a）外形图　b）结构图

1—调节螺钉　2—推板　3—推杆　4—塔形弹簧　5—线圈　6—反力弹簧　7—衔铁　8—铁心　9—弹簧片　10—杠杆　11—延时触头　12—瞬动触头

3. 电动式时间继电器

该类继电器由微型同步电动机、减速齿轮机构、电磁离合系统、差动轮系统、复位游丝、触头系统、脱扣机构及执行机构组成。电动式时间继电器延时时间长（可达数十小时），延时范围宽、延时直观、延时精度高，但结构复杂，体积较大，成本高，延时值不受电源电压波动及环境温度变化影响，延时误差易受电源频率的影响。

4. 电子式时间继电器

电子式时间继电器按其构成分为晶体管时间继电器和数字式时间继电器，按输出形式分为有触头型和无触头型。

现以JS20系列电子式时间继电器为例，说明其工作原理，如图1-20所示。当电源接通后，经稳压二极管VD_5提供的电压，再经波段开关串联的电阻R_{10}、RP_1，R_2向电容C_2充电，C_2上的电压由0按规律上升，当此电压大于晶体管V_6上的峰值电压U_p时，晶体管V_6

导通，输出脉冲电压触发晶闸管 VT 使其导通，同时继电器 KA 动作。从时间继电器接通电源到 KA 动作为止的这段时间为通电延时动作时间。

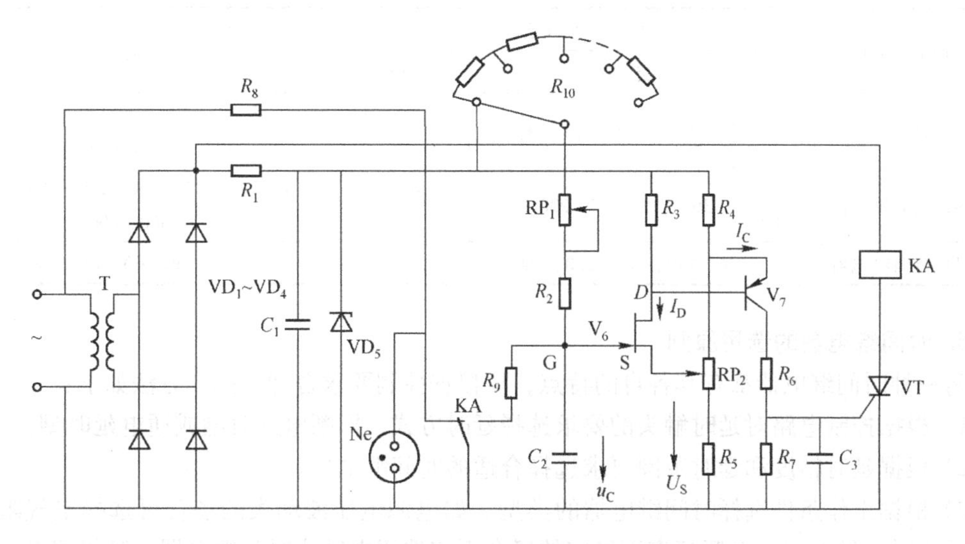

图 1-20　JS20 系列电子式时间继电器的电路原理图

电子式时间继电器具有体积小、延时精度高、寿命长、工作稳定可靠、安装方便、触头输出容量大和产品规格全等优点，广泛用于电力拖动、顺序控制及各种生产过程的自动控制。随着电子技术的飞速发展，电子式时间继电器将得到广泛的应用，可取代阻容式、空气式、电动式等时间继电器。图 1-21 为时间继电器的图形及文字符号。

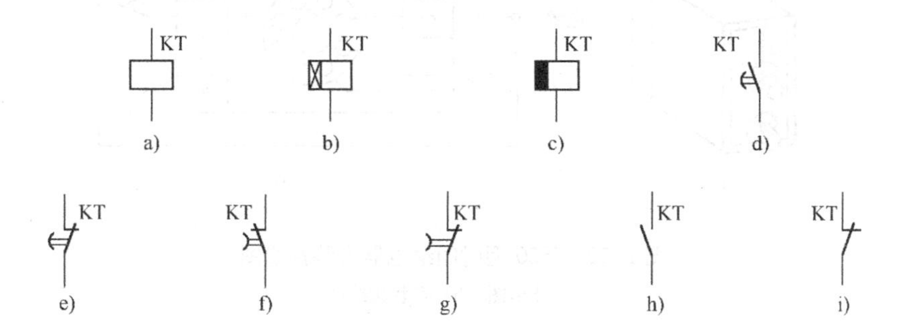

图 1-21　时间继电器的图形及文字符号

a）线圈一般符号　b）通电延时线圈　c）断电延时线圈　d）延时闭合常开触头　e）延时断开常闭触头　f）延时断开常开触头　g）延时闭合常闭触头　h）瞬时常开触头　i）瞬时常闭触头

目前常用的电子式时间继电器有 JS20 系列、JS14 系列、JSS 系列等。

时间继电器的型号及表示意义如下：

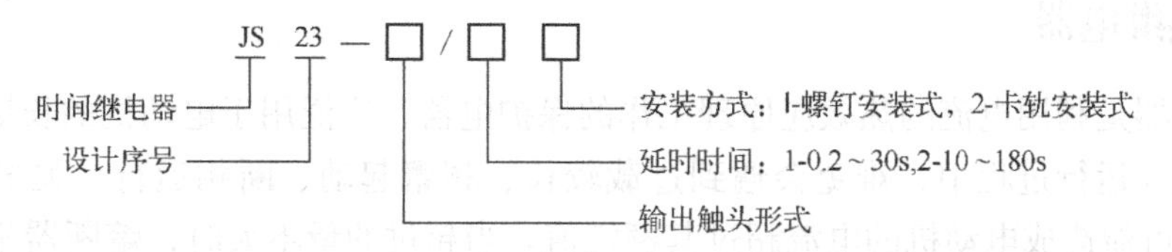

表1-3 列出了JS20系列电子式时间继电器技术参数。

表1-3　JS20系列电子式时间继电器技术参数

产品名称	额定工作电压/V		延时时间/s
	交　流	直　流	
通电延时继电器	36、110、127、220、380	24、48、110	1、5、10、30、60、120、180、240、300、600、900
瞬动延时继电器	36、110、127、220		1、5、10、30、60、120、180、240、300、600
断电延时继电器	36、110、127、220、380		1、5、10、30、60、120、180

5. 时间继电器的选用原则

每一种时间继电器都有其各自的特点，要根据控制要求合理选择。方法如下：

1）根据控制电路对延时触头的要求选择延时方式，即断电延时型或通电延时型。

2）根据延时精度和延时范围要求选择合适的时间继电器。

3）根据工作条件选择时间继电器的类型。如电源电压波动大的场合可选择空气阻尼式或电动式时间继电器；电源频率不稳定的场合不宜选用电动式时间继电器；环境温度变化大的场合不宜选用空气阻尼式和电子式时间继电器。

图1-22 为时间继电器JS20型的安装接线图，其中1、2接电源，3、4和6、7接常开触头，3、5和6、8接常闭触头。

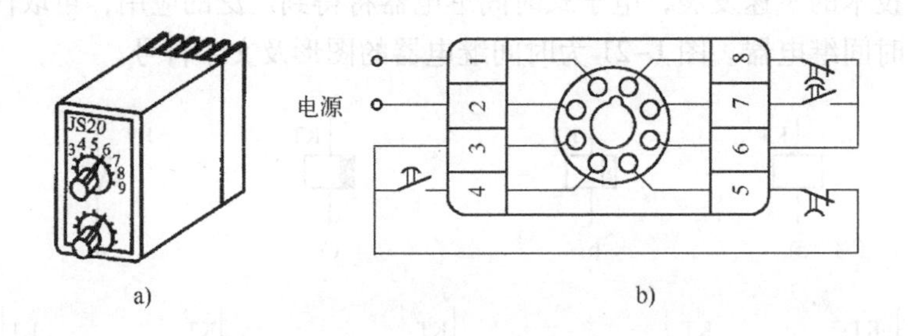

图1-22　JS20型时间继电器安装接线图

a）外形图　b）安装接线图

6. 时间继电器类型的选择

空气阻尼式：JS7/JS23/JSK等系列。

电动式：JS11/JS17/7PR等系列。

电子式：JS14A/ JS14S/JS14P/JS20/JSM8/JSB－10/JSF/JSS1/JSS20/JSS1P/JSJ/JSZ3（ST3P/4P)/JSZ6(ST6P)/ JJSB1(JS15)/DS等系列。

1.3.3　热继电器

热继电器是利用电流的热效应原理工作的保护电器，广泛用于电动机的长期过载保护。

电动机在运行过程中，难免会遇到过载较长、频繁起动、断相运行、欠电压运行等情况，这样有可能造成电动机的电流超过其额定值。当超过的量不大时，熔断器不会熔断，但时间长了会引起电动机过热，加速电动机绝缘的老化，缩短电动机的使用寿命，严重时甚至会烧毁电动机绕组。因此必须对电动机进行长期过载保护，热继电器是电动机因过热而烧毁的一种保护电器。

1. 热继电器的结构与工作原理

图 1-23 所示为热继电器的结构示意图。它主要由双金属片、发热元件、动作机构、触头系统、整定调整装置及温度补偿元件等组成。

在图 1-23 中，发热元件由发热电阻丝做成，双金属片是由两种膨胀系数完全不同的金属碾压而成，双金属片 1、4 与发热元件 2、3 串接在电动机的主电路中，动触头 9 与静触头 8 串接于电动机的控制电路中。当双金属片受热膨胀时，会向右弯曲变形。当电动机过载时，双金属片弯曲位移增大，这时导板 5 将推动推杆 7 动作，使常闭触头断开，即动触头 9 向上移动离开静触头 8，从而切断电动机控制电路以起保护作用。在电动机正常运行时，发热元件产生的热量虽能使双金属片弯曲，但不会使热继电器的触头动作。

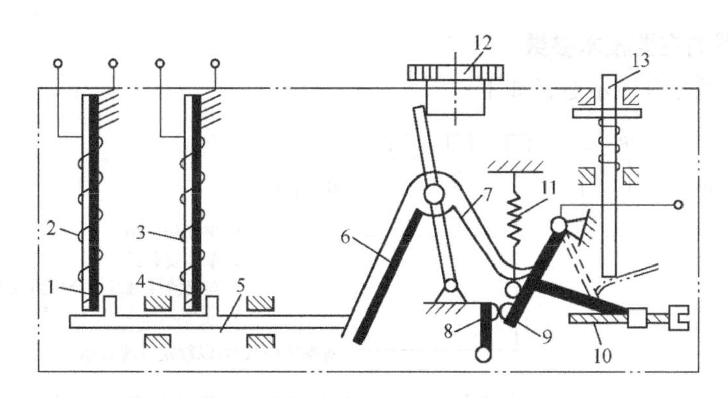

图 1-23　双金属片热继电器的结构原理图

1、4—双金属片　2、3—发热元件　5—导板　6—温度补偿片　7—推杆
8—静触头　9—动触头　10—螺钉　11—弹簧　12—凸轮　13—复位按钮

2. 带断相保护的热继电器

带断相保护的热继电器主要应用于三角形联结的三相异步电动机。

三相异步电动机的一相接线松开或一相熔丝断开，都会造成三相异步电动机烧坏。当热继电器所保护的电动机是星形联结时，电路发生一相断电，另外两相电流增加很多，由于线电流与相电流相等，流过电动机绕组的电流和流过热继电器的电流增加比例相同，对普通的两相或三相热继电器可以实现保护。

当电动机是三角形联结时，相电流与线电流不等，流过电动机绕组的电流和流过热继电器的电流增加比例相差很多，又因发热元件是串接在电动机的电源进线中，所以当故障线电流达到额定电流时，在电动机绕组内部，电流较大的那一相绕组的故障电流将超过额定相电流很多。因此当采用三角形联结时，最好用带断相保护的热继电器。带断相保护的热继电器与普通热继电器相比多了一个差动机构，如图 1-24 所示。

当某相断路时，该相右侧发热元件温度由原正常热状态下降，使双金属片由弯曲状态伸直，推动导板右移；同时由于其他两相电流较大，推动导板向左移，杠杆动作，从而使继电器起到了断相保护作用。

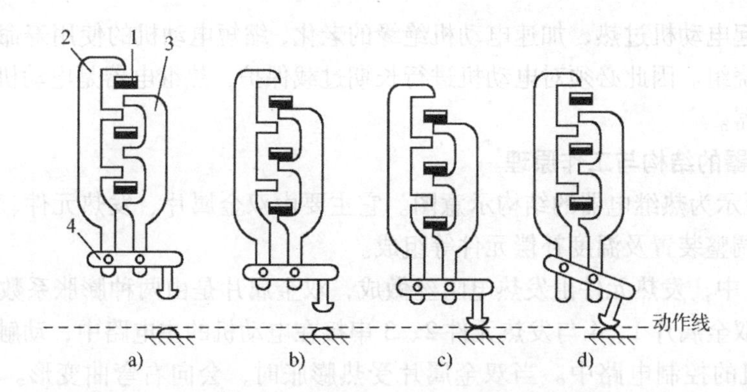

图 1-24　带断相保护的热继电器结构图

a）断电　b）正常运行　c）过载　d）单相断电

1—双金属片剖面　2—上导板　3—下导板　4—杠杆

3. 热继电器的主要技术参数

热继电器的型号及表示意义如下：

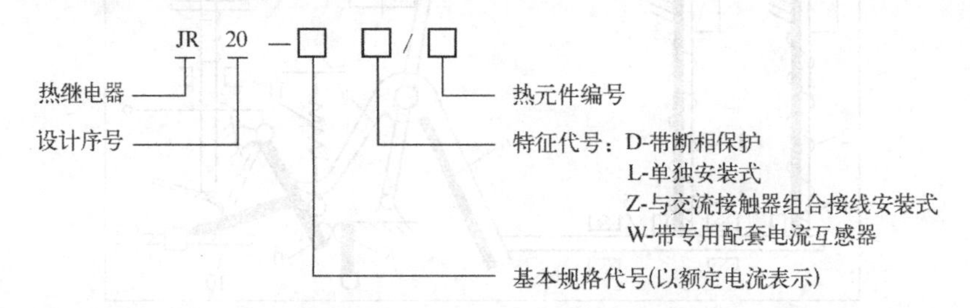

热继电器的选择应该根据电动机的额定电流来确定其型号及热元件的额定电流等级。热继电器的整定电流要等于或稍大于电动机的额定电流。热继电器不能作短路保护用。

常用的热继电器有 JR10、JR16、JR20、JRS1、JR21、JR28、JR36 等。图 1-25 为热继电器的外形结构图，图 1-26 为热继电器的图形及文字符号。

图 1-25　热继电器的外形结构

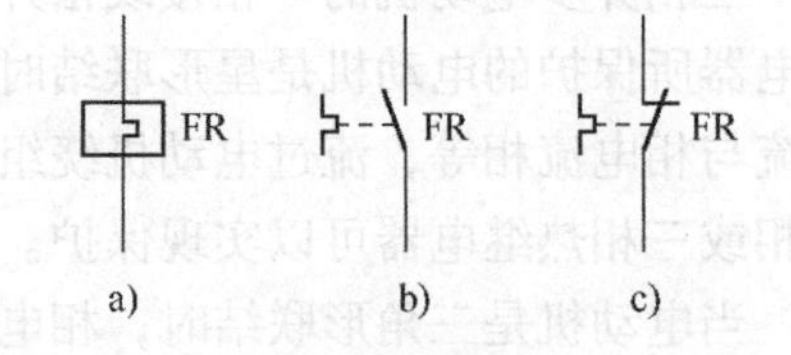

图 1-26　热继电器的图形及文字符号

a）热元件　b）常开触头　c）常闭触头

表 1-4 为 JR20 系列热继电器的主要技术参数。

表 1-4　JR20 系列热继电器的主要技术参数

型　号	额定电流/A	设定电流调节范围/A
JR20 - 10	10	0.1 ~ 11.6

（续）

型　　号	额定电流/A	设定电流调节范围/A
JR20－16	16	3.6～18
JR20－25	25	7.8～29
JR20－63	63	16～71
JR20－160	160	33～176

4. 注意事项

（1）电动机的起动时间较长（>6 s），起动时应将热元件从电路中切除或短接，待起动结束后再将热元件接入电路，以免误动作。

（2）对于频繁通断的电动机，不宜采用热继电器作过载保护，可选用装入电动机内部的温度保护器。

（3）今后，热继电器将会逐渐被多功能、高可靠性的电子式电动机保护器所取代。

1.3.4 速度继电器

速度继电器是当转速达到规定值时触头动作的继电器，主要用于笼型异步电动机反接制动控制电路中，当反接制动的转速下降到接近零时能自动及时切断电源，因此也叫做反接制动继电器。

速度继电器主要由转子、定子和触头三部分组成。转子是一个圆柱形的永久磁铁，定子的结构与笼型异步电动机相似，是由硅钢片叠成，并装有笼型绕组，是一个笼型空心圆环。

速度继电器的外形结构及符号如图1-27所示，动作原理图如图1-28所示。速度继电器的转轴与电动机的轴相连接，而定子空套在转子上。当电动机转动时，速度继电器的转子随之转动，在空间产生旋转磁场，切割定子绕组，并感应出电流。此电流又在磁场作用下产生转矩，使定子随转子转动方向旋转，和定子装在一起的摆锤推动触头动作，使常闭触头断开，常开触头闭合。当电动机转速下降到接近零时，定子产生的转矩减小，触头复位。

机床上常用的速度继电器主要有JY1型和JFZ0型两种。一般速度继电器的动作转速为120 r/min，触头的复位转速在100 r/min以下。

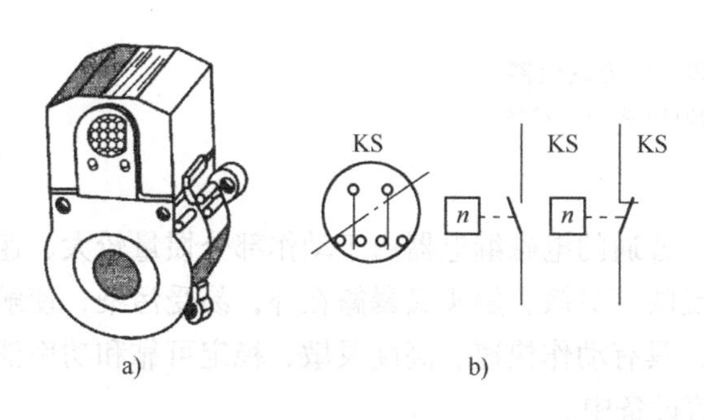

图1-27　速度继电器外形结构及符号

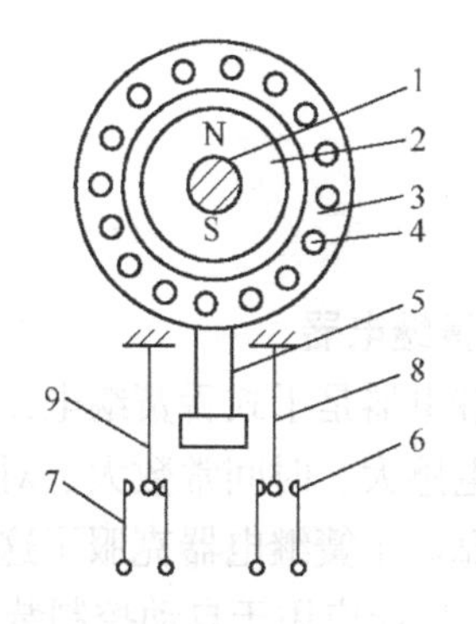

图1-28　速度继电器的动作原理图
1—转轴　2—转子　3—定子　4—绕组
5—摆锤　6、7—静触头　8、9—动触头速度继电器的型号及表示意义如下：

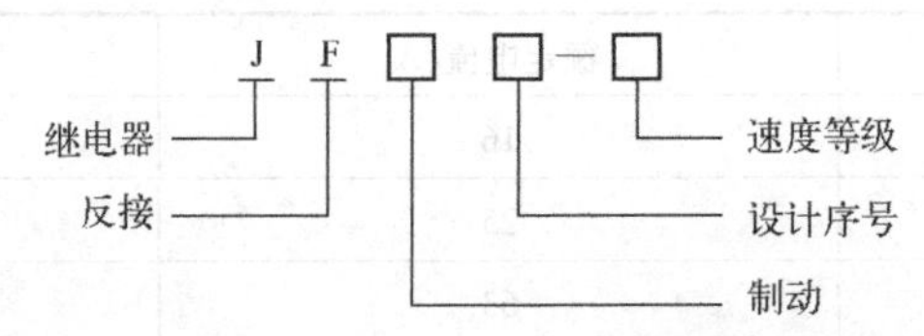

1.3.5 其他继电器

1. 压力继电器

压力继电器主要用于机械设备的液压或气压控制系统中，它能根据压力源压力的变化情况决定触头的断开或闭合，为机械设备提供某种保护或控制。

压力继电器的结构如图 1-29a 所示。它主要由缓冲器、橡皮薄膜、顶杆、压缩弹簧、调节螺母和微动开关等组成。微动开关和顶端的距离通常要大于 0.2 mm。压力继电器装在油路（或水路、气路）的分支管路中。当管路压力超过整定值时，通过缓冲器和橡皮薄膜顶起顶杆，推动微动开关动作，使触头动作。当管路中的压力低于整定值时，顶杆会脱离微动开关，微动开关的触头复位。

压力继电器的调整很方便，只要放松或拧紧螺母即可改变控制压力。压力继电器在电路图中的符号如图 1-29b 所示。常用的压力继电器有 YJ 系列、YT-126 系列和 TE52 系列。

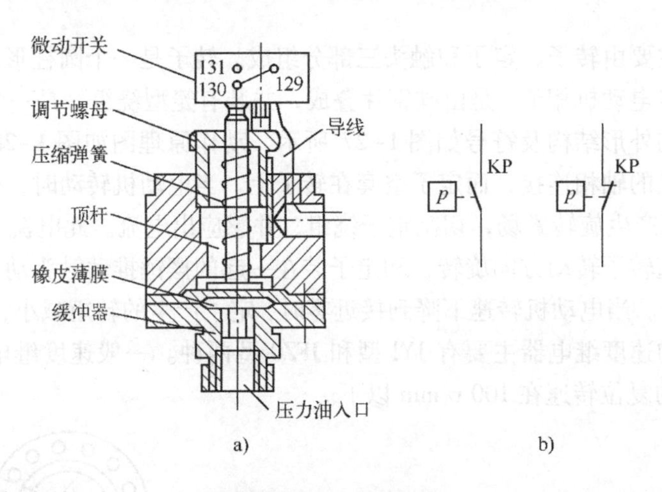

图 1-29 压力继电器
a) 结构原理图 b) 符号

2. 干簧继电器

干簧继电器是干式舌簧继电器的简称。普通的电磁继电器由于动作部分惯量较大、速度慢、线圈电感大、时间常数大、对信号的反映不灵敏，触头又暴露在外，易受污染，使触头接触不可靠。干簧继电器克服了这些缺点，具有动作快速、高度灵敏、稳定可靠和功率消耗低等优点，广泛应用于自动控制装置和通信设备中。

干簧继电器主要由铁镍合金制成的干簧片构成，它既能导磁又能导电，并兼有普通电磁继电器的触头和磁路系统的双重作用。干簧片装在密封的玻璃管内，管内充有纯净干燥的惰性气体，以防止触头表面氧化。为了提高触头的可靠性和减小接触电阻，一般在干簧片的触头表面镀有导电性良好、耐磨的贵重金属（如金、铂、铑及合金）。

干簧片的触头有两种：

（1）常开式触头　如图 1-30a 所示。在干簧管外面套一励磁线圈就构成一只完整的干簧继电器。当线圈通上电流时，在线圈的轴向产生磁场，该磁场使密封管内的两干簧片被磁化，使两干簧片触头产生极性相反的两种磁极，它们互相吸引而闭合。若切断线圈电流时，磁场消失，两干簧片也失去磁性，它依靠自身的弹性而恢复原位，使触头断开。

（2）切换式触头　如图 1-30b 所示。可以直接用一块永久磁铁靠近干簧片来励磁，当永久磁铁靠近干簧片时，触头同样会被磁化而闭合；当永久磁铁离开干簧片时，触头就断开。

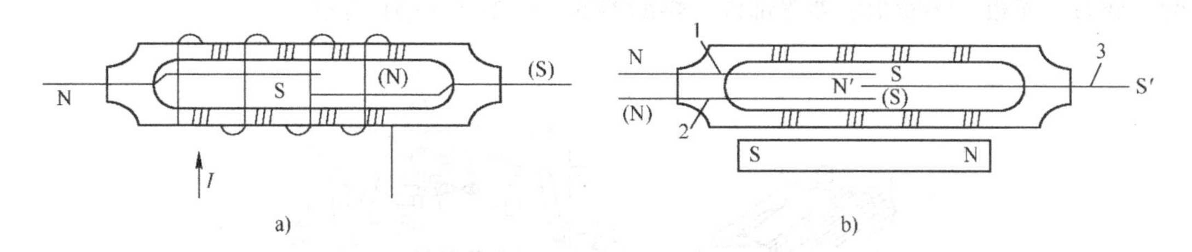

图 1-30　干簧继电器

a）常开式触头　b）切换式触头

当切换式触头给予励磁时，干簧管中的簧片均被磁化，触头被磁化后产生相同的磁极，因而互斥，使常闭触头断开。

3. 固态继电器

固态继电器（Solid State Relays，SSR）是一种全部由固态电子元件组成的、无触头通断电子开关，因为可实现电磁继电器的功能，故称为“固态继电器”，又称为“无触头开关”。由于它的无触头工作特性，与电磁继电器相比，具有体积小、重量轻、工作可靠、寿命长、对外界干扰小、能与逻辑电路兼容、抗干扰能力强、开关速度快、使用方便等一系列优点。固态继电器的应用还在电磁继电器难以胜任的领域得到了充分扩展，如计算机和 PLC 的输入输出接口、计算机外围和终端设备、机械控制、中间继电器、电磁阀、电动机等驱动装置、调压装置、调速装置等。另外，在一些要求耐振、耐潮、耐腐蚀、防爆的特殊装置和恶劣的工作环境中具有无可比拟的优越性，从而使其在许多领域的电控及计算机控制方面得到广泛应用。

固态继电器可分为交流型固态继电器（AC - SSR）和直流型固态继电器（DC - SSR）两种。AC - SSR 以双向晶闸管作为开关元件，而 DC - SSR 一般以功率晶体管作为开关元件，分别用来接通或关断交流或直流负载电源。

1.4　熔断器

熔断器是一种简单而有效的保护电器，在低压配电电路中主要用作短路保护和严重过载时的保护。它的优点是结构简单、体积小、工作可靠、价格低廉、重量轻等，广泛应用在强电、弱电系统。熔断器主要由熔体和安装熔体的绝缘管或绝缘座组成。当熔断器串入电路时，负载电流流过熔体。当电路正常工作时，发热温度低于熔化温度，故长期不熔断。当电路发生过载或短路故障时，电流大于熔体允许的正常发热电流，使熔体温度急剧上升，超过其熔点，熔体被瞬时熔断而分断电路，起到了保护电路和设备的作用。

熔断器是一种主要用作短路保护的电器。由于它具有结构简单、价格便宜、使用维护方便等优点，因此得到广泛应用。

1.4.1 熔断器的结构和工作原理

1. 结构

熔断器一般由熔断体和底座组成。熔断体主要包括熔体、填料（有的没有填料）、熔管、触刀、盖板、熔断指示器等部件。熔断器的结构如图1-31所示。

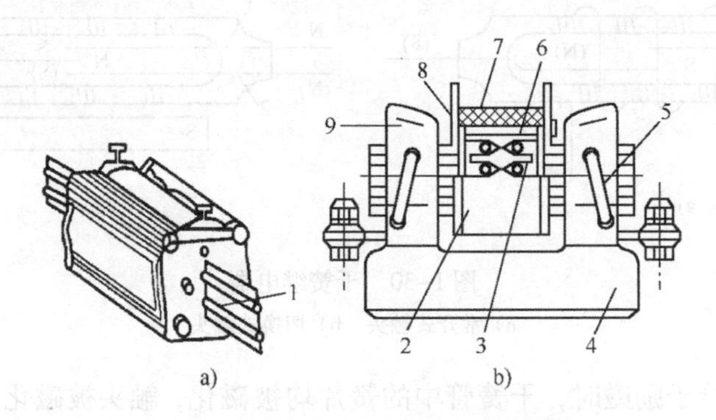

图1-31 RT0系列有填料封闭管式熔断器

a）外形 b）结构

1—刀形触头 2—熔管 3—熔体 4—熔座 5—开口弹簧圈 6—指示器熔丝 7—石英砂填料 8—熔断指示器 9—夹座

熔体是熔断器的主要组成部分，常做成丝状、片状或栅状。熔体的材料通常有两种，一种是由铅、铅锡合金或锌等低熔点材料制成，多用于小电流电路；另一种是由银、铜等较高熔点的金属制成，多用于大电流电路。熔管是熔体的保护外壳，用耐热绝缘材料制成，在熔体熔断时兼有灭弧作用。熔座是熔断器的底座，作用是固定熔管和外接引线。

2. 工作原理

熔断器使用时利用金属导体作为熔体串联在被保护的电路中，当电路发生过载或短路故障，通过熔断器的电流超过某一规定值时，以其自身产生的热量使熔体熔断，从而自动分断电路，起到保护作用。

熔断器对过载反应是很不灵敏的，当电气设备发生轻度过载时，熔断器将持续很长时间才熔断，有时甚至不熔断。因此，除在照明电路中外，熔断器一般不宜用作过载保护，而主要用作短路保护。

每个熔体都有一个额定电流值I_N，熔体允许长期通过额定电流而不熔断。如图1-32所示表示熔断时间t与通过熔体的电流I的关系，即熔断器的安秒特性，熔体的熔断时间随着电流的增加而缩短。熔断器的熔断电流与熔断时间的关系见表1-5。

熔断器只能作为短路保护用，不能作为电动机的过载保护用。这是因为交流电动机的起动电流很大，一般为电动机额定电流的5~7倍。

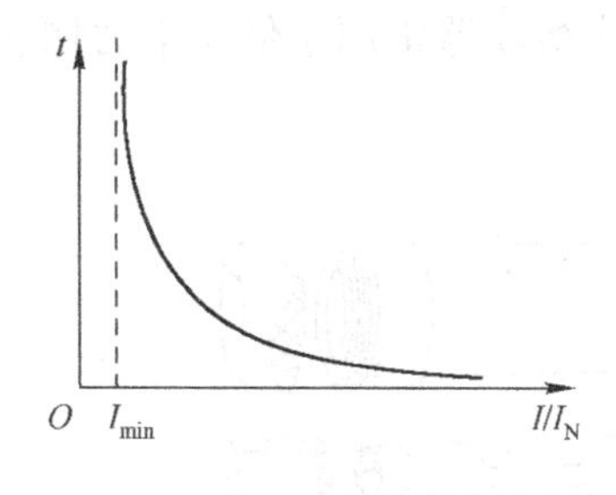

图 1-32　流过熔体的电流与熔体熔断时间的关系

表 1-5　熔断器的熔断电流与熔断时间的关系

熔断电流	$1.25I_N$	$1.6I_N$	$2I_N$	$2.5I_N$	$3.0I_N$	$4.02I_N$
熔断时间		1 h	40 s	8 s	4.5 s	2.5 s

1.4.2　常用的低压熔断器

熔断器按结构形式分为半封闭插入式、无填料封闭管式、有填料封闭管式和自复式。

1. 熔断器的技术参数

(1) 额定电压　从灭弧的角度出发，规定熔断器所在电路工作电压的最高极限，是保证熔断器能长期工作的电压。

(2) 额定电流　熔断器长期工作所允许的电流。熔断器的额定电流应大于或等于所装熔体的额定电流。

(3) 极限分断电流　熔断器在额定电压下所能断开的最大短路电流。它取决于熔断器的灭弧能力，而与熔体的额定电流大小无关。一般有填料的熔断器分断能力较高，可大至数十千安到数百千安。

2. 几种常用的熔断器

(1) RC1A 系列瓷插入式熔断器　这是一种最常见的，结构简单、更换方便、价格低廉的熔断器。用于额定电流 200 A 以下的低压电路末端或分支电路中，作短路保护和过载保护之用，如图 1-33 所示。

(2) RL1 系列螺旋式熔断器　螺旋式熔断器属于有填料封闭管式，熔体的上端盖有一熔断信号指示器，熔体熔断后，带色标的指示头弹出，可透过瓷帽上的玻璃孔观察到。它常用于机床电气控制设备中。外形、结构如图 1-34 所示，实物如图 1-35 所示。

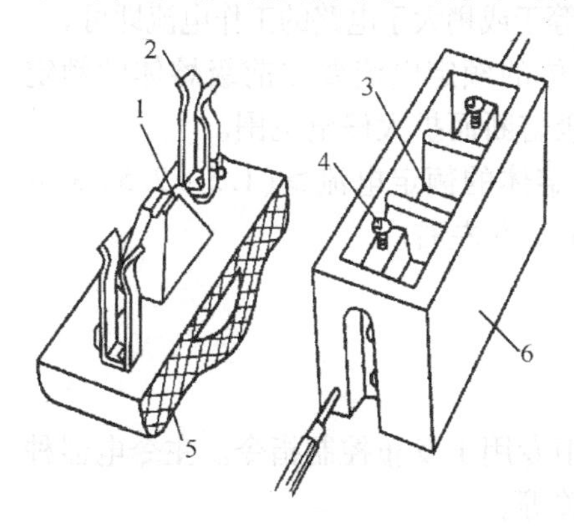

图 1-33　RC1A 系列瓷插入式熔断器
1—熔丝　2—动触头　3—空腔
4—静触头　5—瓷盖　6—瓷体

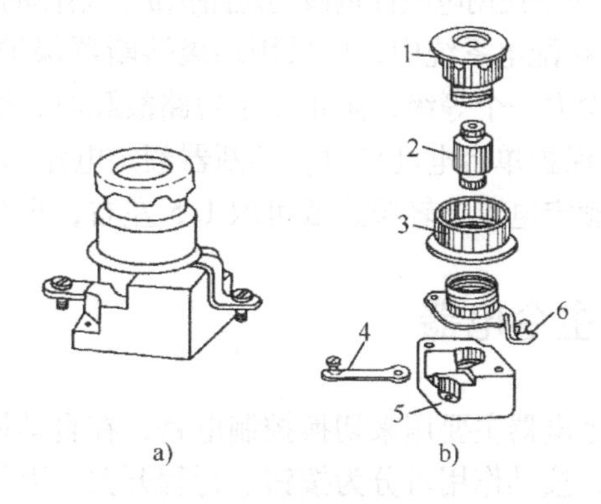

图 1-34　RL1 系列螺旋式熔断器
a) 外形　b) 内部结构
1—瓷帽　2—熔断管　3—瓷套　4—下接线座　5—瓷座　6—上接线座

（3）RM10 系列无填料密闭管式熔断器　无填料密闭管式熔断器常用于低压电力网或成套配电设备中。其外形、结构如图 1-36 所示。

图 1-35　螺旋式熔断器实物图

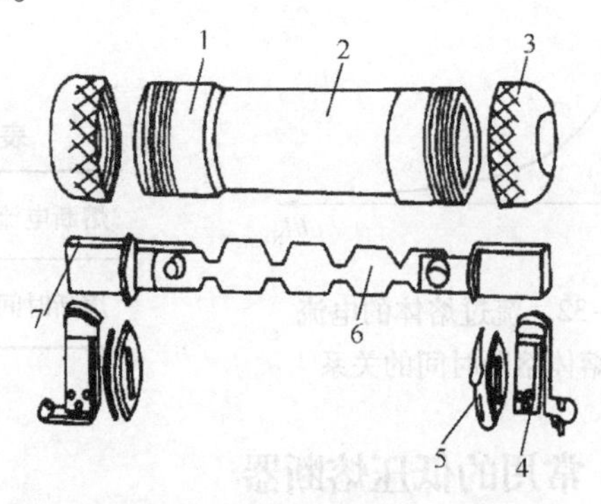

图 1-36　RM10 系列无填料密闭管式熔断器

1—铜圈　2—熔断管　3—管帽　4—插座

5—特殊垫圈　6—熔体　7—熔片

1.4.3　熔断器的选择

熔断器用于不同性质的电气电路负载，熔体额定电流的选用方法必须根据电气电路负载的实际情况来确定。

（1）熔断器类型选择　要根据电气电路的要求、使用场合和安装条件来确定。常见的熔断器有：

RC1A 系列瓷插式熔断器；

RL6/RL7/RL96/RLS2/RL1BT 系列螺旋式熔断器；

RT14/ RT18 系列塑壳式熔断器；

NT（RT16）有填料管式刀形触头熔断器；

NGT（RS）系列半导体器件保护用熔断器。

（2）熔断器额定电压的选择　额定电压要大于或等于电路的工作电压。

（3）熔断器额定电流的选择　额定电流必须大于或等于所装熔体的额定电流。

（4）熔体额定电流的选择

1）对于民用电阻性负载的短路保护，熔体的额定电流等于或稍大于电路的工作电流即可。

2）在配电系统中，要采用多级熔断器保护，后级熔体的额定电流要比前级熔体的额定电流至少大一个等级，防止发生短路故障时，熔断器越级熔断而扩大停电范围。

3）保护单台电动机时，熔断器额定电流的选择为：熔体的额定电流≥（1.5～2.5）×电动机的额定电流。轻载系数可取 1.5 左右，重载系数可取 2.5 左右。

1.5　主令电器

主令电器主要用来切换控制电路，在自动控制系统中专用于发布控制指令。主令电器种类繁多，按其作用可分为按钮、行程开关、万能转换开关等。

1.5.1　按钮

按钮是一种结构简单、应用广泛的主令电器，按钮在低压控制电路中用于手动发出控制信号，接通或断开小电流的控制电路，从而控制电动机或其他电气设备的运行。按钮有不同的分类，一般的分类方法如下。

1. 按结构形式分类

（1）旋钮式　用手动旋钮进行操作。

（2）指示灯式　按钮内装入信号灯显示信号。

（3）紧急式　装有蘑菇形钮帽，以示紧急动作。

2. 按触头形式分类

（1）常开按钮　在没有外力作用时，触头是断开的，有外力作用时，触头闭合，但外力消失后，在复位弹簧作用下自动恢复原来的断开状态。

（2）常闭按钮　在没有外力作用时（手未按下），触头是闭合的，有外力作用时，触头断开，当外力消失后，在复位弹簧作用下自动恢复原来的闭合状态。

（3）复合按钮　既有常开按钮又有常闭按钮的按钮组，称为复合按钮。按下复合按钮时，所有的触头都改变原来的状态，即常开触头闭合，常闭触头断开。

3. 控制按钮的选用

选择颜色有红、绿、黑、黄、白、蓝等。

起动按钮的按钮帽采用绿色，停止按钮的按钮帽采用红色。

典型产品：

AC 380 V（50 Hz/60 Hz）或 DC 220V/5A 的产品：LA18/LA19/LA20 系列、LA25 系列、KS 系列按钮。

AC 660 V(50 Hz/60 Hz)或 DC 440V/10A 的产品：LAY3/CDY5(LAY5)/CDY7(LAY7)/LAY9 系列按钮。

特殊产品：

LA81 系列隔爆型按钮，COB 系列防雨按钮。

在机床电气设备中，常用的按钮有 LA10、LA18、LA19、LA20、LA25 系列。按钮的外形、结构如图 1-37 所示，其中，图 1-37a 为 LA10 系列，图 1-37b 为 LA18 系列，图 1-37c 为 LA19 系列。按钮的图形符号和文字符号如图 1-38 所示。

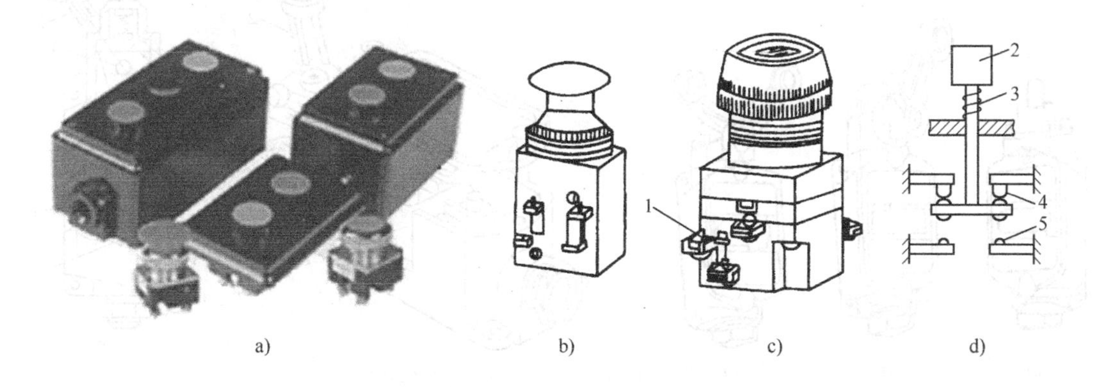

图 1-37　按钮外形及结构

a) LA10 系列按钮实物图　b) LA18 系列按钮　c) LA19 系列按钮　d) 结构

1—接线柱　2—按钮帽　3—复位弹簧　4—常开触头　5—常闭触头

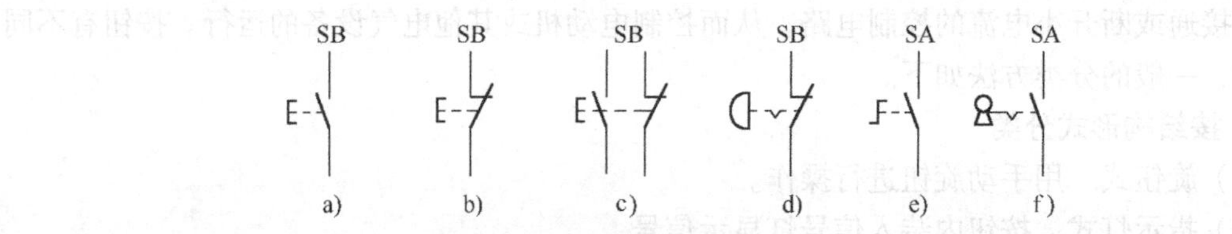

图 1-38　按钮的图形符号和文字符号

a）一般式常开触头　b）一般式常闭触头　c）复合式　d）急停式　e）旋钮式　f）钥匙式

按钮开关的型号及表示意义如下：

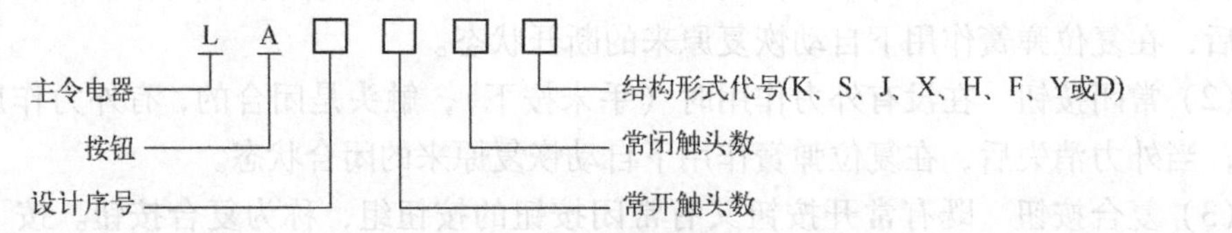

其中，结构形式代号含义：K－开启式，S－防水式，J－紧急式，X－旋钮式，H－保护式，F－防腐式，Y－钥匙式，D－带灯式及普通式、组合式等。

按钮的额定电压≤－660 V 或－440 V，额定电流≤10 A，圆形头或方形头。

1.5.2　行程开关

行程开关也称为位置开关或限位开关，它是利用运动部件的行程位置实现控制的电器元件。它的结构、工作原理与按钮相同，其特点是不靠手按，而是利用生产机械某些运动部件的碰撞使触头动作，发出控制指令。有自动复位和非自动复位两种。常用于自动往返的生产机械的运动方向、行程大小和位置保护。它是将机械位移转变为电信号来控制机械运动的。

行程开关的种类很多，按其结构不同可分为直动式、滚轮式、微动式；按其复位方式可分为自动复位和非自动复位；按触头性质可分为有触头式和无触头式。

行程开关外形、结构如图 1-39 ~ 图 1-42 所示。常用的位置开关有 LX10、LX21、JLXKl 等系列。

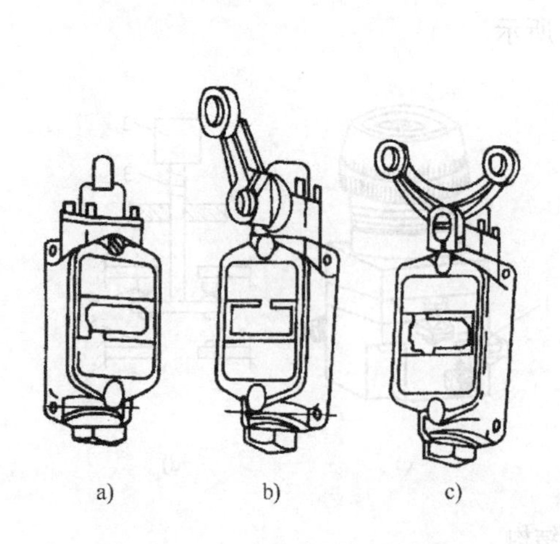

图 1-39　JLXKl 系列行程开关

a）按钮式　b）单轮旋转式　c）双轮旋转式

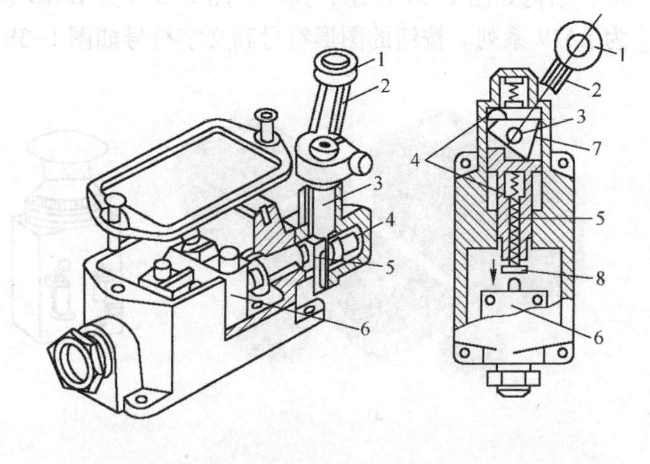

图 1-40　LXKl－111 型行程开关的结构和动作原理图

1—滚轮　2—杠杆　3—转轴　4—复位弹簧

5—撞块　6—微动开关　7—凸轮　8—调节螺钉

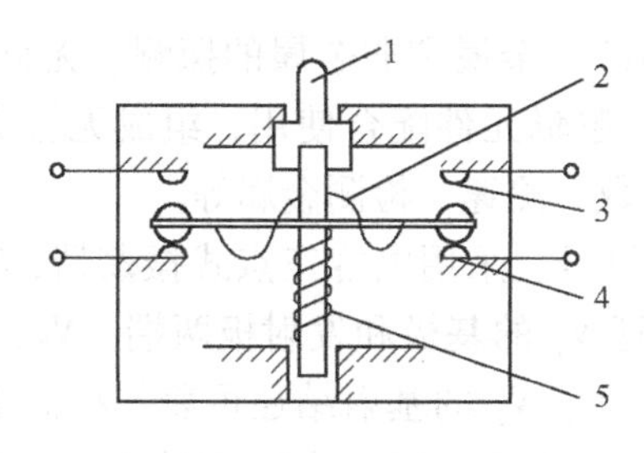

图 1-41　微动式行程开关

1—推杆　2—弯形片状弹簧　3—常开触头

4—常闭触头　5—恢复弹簧

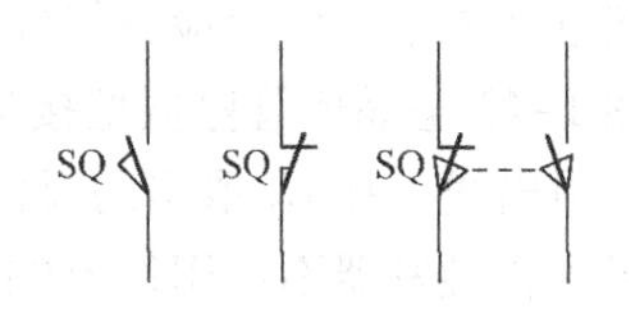

图 1-42　行程开关的图形符号和文字符号

行程开关的型号及表示意义如下：

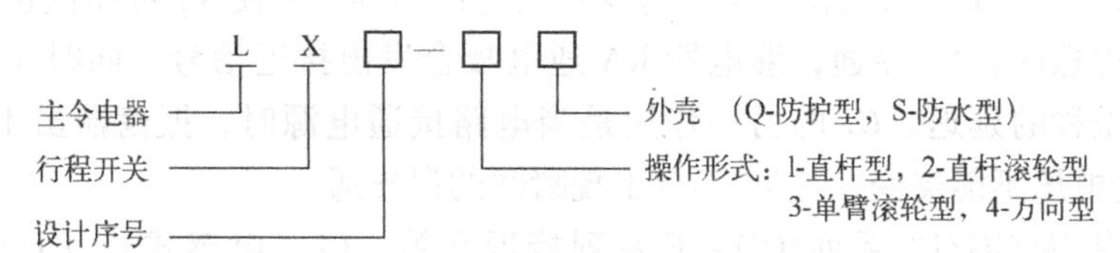

行程开关的典型产品：

JKXK1 系列行程开关（1 常开 1 常闭/5 A）

X2 系列行程开关（1 常开 1 常闭/5 A）

LX3 系列行程开关（1 常开 1 常闭/5 A）

LX5 系列行程开关（1 常开 1 常闭/3 A）

LX12 -2 系列行程开关（2 常开 2 常闭/4 A）

LX19/LX19A 系列行程开关（1 常开 1 常闭/5 A）

LX21 系列双轮行程开关（5 A）

LX22 系列行程开关（20 A）

LX25 系列行程开关（5 A）

LX29 系列行程开关（5 A）

LX31 型微动开关（0. 79 A）

LX32 系列行程开关（0. 79 A）

JW 型微动开关（3 A）

JW2 系列（多个组合）

LXK2/LXK3 系列行程开关（5 A）

3SE3 系列、WL 系列、ME 系列、HL 系列行程开关（10 A）

1. 5. 3　接近开关

接近开关一般由感测机构、振荡器、检波器、鉴幅器和输出电路组成。感测机构的作用是将非电量转换成电量。

接近开关是一种无接触式开关型传感器，当物体与之接近到一定距离时，信号机构将发出物体接近而“动作”的信号。它既有行程开关、微动开关的特性，同时又具有传感器的性能，具有动作可靠、性能稳定、频率响应快、使用寿命长、抗干扰能力强等优点，而且具有防水、防振、耐腐蚀、计数、测速、零件尺寸检测、金属和非金属的探测、无触头按钮、液面控制检测等功能特点。另外还可以同计算机、逻辑元件配合使用，组成无触头控制系统。接近开关也可作为检测装置使用，用于高速计数、测速、检测金属等。

图 1-43 是晶体管停振型接近开关的电路图及符号。采用电容三点式振荡器，感辨头 L 有两根引出线。在 C_2 取出的反馈信号可加到晶体管 V_1 的基极和发射极两端。V_2、V_3 组成的射极耦合触发器不仅用作鉴幅，同时也起放大作用。V_2 的基射结还可兼作检波器。为减轻振荡器的负担，电容 C_3 选 510 pF 左右，电阻 R_4 选 10 kΩ 左右。振荡器输出的正半周电压使 C_3 充电，负半周 C_3 经 R_4 放电，选择较大的 R_4 可减小放电电流，但 R_4 过大会使 V_2 基极信号过小而在正半周内不足以饱和导通。检波电容 C_4 接在 V_2 的集电极上可减轻振荡器的负担。由于 R_5、C_4 的充电时间常数远大于 C_4 通过半波导通向 V_2 和 V_7 放电时间常数，所以当振荡器振荡时，V_2 的集电极电位基本上与发射极电位相等，并使 V_3 可靠截止。当接近感辨头 L 使振荡器停振时，V_3 导通，继电器 KA 通电吸合发出接近信号，同时 V_3 的导通因 C_4 充电约有数百微秒的延迟。C_4 的另一作用是当电路接通电源时，振荡器虽不能立即起振，但由于 C_4 上的电压不能突变，使 V_3 不会出现瞬间的误导通。

典型产品有 JM/JG/JR 系列/OD - F 系列接近开关；LJ（电感式）、CJ（电容式）、SJ（霍尔式）接近开关；3SG（德国）系列接近开关。接近开关的文字和图形符号如图 1-43b、c 所示。

常用的接近开关有 LJ5、LXJ6、LXJ18 系列。

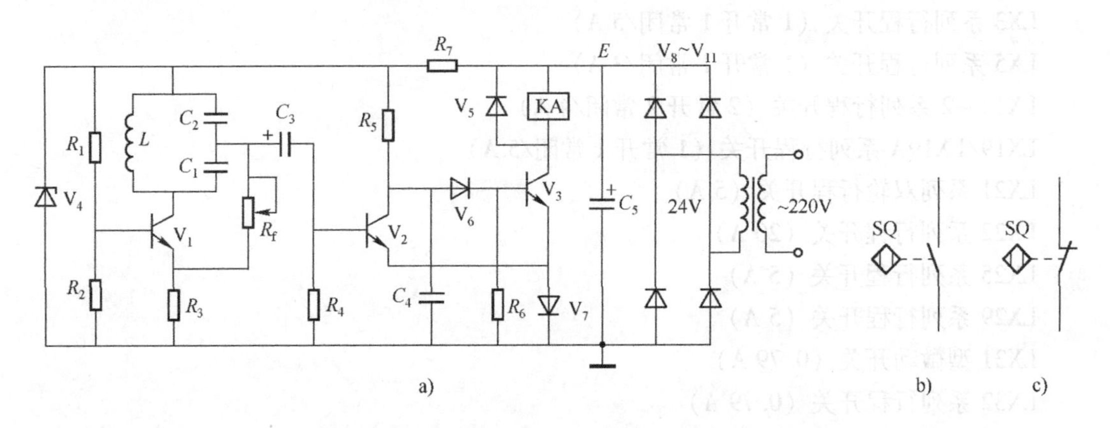

图 1-43　接近开关

a）晶体管停振型接近开关电路图　b）常开触头　c）常闭触头

1.5.4　其他开关

1. 万能转换开关

万能转换开关一般由操作机构、面板、手柄及多个触头座等部件组成，再用螺栓组装而成。

万能转换开关是一种能对电路进行多种转换的多档式主令电器。它是由多组相同结构的触头组件叠装而成的多回路控制电器，主要用于各种配电装置的远距离控制和电气测量仪表的转换开关，还可用作小容量电动机的起动、制动、调速和换向的控制。由于触头档数多，换接的电路多，用途广泛，故称为万能转换开关。LW5 系列万能转换开关如图 1-44 所示。

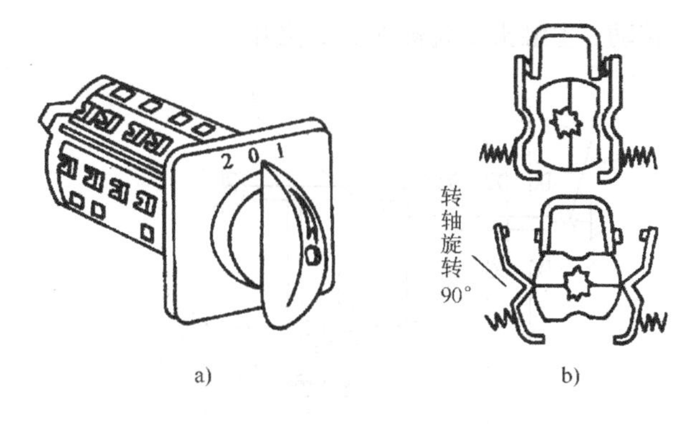

图 1-44　LW5 系列万能转换开关
a）外形　b）凸轮通断触头示意图

2. 光电开关

光电开关一般由投光器和受光器组成。它是一种把光照强弱的变化转换为电信号的传感元件。它利用物质对光束的遮蔽、吸收或反射等作用，对物体的位置、形状、标志、符号等进行检测。

光电开关能非接触、无损伤地检测各种固体、液体、透明体、烟雾等。它具有体积小、功能多、寿命长、功耗低、精度高、响应速度快、检测距离远和抗光、电、磁干扰性能好等优点。广泛应用于各种生产设备中作物体检测、液位检测、行程控制、产品计数、速度监测、产品精度检测、尺寸控制、宽度鉴别、色斑与标记识别、人体接近开关和防盗警戒等，已成为自动控制系统和自动化生产线中的重要器件。

3. 主令控制器

主令控制器一般由触头、凸轮、定位机构、转轴、面板及其支承件等部分组成。根据每块凸轮块的形状特点，可使触头按一定的顺序闭合与断开。这样，只要安装一层层不同形状的凸轮块即可实现对控制电路顺序地接通与断开。

主令控制器可用作频繁切换复杂多回路控制电路的开关，每小时通电次数较多，触头为双断点桥式结构，尤其适用于按顺序操作的多回路控制。

1.6　低压断路器

低压断路器又称为自动空气开关或自动空气断路器，主要用于低压动力电路中。它相当于刀开关、熔断器、热继电器和欠电压继电器的组合，当电路发生过载、短路或失电压等故障时，能自动跳闸，切断故障电路。它是一种自动切断电路故障的保护电器。因此，低压断路器是低压配电网中应用广泛的一种重要的保护电器。

1.6.1　低压断路器的结构和工作原理

低压断路器主要由触头系统、操作机构和保护装置（各种脱扣器）三部分组成。图 1-45 是断路器的工作原理图。图中主触头 2 有三对，串联在三相主电路中。断路器的主触头是靠手动操作或电动合闸的，用手扳动按钮为接通位置，这时主触头 2 由锁键 3 保持在闭合状态，主触头闭合后，自由脱扣机构 4 将主触头锁在接通位置上。锁键 3 由自由脱扣机构 4 支持着。要使开关断开，扳动按钮到断开位置，自由脱扣机构 4 被杠杆 7 顶开，自由脱扣机构 4 可绕轴 5 向上转动，主触头 2 就被弹簧 1 拉开。

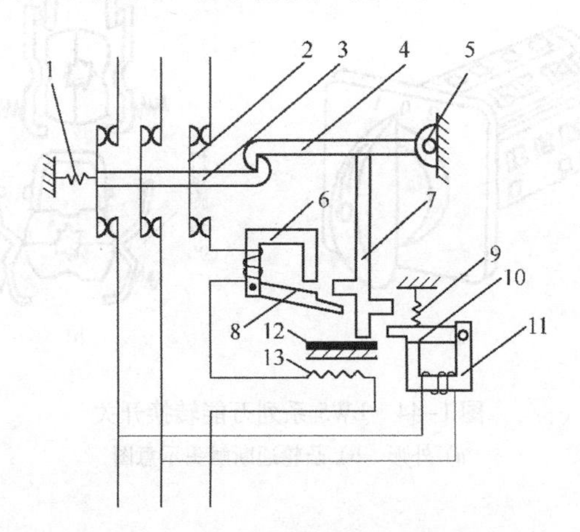

图 1-45　断路器工作原理

1、9—弹簧　2—主触头　3—锁键　4—自由脱扣机构　5—轴　6—过电流脱扣器

7—杠杆　8、10—衔铁　11—欠电压脱扣器　12—双金属片　13—热脱扣器

断路器的自动分断，是通过过电流脱扣器 6、欠电压脱扣器 11 和热脱扣器 13 的作用，使自由脱扣机构 4 被杠杆 7 顶开而完成的。过电流脱扣器 6 的线圈和主电路串联，当电路工作正常时，过电流脱扣器 6 产生的电磁吸力不能将衔铁 8 吸合，只有当电路发生短路或产生很大的过电流时，其电磁吸力才能将衔铁 8 吸合，撞击杠杆 7，顶开自由脱扣机构 4，使主触头 2 断开，从而将电路分断。

欠电压脱扣器 11 的线圈和电源并联，当电路电压正常时，欠电压脱扣器产生的电磁吸力能够克服弹簧 9 的拉力而将衔铁 10 吸合，当电路欠电压时，欠电压脱扣器的衔铁释放，电磁吸力小于弹簧 9 的拉力，衔铁 10 被弹簧 9 拉开，撞击杠杆 7，顶开自由脱扣机构 4，使主触头 2 断开，将电路分断。

当电路发生短路或严重过载时，过载电流通过热脱扣器 13 的发热元件使双金属片 12 受热弯曲，推动杠杆 7 顶开自由脱扣机构 4，断开主触头 2，从而起到短路或严重过载保护的作用。断路器在使用上最大的好处是脱扣器可以重复使用，不需要更换。

低压断路器的外形结构、图形及文字符号如图 1-46 所示。

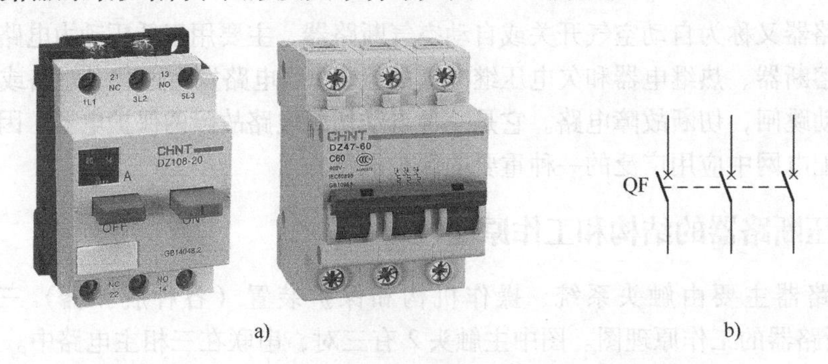

图 1-46　低压断路器的外形结构、图形及文字符号

a）外形结构　b）符号

1—按钮　2—电磁脱扣器　3—自由脱扣器　4—动触头　5—静触头　6—接线柱　7—热脱扣器

低压断路器的型号及表示意义如下：

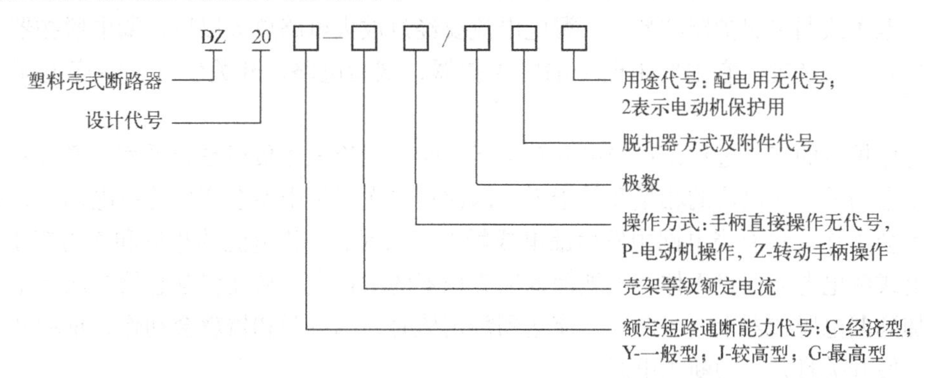

1.6.2 低压断路器的选用

断路器的类型主要有万能式（框架式）、塑料外壳式、直流快速式、限流式等。

断路器的主要技术参数有额定电压、额定电流、极数、脱扣器类型及其整定电流范围、分断能力、动作时间等。

选用的技术原则：

（1）万能式断路器　主要用于配电网络的保护。

（2）塑料外壳式断路器　主要用作配电网络的保护和电动机、照明电路及电热器等控制开关。

（3）直流快速断路器　主要用于半导体整流元件和整流装置的保护。

（4）限流断路器　主要用于短路电流相当大的电路中。

1）断路器的额定工作电压应大于或等于电路或设备的额定工作电压。对于配电电路来说，应注意区别是电源端保护还是负载保护，电源端电压比负载端电压高出约5%左右。

2）断路器主电路额定工作电流大于或等于负载工作电流。

3）断路器的额定通断能力大于或等于电路最大短路电流。

4）断路器的欠电压脱扣器的额定电压等于主电路的额定电压。

5）断路器的过电流脱扣器的额定电流大于或等于电路的最大负载电流。

6）断路器类型的选择应根据电路的额定电流及保护的要求来选用。

1.6.3 漏电保护器

低压漏电保护器的作用是，当电网发生设备漏电甚至人身触电时，漏电保护器能迅速自动切断电源，可避免事故发生。

漏电保护器可根据检测信号的不同分为电压型和电流型。电压型存在可靠性差等缺点，已被淘汰，目前主要使用电流型漏电保护器。下面介绍电流型漏电保护器。

漏电保护器主要由检测漏电流大小的零序电流互感器，将检测到的漏电流与一个设定基准值相比较、能判断是否动作的漏电脱扣器，受漏电脱扣器控制的能通、断被保护电路的开关装置三个主要部件组成。

电流型漏电保护器按其结构不同又分为电磁式和电子式两种。

（1）电磁式漏电保护器的特点　把漏电电流直接经过漏电脱扣器来控制开关装置。它主要由电磁式漏电脱扣器、试验回路、开关装置和零序电流互感器组成。

(2) 电子式漏电保护器的特点　漏电电流要经过放大电路放大以后，漏电脱扣器才能工作，去控制开关装置。它主要由电子漏电脱扣器、试验电路、开关装置、零序电流互感器组成。

漏电保护器的工作过程是：当电网正常运行时，无论三相负载是否平衡，经过零序电流互感器主电路的三相电流的相量和等于零，因此在二次绕组中不会产生感应电动势，漏电保护器也不会工作。只有当电网中发生漏电或触电事故时，三相电流的相量和不再等于零，因为有漏电或触电电流通过人体和大地而返回变压器的中性点，从而使互感器二次绕组产生感应电压加到漏电脱扣器上。当漏电电流达到额定值时，漏电脱扣器就会动作，推动开关装置的锁扣，使开关打开，切断主电路。

1.7　低压开关

1.7.1　常用刀开关

刀开关主要有开启式开关熔断器组（胶壳开关）和封闭式开关熔断器组（铁壳开关）两种，开关内都装有熔断器，兼有短路保护功能。刀开关安装时，手柄向上，不得倒装或平装。

1. 胶壳开关

胶壳开关俗称闸刀开关，是结构最简单、应用最广泛的一种手动电器，如图 1-47 所示。它主要用于电路的电源开关和容量小于 7.5 kW 的异步电动机。它是非频繁起动的操作开关。胶壳开关由操作手柄、熔丝、刀片、刀座和底座组成，按极数分有单极、双极与三极开关，如图 1-48 所示。

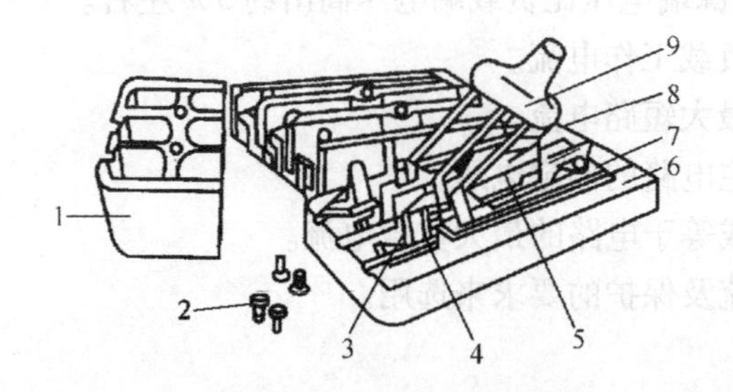

图 1-47　HK 系列刀开关结构

1—胶盖　2—胶盖紧固螺钉　3—进线座　4—静触头　5—熔体　6—瓷底　7—出线座　8—动触头　9—瓷柄

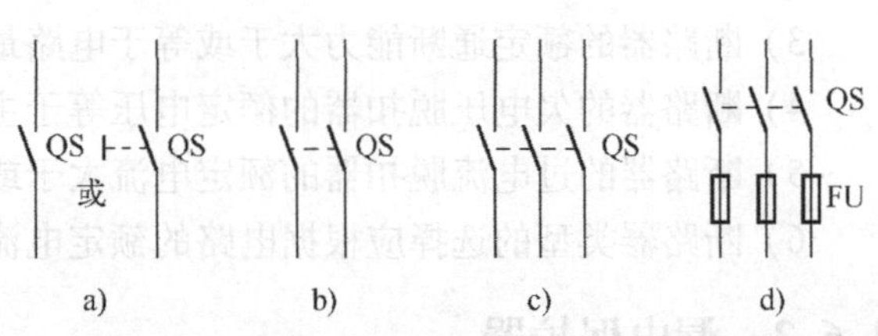

图 1-48　刀开关的图形符号和文字符号

a) 单极　b) 双极　c) 三极　d) 三极刀熔开关

2. 铁壳开关

铁壳开关也称为封闭式负荷开关。它主要由钢板外壳、触刀、操作机构、熔丝等组成，如图 1-49 所示。

铁壳开关的操作机构具有两个特点：一是设置了联锁装置，保证了开关在合闸状态下开关盖不能开启，而开启时不能合闸，以保证操作安全；二是采用储能分合闸方式，操作机构中，在手柄转轴与底座之间装有速动弹簧，能使开关快速接通与断开，与手柄操作速度无关，这样有利于迅速灭弧。

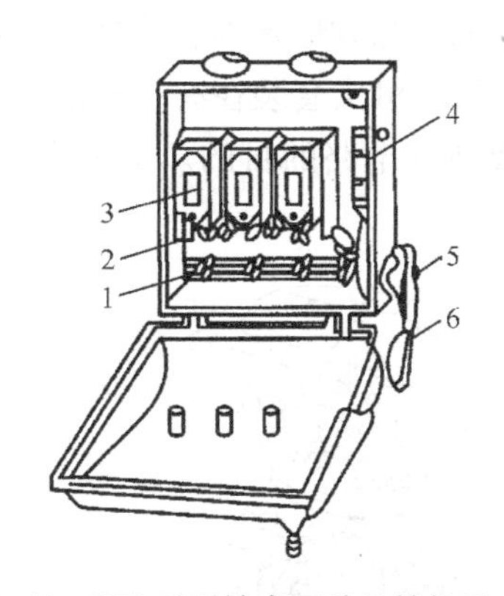

图 1-49　HH 系列铁壳开关的结构示意图

1—U 形开关　2—静夹座　3—熔断器　4—弹簧　5—转轴　6—操作手柄

3. 刀开关的主要技术参数

刀开关的主要技术参数有额定电压、额定电流、通断能力、热稳定电流、动稳定电流等。

(1) 额定电压　在规定条件下，刀开关长期工作所能承受的最大电压。

(2) 额定电流　在规定条件下，刀开关在合闸位置允许长期通过的最大工作电流。

(3) 通断能力　在规定条件下，刀开关在额定电压时能接通和分断电路的最大电流值。

(4) 刀开关电寿命　在规定条件下，刀开关不经维修或更换零件的额定负载操作循环次数。

(5) 动稳定电流　当电路发生短路故障时，刀开关并不因短路电流产生的电动力作用而发生变形、损坏等现象，这一短路电流峰值为动稳定电流。

4. 刀开关的常用型号及电气符号

目前常用的刀开关有 HD 系列刀形隔离器、HS 系列双投刀开关、HK 系列胶盖刀开关、HH 系列负荷开关及 HR 系列熔断器式刀开关。

按类型选择：

HR5 系列熔断器式开关（100/200/400/630 A）

HH15 系列熔断器式隔离开关（63/125/160/250/400/630 A）

按参数选择：极数、额定电流（≤630 A）、额定电压（≤660 V）、通断能力等。

刀开关的型号及表示意义如下：

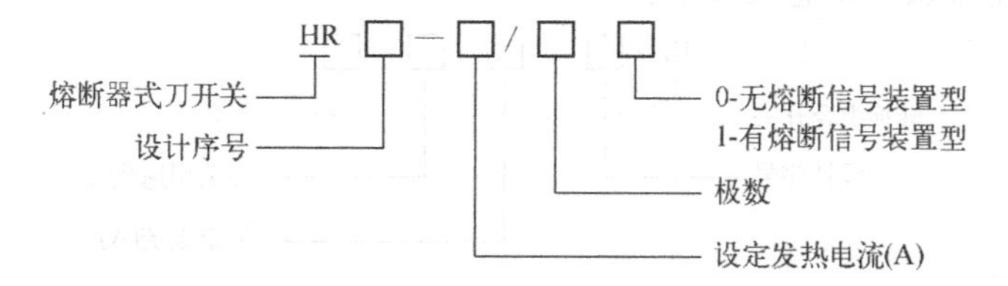

1.7.2　组合开关

组合开关实际上是一种转换开关。在机床电气设备中用作电源引入开关，可实现多组触头组合，用于三相异步电动机非频繁正、反转。

1. 组合开关的结构组成和工作原理

组合开关由多对动触头、静触头和方形转轴、手柄、定位机构和外壳组成。其动、静触头分别叠装在多层绝缘壳内。它的动触头套装在有手柄的绝缘转动轴上，转动手柄就可改变触片的通断位置，以达到接通或断开电路的目的。其外形、结构如图 1-50 所示，其图形、文字符号如图 1-51 所示。

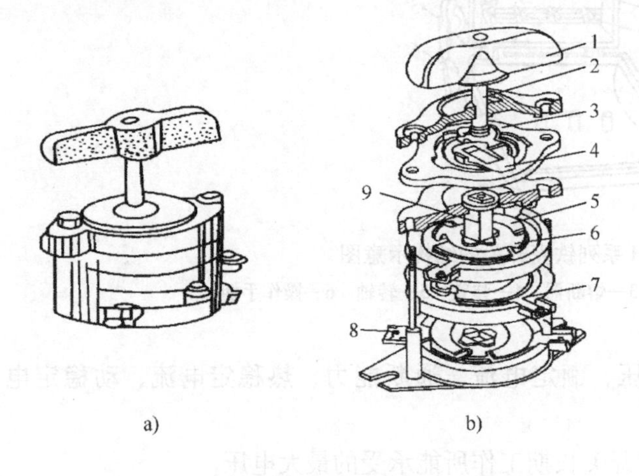

图 1-50　组合开关的外形与结构示意图

a) 外形图　b) 结构示意图

1—手柄　2—转轴　3—弹簧　4—凸轮　5—绝缘垫板　6—动触片　7—静触片　8—接线柱　9—绝缘方轴

QS　QS

a)　b)

图 1-51　组合开关的图形符号

a) 单极　b) 三极

2. 组合开关的主要技术参数

组合开关的主要技术参数为额定电流、额定电压、极数等。

组合开关一般有单极、双极和三极三种。

3. 组合开关的选用

参数选择：位数（2～4）、极数（1～4）、额定电流（≤100 A）、额定电压（≤380 V）、通断能力等。

类型选择：

HZ5 系列普通型组合开关（10/20/40/60 A）

HH10 系列组合开关（10/25/60/100 A）

常用的组合开关有 HZ5、HZ10、HZ15 等系列。

组合开关的型号及表示意义如下：

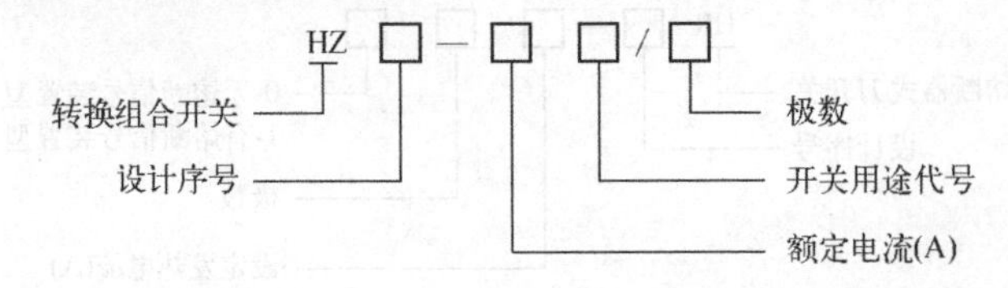

1.8　智能电器

由于低压电器在运行时存在着电、磁、光、热、力、机械等多种能量转换，这些转换规律大多是非线性的，许多现象又是一种瞬态过程，使低压电器的理论分析、产品设计、性能检验、配电与控制系统等变得日益复杂，传统的开关电器无法满足现代化控制与配电系统的需求，限制了现代化控制与配电系统的发展。因此，对低压电器产品的性能与结构提出了更高的要求。随着科学技术的进步，新技术、新材料、新工艺的不断出现，电力系统自动化程度的不断提高，对低压电器提出了高性能、高可靠性、小型化、多功能、组合化、模块化、智能化的要求。

1.8.1 智能电器概述

低压电器智能化包括可通信万能式断路器、智能脱扣器的新算法和新技术、智能接触器、智能电网、电弧故障断路器的智能化检测技术。智能技术是把电器元件和配电装置以及整个配电系统连接和综合起来的纽带，它也是促进低压电器向多功能、高性能和小型化发展的关键。

低压电器可分为配电电器和控制电器两大类，是成套电气设备的基本组成元件。常用的低压电器有刀开关、熔断器、接触器、继电器和主令电器等。在工业、农业、交通、国防以及人们的日常用电部门中，大多数采用低压供电，因此电器元件的质量将直接影响到低压供电系统的可靠性。随着计算机技术和互联网技术的发展，低压电器生产以智能化、模块化、可以通信为主要特征。智能化断路器、智能化电动机保护器、智能化接触器是低压开关柜和电动机控制中心实现智能化的主要电器元件。未来，智能化低压电器渐成主流。

1.8.2 智能电器的控制技术

智能电器元件是采用计算机控制技术、现代传感技术、模拟量数字技术及计算机数字通信技术，具有自动监测和识别运行环境或故障类型及操作命令类型的功能，能根据故障和操作命令类型来控制电器元件操作机构动作的电器元件。这一定义给出了智能电器元件最基本的特征。

智能开关设备由一次开关元件和智能监控单元组成。智能监控单元不仅可以替代原有开关设备二次系统的测量、保护和控制功能，还应该能够记录各种运行状态的历史数据、各种数据的现场显示，并通过数字通信网络向系统控制中心传递各类现场数据，接受系统控制中心的远程操作与管理。此外，开关设备的一次开关电器为智能电器元件时，也可以由控制中心直接进行远程的智能控制。对于低压配电系统和电动机控制系统中的电器设备，通常必须具备以下主要功能：过载保护、短路保护、控制、隔离、紧急状态下急停。

将智能控制技术引入低压电器之后，可以提高电器产品的工作可靠性、协调各控制与保护环节之间的配合、节约资源、优化系统，形成新一代集成化电器产品。

1.8.3 智能电器的组成

低压配电系统和电动机控制中心形成了智能化监控、保护与信息网络系统，它由以下几个部分组成。

1）智能化开关设备，包括带智能化脱扣器的断路器、智能化的接触器与智能化电动机保护器。

2）监控器，在网络系统中起参数测量、显示及某种保护功能，替代传统的指令电器、信号电器与测量仪表。

3）中央计算机和可编程序控制器（PLC）。

4）网络元件，用于形成通信网络，主要有现场总线、操作器与传感器接口、地址编码器及寻址单元等。

智能化的断路器、智能化的电动机保护器、智能化的接触器是低压开关柜和电动机控制中心实现智能化的主要电器元件。

1.8.4　智能接触器

接触器是用于频繁接通和断开交、直流电路及大容量控制电路的控制电器。它具有动作迅速，操作安全方便，能远距离操作等优点，在工农业生产上应用很广泛，主要用作电动机、小型发电机、电焊机、电热设备等电气设备的主控开关。一般情况下，接触器是由按钮操纵或继电器、限位器及其他控制元件操纵。由于接触器能接通和断开负荷电流，但不能切断短路电流，因此常与熔断器、热继电器等配合使用。

随着电子和计算机技术的发展，交流接触器开始向智能化方向迈进。交流接触器与单片机具有的逻辑判断及通信功能相组合，实现了智能化控制。其功能表现在确保交流接触器吸合后，自动执行低压吸持作用，同时监视设备的过电流、过电压、欠电压、三相不平衡及漏电等情况，实现过零分断，使触头火花能量最小。如果与上位机联网，还可以组成简单DCS系统。

但是，成熟的智能交流接触器产品至今未见报道，因此，研究和开发智能化高性能交流接触器是一项非常重要的任务。

1.8.5　智能断路器

智能断路器就是将智能监控器的功能与断路器集成在一起，实现脱扣器的智能化。由此断路器的保护功能大大加强，不仅方便地集电流三段、断相、反相、过电压、欠电压、不平衡、逆功率、接地保护于一身，做到一种保护功能多种动作特性，而且可显示电压、电流、频率、有功功率、无功功率、功率因数等系统运行参数，具有准确、可靠的系统协调保护功能。近年来，在供电系统中大量使用软起动器、变频器、电力电子调速装置、不间断电源装置等，使电网和配电系统中出现了大量的高次谐波，而模拟式电子脱扣器一般只反映故障电流的峰值，造成断路器在高次谐波的影响下发生误动作。带微处理器的智能化断路器反映的是负载电流的真实有效值，可避免高次谐波的影响。与传统的双金属片热继电器相比，微电子控制的智能式热继电器具有一系列优点：可准确保护电动机过载、断相、三相不平衡、反相、低电流、接地、失电压、欠电压等故障，并可数字显示故障类型，保护不同起动条件与工作条件的电动机，使其动作特性可靠。

智能型框架断路器，配置带通信接口的控制单元，主要功能包括：具有长延时、短延时、瞬时过流、接地故障、欠电压的保护等；在断路器上可显示电流、电压、功率、有功电能、无功电能、功率因数、频率等电量参数的运行状态，故障信息等；通过通信接口与上位计算机进行数据交换，并可接受上位机的命令；实现远程电量参数的测量、断路器运行状态（合、分、故障、报警等）的监控、由上位机对断路器进行遥控分合闸操作，由上位机对断路器的设备参数和保护值进行遥调的四遥（遥控、遥测、遥信和遥调）功能。智能断路器就是将智能监控器的功能与断路器集成在一起，实现脱扣器的智能化。如施耐德公司的 Masterpact MT 系列框架断路器，ABB 公司的 New Emax 系列框架断路器，常熟开关制造有限公司的 CW2 系列框架断路器等。

1.8.6 智能脱扣器

智能化断路器中智能化技术的应用核心是集保护、测量、监控于一体的多功能脱扣器，它主要由微处理器单元、信号检测采集单元、开关量输入单元、显示和键盘单元、执行输出单元、通信接口、电源等几个部分组成，与脱扣驱动机构、空心互感器配合，执行电流电压采集和保护工作。智能脱扣器工作原理如图 1-52 所示，实物图如图 1-53 所示。

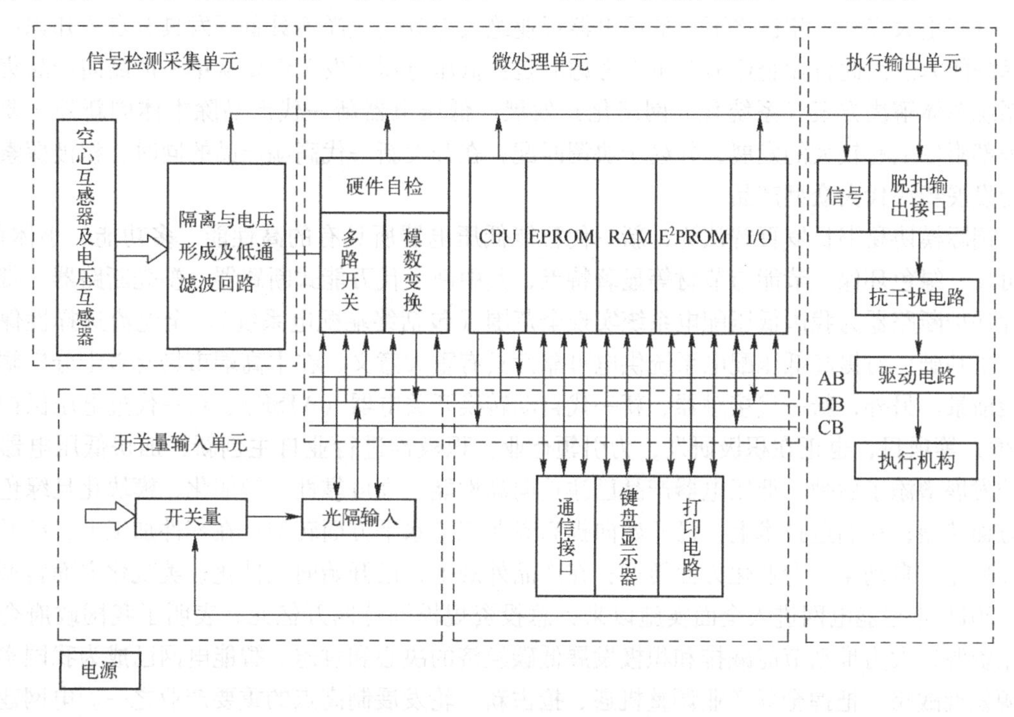

图 1-52　智能脱扣器原理图

智能脱扣器原理是：在断路器的三相各安装一个空心互感器，通过互感器把主电路中的电压、电流信号转换成可处理的模拟信号，脱扣器信号处理单元对这些信号进行整流滤波处理后送入 CPU，在 CPU 内部进行 A-D（模-数）转换后进行逻辑运算处理，运算结果和预先设置的过载、短路延时、短路瞬动和单相接地故障的电流值进行比较，比较后单片机输出符合预设定保护特性的逻辑电平信号，这些信号经放大后可直接驱动断路器的执行机构或其他辅助继电器，使断路器动作或输出声光信号。各种故障保护的动作电流和时间整定值通过键盘设定并预先存储在 EPROM 中，并可在运行期间随时进行修改。若产生特大短路电流时，独立于 CPU 的模拟脱扣电路可立

图 1-53　智能脱扣器实物图

即产生动作信号控制执行单元，使断路器动作。断路器分断动作的执行，是由智能脱扣器输出电磁信号给脱扣磁通变换器。磁通变换器实际上是一个单向极化继电器，衔铁后连接一个推动杆，正常情况时，衔铁被铁心上的永久磁铁产生的恒向磁通所吸引，驱动电路输出的直流电流产生的磁通极性与永久磁铁的磁通相反，抵消铁心对磁铁的吸力，衔铁释放，其推动杆脱开断路器四连杆上的锁扣，断路器跳闸，切断电路。

1.8.7 智能电器发展趋势

国外低压电器先进制造商从20世纪末到21世纪初相继推出了新一代低压电器产品。这批产品有新技术、新材料、新工艺为支撑，无论在产品性能、结构、小型化、特性、功能等方面都有重大突破。相比之下，低压电器行业绝大部分企业尚不具备开发具有自主知识产权产品的能力。因此行业企业需要重点考虑的是：低压电器研发工作要从单一产品向产品集成与系统总体解决方案（系统化、网络化）发展；低压电器新一代产品除本体创新外，要在内外部附件上有较大的发展，并趋于协调匹配；在开发新一代高端产品的同时，积极探索并大力发展新一代大众型产品。

国际模协秘书长罗百辉认为，新一代智能低压电器所具有的高性能、多功能、小体积、高可靠、绿色环保、节能与节材等显著特点，其中新一代万能式断路器、塑壳断路器、带选择性保护断路器为我国低压配电系统实现全范围（包括终端配电系统）、全电流选择性保护提供了基础，对提高低压配电系统供电可靠性具有重大意义，在中高端市场有着十分广阔的发展前景。另外，新一代接触器、新一代自动转换开关电器（ATSE）、新一代过电压保护器（SPD）等项目，也正在积极研发，为引领行业，积极推进行业自主创新，加快低压电器行业的发展增添了后劲。低压电器产品已注重向高性能、高可靠性、智能化、模块化且绿色环保方面转型；在制造技术上，已开始向提高专业工艺水平方面转型；在零件加工上，已开始向高速化、自动化、专业化方面转型；在产品外观上，已开始向人性化、美观化方面转型。

2011年智能电网进入全面实施以来，总投资规模预计四万亿元，表明了我国政府合理利用资源、大力推动节能减排和积极发展低碳经济的决心和意志。智能电网已成为我国实施能源发展战略、把握全球产业调整机遇、抢占新一轮发展制高点的重要产业之一。电网建设投资也将进入快速增长时期，一次设备子行业和二次设备子行业的长期发展潜力巨大，相关设备制造、接入等技术产品具有巨大市场空间。

随着智能电网的发展，今后低压电器的发展首先要从系统发展的角度去考虑。同时，还要从系统的整体解决方案去考虑，并从系统到所有配电、保护、控制的元件，从强电到弱电都能解决。

1.9 低压电器的发展方向

随着计算机、材料科学、等离子体物理、电子学、信息和网络科学的发展，促进了低压电器技术的发展。未来低压电器企业生产的产品必须定位高端，开发智能化低压电器，为未来智能电网建设做准备。在智能化低压电器开发方面，采用了智能电子设计技术，在微型断路器、塑壳断路器和框架断路器的智能化方面也进行了大量的开发工作。主要体现在以下几个方面。

1. 低压电器的智能化与网络化

微处理机和计算机技术引入低压电器，使低压电器具有智能化的功能，低压开关电器实现了与中央控制计算机的双向通信。如智能化电动机控制器，随着计算机网络的发展，由低压配电系统和电动机控制中心已形成智能化、保护和信息网络系统。这种由新型低压电器元件和中央控制计算机组成的网络系统与传统的低压配电系统和电动机控制系统相比具有以下优点。

1）实现中央计算机集中控制和可编程序控制器控制，提高了低压配电系统的自动化、信息化程度。

2）低压配电控制系统中具有通信功能的智能化元件经数字通信与计算机系统网络连接，实现变电站低压开关设备运行管理的自动化、智能化。

3）监控器采用新的电子、电器元件，代替了传统的指令电器、信号电器。

4）电子、电器元件与传统的指示和主令电器相比，容易安装、工作稳定、安全可靠。

5）智能化开关设备，包括带智能化脱扣器的框架断路器、真空断路器、塑壳断路器及智能化电动机控制器。微处理器引入低压断路器，首先使断路器的保护功能大大增强。智能化低压断路器和电动机控制器是低压开关柜和电动机控制中心实现智能化的主要电器元件。带微处理器的智能化脱扣器的保护特性调节十分方便，还可设置预替特性。智能化脱扣器可以实现与低压配电网络通信，使断路器成为有通信功能的低压电器。

6）可实现数据共享。网络通信的发展对用户和设备之间的开放性和兼容性的要求日益提高，因而制定一个统一的通信协议是急需解决的问题。目前由智能化电器与中央计算机通过接口构成的自动化通信网络正从集中式控制向分布式控制发展；现场总线技术的出现，不但为构造分布式计算机控制系统提供了条件，而且它即插即用、扩充性好、维护方便，已成为国内外关注的热点。

2. 仿真技术的发展

随着计算机技术的发展，计算机辅助设计与制作软件系统的引进，使电器产品的计算机辅助设计正从二维转向三维，标志着辅助设计技术进入了一个新阶段。传统的二维设计软件仅能解决计算机制图问题，而三维设计系统集设计、制造和分析于一体，让设计者在三维空间内完成零部件的设计和装配，并在此基础上自动生成图纸，完成零部件的自动加工工艺并生成相应的代码程序，实现了设计与制造的自动化。

3. 环保材料的广泛使用

随着工农业的发展，环境保护问题日趋严重，这对大量使用的低压电器提出了新的要求。如低压电器中几乎80%的材料是塑料，塑料常作为低压电器的外壳使用。对这些材料来说，一方面要保证长的寿命和电器本身的工作可靠性，还应考虑环保要求，即无污染，并且可以回收。再如，长期以来，由于银氧化镉触头材料采用烧结或挤压工艺制成，银氧化镉（AgCdO）内氧化镉（CdO）质点弥散分布于银基体中，电触头动作时在电弧作用下，由于温度高，氧化镉（CdO）剧烈分解、蒸发而使电触头表面冷却，降低了电弧能量，从而极大地改善了电触头的灭弧性能，因而银氧化镉（AgCdO）触头材料具有耐电磨损、抗熔焊等特点，且接触电阻低而稳定，因而在低压电器中作为控制电器的触头材料得到了广泛的应用。但由于银氧化镉（AgCdO）材料有毒，人们通过优选氧化锡（SnO_2）粉末粒度并采用特殊方法加入适宜的添加剂，然后采用粉末冶金工艺制造的银氧化锡（$AgSnO_2$）触头材料环保无毒，综合利用了银（Ag）的良好的导电导热特性和氧化锡（SnO_2）的高熔点高硬度特性，因而所制造的（$AgSnO_2$）触头材料具有组织弥散均匀分布、硬度适中、加工性能良好的特点，材料既具有较好的导电导热性，又具有良好的耐电弧腐蚀性和抗熔焊性及烧蚀性能，在国内外被公认为是替代毒银氧化镉（AgCdO）材料的最佳环保触头材料。它可根据需要加工为片状触头和铆钉型触头，已广泛应用于接触器等低压电器中。由于新材料的采用和推广，使得低压电器在其应用的过程中更可靠、更环保。

4. 现代化的智能低压电器

随着新技术的出现，智能低压电器变得更加高性能、高智能化、高分断、可通信、小型化、模块化、节能化。得益于新技术的发展，现代化的智能低压电器逐渐成为市场主流产品，中高端低压电器市场份额也将进一步扩大。未来几年将是智能电网建设的主要时期，智能电网及成套设备和智能配电、控制系统将迎来黄金期，在智能电网建设进程中，电网由众多电器组成，电网要智能化，得先实现电器智能化，低压电器智能化是未来发展方向，对低压电器系统集成和整体解决方案提出更高要求。

今后的发展趋势是积极采用高新技术，重点开发环保化、智能化、网络化、可通信化、设计无图纸化、制造高效化的低压电器产品，淘汰那些工艺落后、体积大、能耗高、耗材多又污染环境的产品，对现有较好的传统产品进行二次开发，巩固传统产品的市场。同时，研制、开发我国的低压电器的现场总线，缩短同国外先进水平的差距。

本章小结

低压电器的种类很多，本章主要介绍了常用接触器、各种继电器、熔断器、主令电器、低压开关、低压断路器的基本知识、用途、基本构造、工作原理及其主要技术数据、典型产品型号与图形、文字符号等。

低压电器是组成控制电路的基本元件。每一种低压电器都有一定的使用范围，要根据使用条件正确选用。各类电器元件的技术参数是选用的主要依据，其详细内容可以在产品样本及电工手册中查阅。

保护电器（如低压断路器、热继电器、电流继电器、电压继电器）及某些控制电器（如时间继电器、温度继电器、压力继电器、速度继电器）的使用，除了要根据保护要求和控制要求正确选用电器的类型外，还要根据被保护、被控制电路的具体条件，进行必要地调整，要根据被控制或被保护电路的具体要求，在一定范围内进行调整，应在掌握其工作原理的基础上掌握其调整方法。如电磁式继电器，可以通过调节空气隙（释放时的最大空气隙及吸合时的剩余空气隙）和反作用弹簧来实现。

智能电器融合了传统电器学科、现代传感器技术、微机控制技术、现代电子技术、电力电子技术、数字通信及其网络技术等多个学科。智能电器是电能传输与控制的主要设备，电器元件和开关设备必定改变传统的设计和控制模式，有着广阔的发展前景。

为不断优化和改进控制电路，要及时了解电器的发展情况，及时优先选用新型电器元件。

综合练习题

一、判断题（正确打“√”，错误打“×”）

1. 螺旋式熔断器常用于机床电气控制设备中。（　　）
2. 电磁式继电器的结构和工作原理与接触器相似。（　　）
3. 热继电器是用于电动机因过热而烧毁的一种保护电器。（　　）
4. 速度继电器主要由转子、定子和触头三部分组成。（　　）
5. 电磁式时间继电器线圈可以通交、直流电流。（　　）
6. 熔断器应并联于电路中作为短路和严重过载保护。（　　）
7. 100 A 及以上的交流接触器必须采用无声节电装置。（　　）
8. 按钮、行程开关、万能转换开关都属于主令电器。（　　）
9. 组合开关可用于三相异步电动机非频繁正、反转控制。（　　）
10. 按钮帽做成不同的颜色主要是为了美观。（　　）
11. 中间继电器的特点是触头数量较多，需装灭弧装置。（　　）
12. 行程开关只能用作控制电器，不可以作为保护电器。（　　）
13. 电压继电器在使用时，其线圈与负载串联。（　　）
14. 时间继电器是实现触头延时接通或断开的保护电器。（　　）
15. 电流继电器在使用时，其线圈与负载应并联。（　　）
16. 断路器是一种既能实现控制又能实现保护的开关电器。（　　）
17. 熔体的额定电流是指长期通过熔体不熔断的最大工作电流。（　　）
18. 电流型漏电保护器按其结构不同又分为电子式和电磁式两种。（　　）
19. 交流接触器的组成有电磁机构、触头系统、灭弧装置和其他部件。（　　）
20. 常用的电磁式继电器有电流继电器、电压继电器和中间继电器。（　　）
21. 熔断器只能作为短路保护用，不能作为电动机的过载保护用。（　　）
22. 既有常开按钮，又有常闭按钮的按钮组，称为复合按钮。（　　）
23. 主令电器用来切换控制电路，在自动控制系统用来发布控制指令。（　　）
24. 热继电器是利用电流的热效应原理工作的电器，用于电动机的过载保护。（　　）

二、填空题

1. 时间继电器有__________延时和__________延时两种延时方式。
2. 漏电保护器可根据检测信号的不同分为__________型和__________型。
3. 对用于________A 以下的小容量交流继电器，不需要________灭弧装置。
4. 断路器主要由触头、____________、____________、____________等组成。
5. 组合开关由多对______触头、______触头和方形转轴、手柄、定位机构和外壳组成。
6. 交流接触器可用于远距离接通和分断电压高达________V、电流高达________A 的交流电路。
7. 热继电器的结构主要由__________、__________、__________、触头系统、整定调整装置及温度补偿元件等组成。
8. 无触头电器有电子接近开关、__________式开关、____________式时间继电器等。

9. 对容量较大的交流电器一般要采用________灭弧；对于直流电器可采用________装置；对交/直流电器可采用____________灭弧。

10. 行程开关是将________________转变为________________来控制机械运动的。

11. 低压电器通常指工作在交流电压__________V或直流电压__________V及以下的电路中起控制或调节作用的电器产品。

12. 熔断器在配电线路中主要起______________保护和______________时的保护用。

13. 接触器按其主触头通过电流的不同分类______________接触器和______________接触器两种。

14. 交流接触器由____________、____________、____________、反作用弹簧、缓冲弹簧、触头压力弹簧、传动机构等部分组成。

15. 时间继电器是一种接收信号后，经过一定的延时后才能输出信号，实现触头__________________或________________的继电器。

三、选择题

（一）单项选择题

1. 接触器励磁线圈（　　）接于电路中。

A. 串联　　B. 并联　　C. 串并联

2. 直流接触器磁路中常垫以非磁性片，目的是（　　）。

A. 减小吸合时的电流　　B. 减小剩磁的影响　　C. 减小铁心涡流影响

3. 直流电磁式时间继电器的其线圈只能接通（　　）。

A. 直电流　　B. 交流电　　C. 都可以

4. 直流电磁式时间继电器是在（　　）得到延时的。

A. 通电时　　B. 通电或断电时　　C. 断电时

5. 熔断器串接在电路中实现（　）保护。

A. 长期过载　　B. 欠电流　　C. 短路

6. 行程开关是主令电器的一种，它是（　）电器。

A. 手动　　B. 保护　　C. 控制和保护

7. 电磁铁是将电能转化为（　）的电器。

A. 磁能　　B. 机械能　　C. 热能

8. 交流接触器常用于远距离接通和分断（　　）的电路。

A. 380 V、630 A　　B. 1140 V、630 A　　C. 1140 V、1000 A

9. 热继电器是一种利用（　）进行工作的保护电器。

A. 电流的热效应原理　　B. 检测导体发热　　C. 检测线圈温度

10. 断路器的额定电压和额定电流应（　　）电路正常工作电压和工作电流。

A. 1.7 倍于　　B. 不小于　　C. 小于

11. （　　）是用来频繁地接通或分断带有负载的主电路的自动控制电器，按其主触头通过电流的种类不同，分为交流、直流两种。

A. 接触器　　B. 继电器　　C. 接近开关

12. 延时闭合的常开触头是（　　）。

A.　　B.　　C.　　D.

13. 延时断开的常闭触头是（　　）。

A.　　B.　　C.　　D.

14. 延时断开的常开触头是（　　）。

A.　　B.　　C.　　D.

15. 延时闭合的常闭触头是（　　）。

A.　　B.　　C.　　D.

16. 交流接触器铁心上安装短路环是为了（　　）。

A. 减少涡流、磁滞损耗　　B. 消除振动和噪声

C. 防止短路　　D. 过载保护

17. 下面关于继电器叙述正确的是（　　）。

A. 继电器实质上是一种传递信号的电器　　B. 继电器是能量转换电器

C. 继电器是电路保护电器　　D. 继电器是一种开关电器

18. 交流接触器的主触头为（　　）。

A. 1 个　　B. 3 个　　C. 4 个　　D. 5 个

19. 行程开关的符号为（　　）。

A. SK　　B. SB　　C. ST　　D. SQ

20. 接触器的符号为（　　）。

A. KG　　B. KC　　C. KA　　D. KM

21. 时间继电器的符号为（　　）。

A. KG　　B. KC　　C. KA　　D. KT

22. 速度继电器的符号为（　　）。

A. KG　　B. KS　　C. KA　　D. KT

23. 电压继电器的符号为（　　）。

A. KV　　B. KS　　C. KA　　D. KT

24. 交流接触器线圈电压过低将导致（　　）。

A. 线圈电流显著增大　　B. 线圈电流显著减小

C. 铁心涡流显著增大　　D. 铁心涡流显著减小

25. 热继电器在电路中可起到（　　）保护作用。

A. 短路　　B. 过流过热　　C. 过压　　D. 失压

26. 自动往返控制电路属于（　　）电路。

A. 正、反转控制　　B. 点动控制　　C. 自锁控制　　D. 顺序控制

27. 低压断路器的热脱扣器用作（　　）

A. 过载保护　　B. 断路保护　　C. 短路保护　　D. 失电压保护

28. 多地控制电路中，各按钮触头间的关系为（　　）。

A. 常开触头并联、常闭触头串联　　B. 常开触头串联、常闭触头并联

C. 常开触头并联、常闭触头并联　　D. 常开触头串联、常闭触头串联

（二）多项选择题

1. 交流接触器触头类型有（　　）。

A. 常开主触头　　B. 常闭主触头

C. 常开辅助触头　　　　　　　　　　　　D. 常闭辅助触头

E. 自锁触头

2. 关于电流继电器叙述正确的是（　　）。

A. 分为过电流继电器和欠电流继电器两种

B. 它的线圈一般应并联在测量电路中

C. 分为过电流继电器和零电流继电器两种

D. 它的线圈一般应串联在测量电路中

E. 它的线圈串并联在测量电路中都可以

3. 继电器按作用原理可分为（　　）。

A. 电磁式　B. 感应式　C. 电动式　D. 电子式　E. 机械式

4. 非自动电器包括如下的（　　）。

A. 刀开关　B. 接触器　C. 行程开关　D. 转换开关　E. 继电器

5. 接触器工作时的灭弧方法有（　　）。

A. 短路环法　B. 磁吹法　C. 纵缝法　D. 栅片法　E. 浇冷却液法

四、简答题

1. 交流接触器的作用是什么？
2. 电流继电器与电压继电器在结构上的主要区别是什么？
3. 热继电器的作用是什么？
4. 低压断路器的作用是什么？
5. 为什么热继电器不能作过载保护用？
6. 按钮的作用是什么？
7. 继电器和接触器的区别是什么？
8. 电子式时间继电器有哪些优点？
9. 熔断器的作用是什么？
10. 继电器的作用是什么？中间继电器作用是什么？
11. 接近开关作用是什么？

第2章　基本电气控制电路

2.1　概述

电气控制电路是用导线将电动机、电器、仪表等电器元件连接起来并实现某种要求的电路。为了设计、研究分析、安装维修时阅读方便，需要用统一的工程语言即用图的形式来表示，并在图上用不同的图形符号来表示各种电器元件，用不同的文字符号来表示图形符号所代表的电器元件的名称、用途、主要特征及编号等。按照电气设备和电器的工作顺序，详细表示电路、设备或装置的全部基本组成和连接关系的图形就是电气控制系统图。

常见的电气控制系统图主要有电气原理图、电器布置图、电器安装接线图三种。在绘制电气控制系统图时，必须采用国家统一规定的图形符号、文字符号和绘图方法。在机床电气控制原理分析中最常用的是电气原理图。

2.1.1　电气控制系统图的图形符号和常用符号

电气控制系统图是电气控制电路的通用语言。为了便于交流与沟通，绘制电气控制系统图时，所有电器元件的图形符号和文字符号必须符合国家标准的规定。

近年来，随着经济的发展，我国从国外引进了大量的先进设备，为了掌握引进的先进技术和设备，加强国际交流和满足国际市场的需要，国家标准化管理委员会参照国际电工委员会（IEC）颁布的相关文件，颁布了一系列新的国家标准，主要有：

GB/T 4728—2005/2008 电气简图用图形符号；

GB/T 6988.1—2006/2008 电气技术用文件的编制；

GB/T 5094.1—2002 /2003/2005 工业系统、装置与设备以及工业产品结构原则与参照代号。

国家规定，电气控制电路中的图形和文字符号必须符合最新的国家标准。

图形符号是用来表示一台设备或概念的图形、标记或字符。符号要素是一种具有确定意义的简单图形，必须同其他图形组合而构成一个设备或概念的完整符号。如电动机主电路标号由文字符号和数字组成。文字符号用以标明主电路中的元件或电路的主要特征；数字标号用以区别电路不同线段。接触器主触头的符号也是由接触器的触头功能和常开触头符号组合而成的。三相交流电源引入线采用 L1、L2、L3 标号，电源开关之后的三相交流电源主电路分别标 U、V、W。如 U11 表示电动机的第一相的第一个接点代号，U21 为第一相的第二个接点代号，依此类推。

对控制电路，通常是由三位或三位以下的数字组成，交流控制电路的标号主要是以压降元件（如电器元件线圈）为分界，左侧用奇数标号，右侧用偶数标号。直流控制电路中正极按奇数标号，负极按偶数标号。

2.1.2 电气原理图

电气原理图也称为电路图，是根据电路的工作原理绘制的，它表示电流从电源到负载的传送情况和电器元件的动作原理，所有电器元件的导电部件和接线端子之间的相互关系。通过它可以很方便地研究和分析电气控制电路，了解控制系统的工作原理。电气原理图并不表示电器元件的实际安装位置、实际结构尺寸和实际配线方法的绘制，也不反映电器元件的实际大小。图 2-1 所示为笼型电动机正、反转控制电路的电气原理图。

电气原理图绘制的基本原则如下。

（1）电气控制电路根据电路通过的电流大小可分为主电路和控制电路。主电路和控制电路应分别绘制。主电路包括从电源到电动机的电路，是强电流通过的部分，用粗实线绘制在图面的左侧或上部。控制电路是通过弱电流的电路，一般由按钮、电器元件的线圈、接触器的辅助触头、继电器的触头等组成，用细实线绘制在图面的右侧或下部。

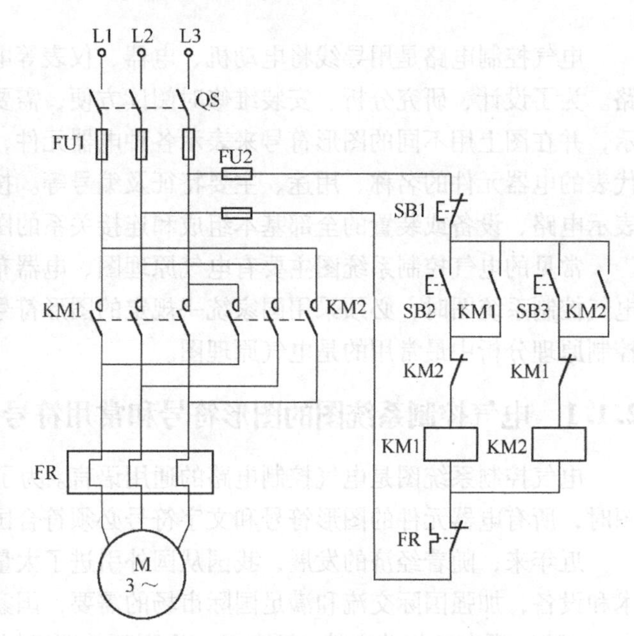

图 2-1　笼型电动机正、反转控制原理图

（2）电气原理图应按国家标准所规定的图形符号、文字符号和回路标号绘制。在图中各电器元件不画实际的外形图。

（3）各电器元件和部件在控制电路中的位置，要根据便于阅读的原则安排。同一电器元件的各个部件可以不画在一起，但要用同一文字符号标出。若有多个同一种类的电器元件，可在文字符号后加上数字序号，如 KM1、KM2 等。

（4）在电气原理图中，控制电路的分支电路，原则上应按照动作先后顺序排列，两线交叉连接时的电气连接点要用“实心圆”表示。无直接联系的交叉导线，交叉处不能用“实心圆”。表示需要测试和拆、接外部引出线的端子，应用“空心圆”符号表示。

（5）所有电器元件的图形符号，必须按电器未接通电源和没有受外力作用时的状态绘制。触头动作的方向是：当图形符号垂直绘制时为从左向右，即在垂线左侧的触头为常开触头，在垂线右侧的触头为常闭触头；当图形符号水平绘制时应为从下往上，即在水平线下方为常开触头，在水平线上方为常闭触头。

（6）图中电器元件应按功能布置，一般按动作顺序从上到下、从左到右依次排列。垂直布置时，类似项目应横向对齐；水平布置时，类似项目应纵向对齐。所有的电动机图形符号应横向对齐。

（7）所有的按钮、触头均按没有外力作用和没有通电时的原始状态画出。

在电气原理图中，所有的电器元件的型号、用途、数量、文字符号、额定数据，用小号字体标注在其图形符号的旁边，也可填写在元件明细表中。

图 2-2 所示为某车床坐标图示法电气原理图。图中电路的安排是根据电路中各部分电路的性质、作用和特点，分为交流主电路、交流控制电路、交流辅助电路和直流控制电路四部分。采用这种方法分析电气原理图可一目了然。

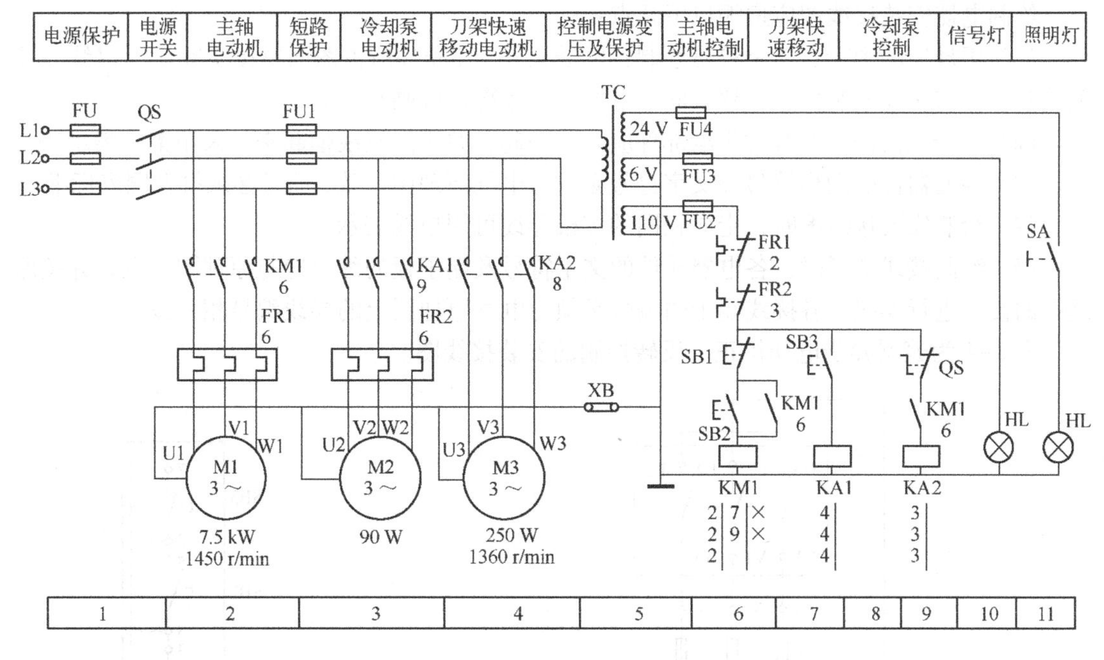

图 2-2　某车床电气原理图

2.1.3　电器布置图

电器布置图表示各种电气设备或电器元件在机械设备或控制柜中的实际安装位置，还要为机械电气控制设备的制造、安装、维护、维修提供必要的资料。

电器元件要放在控制柜内，各电器元件的安装位置是由机床的结构和工作要求决定的。比如行程开关应布置在能取得信号的地方，电动机要和被拖动的机械部件在一起。

机床电器布置图主要包括机床电气设备布置图、控制柜及控制面板布置图、操作台及悬挂操纵箱电气设备布置图等。图 2-3 所示为某车床的电器布置图。

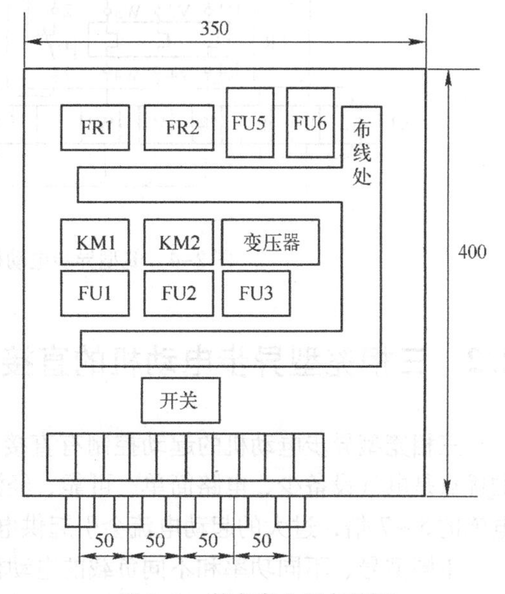

图 2-3　某车床电器布置图

2.1.4　电器安装接线图

电器安装接线图是按照各电器元件实际相对位置绘制的接线图，根据电器元件布置最合理和连接导线最经济来安排。它清楚地表明了各电器元件的相对位置和它们之间的电路连接，还为安装电气设备、电器元件之间进行配线及检修电气故障等提供了必要的依据。电器安装接线图中的文字符号、数字符号应与电气原理图中的符号一致，同一电器的各个部件应画在一起，各个部件的布置应尽可能符合这个电器的实际情况，比例和尺寸应根据实际情况而定。

绘制电器安装接线图应遵循以下几点：

(1) 用规定的图形、文字符号绘制各电器元件，元器件所占图面要按实际尺寸以统一比例绘制，应与实际安装位置一致，同一电器元件各部件应画在一起。

(2) 一个元器件中所有的带电部件应画在一起，并用点画线框起来，采用集中表示法。

(3) 各元器件的图形符号和文字符号必须与电气原理图一致，而且必须符合国家标准。

(4) 绘制安装接线图时，走向相同的多根导线可用单线表示。

(5) 绘制接线端子时，各电器元件的文字符号及端子板的编号应与原理图一致，并按原理图的接线进行连接。各接线端子的编号必须与电气原理图上的导线编号相一致。

图 2-4 为笼型异步电动机正、反转控制的安装接线图。

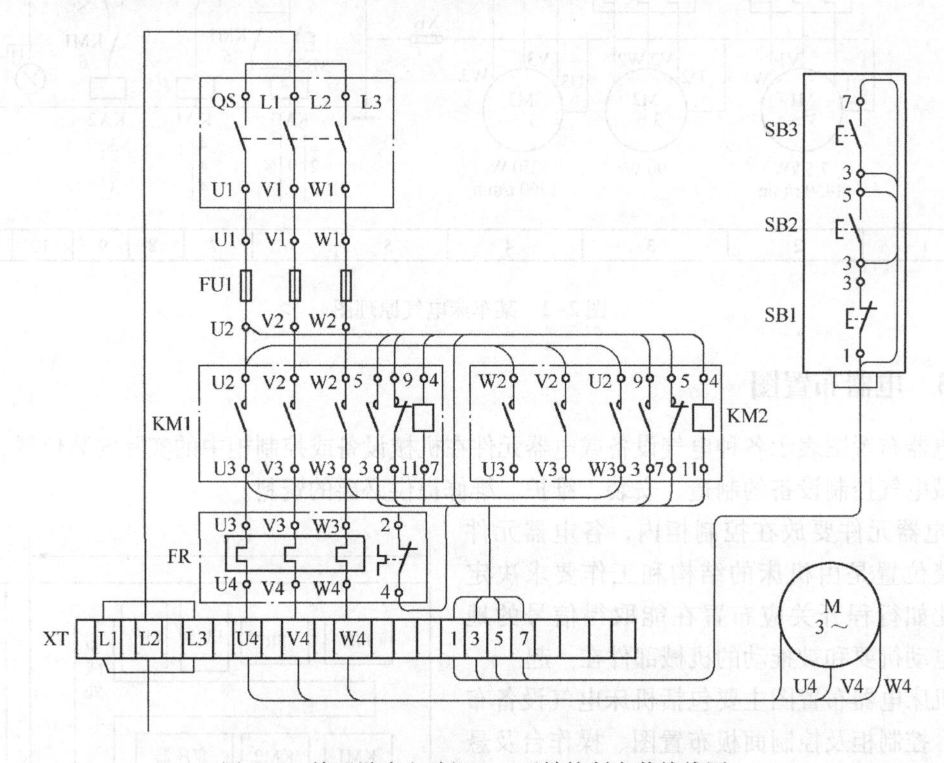

图 2-4 笼型异步电动机正、反转控制安装接线图

2.2 三相笼型异步电动机的直接起动控制

三相笼型异步电动机的起动控制有直接（全压）起动和减压起动两种方式。直接起动的优点是电气设备少、电路简单、可靠、经济，缺点是起动电流大，直接起动电流是其额定电流的 5 ~ 7 倍，过大的起动电流会引起供电系统电压波动，干扰其他用电设备的正常工作。

不同型号、不同功率和不同负载的电动机，起动方法和控制电路有所不同。小容量笼型电动机可直接起动。一般三相笼型异步电动机的容量在 10 kW 以上时，因起动电流过大，必须采用减压起动。

2.2.1 手动直接起动控制电路

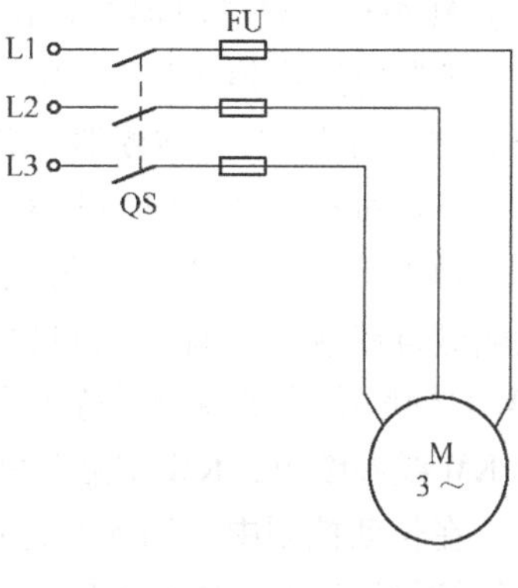

对小型三相笼型异步电动机如冷却泵、小台钻、砂轮机和风扇等，可采用胶盖开关或转换开关和熔断器直接控制其起动和停止，如图 2-5 所示。

但使用这种手动控制方法不方便，不能进行自动控制，也不安全，而应采用按钮、接触器等电器来控制。

图 2-5　刀开关直接控制电路

2.2.2 采用接触器直接起动控制电路

对中小型普通机床的主电动机采用接触器直接控制起动和停止。

主电路由刀开关 QS、熔断器 FU1、交流接触器 KM 的主触头和笼型电动机 M 组成；控制电路由起动按钮 SB 和交流接触器线圈 KM 组成。主电路如图 2-6 所示。

1. 点动控制

点动控制电路常用在电动机短时运行控制，比如调整机床的主轴、快速进给、镗床和铣床的对刀、试车等。点动控制电路如图 2-7 所示。

运行过程：先合上刀开关 QS，按下起动按钮 SB，接触器 KM 线圈通电，KM 主触头闭合，电动机 M 得电直接起动。

停机过程：松开 SB，KM 线圈断电，KM 主触头断开，电动机 M 断电停转。

点动控制即按下按钮，电动机转动，松开按钮，电动机停转。点动控制能实现电动机短时转动，主要用于机床的对刀调整和控制电动葫芦。

2. 长动控制

在实际生产中需要电动机实现长时间连续转动，即长动控制，控制电路如图 2-8 所示。

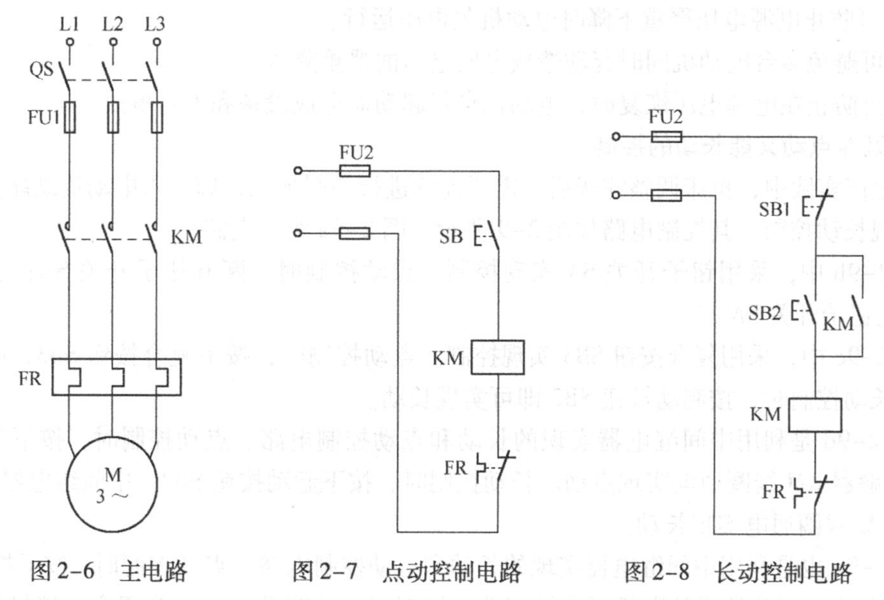

图 2-6　主电路　　图 2-7　点动控制电路　　图 2-8　长动控制电路

主电路由刀开关 QS、熔断器 FU1、接触器 KM 的主触头、热继电器 FR 的发热元件和电动机 M 组成。热继电器 FR 作过载保护，熔断器 FU1 作短路保护。

控制电路由停止按钮 SB1、起动按钮 SB2、接触器 KM 的常开辅助触头和线圈、热继电器 FR 的常闭触头、熔断器 FU2 组成。

工作过程：合上电源开关 QS 后，按下起动按钮 SB2，接触器 KM 线圈得电吸合，KM 三个主触头闭合，电动机 M 得电起动，同时又使与 SB2 并联的一个常开辅助触头闭合，这个触头叫做自锁触头，触头的自锁作用在电路中叫做“记忆功能”。松开 SB2，控制电路通过 KM 自锁触头使线圈仍保持吸合状态。如需要电动机停止，只需按下停止按钮 SB1，则接触器 KM 线圈断电，KM 主触头断开，电动机 M 断电停转。

在长动控制中，当松开起动按钮 SB2 后，接触器 KM 的线圈是通过常开辅助触头的闭合仍继续保持通电，从而实现电动机的连续运行。这种依靠接触器自身常开辅助触头而使线圈保持通电的控制方式，称为自锁。起到自锁作用的常开辅助触头称为自锁触头。

在图 2-8 所示的长动控制电路中，把接触器 KM、熔断器 FU2、热继电器 FR 和按钮 SB1、SB2 组成一个控制电路，可实现电动机单向直接起动、停止控制。

电路所设保护环节如下。

(1) 短路保护　短路时，熔断器 FU1 的熔体熔断而切断电源起保护作用。

(2) 过载保护　采用热继电器 FR 可作为电动机长期过载保护。由于热继电器的热惯性较大，即使发热元件流过几倍于额定电流的电流时，热继电器也不会立即动作。因此在电动机正常起动时间内，热继电器不会动作，只有在电动机长期过载时，热继电器才会动作，用它的常闭触头使控制电路断电。

(3) 欠电压、失电压保护　对失电压、欠电压保护可通过接触器 KM 的自锁环节来实现。当电源电压由于某种原因而严重欠电压或失电压时，接触器 KM 断电释放，电动机停止转动。当电源电压恢复正常时，接触器线圈不会自行通电，电动机也不会自行起动，只有在操作者重新按下起动按钮后，电动机才会起动。本控制电路具有如下优点：

1) 可防止电源电压严重下降时电动机欠电压运行。

2) 可避免多台电动机同时起动造成电网电压的严重降压。

3) 可防止在电源电压恢复时，电动机自行起动而造成设备和人身事故。

3. 既能点动又能长动的控制

在生产实践中，机床调整完毕后，需要连续进行切削加工，即要求电动机既能实现点动又能实现长动控制。其控制电路如图 2-9 所示。图 2-9a 为主电路。

图 2-9b 中，采用钮子开关 SA 实现控制。点动控制时，断开钮子开关 SA；长动控制时，合上钮子开关 SA。

图 2-9c 中，采用复合按钮 SB3 实现控制。点动控制时，按下复合按钮 SB3，断开自锁回路；长动控制时，按起动按钮 SB2 即可实现长动。

图 2-9d 是利用中间继电器实现的长动和点动控制电路。点动控制时，按下起动按钮 SB3，接触器 KM 线圈通电实现点动。长动控制时，按下起动按钮 SB2，中间继电器 KA 线圈通电，KM 线圈通电实现长动。

图 2-9e 也是利用中间继电器实现的长动和点动控制电路。点动控制时，按下按钮 SB2，KA 线圈得电，辅助常闭触头断开自锁回路，同时 KA 的辅助常开触头闭合，接触器 KM 得

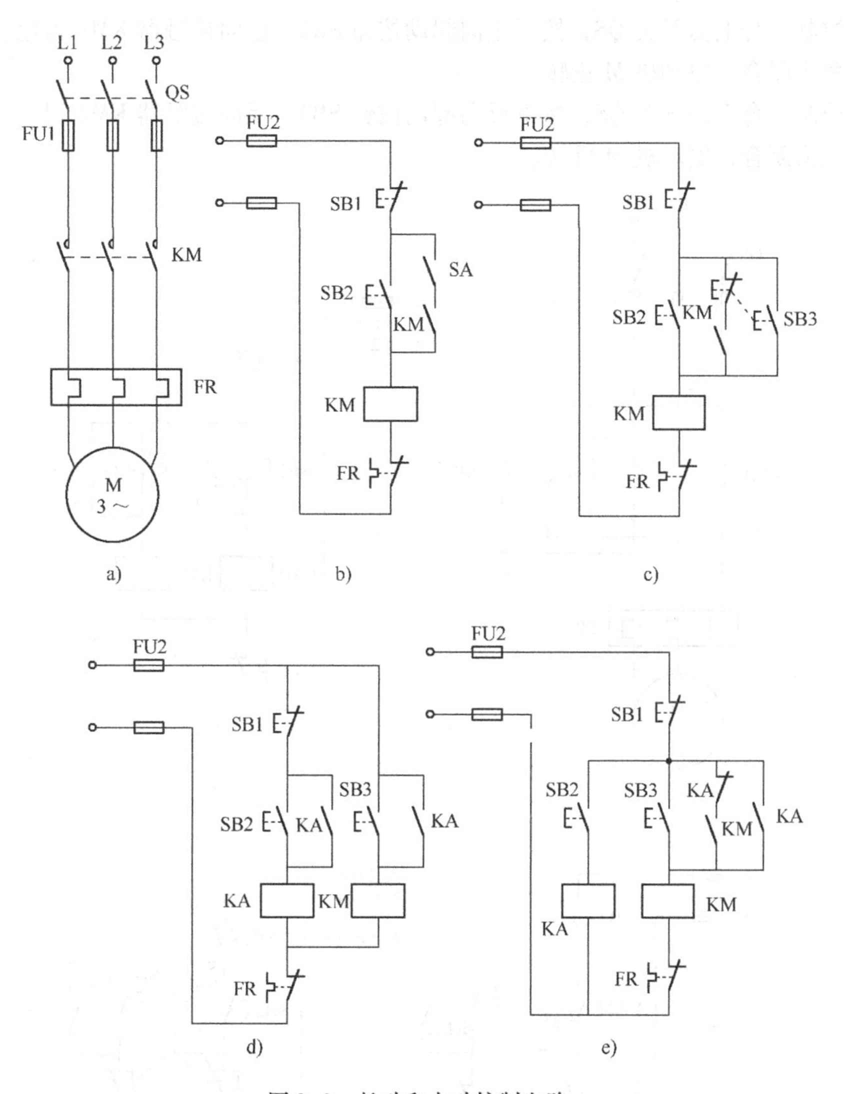

图 2-9　长动和点动控制电路

电，电动机 M 运转；松开 SB2，接触器 KM 失电，电动机 M 停转。长动控制时，按下按钮 SB3，接触器 KM 线圈得电并自锁，KM 主触头闭合，电动机 M 得电连续运转。

2.2.3　正、反转控制

在生产加工过程中，往往要求电动机能够实现正、反两个方向的转动，如机床工作台的前进与后退，电梯的上升与下降，起重机吊钩的上升与下降等。三相异步电动机实现正、反转控制的原理很简单，只要将三相电源中的任意两相对调，就可使电动机反向运转。可通过两个接触器来改变电动机定子绕组的电源相序来实现。因主电路要倒相，为避免误动作引起电源相间短路，必须对这两个相反方向的运行电路采取必要的互锁。

图 2-10 所示为电动机正、反转控制电路。图中 KM1 为正向接触器，控制电动机 M 正转；KM2 为反向接触器，控制电动机反转。图 2-10a 为主电路。

图 2-10b 所示为控制电路的工作过程。

正转控制：合上刀开关 QS，按下正向起动按钮 SB2，正向接触器 KM1 得电，KM1 主触头和自锁触头闭合，电动机 M 正转。

反转控制：合上刀开关 QS，按下反向起动按钮 SB3，反向接触器 KM2 得电，KM2 主触头和自锁触头闭合，电动机 M 反转。

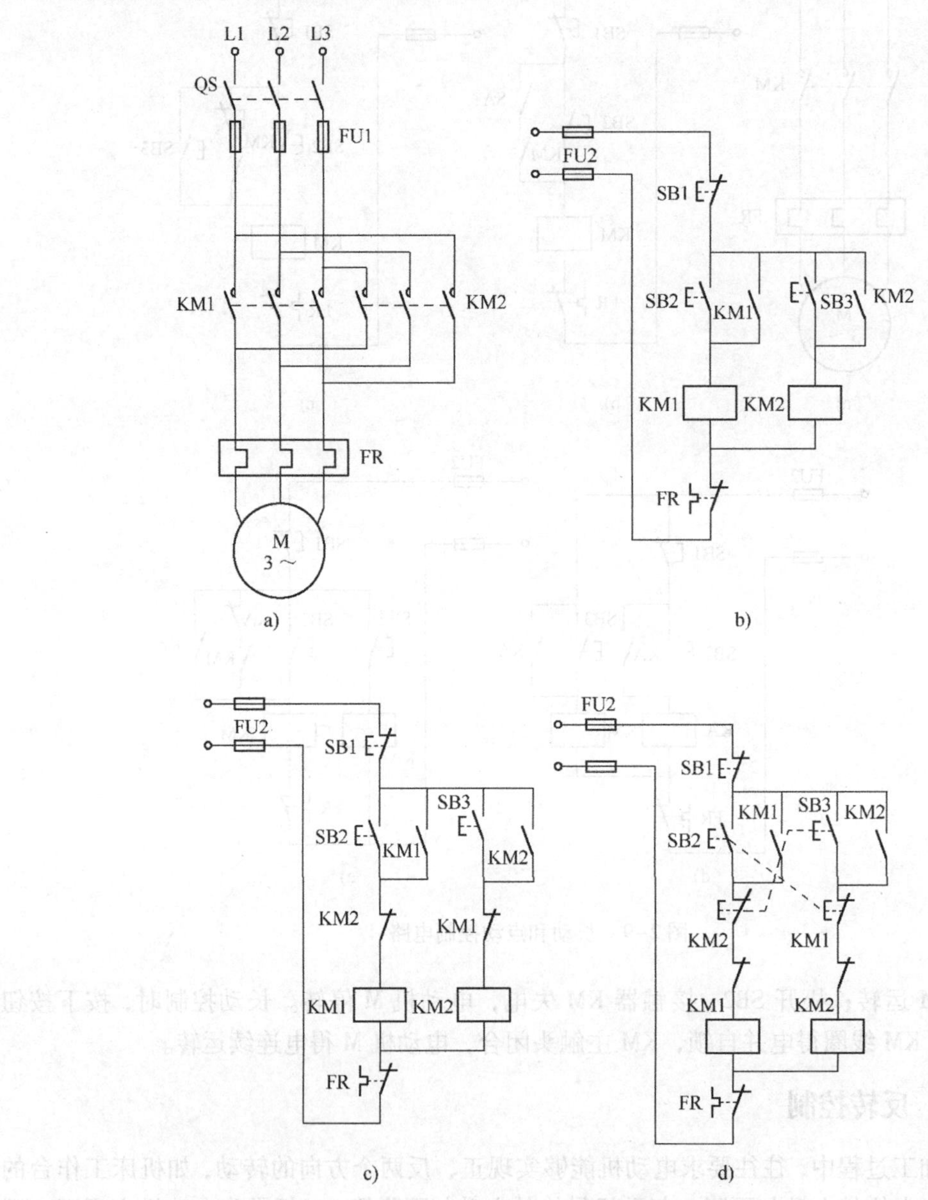

图 2-10　电动机正、反转控制电路

停止：按停止按钮 SB1，KM1（或 KM2）断电，M 停转。

注意：该控制电路没有互锁环节。KM1 与 KM2 不能同时通电，否则会引起主电路电源短路，所以要求这种控制电路必须设置互锁环节。

图 2-10c 所示控制电路的工作过程：把一个接触器的常闭触头串入另一个接触器线圈电路中，这样连接可保证一个接触器先通电后，即使按下相反方向的起动按钮，另一个接触

器也无法通电。这种利用两个接触器的常闭辅助触头互相控制的方式，就是电气互锁控制。

图 2-10d 所示控制电路的工作过程：利用复合按钮的常闭触头同样可以起到互锁的作用。该电路具有电气互锁和机械互锁的双重互锁，安全可靠，操作也方便。但是，它只能用于小型电动机的控制。

2.3 三相笼型异步电动机的减压起动控制

减压起动就是利用起动设备或电路，降低电动机定子绕组上的电压来起动电动机，以达到降低起动电流的目的。因起动转矩与定子绕组每相所加的电压的平方成正比，因而减压起动的方法只适用于空载或轻载起动。当电动机起动到接近额定转速时，电动机定子绕组的电压必须恢复到额定值，使电动机在正常电压下运行。

常用的三相笼型异步电动机减压起动方式有：定子电路串电阻或电抗减压起动、星形-三角形减压起动、自耦变压器减压起动和延边三角形减压起动。

2.3.1 定子电路串电阻减压起动控制

图 2-11 是定子绕组串接电阻减压起动控制电路。在电动机起动时，在三相定子电路串接电阻，使电动机定子绕组电压降低，起动结束后再将电阻短接，电动机在额定电压下正常运行。在电路中使用时间继电器控制串电阻减压起动控制电路，又称为自动短接电阻减压起动电路，利用时间继电器延时动作来控制各元件的动作顺序。

定子电路串电阻减压起动控制电路，对于星形和三角形联结的电动机都适用，但需要串接较大的电阻才能得到一定的电压降，这就要消耗一定的电能。因此，在电动机起动结束后要将电阻 R 短接。

图中主电路部分 KM1 为起动接触器，KM2 为运行接触器。图 2-11 所示电路的工作过程分析如下。

图 2-11a 为主电路，先接通三相电源开关 QS。

图 2-11b 起动过程：当按下起动按钮 SB2 后，接触器 KM1 常开主触头闭合，常开辅助触头闭合自锁，电动机定子绕组串电阻 R 减压起动；与此同时，时间继电器 KT 线圈得电吸合。

全压运行：在 KM1 线圈得电的同时，KT 线圈得电，因延时闭合的常开触头使接触器 KM2 不能立即得电，要经过一段延时后 KT 常开触头闭合后才使 KM2 线圈得电，KM2 主触头闭合，同时 R 被短路，使电动机全压运转。

停止：按下停止按钮 SB1 后，控制电路断电，KM1、KM2、KT 线圈都失电，电动机断电停止旋转。

该电路的缺点是：在电动机起动后，接触器 KM1 和时间继电器 KT 线圈一直在通电工作，定子绕组串的电阻 R 也一直在耗能，因此必须改进控制电路。下面是四种改进后的控制电路。

图 2-11c 起动过程：图 2-11c 是在图 2-11b 的基础上改进后的控制电路。当按下起动按钮 SB2 后，接触器 KM1 首先得电，经延时后接触器 KM2 得电自锁，由于 KM2 常闭触头分别串接在 KM1 和 KT 的线圈电路中，因此 KM1 和 KT 的线圈电路同时断电，这样，在电动机起动后，只有 KM2 通电工作，断开了 KM1 和 KT 的线圈，使电动机在额定电压下投入正常运行。

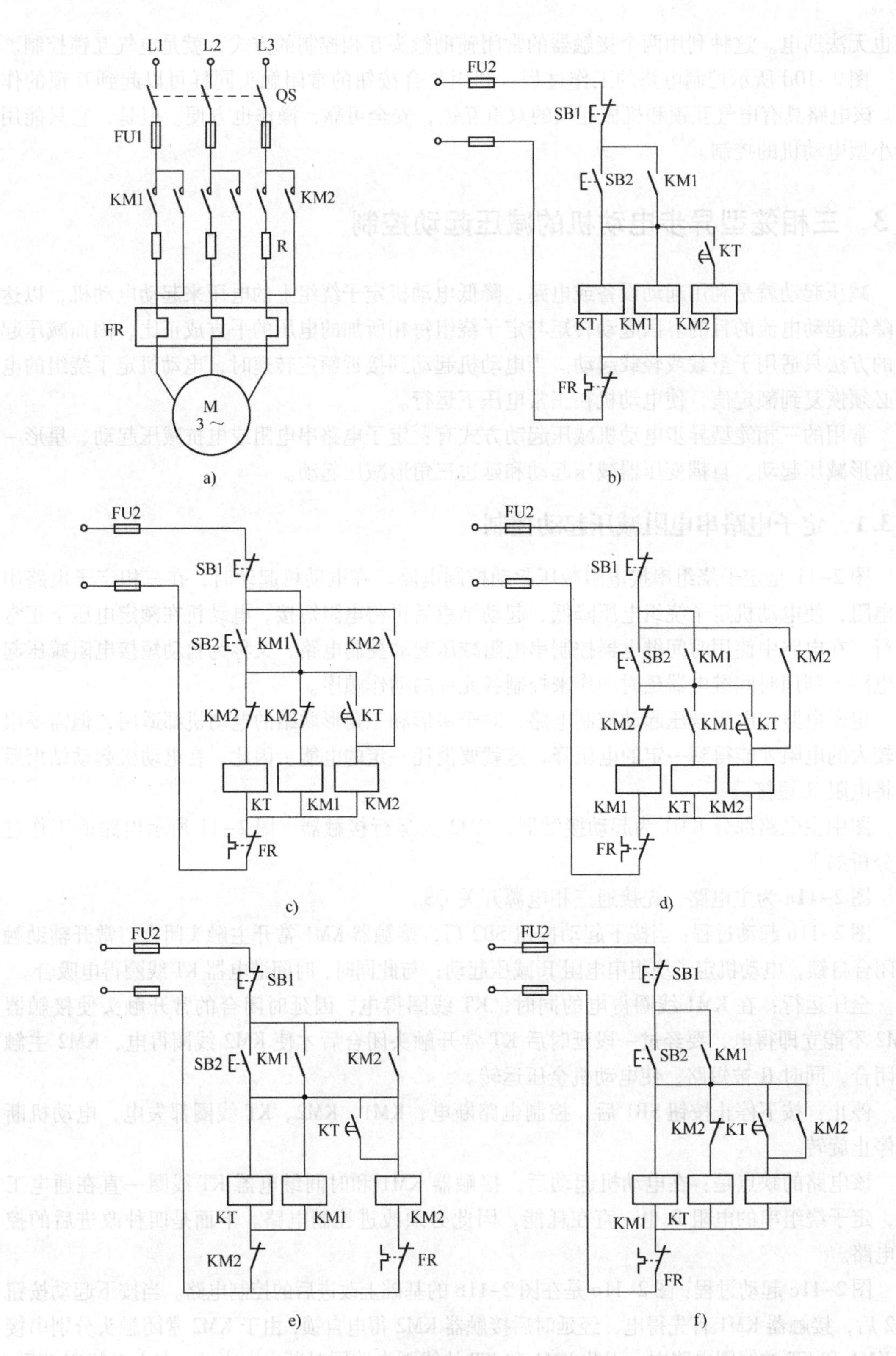

图 2-11　定子绕组串电阻起动控制电路

图 2-11d 起动过程：与图 2-11c 所不同是，KT 线圈串接的是 KM1 的常开触头，当按下起动按钮 SB2 后，KM1 线圈得电，KT 线圈基本上与 KM1 线圈同时得电，经延时后接触器 KM2 得电自锁，接触器 KM1 线圈断电，KT 的线圈也基本上同时断电，在电动机起动后，使电动机在额定电压下投入正常运行。

图 2-11e 起动过程：当按下起动按钮 SB2 后，接触器 KM2 得电自锁，KM2 常闭触头串接在 KM1 和 KT 的并联电路中，KM2 常闭触头将 KM1 和 KT 的线圈电路断电。在电动机起动后，使电动机在额定电压下投入正常运行。

图 2-11f 留给读者自行分析（提示：可以改变主电路）。

2.3.2 星形－三角形减压起动控制

星形－三角形减压起动（Y－Δ 起动）用于正常工作时定子绕组作三角形联结的电动机。

在电动机起动时将定子绕组接成星形，实现减压起动。加在电动机每相绕组上的电压为额定电压的 $1/\sqrt{3}$，从而减小了起动电流。待起动后按预先设定的时间把电动机换成三角形联结，使电动机在额定电压下运行。由于该方法简便且经济，起动过程中没有电能消耗，起动转矩较小因而只能空载或轻载起动，适用于正常运行时为三角形联结的电动机，使用较普遍。其控制电路如图 2-12 所示。

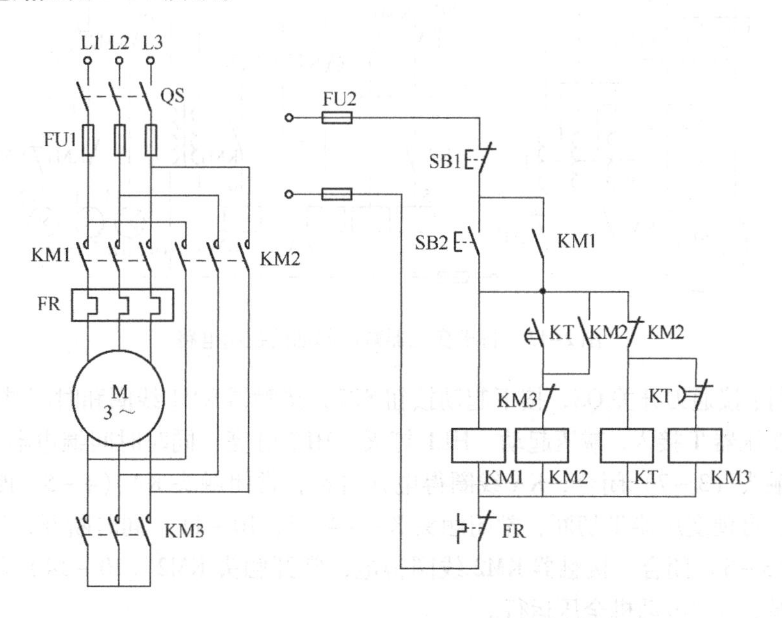

图 2-12　星形－三角形减压起动控制电路

起动运行：按下起动按钮 SB2，KM1、KT、KM3 线圈同时得电并自锁，即 KM1、KM3 主触头闭合时，绕组接成星形，KM1、KM2 主触头闭合时，接成三角形进行减压起动。当电动机转速接近额定转速时，时间继电器 KT 常闭触头断开，KM3 线圈断电，同时时间继电器 KT 常开触头闭合，KM2 线圈得电并自锁，电动机绕组接成三角形全压运行。两种接线方式的切换要在很短的时间内完成，在控制电路中采用时间继电器定时自动切换。KM2、KM3 常闭触头为互锁触头，以防同时接成星形和三角形造成电源短路。

停止运行：按下停止按钮 SB1，KM1、KM2 线圈失电，电动机停止运转。

2.3.3 自耦变压器减压起动控制

利用自耦变压器来降低电动机起动时的电压，达到限制起动电流的目的。起动时定子串入自耦变压器，自耦变压器一次侧接在电源电压上，定子绕组得到的电压为自耦变压器的二次电压，当电动机的转速达到一定值时，将自耦变压器从电路中切除，此时电动机直接与电源相接，电动机以全电压投入运行。其控制电路如图2-13所示。

图2-13中KM1为减压起动接触器，KM2为正常运行接触器，KA为中间继电器，KT为减压起动时间继电器，HL1为电源指示灯，HL2为减压起动指示灯，HL3为正常运行指示灯。

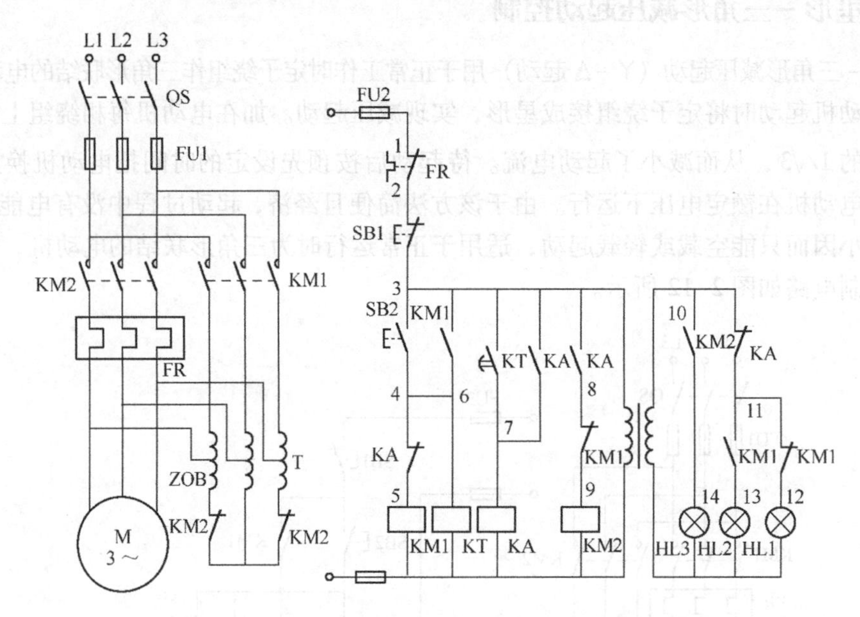

图2-13 自耦变压器减压起动的控制电路

起动运行：接通刀开关QS，按下起动按钮SB2，接触器KM1线圈和时间继电器KT线圈得电，自耦变压器T接入，减压起动，HL1灯灭，HL2灯亮；同时时间继电器KT延时一段时间后常开触头（3-7）闭合，KA线圈得电并自锁，常闭触头KA（4-5）断开，KM1线圈失电释放，自耦变压器T切断，常闭触头KA（4-5、10-11）同时断开，HL2灯灭，常开触头KA（3-8）闭合，接触器KM2线圈得电，常开触头KM2（10-14）闭合，HL3灯亮，切除自耦变压器电动机全压运行。

停止运行：按下SB1，KM2线圈失电，电动机停止运转。

凡是正常运行时定子绕组接成星形联结的笼型异步电动机，可用自耦变压器减压起动。自耦变压器一般为可调形式，改变电压比*Ku*值可适应不同的需要。其主要用于起动较大容量的电动机，特别适用于正常运行星形联结的电动机。该控制电路对电网的电流冲击小，功率损耗也小，但是自耦变压器价格较贵。

2.3.4 延边三角形减压起动控制

延边三角形减压起动方式是在起动时将电动机定子绕组连接成延边三角形，待起动正常后再将定子绕组连接成三角形全压运行，以减小起动电流。星形－三角形起动控制有很多优点，不足的是起动转矩太小，而三角形联结有起动转矩大的优点，可采用延边三角形减压起动，这种电动机共有九个出线端，绕组连接如图 2-14 所示。它适用于定子绕组特别设计的电动机。起动时将电动机定子绕组接成延边三角形，在起动完成后，再换成三角形联结，进行全压正常运行。延边三角形减压起动控制电路如图 2-15 所示。

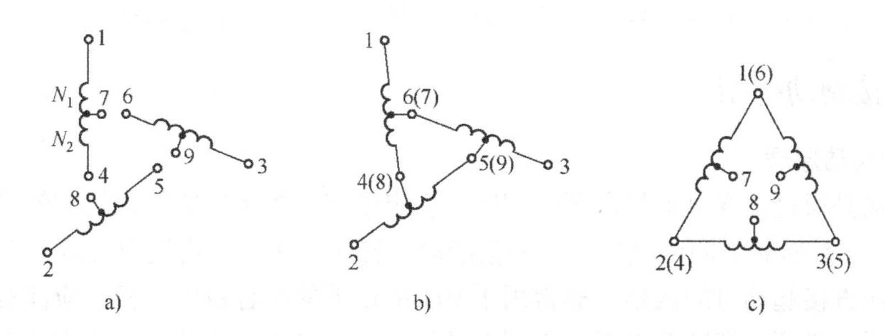

图 2-14　绕组延边三角形联结示意图

a）原始状态　b）延边三角形联结　c）三角形联结

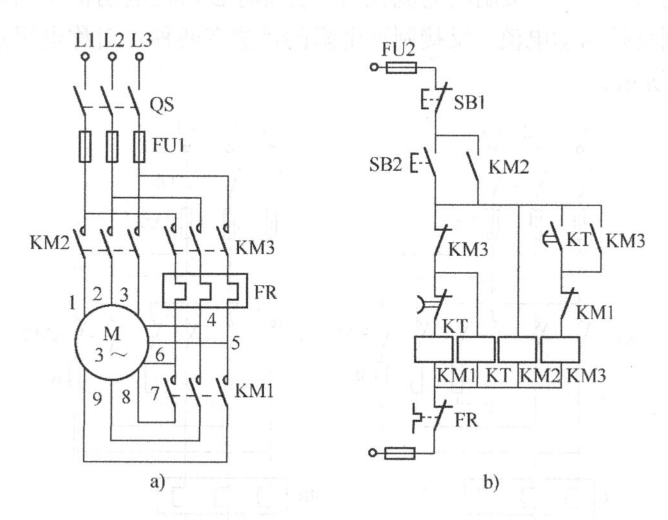

图 2-15　延边三角形减压起动控制电路

a）主电路　b）控制电路

起动运行：接通刀开关 QS，按下起动按钮 SB2，接触器 KM2、KM1 线圈、时间继电器 KT 线圈得电。接触器 KM2 常开主触头闭合，定子绕组结点 1、2、3 接通电源；同时接触器 KM1 主触头闭合，绕组结点（4－8）、（5－9）、（6－7）连接使电动机连接成延边三角形起动；同时时间继电器 KT 线圈得电延时，常开触头闭合、常闭触头断开，接触器 KM1 断电，接触器 KM3 线圈得电，KM3 主触头闭合，绕组结点（1-6）、（2-4）、（3－5）相连三角形成联结投入运行。

停止运行：按下停止按钮 SB1，接触器 KM2、KM3 线圈失电，电动机停止运转。

对上述介绍的几种起动控制电路，可根据控制要求选择，通常是采用时间继电器来实现减压起动，这种控制方式电路结构比较简单，工作可靠性高，已被广泛采用。

2.4 三相笼型异步电动机的制动控制

三相笼型异步电动机的制动，一般都采用机械制动和电气制动。机械制动是利用电磁铁操作机械抱闸。电气制动是电动机在停车时，产生一个与原旋转方向相反的制动转矩，强迫电动机停转。电气制动方法有反接制动、能耗制动、发电制动和电容制动等。

2.4.1 反接制动控制

1. 反接制动原理

反接制动是通过改变电动机电源的相序，使定子绕组产生的旋转磁场与转子旋转方向相反，转子与定子旋转磁场间的速度近于两倍的同步转速，在定子绕组中流过的反接制动电流相当于全电压直接起动时的两倍。通常用于10 kW 以下的小容量电动机。应注意，当电动机转速接近零时，必须立即断开电源，否则电动机会反向旋转。为此，可采用速度继电器检测电动机的速度变化。

进行反接制动时，由于反接制动电流较大，制动时必须在电动机每相定子绕组中串接一定的电阻，以限制反接制动电流。反接制动电阻的接法有两种：对称电阻接法和不对称电阻接法，如图 2-16 所示。

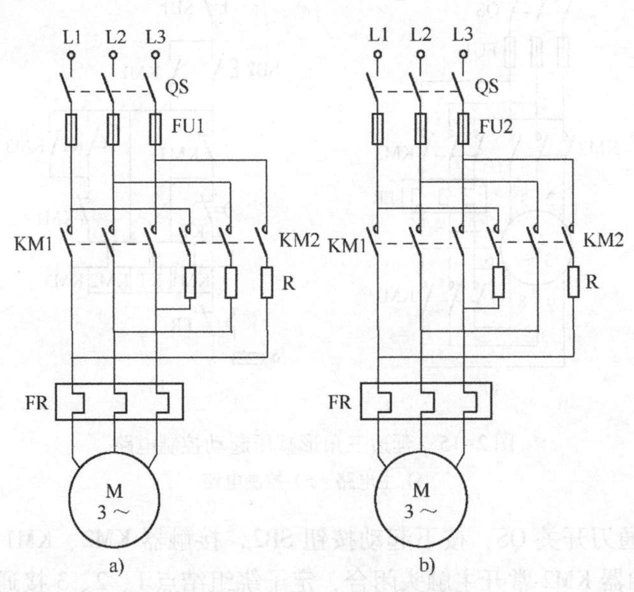

图 2-16 反接制动电阻接法

a）对称电阻接法 b）不对称电阻接法

2. 反接制动电路分析

（1）单向反接制动控制电路

单向运行的三相异步电动机反接制动控制电路如图 2-17 所示，控制电路通常采用速度继电器。接触器 KM1 为单向正常旋转，接触器 KM2 为反接制动，KS 为速度继电器，R 为反接制动电阻。

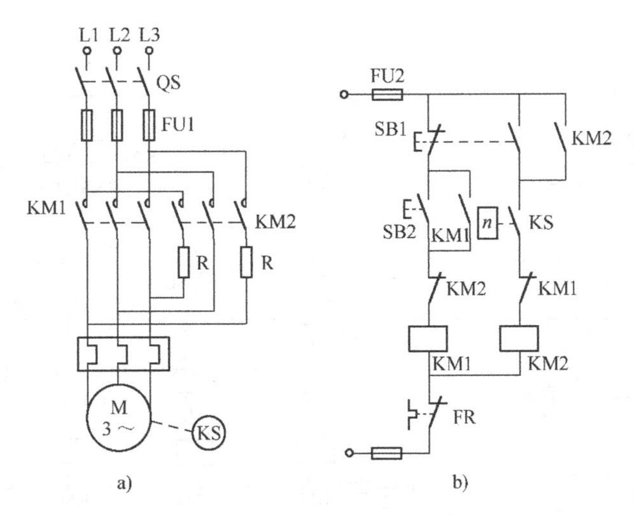

图 2-17　单向运行反接制动控制电路

a) 主电路　b) 控制电路

电动机 M 正常运转时，KM1 通电，KS 的常开触头闭合，为反接制动作好准备。M 停车时，按下 SB1，KM1 失电，切断电源，KS 常开触头仍闭合，SB1 的常开触头后闭合，由于 KM1 的常闭辅助触头已复位，因而 KM2 得电自锁，M 定子串接两相电阻进行反接制动。速度继电器与电动机同轴相连，在 120～3000 r/min 范围内速度继电器触头动作，当 M 的转速低于 100 r/min 时，其触头复位，KM2 失电，切断负序电源停车。

工作过程：接通刀开关 QS，按下起动按钮 SB2，接触器 KM1 得电，电动机 M 起动运行，速度继电器 KS 常开触头闭合，为制动作准备。制动时按下停止按钮 SB1，KM1 断电，KM2 得电（KS 常开触头尚未打开），KM2 主触头闭合，定子绕组串入限流电阻 R 进行反接制动，当 M 的转速接近 0 时，KS 常开触头断开，KM2 断电，电动机制动结束。

（2）可逆运行反接制动控制电路

可逆运行反接制动控制电路如图 2-18 所示。图中 KM1、KM2 为正、反转接触器，KM3 为短接电阻接触器，KA1、KA2、KA3 为中间继电器，KS1 为正转常开触头，KS2 为反转常开触头，R 为起动与制动电阻。

1）电动机正向起动和停车反接制动过程：接通刀开关 QS，按下起动按钮 SB2，KM1 得电自锁，定子串入电阻 R 正向起动，当正向转速大于 120 r/min 时，KS1 闭合，因 KM1 的常开辅助触头已闭合，所以 KM3 得电将 R 短接，从而使电动机在全压下运转。

停止运行：按下停止按钮 SB1，接触器 KM1、KM3 相继失电，定子切断正序电源并串入电阻 R，SB1 的常开触头后闭合，KA3 得电，其常闭触头又再次切断 KM3 电路。由于惯性，KS1 仍闭合，且 KA3（18－10）已闭合，使 KA1 得电，触头 KA1（3－12）闭合，KM2 得电，电动机定子串入 R 进行反接制动；KA1 的另一触头（3－19）闭合，使 KA3 仍通电，确保 KM3 始终处于断电状态，R 始终串入 M 的定子绕组。当正向转速小于 100 r/min 时，KS1 失电断开，KA1 断电，KM2、KA3 同时断电，反接制动结束，电动机停止运转。

2）电动机反向起动和停车反接制动过程：接通刀开关 QS，按下起动按钮 SB3，KM2 得电自锁，电动机定子串入 R 反向起动，当反向转速大于 120 r/min 时，KS2 闭合，由于 KM2 的常开辅助触头已闭合，所以 KM3 得电，将 R 短接，使电动机在全压下运转。

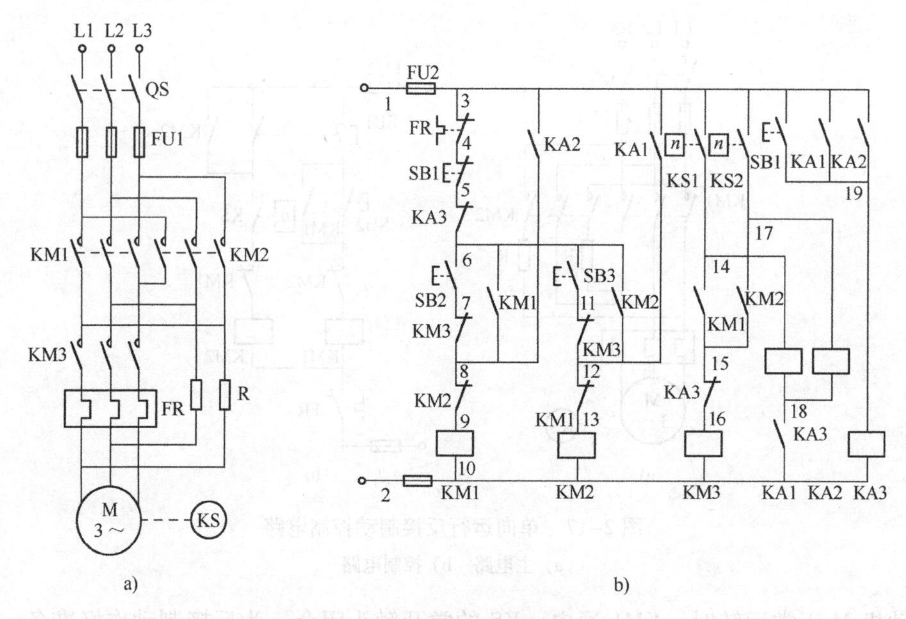

图 2-18　可逆运行反接制动控制电路

a）主电路　b）控制电路

停止运行：按下停止按钮 SB1，接触器 KM2、KM3 相继失电，电动机定子切断负序电源并串入电阻 R；SB1 的常开触头后闭合，KA3 得电，其常闭触头又再次切断 KM3 电路。KS1 仍闭合，且 KA3（18－10）已闭合，使 KA2 通电，触头 KA2（3－8）闭合，KM1 得电，电动机定子串入电阻 R 进行反接制动；KA2 的另一触头（3－19）闭合，使 KM3 始终处于断电状态，电阻 R 始终串入 M 的定子绕组。当反向转速小于 100 r/min 时，KS2 断开，KA2 断电，KM1、KA3 同时断电，反接制动结束，电动机 M 停止运转。

2.4.2　能耗制动控制

1. 能耗制动原理

三相异步电动机能耗制动就是在电动机切断三相交流电源后，迅速在定子绕组任意两相加一直流电压，使定子绕组产生恒定的磁场，利用转子感应电流与静止磁场的相互作用产生制动转矩，实现制动。当转子转速接近零时，及时切除直流电源。

能耗制动比反接制动所消耗的能量少，但制动效果不如反接制动。能耗制动的制动效果与电动机转速和加入定子绕组的直流电流的大小有关，当转速一定时，直流电流越大，制动的效果越好。能耗制动可以根据时间控制原则，用时间继电器进行控制；也可以根据速度控制原则，用速度继电器进行控制。能耗制动通常用于电动机容量较大，要求制动平稳和制动频繁的场合。而对于较大功率的电动机，还应采用三相整流电路，投资成本较高。

2. 能耗制动控制电路

（1）按时间原则控制的单向运行能耗制动电路

能耗制动控制电路如图 2-19 所示。图中接触器 KM1 为单向运行，接触器 KM2 用来实现能耗制动，T 为整流变压器，UR 为桥式整流电路，KT 为时间继电器。

工作过程：电动机单向正常运行，接通刀开关 QS，按下起动按钮 SB2，接触器 KM1 得电，电动机 M 起动运行。

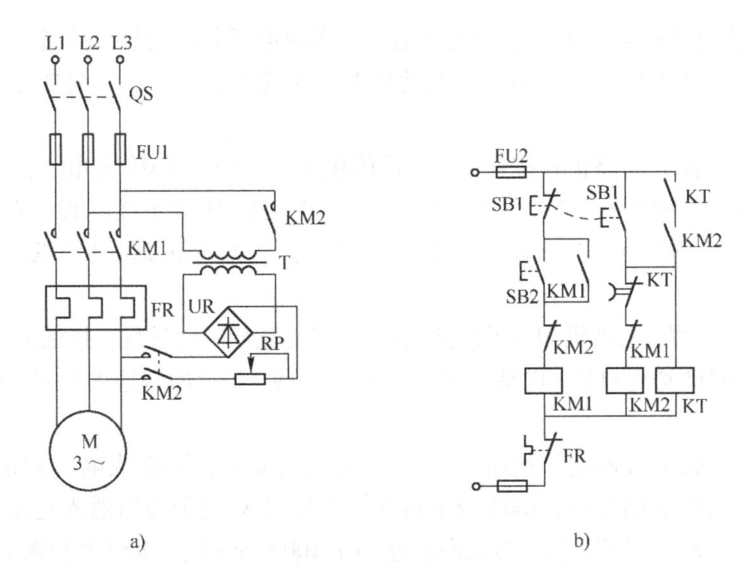

图 2-19　能耗制动控制电路

a）主电路　b）控制电路

停止运行：按下复合（停止）按钮 SB1，常闭触头先断开，KM1 失电，电动机定子切断三相电源；SB1 的复合（常开）触头后闭合，KM2、KT 同时得电，如果电动机定子绕组星形联结，则将两相定子绕组接入直流电源进行能耗制动。电动机在能耗制动作用下转速迅速下降，当转速接近零时，到达 KT 的设定时间，延时常闭触头打开，KM2、KT 相继失电，能耗制动结束。

（2）按速度原则控制的可逆运行能耗制动电路

采用速度继电器来控制的可逆运行能耗制动控制电路如图 2-20 所示。图中 KM1、KM2 为正、反转接触器，KM3 为制动接触器。

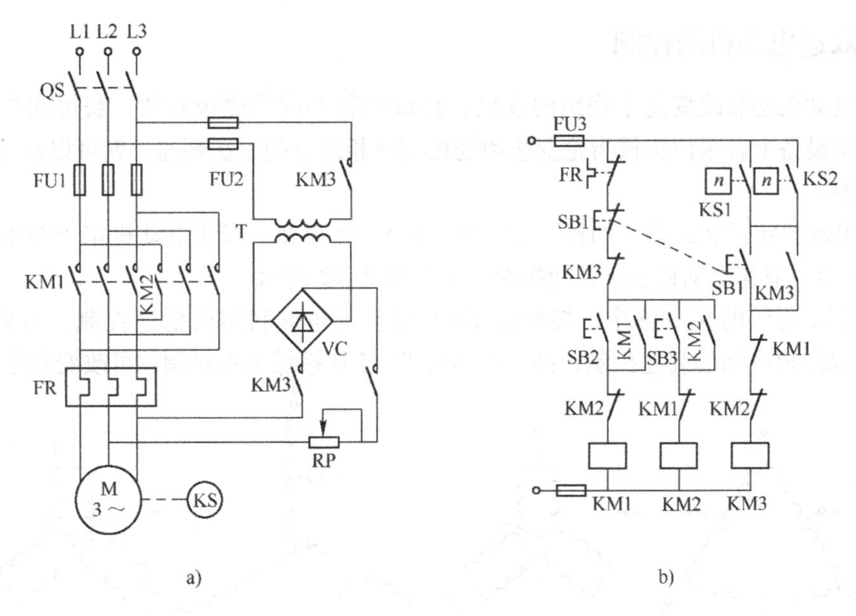

图 2-20　可逆运行能耗制动控制电路

a）主电路　b）控制电路

1）正向工作过程：电动机 M 正向起动运转停车时能耗制动过程。接通刀开关 QS，按下起动按钮 SB2，接触器 KM1 得电自锁，电动机 M 正向起动运行。当正向转速大于 120 r/min 时，KS1 闭合。

停止运行：当按下（停止）按钮 SB1，常闭触头先断开，KM1 失电，因惯性使 KS1 仍闭合，在 SB1 的常开触头闭合时，KM3 得电自锁，电动机 M 定子绕组通入直流电进行能耗制动，使电动机 M 的转速迅速下降，当正向转速小于 100 r/min 时，KS1 断开，KM3 失电，能耗制动结束。

2）反向工作过程：电动机 M 反向起动运转停车时能耗制动过程。接通刀开关 QS，按下起动按钮 SB3，KM2 通电自锁，电动机 M 反向起动运转，当反向转速大于 120 r/min 时，KS2 闭合。

停止运行：当按下（停止）按钮 SB1，常闭触头先断开，KM2 失电，因惯性使 KS2 仍闭合，在 SB1 的常开触头闭合时，KM3 得电自锁，电动机 M 定子绕组通入直流电进行能耗制动，使电动机 M 的转速迅速下降，当反向转速小于 100 r/min 时，KS2 复位断开，KM3 失电，能耗制动结束。

2.5 三相异步电动机的调速控制

三相异步电动机的转速与频率成正比、与磁极对数成反比，可以通过改变极对数、转差率和电源频率三种方法实现转速控制。根据三相异步电动机的转速表达式：

$$n = n_1(1-s) = 60f_1(1-s)/p$$

变极调速一般仅适用于笼型异步电动机。变极电动机一般有双速、三速、四速之分，双速电动机定子装有一套绕组，而三速、四速电动机则为两套绕组。

2.5.1 双速电动机的控制

双速电动机是靠改变定子绕组的连接，形成两种不同的磁极对数，获得两种不同的转速。在机床设备上若采用机械齿轮变速和变极调速相结合的方法调速，就可以获得较为宽广的调速范围。

双速电动机定子绕组常见的接法有Y/YY和 Δ/YY两种。双速电动机定子绕组接线图如图 2-21 所示。双速电动机变极调速控制电路如图 2-22 所示。

图 2-22a 所示的主电路中，接触器 KM1 用于三角形联结的低速控制，接触器 KM2、KM3 用于双星形联结的高速控制，高、低速时 W 与 U 接线关系对调就可改变相序。

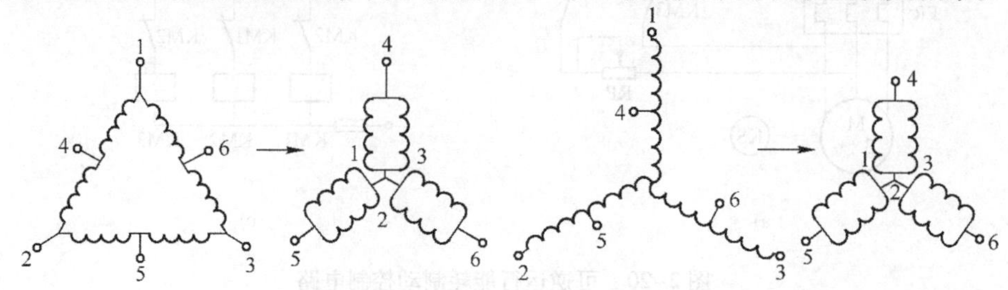

图 2-21 双速电动机绕组连接图

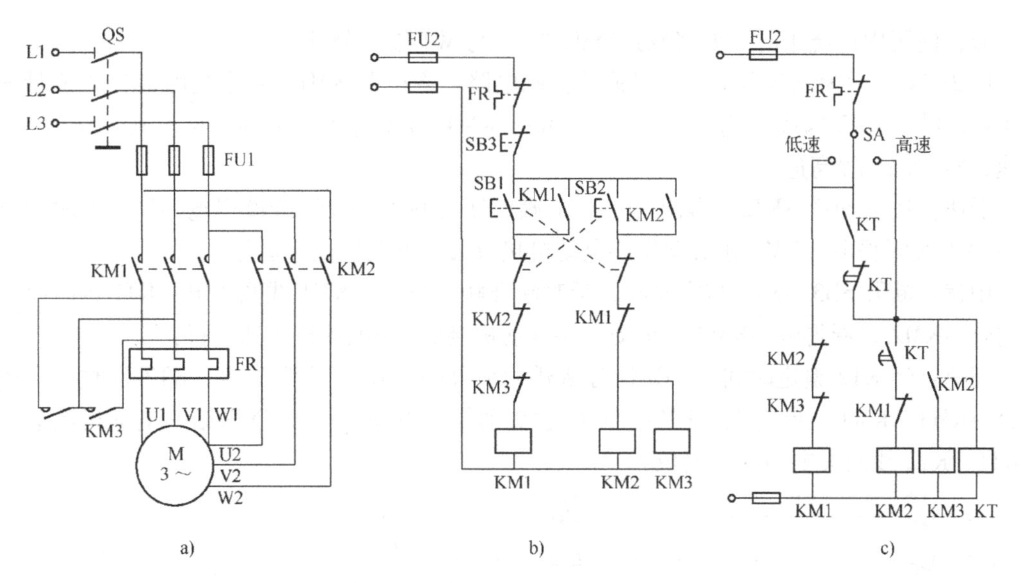

图 2-22　双速电动机变极调速控制电路

a）主电路　b）控制电路 1　c）控制电路 2

图 2-22b 所示的控制电路采用按钮进行高、低速控制。SB1 为低速运转控制按钮，SB2 为高速运转控制按钮，SB3 为停止按钮。

图 2-22c 所示的控制电路中，KM1 为电动机三角形联结接触器，KM2、KM3 为电动机双星形联结接触器，KT 为电动机低速换高速时间继电器，采用转换开关 SA 选择低、高速运行。在三个位置中，左为低速，右为高速，中间为停止。

2.5.2　三速电动机的控制

三速电动机的定子有两套绕组，低速和高速时与双速电动机是一样的定子绕组，采用一套双速绕组，能实现 Δ/YY两种连接方式，可获得高、低两种运行速度；中速时采用另一套星形联结绕组，定子绕组连接如图 2-23 所示。在使用双速绕组时，要将 U3 与 W1 端子连接

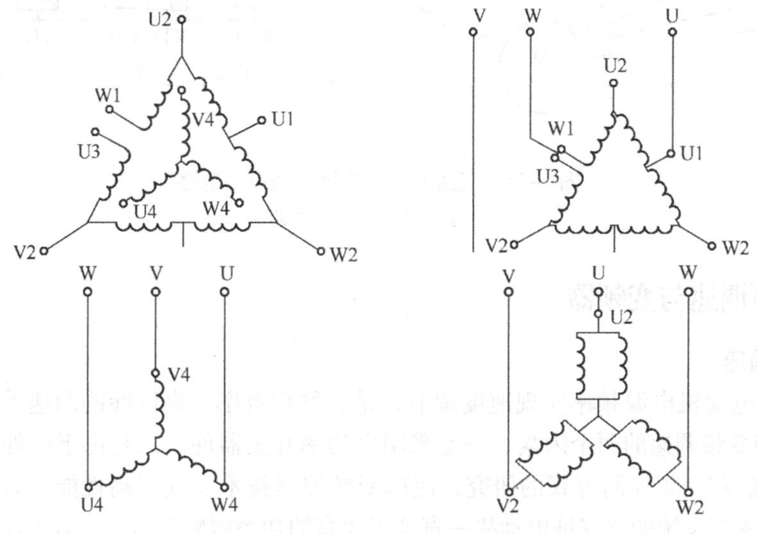

图 2-23　三速电动机定子绕组连接图

在一起；使用中速绕组时，要将双速绕组的U3与W1端子分开。

图2-24所示为三速电动机变极调速控制电路。主电路KM1（4个主触头）构成低速的三角形联结，KM2构成中速星形联结，KM3、KM4构成高速双星形联结。其工作原理：Δ低速；Y中速；YY高速。

低速：按下SB3→KT2线圈得电→KT2瞬时闭合触头→KT1线圈得电→KT1瞬时闭合触头→KM1线圈得电→KM1触头动作→电动机接成Δ→电动机低速运行；

中速：断开SB3→KT1整定时间，延时断开触头分断→KM1线圈失电→KT1延时闭合触头闭合→KM2线圈得电→KM2触头动作→电动机接成Y→电动机中速运行；

高速：经KT2整定时间→KT2延时断开触头分断→KM2线圈失电，KT2延时闭合触头闭合→KM3、KM4线圈得电→KM3、KM4触头动作→电动机接成YY联结→电动机高速运行→KT1、KT2线圈失电→触头复位。

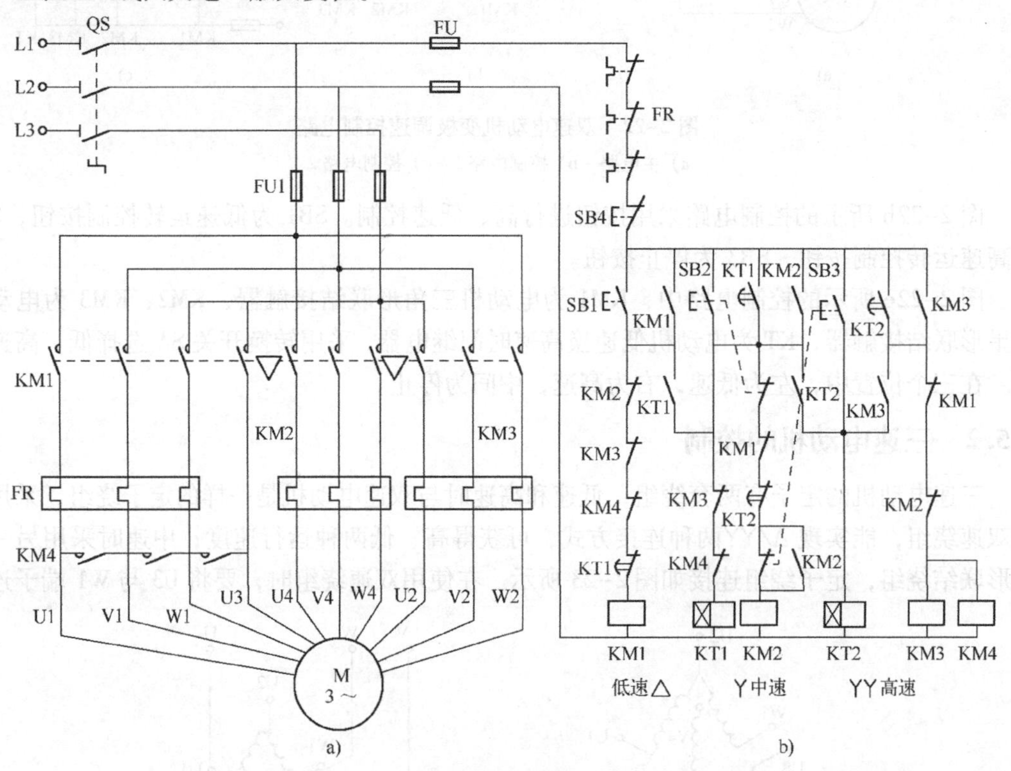

图2-24　三速电动机变极调速控制电路

a）主电路　b）控制电路

2.5.3　变频调速与变频器

1. 变频调速

通过改变电动机电源频率实现速度调节，是一种高效率、高性能的调速手段。

（1）影响变频调速的两个因素　一是采用大功率开关器件，二是由于微处理器的快速发展，再加上人们对变频控制方式的研究，使得变频控制技术实现了高性能、高效率、高可靠性。自动控制变频系统能够保证电动机一直处于较高的功率因数下运行，减少能量的损耗。

（2）变频调速的两种基本控制方式

1）三相异步电动机的控制方式。只要改变定子交流电的频率 f_1 就可以调节电动机的转速，但事实上，只改变 f_1 并不能实现正常的调速。在实际应用中，不仅要求实现转速可调节，同时还要求调速系统具有满足生产工艺要求的机械特性和调速指标。

定子绕组产生的感应电动势：

$$U_1 \approx E_1 = 4.44 f_1 N_1 KN_1 \phi$$

式中 E_1——气隙磁通在定子每相绕组中感应电动势的有效值（V）；

N_1——定子每相绕组串联匝数；

KN_1——电动机基波绕组系数；

ϕ——电动机气隙中每极合成主磁通（Wb）。

2）电磁转矩公式控制方式。ϕ 的减小会导致电动机允许输出转矩下降，使电动机的利用率降低，同时电动机的最大转矩也将降低，严重时会使电动机堵转。

由定子电压公式可看出，若维持定子端电压 U_1 不变，而减小 f_1，则 ϕ 增加，将造成磁路过饱和，励磁电流增加，铁心过热，这是不允许的。如果在调频的同时改变定子电压 U_1，以维持气隙磁通 ϕ 不变。根据 U_1 和 f_1 的不同比例关系，有两种不同的变频调速控制方式：一种是基频以下恒转矩变频调速，另一种是基频以上恒功率变频调速。

如果将恒转矩调速和恒功率调速结合起来，可得到较宽的调速范围。所以，变频调速其实就是将基频以下恒转矩控制方式和基频以上恒功率控制方式结合起来使用。

（3）变频调速的特点　采用标准电动机，可以连续调速，通过电子电路改变相序、改变转速方向。其优点是起动电流小，可调节加减速度，电动机可以高速化和小型化，保护功能齐全等。变频调速的应用领域很广泛，如应用于泵、风机、搅拌机、精纺机和压缩机等，节能效果显著；如应用于车床、钻床、铣床、磨床等，能够提高生产率和产品质量；还可广泛应用于其他领域，如起重机械和各种传送带的多台电动机同步、调速等。

2. 变频器

变频器是采用变频技术与微电子技术，通过改变电动机工作电源频率的方式来控制交流电动机的电力控制设备。变频器也是转换电能并能改变频率的电能转换装置。变频器主要由整流、滤波、逆变、制动、驱动、检测和微处理单元等组成。变频器靠内部场效应晶体管的通断来调整输出电源的电压和频率，根据电动机的实际需要来提供其所需要的电源电压，从而达到节能、调速的目的。另外，变频器还有很多的保护功能，如过电流、过电压、过载保护等。随着工业自动化程度的不断提高，变频器也得到了非常广泛的应用。

（1）变频器的分类及特点

1）变频器分类。变频器分为“交－交”变频器和“交－直－交”变频器两种。

“交－交”变频器按相数分为单相和三相；按环流情况分为有环流和无环流；按输出波形分为正弦波和方波。

“交－直－交”变频器按中间直流滤波环节的不同分为电压型和电流型；按控制方式分为 V/f 控制、转差频率控制和矢量控制；按调压方式分为脉冲宽度调制型和脉冲幅度调制型（相位控制调压、直流斩波调压）。

2）变频器的特点。“交－交”变频器可将工频交流电直接变换成频率、电压可调节控制的交流电，又称为直接变频器；“交－交”变频器采用晶闸管自然换流方式，工作稳定、可靠。“交 - 交”变频器的最高输出频率是电网频率的 1/3 ~ 1/2，在大功率低频范围有优势。“交 - 交”变频器没有直流环节，变频效率高，主电路简单，不含直流电路及滤波部分，与电源之间无功功率处理以及有功功率回馈容易。但因其功率因数低，高次谐波多，输出频率低，变化范围窄，使用元件数量多，使之应用受到了一定的限制。

矩阵式变频器是一种新型“交 - 交”直接变频器，由九个直接接于三相输入和输出之间的开关阵组成。虽然矩阵变换器有很多优点，但矩阵变换器最大输出电压能力低，器件承受电压高，一般在风电励磁电源中应用。

“交 - 直 - 交”变频器是先把电网的工频交流电通过整流器变成直流电，经过中间滤波环节后，再把直流电逆变成频率、电压均可调节控制的交流电，又称为间接变频器。

“交 - 直 - 交”电压型变频器主要由整流单元（交流变直流）、滤波单元、逆变单元（直流变交流）、制动单元、驱动单元、检测单元、控制单元等部分组成的，结构框图如图 2-25 所示。整流器为二极管三相桥式不控整流器或大功率晶体管组成的全控整流器，逆变器是大功率晶体管组成的三相桥式电路，其作用正好与整流器相反，它是将恒定的直流电变换为可调电压，可调频率的交流电。中间滤波环节是用电容器或电抗器对整流后的电压或电流进行滤波，“交 - 直 - 交”变频器按中间直流滤波环节的不同，又可以分为电压型和电流型两种，由于控制方法和硬件设计等因素，电压型逆变器应用比较广泛。数控机床上的交流伺服系统大多采用“交 - 直 - 交”SPWM（正弦波调制）变频控制器。

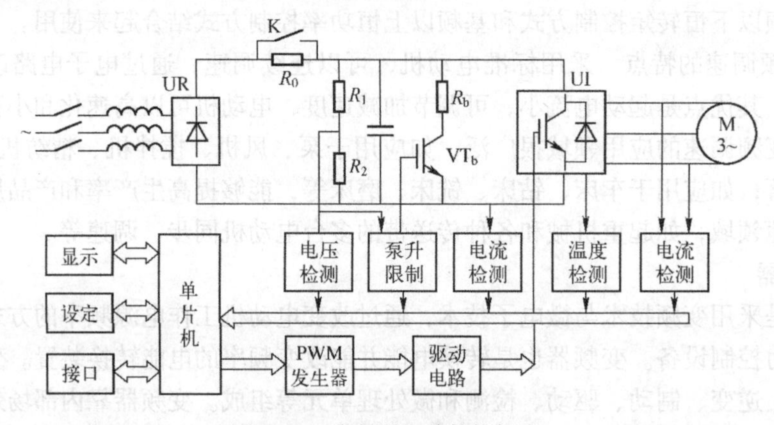

图 2-25 变频器电路结构框图

“交 - 直 - 交”变频器：主电路用来完成电能的转换（整流和逆变）；控制电路用来实现信息的采集、变换、传送和系统控制；保护电路除用于防止因变频器主电路的过电压、过电流引起的损坏外，还应保护异步电动机及传动系统等。

（2）变频器的控制方式 变频器的控制方式是指针对电动机的自身特性、负载特性以及运转速度的要求，控制变频器的输出电压（电流）和频率的方式。一般分为 V/f 控制（电压/频率）、转差频率和矢量控制三种控制方式。变频器的控制方式则可分为开环控制和闭环控制两种。

1）V/f 控制变频器。按 V/f 关系对变频器的频率和电压进行控制，转速的改变是靠改变频率的设定值来实现的。基频以下可以实现恒转矩调速，基频以上为恒功率调速。

图 2-26 所示的 V/f 控制是一种转速开环控制，控制电路简单，负载为通用标准异步电动机，通用性强，经济性好。但电动机的实际转速要根据负载的大小来决定，所以负载变化时，在频率设定值不变的条件下，转子速度将随负载转矩的变化而变化，所以这种控制方式

常用于速度精度要求不高的场合。

2）转差频率控制变频器。V/f 控制模式用于精度不高的场合，为了提高调速精度，就需要控制转差率。通过速度传感器检测出速度，求出转差角频率，再将其与速度设定值叠加以得到新的逆变器的频率设定值，实现转差补偿，这种实现转差补偿的闭环控制方式称为转差频率控制，其简化原理图如图 2-27 所示。

由于转差补偿的作用，大大提高了调速精度。但是，使用转速传感器求取转差角频率，要针对电动机的机械特性调整控制参数，但这种控制方式通用性较差。

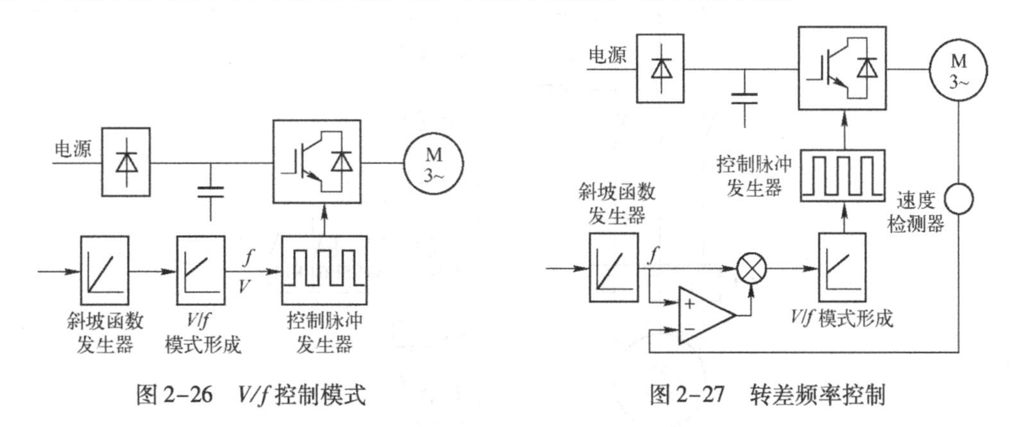

图 2-26　V/f 控制模式　　　　图 2-27　转差频率控制

3）矢量控制变频器。矢量控制是一种新的控制思想和控制技术，是交流异步电动机的一种理想调速方式。矢量控制属于闭环控制方式，是异步电动机调速最新的实用化技术。矢量控制方式使交流异步电动机具有与直流电动机相同的控制性能，这种控制方式的变频器已广泛应用于生产实际中。

矢量控制变频器的特点是：需要使用电动机参数，一般用作专用变频器；调速范围在1∶100以上；速度响应性极高，适合于急加速、急减速运转和连续四象限运转，能适用于任何场合。

(3) 变频器的主要功能　变频器的主要功能有：频率给定功能、升降速和制动控制功能、控制功能和保护功能等。

频率给定功能包括面板设定方式、外接给定方式和通信接口方式三种。

升降速度功能是通过预置升/降速时间和升/降速方式等参数来控制电动机的升/降速度，利用变频器的升速控制实现电动机的软起动；制动功能的实现主要通过斜坡制动和能耗制动两种方式。

控制功能的实现有两种方法：一是完全由变频器自身按预先设置好的程序完成控制；二是可以由外部的控制信号或可编程序控制器等控制系统进行控制。

保护功能主要有过电流保护、过电压保护、欠电压保护、变频器过载保护和外部报警输入保护。

2.6 其他典型控制环节

2.6.1 多地点控制

在一些大型生产机械和设备上，如大型机床、起重运输机等，为了操作方便，操作人员可以在不同方位进行操作与控制。图 2-28 所示为三地控制电路。把一个起动按钮和一个停止按钮组成一组，并把三组起动、停止按钮分别放置三地，即能实现三地控制。电动机若要三地起动，可按按钮 SB4 或 SB5 或 SB6，若要三地停止，可按按钮 SBl 或 SB2 或 SB3。

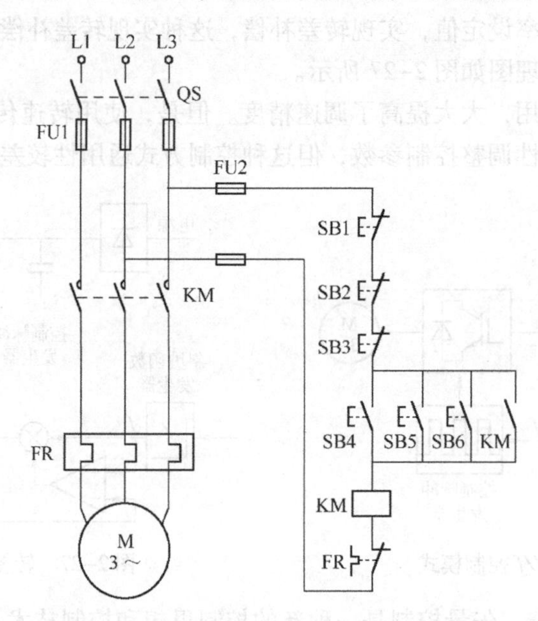

图 2-28　三地起动和三地停止控制电路

2.6.2　顺序控制

在实际的生产实践中，有时要求一个拖动系统中，需要多台电动机实现先后顺序工作。比如在机床中，要求润滑电动机起动后，主轴电动机才能起动。

图 2-29a 为两台电动机顺序控制主电路，图 2-29b、c、d、e、f 为不同控制要求的控制电路。图 2-29b 为按顺序起动控制电路。合上电源开关 QS，按下起动按钮 SB2，KM1 线圈得电并自锁，电动机 M1 得电旋转，同时串在 KM2 控制电路中的 KM1 常开辅助触头也闭合，此时再按下按钮 SB4，KM2 线圈得电并自锁，电动机 M2 得电旋转。如果先按下的是 SB4 按钮，则因 KM1 常开辅助触头是断开的，电动机 M2 不可能先起动。接触器 KM1 控制电动机 M1 的起动、停止；接触器 KM2 控制 M2 的起动、停止。这样就达到了按顺序起动 M1、M2 的目的。

电动机在实际运行中除要求按顺序起动外，有时还要求按一定顺序停止。比如传送带运输机，起动时，要求第一台运输机先起动，再起动第二台；停车时，要求先停第二台，再停第一台，只有这样才不会造成物品在传送带上的堆积和滞留。

图 2-29c 是在图 2-29b 的基础上，将接触器 KM2 的常开辅助触头并联在停止按钮 SB1 的两端，这种控制电路，即使先按下 SB1，电动机 M1 也不会停转，只有按下 SB3，电动机 M2 先停后，再按下 SB1 才能使 M1 停转，实现了先停 M2，后停 M1，达到按顺序起动与停止的要求。

图 2-29d 工作过程与图 2-29b 相同，不同之处是 FR1、FR2 连接方法不同，在图 2-29b 中，FR1 与 FR2 是串联，只要 FR1、FR2 中如何一个开路，电路不工作，M1、M2 停转。而在图 2-29d 中，FR1 与 FR2 是并联，若 FR1 开路，其结果与在图 2-29b 相同，若 FR2 开路，电动机 M2 停转，但接触器 KM1 仍然在工作，电动机 M1 不会停转。

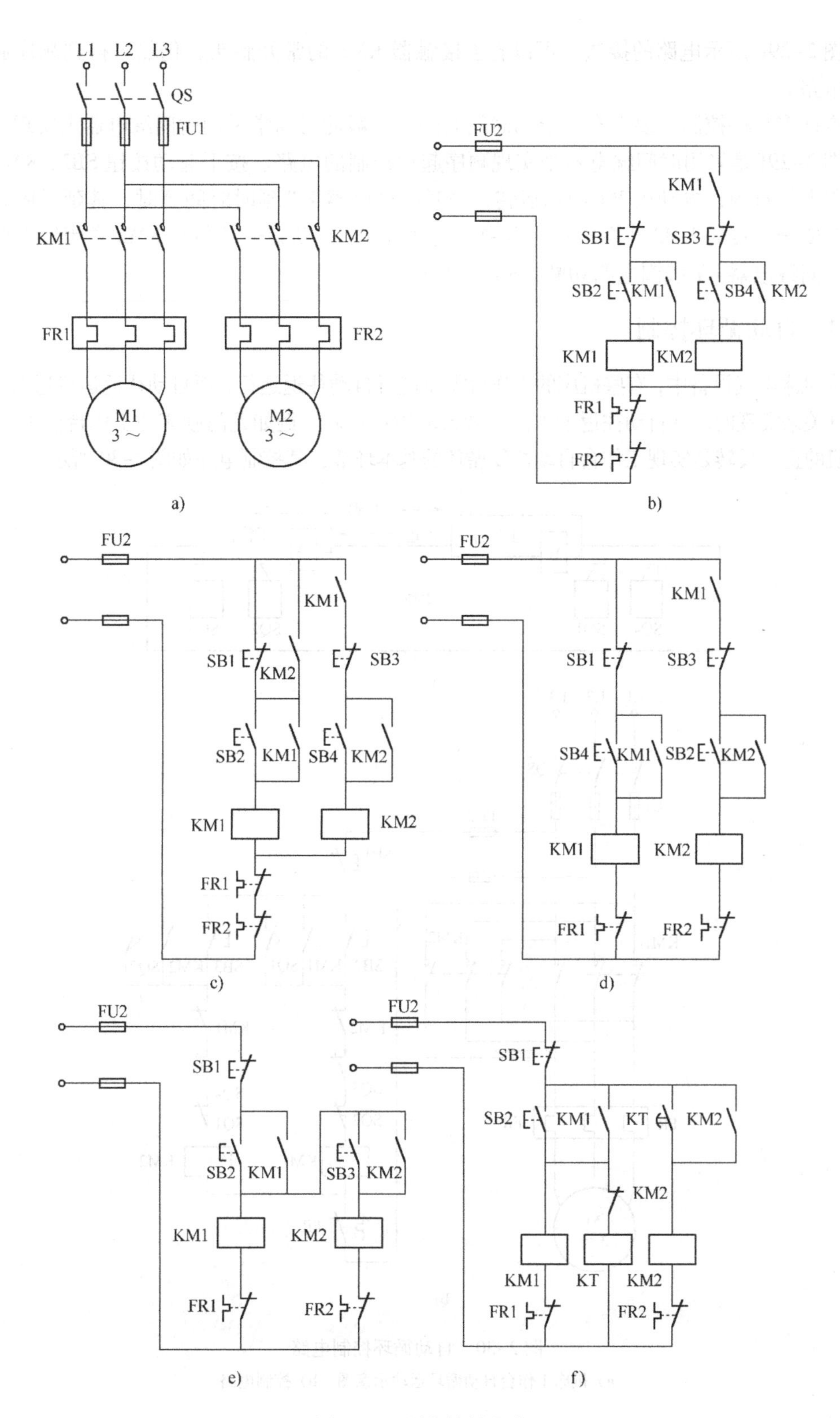
L1
L2
L3
QS
FU1
KM1
KM2
FR1
FR2
M1
3～
M2
3～
a)
FU2
KM1
SB1
SB3
SB2
KM1
SB4
KM2
KM1
KM2
FR1
FR2
b)
FU2
KM1
SB1
KM2
SB3
SB2
KM1
SB4
KM2
KM1
KM2
FR1
FR2
c)
FU2
KM1
SB1
SB3
SB4
KM1
SB2
KM2
KM1
KM2
FR1
FR2
d)
FU2
SB1
SB2
KM1
SB3
KM2
KM1
KM2
FR1
FR2
e)
FU2
SB1
SB2
KM1
KT
KM2
KM2
KM1
KT
KM2
FR1
FR2
f)

图 2-29　顺序控制电路

图 2-29e 所示电路的接法，可以省去接触器 KM1 的常开触头，仍然可得到顺序起动的控制电路。

有许多顺序控制，要求有一定的时间间隔，一般此时通常采用时间继电器来实现。

图 2-29f 是采用时间继电器来实现顺序起动控制的电路。按下起动按钮 SB2，KM1、KT 同时得电并自锁，电动机 M1 起动运转，当时间继电器 KT 延时时间到时，其延时闭合的常开触头闭合，接通 KM2 线圈电路并自锁，电动机 M2 起动旋转，同时 KM2 常闭辅助触头断开将时间继电器 KT 线圈电路切断，KT 停止工作。

2.6.3 自动循环控制

在机床电气设备中，有些机床的工作台需要进行自动往返运行，而自动往返运行通常是通过位置开关来实现的，其自动往返的方法叫做自动循环控制。例如龙门刨床的工作台前进、后退。电动机的正、反转是实现工作台自动往复循环的基本环节，其控制电路如图 2-30 所示。

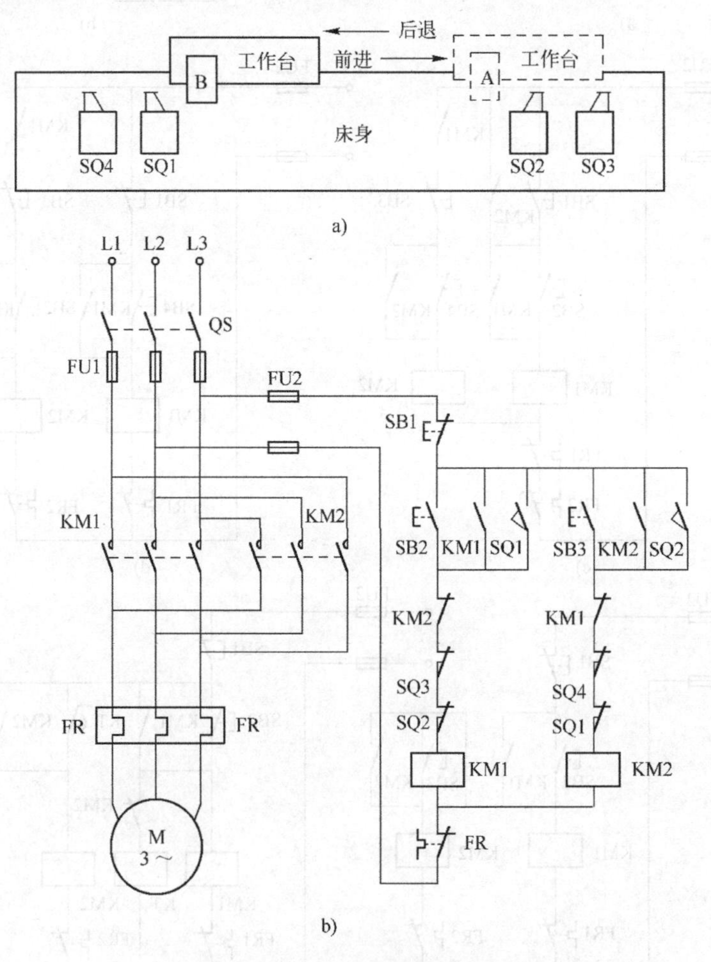

图 2-30　自动循环控制电路

a）机床工作台自动循环运动示意图　b）控制电路

工作过程：合上电源开关 QS，按下正转起动按钮 SB2，接触器 KM1 线圈得电并自锁，电动机 M 正转起动，工作台向前，当工作台移动到一定位置时，撞块 A 压下 SQ2，其常闭触头断开，常开触头闭合，这时 KM1 线圈断电，KM2 线圈得电并自锁，电动机由正转变为反转，工作台向后退，当后退到位时，撞块 B 压下 SQ1，使 KM2 断电，KM1 得电，电动机由反转变为正转，工作台变后退为前进，如此周而复始，工作台在预定的距离内自动往复运动。

停止过程：按下按钮 SB1 时，电动机停止，工作台停下。当行程开关 SQ1、SQ2 失灵时，电动机换向无法实现，工作台继续沿原方向移动，撞块将压下 SQ3 或 SQ4 限位开关，使相应接触器线圈断电，电动机停止，工作台停止移动，避免了运动部件超出极限位置而发生事故，实现了限位保护。

图中 SQ1 为反向转正向行程开关，SQ2 为正向转反向行程开关，SQ3 为正向限位开关，SQ4 为反向限位开关，以防止位置开关 SQ1 和 SQ2 失灵，工作台继续运动而造成事故。

2.7 软起动器及应用

2.7.1 软起动器概述

交流感应电动机的应用非常广泛，但由于它起动过程中会产生过大的起动电流，对电网和其他用电设备造成冲击，为了设备正常工作的需要，在电动机起动过程中应采取必要的措施控制其起动过程。传统的减压起动控制电路起动时的冲击电流较大，除了自耦变压器减压起动控制外，其他控制方式的起动转矩都较小而且不可调。还有，电动机停车都是通过控制接触器主触头，只有断开主触头，切断电动机电源才能自由停车。这样，由于惯性的存在，会造成剧烈的电网波动和机械冲击，在电压切换时也会出现电流冲击。这几种方法只适合于起动特性要求不高的场合。由于起动时要产生较大冲击电流，同时起动应力也较大，使负载设备的使用寿命降低。国家有关部门对电动机起动早有明确规定，即电动机起动时的电网电压降不能超过15%。人们往往需要配备限制电动机起动电流的起动设备，如采用Y/△转换、串电阻减压起动、自耦减压起动等方式来实现。这些方法虽然可以起到一定的限流作用，但没有从根本上解决问题。表 2-1 是电动机在不同的起动方式下，起动电流与额定电流、起动转矩与额定转矩的参数比较。

表 2-1　起动方式参数比较

序　　号	起 动 方 式	起动电流/电动机额定电流	起动转矩/额定转矩
1	直接起动	4~7	0.5~1.5
2	Y-△减压起动	1.8~2.6	0.5
3	定子串电阻	4.5	0.5~0.75
4	自耦变压器	1.7~4	0.4~0.85

随着电力电子技术的不断发展，软起动器在起动要求较高的场合得到广泛应用。软起动器是一种集电动机软起动、软停车、轻载节能、多种保护功能于一体的电动机控制装置，实现平滑无冲击地起动电动机，降低起动电流，避免起动过电流引发跳闸。

软起动器装置主要特点是具有软起动和软停车功能，起动电流和起动转矩可调节，它不仅实现在整个过程中平滑无冲击地起动电动机，而且可根据电动机负载的特性来调节起动过程中的参数，如限流值、起动时间等，同时还具有电动机过载保护等功能。这就从根本上解决了传统减压起动设备的弊端。软起动效果对比见表2-2。

表2-2 软起动效果对比

项　目	起动时间/s	峰值电流/A	峰值电流持续时间/s	月平均耗电量/kWh
自耦变压器起动	27	2530	6.2	84000
软起动器起动	18	1180	2.1	77600

1. 软起动器的工作原理

软起动器是一种控制交流异步电动机的新设备，它由串接于电源与被控电动机之间的三相反并联晶闸管及其电子控制电路构成。运用不同的方法，控制三相反并联晶闸管的导通角，使被控电动机的输入电压按不同的要求而变化，就可实现不同的功能。

近几年，国内外软起动器技术发展迅速，从最初单一的软起动功能，发展到同时具有软停车、故障保护和轻载节能等功能。图2-31所示为软起动器的内部原理简图，其主要由三相交流调压电路和控制电路两大部分构成。工作原理：利用晶闸管的移相控制原理，通过控制晶闸管的导通角来改变其输出电压，达到通过调压方式来控制电动机的起动电流和起动转矩的目的。控制电路按预定的不同起动方式，通过检测主电路的反馈电流控制它的输出电压，完成不同的起动特性。软起动器还具有对电动机和软起动器本身的热保护、限制转矩和电流冲击、三相电源不平衡、断相等保护功能，还可实时检测并显示电流、电压、功率因数等各种参数。实现软起动器输出全压，使电动机全压运行。

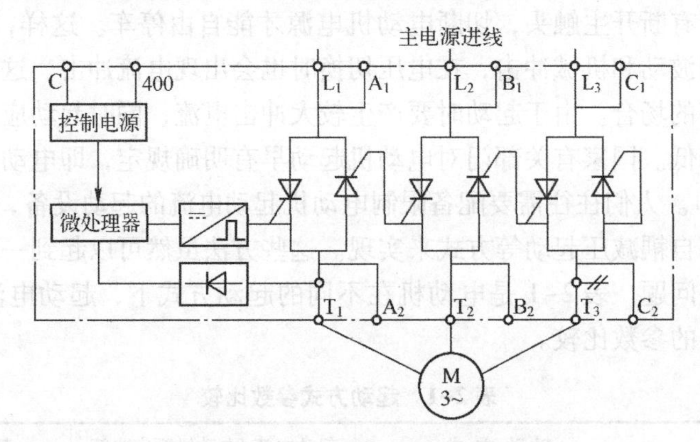

图2-31 软起动器的内部原理简图

2. 软起动器与传统起动方式的比较

表2-3列出了软起动器与传统起动器的比较，从起动电流的波形可以看出软起动器起动时无冲击电流，而传统的起动器在起动时有1~2次的冲击电流。而且从起始电压、电动机转矩特性、能否频繁起动方面对比来看，软起动器在起动时有传统起动器无法比拟的优越性。

例如SJR2软起动器有完美的起动模式，收到外部起、停命令后，按照预先设定的起、停方式实现对电动机的控制。

表 2-3　软起动器与传统起动器的比较

性　能	SJR2 系列软起动器	磁控减压起动器	自耦减压起动器Y-Δ起动器
起动电流	I_m—设定的起动电流限流值，可在0.5~5I_e内调整	I_m—起动电流，不可调整	I_m—起动电流，不可调整
起始电压	0~380 V 任意可调	200 V 左右，用户不能调整	250 V/220 V 左右，用户不能调整
电动机转矩特性	没有冲击转矩，转矩匀速平滑上升	一次冲击转矩后，转矩匀速平滑上升	转矩跳跃上升，有两次冲击转矩
能否频繁起动	可以	一般不能	一般不能

2.7.2　软起动器的控制功能

三相异步电动机在软起动过程中，软起动器是通过加在电动机上的电压来控制电动机的起动电流和起动转矩的，起动转矩逐渐增加，转速也逐渐增加。一般软起动器可以通过设定不同的参数得到不同的起动特性，以满足不同负载特性的要求。控制模式有以下几种。

1. 斜坡恒流升压起动方式

斜坡恒流升压起动，起动初始电压和起动时间可以设定；从图 2-32b 可以看出，在起动初始阶段起动电流逐渐增加，当达到预先所设定的限流值后保持恒定，直至起动完毕，起动过程中电流上升变化的速率可以根据电动机负载调整设定。这种起动方式主要适用于一台软起动器并接多台电动机或电动机功率远低于软起动器额定值的应用场合，比如风机、泵类负载的起动。

2. 电压提升脉冲阶跃起动方式

在起动开始阶段，晶闸管在极短时间内以较大电流导通，获得较大的起动转矩，经过一段时间后，再按原设定值线性上升，进入恒流起动状态。这种起动方式适用于重载并需克服较大静摩擦的起动场合。

3. 转矩控制及起动电流限制起动方式

转矩控制及起动电流限制起动方式一般可以设定起动初始转矩、起动阶段转矩限幅、转矩斜坡上升时间和起动电流限幅，引入了电流反馈，属于闭环控制方式，更加稳定。因此，这种控制方式可以使电动机以最佳的起动加速度、以最快的时间完成平稳的起动，在实际中是使用最多的起动方式。图 2-33 是转矩控制及起动电流限制起动方式。

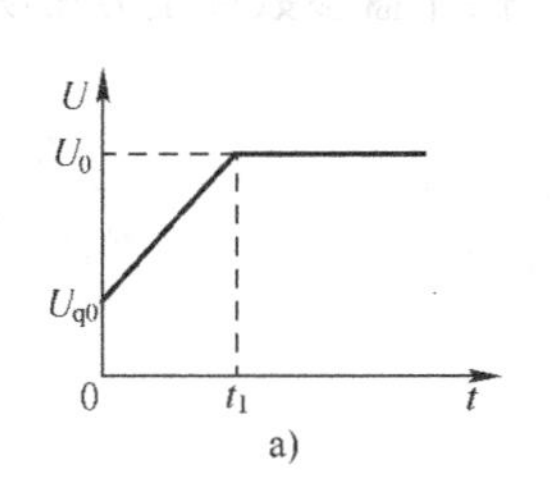

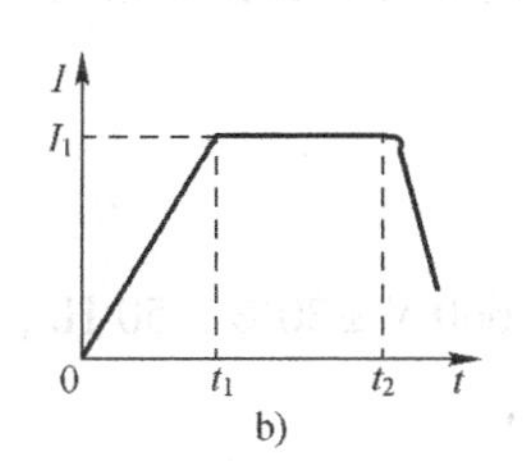

图 2-32　斜坡恒流升压起动方式

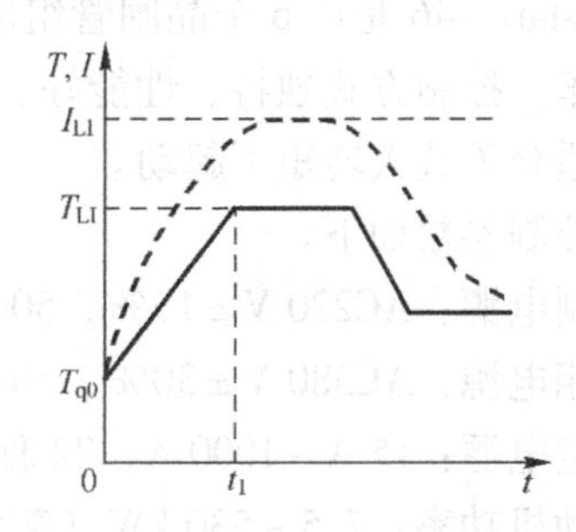

图 2-33　转矩控制及起动电流限制起动方式

4. 减速软停车控制方式

减速软停车控制方式是当电动机需要停车时，不是立即切断电动机的电源，而是通过调节软起动器的输出电压，使其逐渐降低而切断电源，这一过程时间较长且一般大于自由停车时间，故称为软停车方式，适用于高层建筑、楼宇的水泵系统等。

5. 制动停车方式

当电动机需要快速停车时，软起动器具有能耗制动功能。当需要制动时软起动器改变晶闸管的触发方式，使交流转变为直流，然后在关闭主电路的电源后，立即将该直流电通入电动机定子绕组，利用转子感应电流与静止磁场的作用达到最终制动的目的。

2.7.3 软起动器的应用

本节介绍 Altistart－46 软起动器的应用。

Altistart－46 软起动器是施耐德电气公司专门为风机、泵类负载生产的软起动装置。Altistart－46 软起动器所接的电源电压有 208 V～240 V、400 V 和 440 V～500 V（任选），电源频率 50 Hz 或 60 Hz 自适应，额定电流为 17 A～1200 A，可带电动机功率为 2.2 kW～800 kW，具有短路保护、过载保护和抗干扰等功能，能够适应恶劣的工业生产环境。图 2-34是异步电动机软起动电气原理图，图 2-35 是异步电动机软起动接线图。

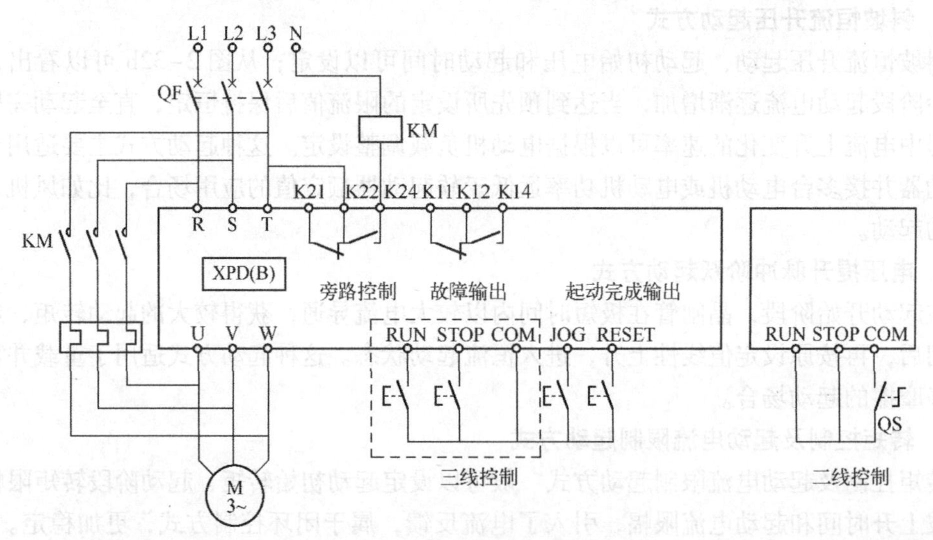

图 2-34　异步电动机软起动电气原理图

Altistart－46 是由 6 个晶闸管组成的软起动/软停车单元，可以控制三相异步电动机的起动和停车。控制方式独特、性能好、电流实时监控、保护完善可靠、操作盘参数设定方便明了，很适合重载大转矩下起动。

其控制参数如下。

控制电源：AC220 V±15%，50 Hz；

三相电源：AC380 V±30%，50 Hz，AC660 V±30%，50 Hz；

额定电源：15 A～1000 A，22 种额定值；

电动机功率：7.5～530 kW（额定电压 380 V），异步电动机；

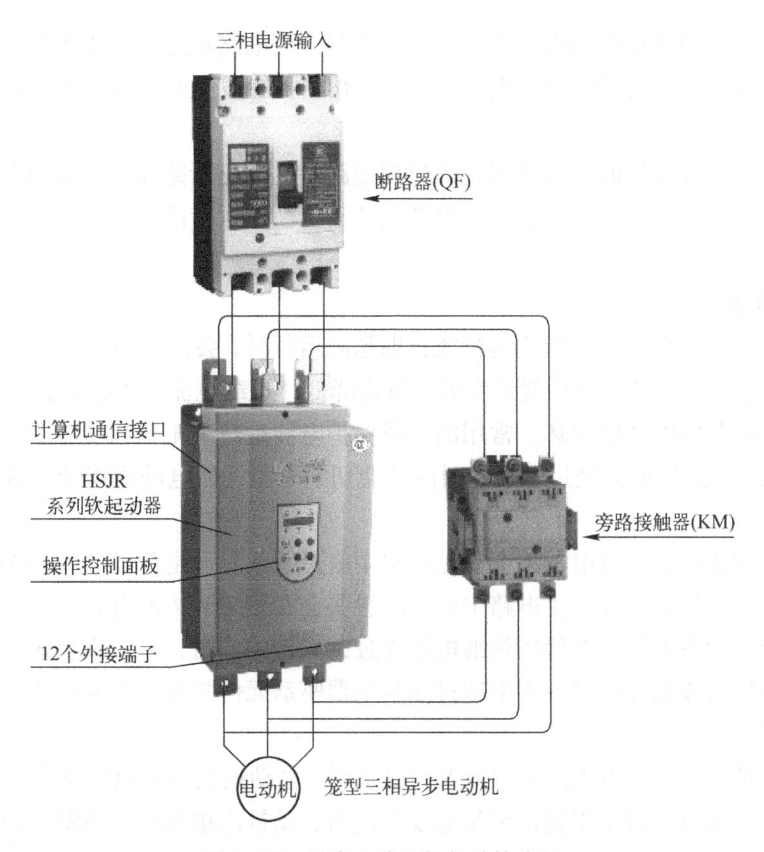

图 2-35　异步电动机软起动接线图

起动方式：斜坡限流起动，斜坡电压起动（0.5～60 s 可调）；
停止方式：自由停车，软停车（0.5～60 s 可调）；
逻辑输入：阻抗 2 kΩ，电源 15 V；
继电器输出：KM1，故障输出；KM2，全压输出；
保护功能：断相、过电流、短路、过热、SCR 保护等。

2.8　电气控制的保护环节

在电气控制系统中，除了要满足生产机械长期、正常、无故障地运行外，还需要各种保护措施。保护环节是所有生产机械电气控制系统不可缺少的组成部分，它用来保护电动机、电网、电气控制设备以及人身安全等。

电气控制系统中常用的保护环节有短路保护、过载保护、欠电压保护、零电压保护、过电流保护及超速保护等。

1. 短路保护

当电动机绕组、导线的绝缘损坏或者控制电器及电路发生故障时，若不迅速切断电源，会产生很大的短路电流，使电动机、电器、导线等电气设备损坏。因此，在发生短路故障时，保护电器必须迅速将电源切断。通常用的短路保护电器是熔断器和低压断路器。

熔断器的熔体与被保护的电路串联，适用于对动作准确度和自动化程度要求不高的系统中，如小容量的笼型异步电动机、普通交流电源等。当电路短路时，很大的短路电流流过熔体，使熔体立即熔断，切断电动机电源。但是，熔断器在发生短路时，很可能一相熔断器熔断，还会造成单相运行。

如果电路中接入的是低压断路器，当出现短路时，低压断路器会立即自动跳闸，将三相电源同时切断，使电动机停转。这样还可消除电动机断相运行的隐患。低压断路器一般用于要求较高的场合。

2. 过载保护

当电动机起动操作频繁、断相运行或长期超载运行时，会使电动机的工作电流超过允许值，电动机绕组过热，绝缘材料就要变脆，寿命降低，过载电流越大，达到允许温升的时间就越短，严重时会使电动机损坏。常用的过载保护电器是热继电器（或断路器），当电动机过载电流较大时，热继电器经过较短的时间就会切断电源，使电动机停转，避免电动机在过载下运行。

因热惯性的原因，热继电器不会受电动机短时过载或过载电流较小时影响而动作。当电动机过载电流较大时，串接在主电路中的常闭触头会在短时间内断开，切断控制电路和主电路的电源，使电动机停转。在使用热继电器作过载保护的同时，还应设置短路保护。选用的短路保护熔断器熔体的额定电流不应超过热继电器驱动元件的额定电流的 4 倍。

3. 欠电压保护

欠电压保护是指当电网电压下降到某一数值时，电动机便在欠电压下运行，电动机转速下降，接触器电磁吸力将小于复位弹簧的反作用力，动铁心被释放，带动主触头、自锁触头同时断开，自动切断主电路和控制电路，电动机失电停止，避免了电动机欠电压运行而损坏。

一般当电网电压降低到额定电压的 85% 以下时，接触器或电压继电器动作，切断电动机主电路和控制电路电源，使电动机停转。

4. 零电压保护

零电压保护是指电动机在正常运行中，当电网因某种原因突然停电时，能自动切断电动机电源；当电源电压恢复正常时，电动机不会自行起动，实现了零电压保护。

如果电源电压恢复时，操作人员未能及时切断电源，电动机就会自行起动，这样就有可能造成设备损坏及人身伤亡事故。而且，电网上有许多电动机，同时自行起动会引起太大的过电流及电压降。因此，为防止电压恢复时电动机自行起动，必须采取零电压保护。通常采用电压继电器来进行零电压保护。

5. 过电流保护

不正确的起动和过大的负载转矩常常引起电动机过电流。过电流保护主要用于直流电动机或绕线转子异步电动机，对笼型异步电动机采用短路保护。过电流保护通常采用过电流继电器和接触器配合使用。

过电流比短路电流要小，在电动机运行中产生过电流要比发生短路的可能性更大，特别是在频繁起动和正、反转重复短时工作制的电动机中更是如此。直流电动机和绕线转子异步电动机电路中过电流继电器起着短路保护的作用，通常过电流的动作值为起动电流的 1.2 倍左右。

6. 超速保护

当机械设备运行速度超过规定允许的速度时，将会造成设备损坏，甚至还会造成人身危险，所以要设置超速保护装置来控制电动机转速或及时切断电动机电源。

7. 其他保护

除了上述保护环节以外，电气控制系统中还有行程保护、油压保护、油温保护及互锁控制等，这些保护环节是在控制电路中串接一个受这些参量控制的常开触头或常闭触头来实现对电路的电源控制。这些装置有离心开关、测速发电机、行程开关、压力继电器等。

2.9 智能化低压电器应用及案例

2.9.1 智能低压交流接触器的控制

交流接触器是广泛应用于电动机控制、电气传动以及自动化控制领域中的电气设备。以往接触器动态控制的研究中，对于触头和铁心闭合状态的检测方法有多种，如通过检测触头或铁心的速度、位移等方法，判断触头和铁心的闭合状态。现在通过对线圈吸合过程旳电流进行检测，来实现交流接触器动态过程控制，从而改善动态过程特性，达到减少动态过程弹跳、节能的目的。如铁路电气的中低压接触器以及测试接触器触头弹跳的应用上，是由电源模块、驱动模块、控制电路模块、微控制器等组成。电源部分为驱动模块和控制器供电；微控制器为驱动模块提供控制信号；控制电磁线圈的供电，并测量线圈电流作为反馈信号，为动态控制提供依据，吸合时刻的检测是利用线圈电流积分的方法来实现。将动态过程进行分段调整，以电流积分法检测吸合时刻作为调整的标志。

2.9.2 智能型电动机保护器

电动机控制是工业以及民用动力系统中使用最为广泛的设备之一。从大型水电、火电系统到空调、电冰箱等家用电器的使用都离不开电动机，为了能正常运行，必须对电动机进行保护，尽量早发现、早预防电动机故障，减少电动机停工造成的不良影响。传统的电动机保护器有热过载继电器和小型电动机保护器，其感测元件为热继电器，它利用双金属片受热弯曲的特性和电流的热效应感知电流的大小，达到对电动机进行过载、短路、三相不平衡等保护。智能型电动机保护器是通过环形电流互感器、零序电流互感器，产生采样电流信号，通过滤波调制电路形成适于单片机模拟采样的电压信号，送单片机采样处理，由程序判断，对运行状态进行记忆和分析，由显示器发出数据显示，运行状态提示，对输出继电器作出故障保护提示和动作，并通过提示和保护动作来控制电动机，达到检测和保护电动机并按设计者预定要求运转的目的，是集保护、遥测、通信、遥控于一体的电动机保护装置。

2.9.3 智能化低压配电系统

1. 智能低压配电系统

智能低压配电柜，就是采用了智能型元器件的低压开关柜，其主要特点是在传统低压开关柜和元器件基础上充分应用了微电子技术、电力电子技术、计算机控制技术以及网络通信等新技术，具有较高的性能和可靠性。若干个智能型低压配电柜经数字通信与计算机系统网络连接，组成智能低压配电系统，具有遥测、遥控、遥信、遥调功能，可以实现变电所低压开关设备运行管理的自动化、智能化。

智能化低压配电系统由具有通信功能的低压智能化元件经数字通信与计算机系统网络连接，实现变电站低压开关设备运行管理的自动化、智能化。智能低压配电系统可实现数据的实时采集、数字通信、远程操作、程序控制、定值管理、事件记录、故障分析、设备维护、信息管理、报警、报表等功能。针对低压电气系统直接面向控制终端，设备多、分布广，而且现场条件复杂，系统本身及设备频繁操作、故障脱扣等产生的强电磁及谐波干扰等特点，智能化监控系统能实现面向对象的操作模式，具有很强的抗干扰能力，主要控制功能由设备层智能型元器件完成，形成网络集成式全分布控制系统，以满足系统运行的实时、快速及可靠性的要求。系统中的低压智能型元件就其功能而言总体上可分为：电量参数测量、电能质量监测、开关保护与控制及电动机控制等。由于现场总线技术的应用，系统中智能型元件可不依赖计算机网络而独立运行，极大地提高系统运行的实时性和可靠性，满足低压电气设备运行管理的需要及工厂生产过程控制的要求。

智能型低压配电系统主要应用于电厂、变电站等发配电系统；汽车制造、钢铁、石油化工和矿山等重要的工业领域；码头、机场、地铁等基础设施；高层建筑、超级商场、智能大厦等商业建筑和住宅。

2. 现场总线技术

现场总线控制系统（FCS）是应用在生产现场、在微处理器测控设备之间实现双向串行多节点数字通信的系统，也称为开放式、数字式多点通信的底层网络。它作为智能设备的联系纽带，把挂在总线上作为网络节点的智能设备连接为网络系统，并进一步构成自动化系统，实现基本的控制、计算、参数设置、报警、显示、监控及系统管理等综合自动化功能。

FCS 既是一个开放式通信网络，又是一种全分布式控制系统。在 FCS 中，各种部件用通信网络连接起来，数据传输采用总线方式，系统信号的传输完全数字化。FCS 的控制调节过程在现场部件，有效地提高了系统控制的实时性和可靠性，并避免了系统因主机故障而陷入瘫痪。

2.9.4 典型案例

Acrel-3000 系列电能管理系统是一套专业性强、自动化程度高、易使用、高性能、高可靠性的，适用于低压配电系统的电能管理系统。通过遥测和遥控可以合理调配负载，实现优化运行，有效节能，并有高峰与低谷用电记录，从而为用电的合理管理提供了数据依据。电能管理系统可对低压设备消耗的电能进行分项计量，该系统由站控管理层、网络通信层、现场设备层三部分组成。采用安科瑞低压智能计量箱 AZXJ，内部安装预付费电能表以及卡轨式电能表。通过低压智能计量箱配合电能管理监控系统，用计算机后台监控管理软件和网络通信技术，将采集到的用电设备的能耗数据上传到统一的监测管理平台，实现对用电系统的监控管理，对高能耗用电设备的合理控制，最终使整套用电系统达到节能效果。

如某大学校区有 10 栋学生公寓楼，每栋楼有 6 层，每层有 50 个学生宿舍。每个宿舍进线回路配置 DDSF1352 电能表，空调回路需要进行预付费电能管理，配置 DDSY1352 电能表。

该项目采用安科瑞预付费电能表、Acrel-3000 电能管理组态软件与校园一卡通平台进行数据交互无缝链接，引导电能的商品化经营，便于电力需求侧管理，实现电能收费模式的转变、提高用电管理水平、解决了“抄表难、收费难”的问题。该系统采用分层分布式结构进行设计，即站控管理层、网络通信层和现场设备层，电能管理系统网拓扑图如图2-36所示。

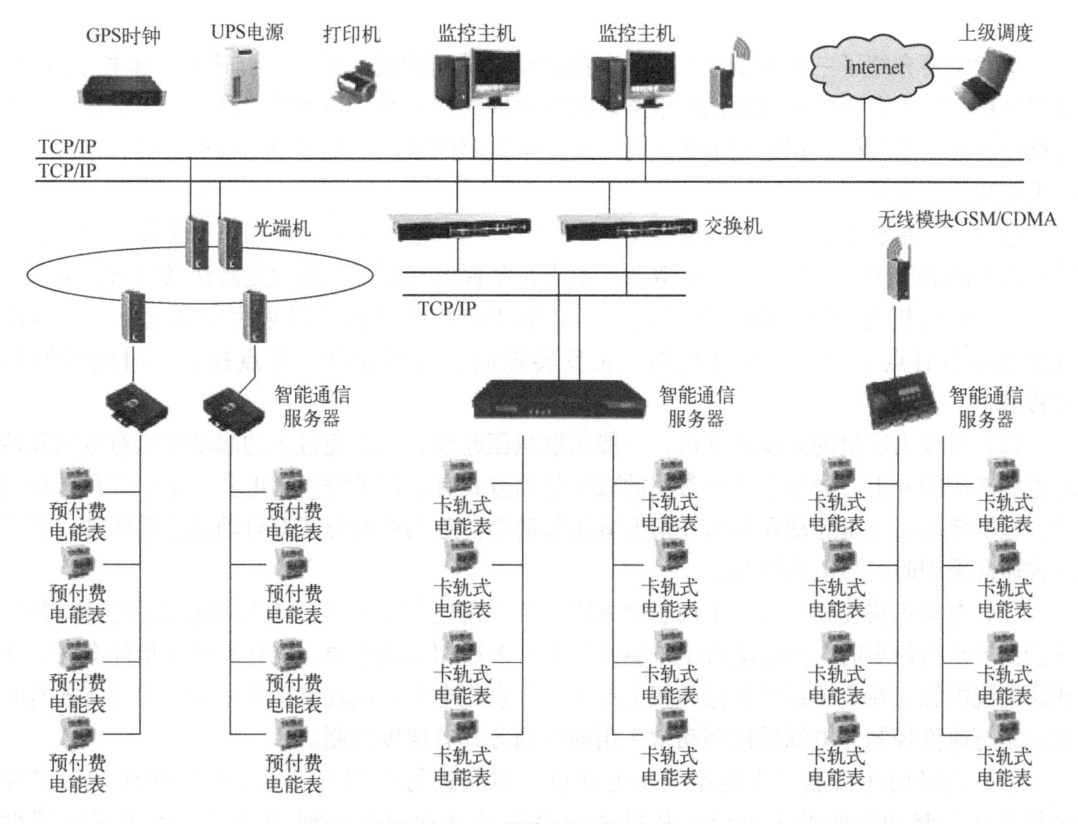

图2-36 电能管理系统网拓扑图

在每栋学生宿舍楼内均设置一个电能预付费管理系统查询操作站，学生可以通过操作站自助查询各自宿舍的可用剩余电量及历史充值记录和历史用电量。电能预付费管理系统具有提醒学生可用剩余电量不足，急需充值的功能，当宿舍空调回路的可用余电不足时，电能预付费系统可通过短信通知相应宿舍的学生。数据传输网络可以根据需要选择单独铺设稳定可靠的光纤专网或者使用原有的校园局域网。现场设备层的电能表采用RS-485总线的联网方案，每条RS-485总线可连接25块仪表，每栋宿舍楼设置一个通信采集箱，预付费电表串接的RS-485总线接入通信采集箱内的智能通信前置机。

电能管理系统主要实现的功能如下。

（1）预付费功能　每个宿舍的空调回路单独安装了预付费电能表，学生必须先缴费购电然后才能用电，学生充值购电可以通过校园一卡通购电平台自助充值。

（2）提醒学生及时充值购电功能　宿舍楼内每个宿舍空调回路采用“先充值后用电”的管理模式，当宿舍预付费电表内剩余电量小于设定值时，预付费电表可通过报警灯报警，另外后台电能管理系统可通过短信方式通知宿舍人员及时充值购电。

（3）查询功能　物业管理人员可通过互联网对学生宿舍的用电情况进行查询。在每栋宿舍楼管理处设置一台用电查询终端，学生可通过查询终端查询自己本宿舍的剩余电量，以及充值购电历史记录。

本章小结

本章主要介绍了三相异步电动机的直接起动、减压起动、制动、调速等基本控制环节。这些是在实际生产当中经过验证的电路。熟练掌握这些电路，是阅读、分析、设计复杂生产机械控制电路的基础。在绘制电路图时，要严格按照国家标准规定使用各种符号、单位、名词术语和绘制原则。

电气控制系统图主要有电气原理图、电器布置图和电气安装接线图。在实际工作中，它们各有不同的作用，一般不能相互取代。重点是掌握电气原理图的规定画法及国家标准。

（1）电动机有全压起动、减压起动。对小功率的电动机可以采用全压起动。基本电气控制环节有点动控制、长动控制、正反转控制、顺序控制、多点控制、时间控制和行程控制。

（2）对较大容量的异步电动机，一般采取减压起动，可避免过大的起动电流对电网和传动机械造成的冲击。异步电动机常用的减压起动方式有：定子绕组串电阻、星—三角减压起动、自耦变压器减压起动和延边三角形减压起动等。起动控制方式有自动或手动两种。自动方式通常采用时间继电器控制。

（3）电动机快速停车通常采用制动方式。常用的电气制动方式有反接制动和能耗制动。反接制动是指停车时，给电动机定子绕组加上一个反相序的电源。能耗制动是指停车时，断开原交流电源，在定子绕组任意两相上加上一个直流电源。能耗制动常采用的控制方式有时间控制与速度控制。电源反接制动常采用的控制方式有速度控制。

（4）变极调速只能用于笼型异步电动机。对其进行控制可使电动机低速起动，高速运行以减少起动时的冲击电流。从低速至高速的切换可采用时间控制，也可采取速度控制。

（5）生产机械要正常可靠地工作，必须设置保护环节。控制电路的常用保护环节有短路保护、过载保护、过电流保护、零电压保护、欠电压保护等，采用不同的电器来实现。

（6）变频器是应用了电力电子、变频、微电子等技术于一身的综合性电气产品，通过改变电机工作电源频率方式来控制交流电动机的电力控制设备。变频器主要由整流、滤波、逆变（直流变交流）、制动单元、驱动单元、检测单元和微处理单元等组成。

（7）变频调速的基本原理是根据电动机转速与工作电源输入频率成正比的关系，通过改变电动机工作电源频率达到改变电动机调速、节能的目的。变频调速系统的控制方式包括V/F、矢量控制（VC）、直接转矩控制（DTC）等。

（8）软起动器是一种集软起动、软停车、轻载节能和多功能保护于一体的新颖电机控制装置，具有多种对电动机保护功能，在整个起动过程中可以无冲击而平滑的起动电动机，而且可根据电动机负载的特性来调节启动过程中的各种参数。

（9）智能化低压电器具有5个功能特征：具有配电电器能够消除输入信号中的高次谐波；可以保护具有多种起动条件的电动机，动作可靠性很高；继电器具有监控、保护和通讯功能；采用新型监控元件，使配电系统和控制中心工作的可靠性更高；可实现计算机集中控制。

综合练习题

一、判断题（正确打“√”，错误打“×”）

1. 接触器的线圈可以并接于电路中，也可以串接于电路中。(　　)

2. 组合开关可用于三相异步电动机非频繁正、反转控制。(　　)

3. 三相异步电动机的制动，一般都采用机械制动和电气制动。(　　)

4. 对于大于 10 kW 的异步电动机一般都采用减压起动方式起动。(　　)

5. 只要将三相电源中的任意两相对调，就可使电动机反向运转。(　　)

6. 对普通中小型机床的主电动机可采用接触器直接控制起动和停止。(　　)

7. 对失电压、欠电压保护也可通过接触器 KM 的自锁环节来实现。(　　)

8. 三相笼型异步电动机的直接起动电流是其额定电流的 1 ~3 倍。(　　)

9. 所有按钮、触头均按没有外力作用和没有通电时的原始状态画出。(　　)

10. 能耗制动通常用于大容量电动机，要求用于制动平稳和制动频繁的场合。(　　)

11. 对小型三相笼型异步电动机起动和停止，可采用直接起动控制方式。(　　)

12. 电气原理图表明电流从电源到负载的传送情况和电器元件的动作原理。(　　)

13. 电器元件功能布置，一般按动作顺序从上到下、从左到右依次排列。(　　)

14. 三相笼型异步电动机的起动控制有直接起动和减压起动两种方式。(　　)

15. 主电路是从电源到电动机的电路，用粗实线绘制在图面的左侧或上部。(　　)

16. 电器元件图形符号须按电器接通电源和有受外力作用时的状态绘制。(　　)

17. 控制电路是通过强电流的电路，用粗实线绘制在图面的右侧或下部。(　　)

18. 电气原理图的图形符号、文字符号和回路标号必须按国家统一标准绘制。(　　)

19. 对 10 kW 以上容量的三相异步电动机起动时，都采取减压起动方式。(　　)

20. 电气设备和电器的工作顺序，其基本组成和连接的图形就是电气控制系统图。(　　)

21. 电气原理图各电器元件的导电部件和接线端子之间的相互关系，并不表示电器元件的实际安装位置。(　　)

22. 机床电器布置图主要包括机床电气设备布置图 、控制柜及控制面板布置图、操作台及悬挂操纵箱电气设备布置图等。(　　)

二、填空题

1. 机床电气控制原理分析中最常用的图是__________图。

2. 反接制动电阻的接法有两种：__________电阻接法和__________电阻接法。

3. 所有电路元件的图形符号，均按电器__________和__________作用时的状态绘制。

4. 常见的电气控制系统图主要有__________图、__________图、__________图三种。

5. 常用的三相笼型电动机减压起动方式有：定子电路串电阻或电抗减压起动、________减压起动、__________减压起动和延边三角形减压起动。

6. 电气制动方法有________制动、________制动、________制动和电容制动等。

7. 电气控制电路是用导线将__________、__________、__________等电器元件连接起来并实现某种要求的电气电路。

8. 机床的电气控制电路是由各种有触头的________、________、__________、按钮等按不同的连接方式组合而成的。

9. 速度继电器主要用于笼型异步电动机__________控制电路中，当__________的转速下降到接近______时能自动及时切断电源。

10. 绘制电气控制系统图时，所有电器元件的图形符号和文字符号必须符合__________标准的规定。

三、选择题

（一）单项选择题

1. 电气图形符号含有（ ）、一般符号和限定符号。

A. 符号要素 B. 辅助符号 C. 文字符号

2. 动力电路的电源电路一般绘成（ ）。

A. 水平线 B. 竖直线 C. 倾斜线

3. 安全电压是指（ ）以下的电压。

A. 36 V B. 220 V C. 12 V D. 380 V

4. 数控车床主轴电动机采用（ ）控制。

A. 直接 B. 正反转 C. 单独

5. 将额定电压直接加到电动机的定子绕组上，使电动机直接起动或（ ）。

A. 间接起动 B. 全压起动 C. 零压起动

6. 以下全部是控制电器的是（ ）。

A. 电流继电器、继电器、接触器 B. 开关电器、继电器、接触器

C. 接触器、继电器、热继电器 D. 熔断器、电磁起动器、控制器

7. 下列元器件正确连接在电气控制电路中，能起到欠电压保护的是（ ）。

A. 按钮 B. 熔断器 C. 热继电器 D. 接触器

8. 断路器是一种（ ）电器。

A. 保护 B. 控制 C. 保护开关

9. 三相笼型异步电动机在相同电源电压下，空载起动比满载起动的起动转矩（ ）。

A. 相同 B. 大 C. 小 D. 不能确定

10. 关于交流电动机调速方法正确的是（ ）。

A. 变频调速 B. 改变磁通调速

C. 改变转子电压 D. 定子串电阻调速

11. 三相异步电动机正在运行时，转子突然被卡住，这时电动机的转速会（ ）。

A. 增加 B. 减少 C. 等于零 D. 不确定

12. 当三相异步电动机的定子绕组接成星形时（ ）。

A. 相电流等于线电流 B. 相电流等于 3 倍线电流

C. 相电流小于线电流 D. 相电流等于 3 倍线电流

13. 三相异步电动机的反转可通过（ ）来实现。

A. 自耦变压器 B. 在转子电路中串入电阻

C. 将接到电源线上的三根线对调两根 D. 改变电源频率

14. 三相异步电动机旋转磁场的转速与（ ）有关。

A. 负载大小　　B. 定子绕组上电压大小

C. 电源频率　　D. 三相转子绕组所串电阻的大小

15. 用于三相交流异步电动机反接制动切除反相电源的控制电器是（　　）。

A. 空气式时间继电器　　B. 速度继电器

C. 数字式时间继电器　　D. 电动式时间继电器

16. 为使某工作台在固定的区间作往复运动，并能防止其冲出滑道，应当采用（　　）。

A. 时间控制　　B. 速度控制和终端保护

C. 行程控制和终端保护　　D. 正、反转控制

17. 在机床电气控制中要求主轴电动机起动后油泵电动机才能起动。若用接触器 KM1 控制主轴电动机，KM2 控制油泵电动机，则在此控制电路中必须（　　）。

A. 将 KM1 的常闭触头串入 KM2 的线圈电路中

B. 将 KM2 的常开触头串入 KM1 的线圈电路中

C. 将 KM1 的常开触头串入 KM2 的线圈电路中

D. 将 KM2 的常闭触头并入 KM1 的线圈电路中

18. 在异步电动机的正、反转控制电路中，正转与反转接触器间的互锁环节功能是(　　)。

A. 防止电动机同时正转和反转　　B. 防止误操作时电源短路

C. 实现电动机过载保护　　D. 防止正、反转交替运行

19. 在继电器接触器控制电路中，自锁环节触头的正确连接方法是（　　）。

A. 接触器的常开辅助触头与起动按钮并联

B. 接触器的常开辅助触头与制动按钮串联

C. 接触器的常闭辅助触头与起动按钮并联

D. 接触器的常闭辅助触头与制动按钮并联

20. 电火花高频电源等都会产生强烈的电磁波，这种高频辐射能量通过空间的传播，被附近的数控系统所接收。如果能量足够，就会干扰数控机床的正常工作，这种干扰称为（　　）。

A. 信号传输干扰　　B. 供电电路的干扰　　C. 电磁波干扰

（二）多项选择题

1. 交流电动机的减压起动有：(　　)。

A. Y－△减压起动　　B. 定子电路串电阻　　C. 转子电路串电阻

D. 自耦变压器　　E. 延边三角形

2. 交流电动机的定子主要由（　　）组成。

A. 铁心　　B. 换向器　　C. 换向极

D. 机座　　E. 绕组

3. 三相异步电动机带动负载起动时要满足：(　　)。

A. 起动转矩大　　B. 起动电流大　　C. 起动要平稳

D. 起动要安全可靠　　E. 起动时功率损失小

4. 电气控制系统中常设的保护环节是：(　　)。

A. 过电流保护　　B. 短路保护　　C. 零（欠）电压保护

D. 过载保护　　E. 零励磁保护

5. 继电器按反应信号的种类可以分为：(　　)。

A. 电流继电器　　B. 电压继电器　　C. 速度继电器

D. 压力继电器　　E. 热继电器

四、简答题

1. 能耗制动原理是什么？
2. 什么是互锁控制？
3. 交流接触器在动作时常开和常闭触头的动作顺序是怎样的？
4. 速度继电器的作用是什么？
5. 电气安装接线图应遵循那几点要求？
6. 三相异步电动机在何种情况下采用直接起动？
7. 交流同步电动机是如何进行变频调速的？
8. 电气控制电路图一般有哪几类？
9. 分析图2-37中各图形有何缺点或问题？工作时会出现什么现象？应如何改正？

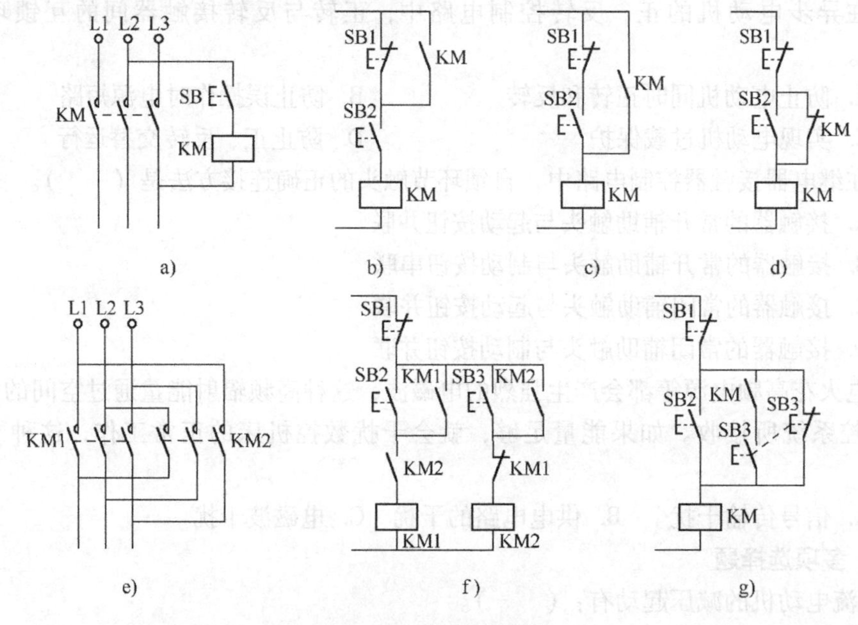

图2-37　简答题9图

第3章　典型机床电气控制

3.1　电气控制电路分析基础

3.1.1　电气控制电路分析的内容

分析电气控制电路的具体内容和要求主要包括：

（1）详细阅读说明书　了解设备的结构，技术指标，机械传动、液压与气动的工作原理；电动机的规格型号；设备的使用，各操纵手柄、开关、旋钮等的作用；与机械、液压部分直接关联的行程开关、电磁阀、电磁离合器等的位置、工作状态及作用。

（2）电气控制原理图　电气控制原理图主要由主电路、控制电路、辅助电路及特殊控制电路等组成，这是分析控制电路的关键内容。

（3）电气总装接线与电器元件布置图　主要电气部件的布置、安装要求；电器元件布置与接线；在调试、检修中可通过布置图和接线图很方便地找到各种电器元件和测试点，进行维修和维护保养。

3.1.2　电气控制原理图的分析方法与步骤

电气控制原理图的分析主要包括主电路、控制电路和辅助电路等几部分。在分析之前，必须了解设备的主要结构、运动形式、电力拖动形式、电动机和电器元件的分布状况及控制要求等内容，在此基础上去分析电气控制原理图。

1. 分析主电路

首先从主电路入手分析，根据各电动机和执行电器的控制要求去分析各电动机和执行电器的控制环节及它们的控制内容。控制内容包括电动机的起动、方向控制、调速和制动等状况。

2. 分析控制电路

根据各电动机的执行电器的控制要求找出控制电器中的控制环节。可将控制电路按功能不同分成若干个局部控制电路来进行分析处理。分析控制电路的基本方法是查线读图法，其步骤如下。

1）先从电动机等着手，在主电路上看有哪些控制元件的触头，再根据其组合规律看控制方式。

2）在控制电路中，找到有主电路控制元件的主触头的文字符号，确定有关的控制环节及环节间的联系。

3）从按动起动按钮开始，查电路，分析元件的触头符号是如何控制其他控制元件动作的，再分析这些被带动的控制元件的触头是如何控制执行电器或其他元件动作的，要注意控制元件的触头使执行电器动作的情况，驱动被控机械有何运动。

3. 分析辅助电路

辅助电路由电源显示、工作状态显示、照明和故障报警等部分组成，它们大多由控制电路中的元件来控制，因此在分析时，还要对照控制电路进行分析。

4. 分析联锁与保护环节

机床加工对安全性和可靠性有很高的要求，除了要合理地选择拖动和控制方案以外，在控制电路中还必须设置一系列的电气保护和必要的电气联锁控制。

5. 总体检查

先化整为零，在逐步分析了每一个局部电路的工作原理以及各部分之间的控制关系之后，还必须用集零为整的方法，检查整个控制电路是否有遗漏。要从整体角度去进一步检查和理解各控制环节之间的联系，了解电路中每个元件所起的作用。

3.2 普通车床的电气控制

3.2.1 普通车床的结构及工作要求

下面以 CA6140 普通车床为例进行分析。其结构示意图如图 3-1 所示。图 3-2 为元器件位置图。

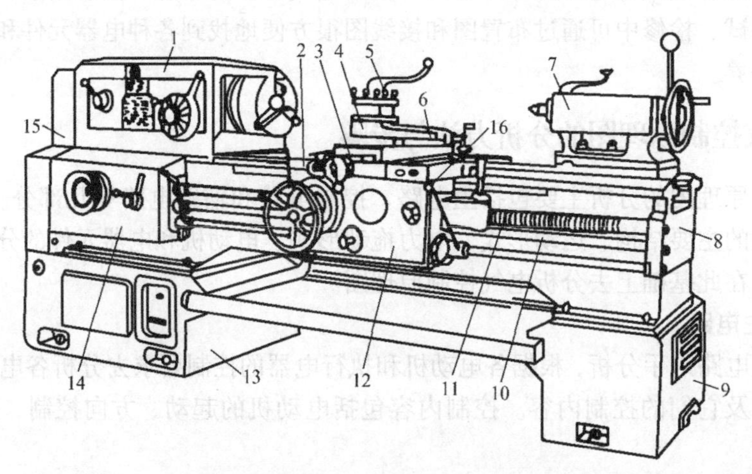

图 3-1　CA6140 普通车床结构示意图

1—主轴箱　2—纵溜板　3—横溜板　4—转盘　5—方刀架　6—小溜板　7—尾架　8—床身　9—右床座　10—光杠　11—丝杠　12—溜板箱　13—左床座　14—进给箱　15—挂轮架　16—操纵手柄

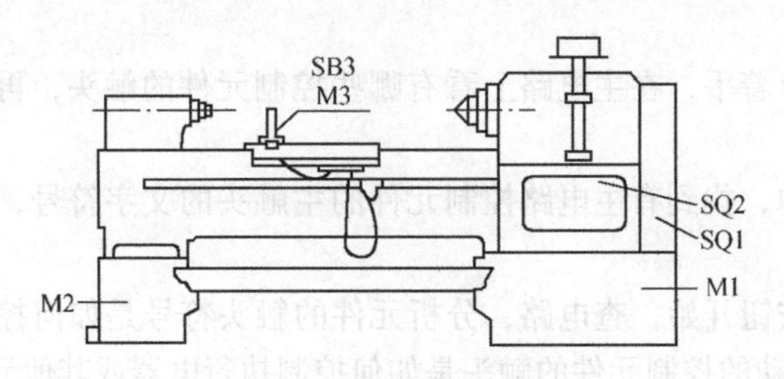

图 3-2　元器件位置图

3.2.2 普通车床的主要运动形式

车床的主运动为零件的旋转运动，由主轴通过卡盘带动零件旋转，是承担车削加工时的主要切削功率。在车削加工时，要根据被加工零件材料、刀具种类、零件尺寸、工艺要求等来选择不同的切削速度和切削用量。在车削加工时，通常不要求反转。但在加工螺纹时，为避免乱扣，要反转退刀，再纵向进刀继续加工，这就要求主轴应具备正、反转功能。

3.2.3 普通车床的电气控制电路分析

图 3-3 为 CA6140 普通车床的电气控制原理图，分为主电路、控制电路及照明电路三部分。

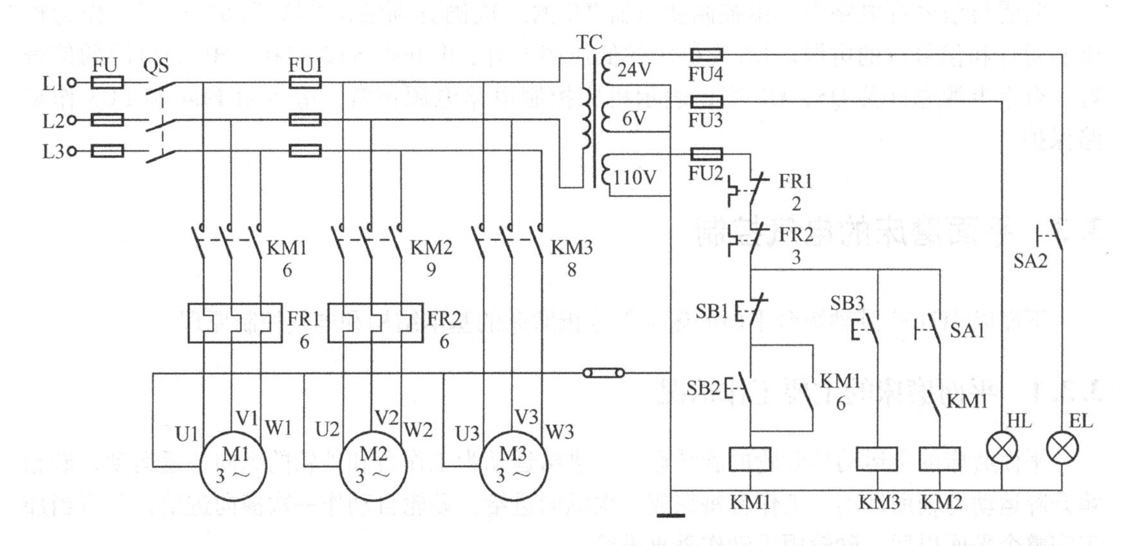

图 3-3 CA6140 普通车床的电气控制原理图

电气控制电路分析如下。

1. 主电路分析

在主电路中，一共有三台电动机。M1 为主轴电动机，带动主轴旋转和刀架作进给运动；M2 为冷却泵电动机，用来输送切削液；M3 为刀架快速移动电动机。

接通三相交流电源开关 QS，主轴电动机 M1 由接触器 KM1 控制起动，热继电器 FR1 作过载保护，熔断器 FU1 作短路保护，接触器 KM1 还可作失电压和欠电压保护。冷却泵电动机 M2 由接触器 KM2 控制起动，热继电器 FR2 作为冷却泵电动机 M2 的过载保护。接触器 KM3 用于控制刀架快速移动电动机 M3 的起动，由于快速移动电动机 M3 是点动控制，故可不设过载保护。

2. 控制电路分析

控制电路的电源由控制变压器 TC 二次侧输出 110V 电源电压。

（1）主轴电动机 M1 的控制　按下起动按钮 SB2，接触器 KM1 的线圈得电吸合，KM1 主触头闭合，主轴电动机 M1 起动运行，同时 KM1 的自锁触头和另一副常开触头闭合。按下停止按钮 SB1，主轴电动机 M1 停转。主轴的正、反转采用摩擦离合器实现。

(2) 冷却泵电动机 M2 的控制　由于主轴电动机 M1 和冷却泵电动机 M2 在控制电路中采用顺序控制，所以只有在主轴电动机 M1 运转情况下，即 KM1 常开触头闭合，冷却泵电动机 M2 得电才能起动。当 M1 停止运行时，M2 自动停止。如果车削加工过程中，工艺需要使用切削液，则可先合上开关 SA1。

(3) 刀架快速移动电动机 M3 的控制　刀架快速移动电动机 M3 的起动是由安装在进给操纵手柄顶端的按钮 SB3 控制，它与交流接触器 KM3 组成点动控制环节。刀架移动方向的改变，是由进给操纵手柄配合机械装置实现的。

按下按钮 SB3，接触器 KM3 得电吸合，电动机 M3 得电运行，带动工作台按指定方向快速移动。将操纵杆复位，松开 SB3，接触器 KM3 断电，M3 停转。

3. 照明、信号灯电路分析

照明与信号灯电路中，由控制变压器 TC 的二次侧分别输出 24V 和 6V 电压，作为机床照明灯和信号灯的电源。EL 为机床的低压照明灯，由开关 SA2 控制；HL 为电源的信号灯。合上电源总开关 QS，HL 亮，表示机床控制电路电源正常。分别由 FU4 和 FU3 作短路保护。

3.3 平面磨床的电气控制

下面以 M7130 卧轴矩台平面磨床为例分析磨床的基本结构和电气控制原理。

3.3.1 平面磨床的主要工作情况

平面磨床的主运动是砂轮的旋转运动，进给运动为工作台和砂轮的纵向往返运动，砂轮箱升降运动为辅助运动。工作台每完成一次纵向进给，砂轮自动作一次横向进给，只有当加工完整个平面以后，砂轮用手动作垂直进给。

M7130 平面磨床主要由纵向移动手轮、砂轮箱、滑座、横向进给手轮、砂轮调节器、立柱、工作台、垂直进给手轮、床身等部分组成。工作台上放的电磁吸盘用来吸持工件，工作台可在床身的导轨上作往返（纵向）运动，主轴可在床身的横向导轨上作横向进给运动，砂轮箱可在立柱导轨上作垂直运动。M7130 平面磨床的结构如图 3-4 所示，图 3-5 为元器件位置图。

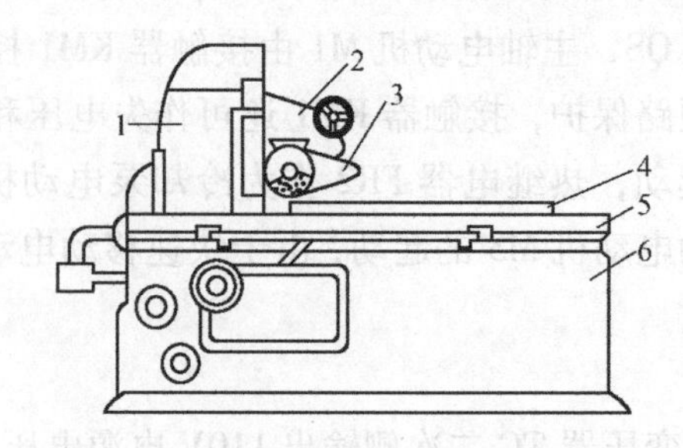

图 3-4　M7130 平面磨床的结构示意图

1—立柱　2—滑座　3—砂轮箱　4—电磁吸盘　5—工作台　6—床身

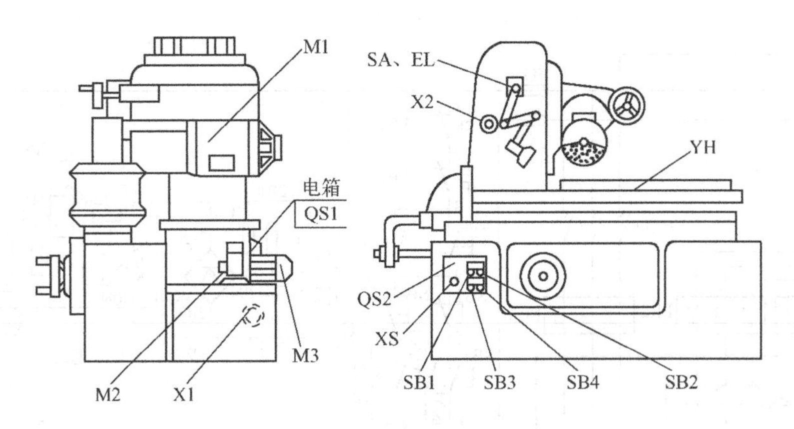

图 3-5　元器件位置图

3.3.2　平面磨床的基本控制要求

1）所使用的液压泵电动机、砂轮电动机、砂轮箱升降电动机和冷却泵电动机均采用普通笼型异步电动机。

2）换向是通过工作台上的撞块碰撞床身上的液压换向开关来实现的，对磨床的砂轮、砂轮箱升降和冷却泵不要求调速。

3）磨削工件采用电磁吸盘来吸持工件，并有必要的信号指示和局部照明。

4）砂轮电动机、液压泵电动机和冷却泵电动机采用直接起动，砂轮箱升降电动机要求能正、反转。

5）保护环节完善，对电动机设有短路保护、过载保护、电磁吸盘欠电压保护等。

6）为减少工件在磨削加工中的热变形并冲走磨屑以保证加工精度，需用冷却液。

3.3.3　平面磨床的电气控制电路分析

1. 主电路分析

主电路中共有三台电动机，其中 M1 为砂轮电动机，拖动砂轮旋转；M2 为冷却泵电动机，拖动冷却泵供给磨削加工时需要的冷却液；M3 为液压泵电动机，拖动油泵供出压力油，负责工作台的润滑。M1、M2、M3 只进行单方向运行，且磨削加工无调速要求；当砂轮电动机 M1 起动后，才可起动冷却泵电动机 M2。用接触器 KM1 控制砂轮电动机 M1，用热继电器 FR1 进行过载保护；冷却泵电动机用热继电器 FR2 作过载保护。用接触器 KM2 控制液压泵电动机 M3，用热继电器 FR3 作过载保护。M7130 平面磨床的电气控制原理图如图 3-6 所示。

2. 控制电路分析

（1）电磁吸盘电路的分析　电磁吸盘电路包括整流电路、控制电路和保护电路三部分。

整流变压器 TC1 将 220 V 的交流电压降为 145 V，然后经桥式整流后输出 110 V 直流电压。

QS2 是电磁吸盘 YH 的转换开关（又叫做退磁开关），有“励磁”“断电”和“退磁”三个位置。

QS2 放置吸合位置→触头（205－206）和（208－209）闭合→分两路：一路电磁吸盘

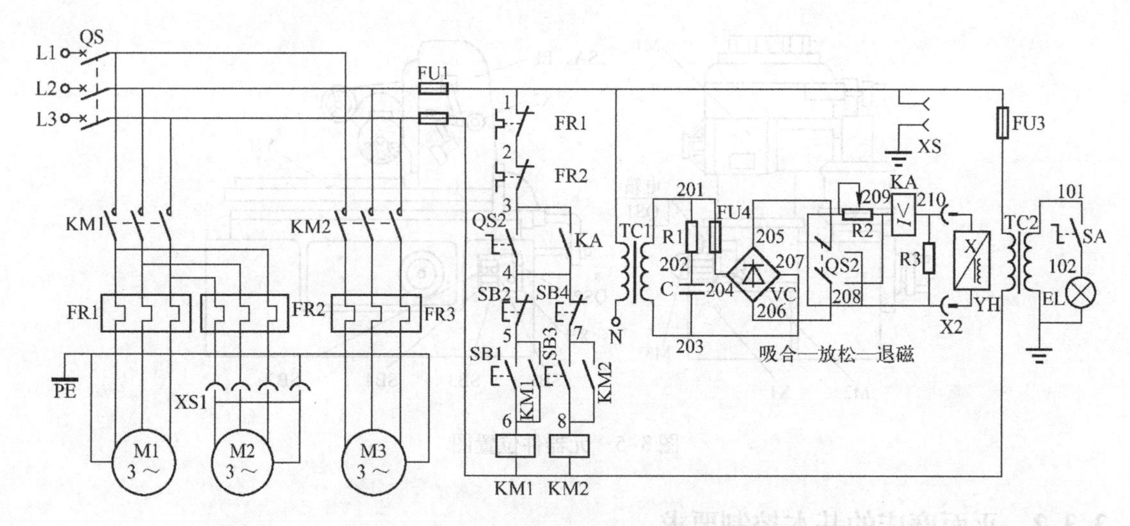

图 3-6　M7130 平面磨床的电气控制原理图

YH 通电，工件被吸住；另一路 KA 得电→KA（3－4）闭合→控制砂轮和液压电动机工作，加工完成后，把 QS2 放置在“断电”位置→切断电磁吸盘 YH 直流电源，再将 QS2 放置在“退磁”位置。触头（205－206）和（207－208）闭合→电磁吸盘 YH 接入反向电流进行退磁。退磁结束，将 QS2 扳回到“断电”位置，将工件取下。

若有些工件不易退磁，可将退磁器的插头插入插座 XS，使工件在交变磁场的作用下进行退磁。

如果将工件夹在工作台上，不需要电磁吸盘时，要将电磁吸盘 YH 的 X2 插头从插座上拔下，同时将转换开关 QS2 扳到“退磁”位置，这时接在控制电路中的 QS2 的常开触头闭合，并接通电动机的控制电路。

电磁吸盘的保护电路是由放电电阻 R3 和 KA 组成。由于电磁吸盘的电感很大，当电磁吸盘从“励磁”状态转变为“断电”状态的瞬间，线圈两端将会产生很大的自感电动势，易使线圈或其他电器由于过电压而损坏。电阻 R3 的作用是在电磁吸盘断电瞬间给线圈提供放电通路，吸收线圈释放的磁场能量。KA 是欠电流继电器，用以防止电磁吸盘断电时工件脱出发生事故。

FU4 的作用是为电磁吸盘提供短路保护，电阻 R1 与电容器 C 的作用是防止电磁吸盘回路交流侧的过电压。

（2）液压泵电动机控制　SB3、SB4 为液压泵电动机 M3 的起动和停止按钮，在 QS2 或 KA 的常开触头闭合情况下，按下 SB3 按钮，KM2 线圈得电，辅助触头闭合自锁，电动机 M3 旋转，如需液压电动机停止，按停止按钮 SB4 即可。

（3）砂轮和冷却泵电动机控制　在控制电路中，SB1、SB2 为砂轮电动机 M1 和冷却泵电动机 M2 的起动和停止按钮，在 QS2 或 KA 的常开触头闭合的情况下，按下 SB1 按钮，KM1 线圈得电，辅助触头闭合自锁，电动机 M1 和 M2 旋转，按下 SB2 按钮，砂轮和冷却泵电动机停止。

（4）照明电路　照明变压器 TC2 将 380 V 的交流电压降为 36 V 的安全电压。EL 为照明灯，一端接地，另一端由开关 SA 控制。熔断器 FU3 作照明电路的短路保护。

3.4 万能铣床的电气控制

3.4.1 万能铣床的主要结构、运动方式及电气控制特点

1. X62W 万能铣床的主要结构

X62W 万能铣床的主要结构如图 3-7 所示，床身固定在底座上，内装主轴传动机构和变速机构，床身顶部有水平导轨，悬梁可沿导轨水平移动。刀杆支架可在悬梁上水平移动。升降台可沿床身垂直导轨上下移动。横溜板在升降的水平导轨上可作平行于主轴轴线方向的横向移动。工作台可沿导轨作垂直于主轴轴线的纵向移动，还可绕垂直轴线左右旋转 45°，加工螺旋槽。X62W 万能铣床的元器件位置如图 3-8 所示。

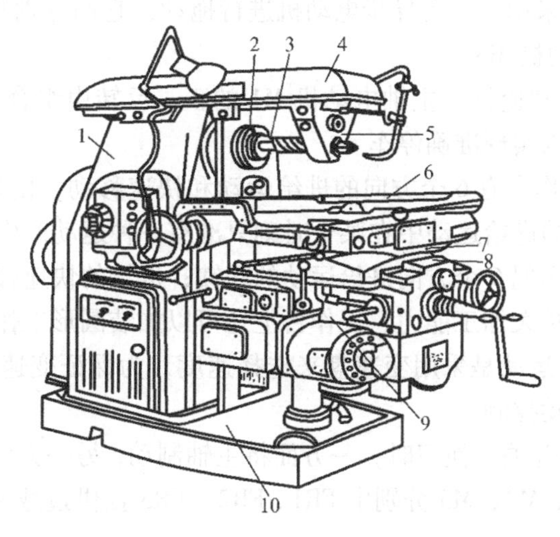

图 3-7 X62W 万能铣床的主要结构

1—床身 2—主轴 3—刀杆 4—悬梁 5—刀杆支架

6—工作台 7—回转盘 8—横溜板 9—升降台 10—底座

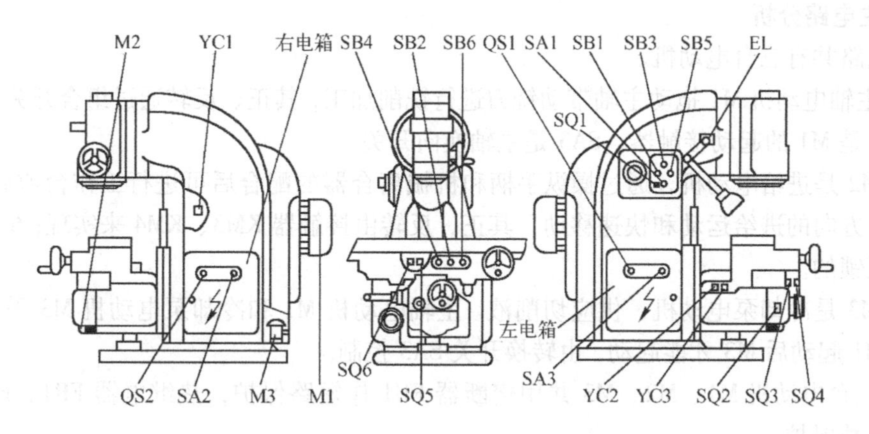

图 3-8 X62W 万能铣床的元器件位置图

2. X62W 万能铣床的运动形式

X62W 万能铣床有三种运动：主运动、进给运动和辅助运动。

主运动：铣床的主运动是指主轴带动铣刀的旋转运动。铣床加工一般有顺铣和逆铣两种，因此要求主轴能正、反转。但铣刀种类选定了，铣削方向也就定了，通常主轴运动的方向不需要经常改变。

进给运动：铣床的进给运动是指工作台的前后（横向）、左右（纵向）和上下（垂直）6 个方向的运动，或圆工作台的旋转运动。由同一台电动机拖动，在任一时刻只能接通一个方向的传动，由操纵手柄实现机电联合控制，通过改变电动机转向来实现进给方向的改变。为避免损坏刀具或工件，主运动和进给运动必须实现顺序控制。

辅助运动：铣床的辅助运动是指工作台在进给方向上的快速运动、旋转运动等。

3. 电气控制特点

1）X62W 万能铣床采用了 3 台异步电动机进行拖动，它们分别是主轴电动机 M1、进给电动机 M2 和冷却泵电动机 M3。

2）铣削加工有顺铣和逆铣，主轴电动机 M1 的正、反转由组合开关 SA3 控制，停车时采用电磁离合器制动，以实现准确停车。

3）X62W 铣床的工作台有 6 个方向的进给运动和快速移动，由进给电动机 M2 实现正、反转控制，但 6 个方向的进给运动中在某个时刻只准有一种运动产生，是通过采用机械手柄和位置开关配合的方式实现 6 个方向进给运动的联锁；进给的快速移动是通过电磁离合器和机械挂档来实现的；为扩大加工能力，工作台上还可以加装圆形工作台。

4）主轴运动和进给运动是采用变速盘来选择速度，为保证变速齿轮能很好地啮合，调整变速盘时采用变速冲动控制。

5）SA1 是换刀专用开关，换刀时，一方面将主轴制动，另一方面将控制电路切断。

6）三台电动机 M1、M2、M3 分别由 FR1、FR2、FR3 提供过载保护。

3.4.2 万能铣床的电气控制电路

图 3-9 为 X62W 万能铣床电气控制原理图。

1. 主电路分析

主电路共有三台电动机。

1）主轴电动机 M1 拖动主轴带动铣刀进行铣削加工，其正、反转通过组合开关 SA3 来实现。KM1 是 M1 的起动接触器，SA3 是主轴换向开关。

2）M2 是进给电动机，通过操纵手柄和机械离合器的配合后可进行工作台前后、左右、上下 6 个方向的进给运动和快速移动，其正、反转由接触器 KM3、KM4 来实现；6 个方向的运动是联锁的。

3）M3 是冷却泵电动机，供应切削液。主轴电动机 M1 和冷却泵电动机 M3 采用顺序控制，当 M1 起动后 M3 才能起动，由转换开关 SA3 控制。

4）三台电动机 M1、M2、M3 共用熔断器 FU1 作短路保护，热继电器 FR1、FR2、FR3 分别作过载保护。

2. 控制电路分析

（1）主轴电动机 M1 的控制

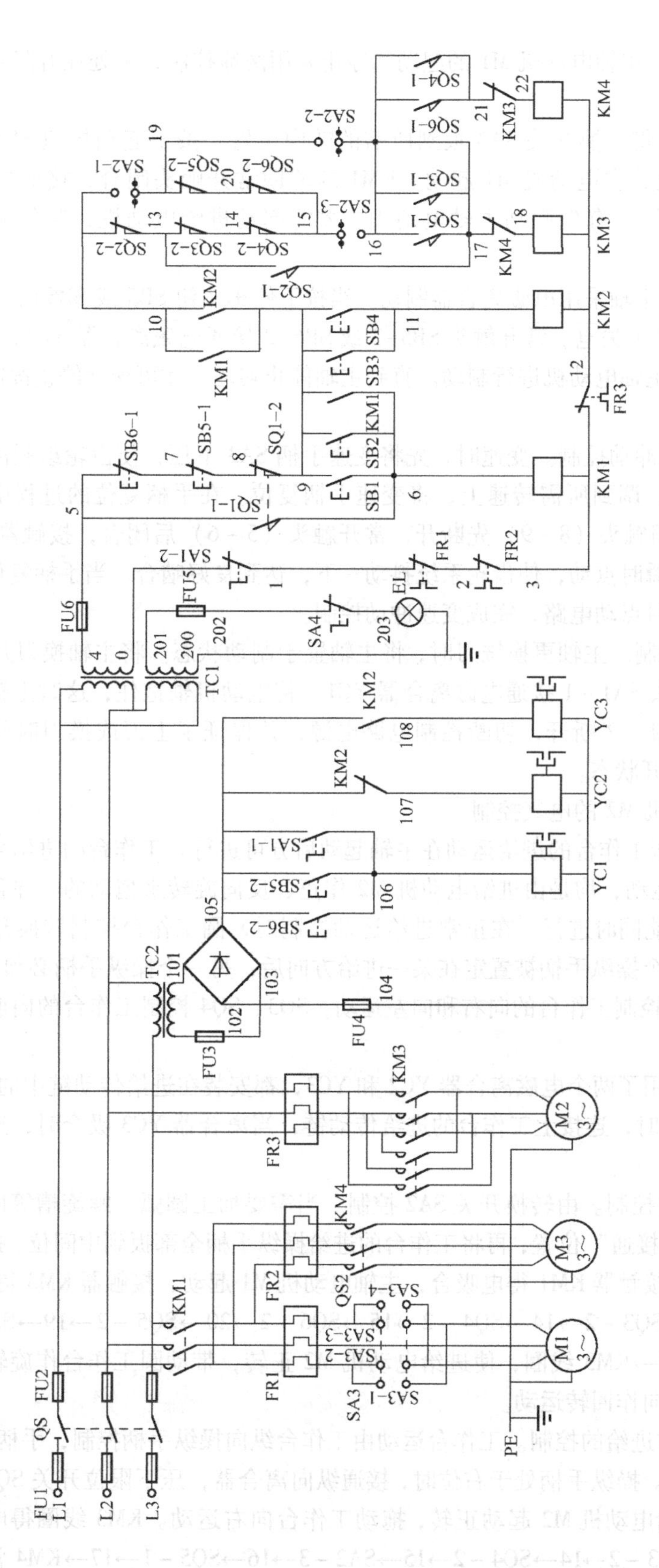

图3-9 X62W万能铣床电气控制原理图

为了操作方便，主轴电动机 M1 的起动和停止采用两地控制，一处在升降台上，一处在床身上。

1）起动运行。将转换开关 SA3 扳到所需的转向位置。按下起动按钮 SB1 或 SB2，接触器 KM1 线圈得电，主电动机 M1 起动。KM1 的辅助常开触头闭合，接通控制电路的进给电路电源，保证了只有先起动主轴电动机，才能起动进给电动机，避免工件或刀具的损坏。

2）停止运行。主轴采用电磁离合器制动。当按下停车按钮 SB5 或 SB6 时，接触器 KM1 断电释放，电动机 M1 失电。常开触头 SB5-2 或 SB6-2 接通电磁离合器 YC1，离合器吸合，将摩擦片压紧，对主轴电动机进行制动。直到主轴停止转动，才可松开停止按钮。主轴制动时间不超过 0.5 s。

3）主轴的变速冲动控制。变速时，先将变速手柄 SA3 下压，使齿轮组脱离啮合；再转动蘑菇形变速手轮，调到所需转速上，将变速手柄复位。在手柄复位的过程中，压动开关 SQ1，使 SQ1 的常闭触头（8－9）先断开，常开触头（5－6）后闭合，接触器 KM1 线圈得电，主轴电动机作瞬时点动，使齿轮系统抖动一下，达到良好啮合。当手柄复位后，SQ1 复位，断开了主轴瞬时点动电路，完成变速冲动控制。

4）主轴换刀控制。主轴更换铣刀时，将主轴置于制动状态。将主轴换刀开关 SA1 转到接通状态，常开触头 SA1－1 接通电磁离合器 YC1，将电动机轴抱住，这时主轴处于制动状态；其常闭触头 SA1－2 断开，切断控制电路电源，并保证了上刀或换刀时间。换刀结束后，将 SA1 扳回断开状态。

（2）进给电动机 M2 的电气控制

X62W 万能铣床工作台的进给运动在主轴起动后方可进行。工作台的进给可在 3 个坐标 6 个方向上作直线运动，均是由进给电动机 M2 作正、反向旋转来拖动的。并且 6 个方向的运动是联锁的，不能同时进行。在正常进给运动控制时，圆工作台控制转换开关 SA2 应转至断开位置（即一个操纵手柄被置定在某一进给方向后，另一个操纵手柄必须置于“中间”位置）。SQ5、SQ6 控制工作台的向右和向左运动，SQ3、SQ4 控制工作台的向前、向下和向后、向上运动。

进给驱动系统用了两个电磁离合器 YC2 和 YC3，都安装在进给传动链中的第四根轴上。当离合器 YC2 吸合时，连接上工作台的进给传动链；当离合器 YC3 吸合时，连接上快速移动传动链。

1）圆工作台的控制。由转换开关 SA2 控制。当需要加工圆弧、螺旋槽等曲线时，将转换开关 SA2 扳至“接通”位置，再将工作台的进给操纵手柄全部扳到中间位，按下主轴起动按钮 SB1 或 SB2，接触器 KM1 得电吸合，主轴电动机 M1 起动，接触器 KM3 得电的通路为：10→SQ2－2→13→SQ3－2→14→SQ4－2→15→SQ6－2→20→SQ5－2→19→SA2－2→17→KM4 常闭触头→18→KM3 线圈，使进给电动机 M2 正转，带动圆工作台作旋转运动。圆工作台只能沿一个方向作回转运动。

2）工作台左右进给的控制。工作台运动由工作台纵向操纵手柄控制，手柄有三个位置：左位、中位、右位。操纵手柄处于右位时，接通纵向离合器，压下限位开关 SQ5，正向接触器 KM3 得电，进给电动机 M2 起动正转，拖动工作台向右运动。KM3 线圈得电通路为：10→SQ2－2→13→SQ3－2→14→SQ4－2→15→SA2－3→16→SQ5－1→17→KM4 常闭触头→18

→KM3 线圈，进给电动机 M2 正转，带动工作台向右运动。

停止运行：将手柄扳向中位，脱离开纵向进给离合器，断开 SQ5。接触器 KM3 断电，进给电动机 M2 停止，工作台停止。

手柄倒向左位时，同样接通纵向进给离合器，压下限位开关 SQ6，反向接触器 KM4 得电，进给电动机 M2 起动反转，拖动工作台左移。当需要停止时，把操纵手柄扳向中间位置，脱开纵向离合器。

工作台左右进给行程的位置，由安装在工作台两端的行程挡铁控制。当工作台运动到规定位置时，行程挡铁撞动纵向操纵手柄复位到中间位置，限位开关 SQ1 或 SQ2 复位，使电动机 M2 停转，工作台停止进给，实现左右进给的终端保护。

3）工作台前后、上下进给的控制。工作台的前后和上下运动由垂直和横向手柄控制，该手柄有上、下、前、后、中 5 个位置，中间位置为停位。由十字槽保证手柄在任意时刻只能处于一种位置，当手柄扳向中间位置时，限位开关 SQ3 和 SQ4 均未被压合，进给控制电路处于断开状态，当手柄扳向前或向下位置时，由压合限位开关 SQ3、SQ4 控制工作台向前或向下移动。

将手柄扳到向上（或向后）位，压下开关 SQ4，接触器 KM4 得电吸合，进给电动机 M2 反转，工作台作向上（或向后）运动。KM4 线圈得电路径为：10→SA2－1→19→SQ5－2→20→SQ6－2→15→SA2－3→16→SQ4－1→21→KM3 常闭触头→22→KM4 线圈。

同理，将手柄扳到向下（或向前）位，SQ3 被压下，接触器 KM3 得电吸合，进给电动机 M2 正转，带动工作台作向下（或向前）运动。

4）工作台的快速移动控制。当需要工作台快速移动时，将操纵手柄扳向相应的方向，可使工作台快速移动。按下快速移动按钮 SB3 或 SB4，KM2 得电吸合，其常闭触头断开电磁离合器 YC2，将齿轮传动链与进给丝杠分离；KM2 常开触头接通电磁离合器 YC3，将电动机 M2 与进给丝杠直接搭合。YC2 的失电以及 YC3 的得电，使进给传动系统跳过了齿轮变速链，电动机直接驱动丝杠套，工作台按进给手柄的方向快速进给。松开 SB3 或 SB4，KM2 断电释放，快速进给过程结束。

5）进给变速的冲动控制。进给变速冲动是由进给变速手柄配合进给变速冲动限位开关 SQ2 实现的。在改变工作台进给速度时，为使齿轮易于啮合，需要进给电动机瞬时点动一下。其操作顺序是：先将进给变速的蘑菇形手柄拉出，转动变速盘，选择好速度，然后将手柄继续向外拉到极限位置，随即推回原位，变速结束。

运行过程：压下开关 SQ2，SQ2－2 先断开，SQ2－1 后接通，接触器 KM3 经“10→SA2－1→19→SQ5－2→20→SQ6－2→15→SQ4－2→14→SQ3－2→13→SQ2－1→17→KM4 常闭触头→18→KM3 线圈”路径得电，进给电动机瞬时正转。在手柄推回原位时 SQ2 复位，进给电动机只能瞬动一下。

（3）冷却泵及照明电路的控制

1）冷却泵电动机控制。主轴电动机 M1 和冷却泵电动机 M3 采用顺序控制，只有主轴电动机 M1 起动后，冷却泵电动机 M3 才能起动。主轴电动机 M1 起动后，扳动组合开关 QS2 可控制冷却泵电动机 M3。

2）照明电路。铣床的照明由变压器 TC1 输出 24 V 的安全电压，由开关 SA4 控制。熔断器 FU5 作为照明电路的短路保护。

（4）控制电路的联锁

X62W 铣床的运动较多，电气控制较复杂，为安全可靠地工作，必须设置联锁和保护环节。主要包括：进给运动与主运动具有顺序联锁；工作台进给的 6 个方向都具有机械和电气的双重联锁；矩形工作台和圆工作台之间的联锁；短路保护、过载保护和工作台 6 个方向的限位保护等。

1）进给主运动与主运动具有顺序联锁。进给电气控制电路接在主电动机接触器 KM1 自锁触点之后，这就保证了主轴电动机 M1 起动后，才可起动进给电动机 M2。而主轴停止时，进给立即停止。

2）工作台 6 个进给方向的联锁。工作台进给的 6 个方向具有机械和电气的双重联锁。当铣床工作时，只允许一个进给方向运动，工作台操纵手柄只能有一个工作位置，从而保证了不同时操作两个进给手柄，实现了工作台 6 个进给方向的联锁控制。

本章小结

本章分析了几种常用机床的电气控制，对各种机床的运动形式、电力拖动与控制要求、电气控制电路进行了分析。有的机床电气控制电路较复杂，但不管多复杂的电路，总是由基本控制环节组成的。在分析机床的电气控制时，应对机床的基本结构、运动形式、工艺要求等有全面的了解。

分析机床的电气控制电路时，首先分析主电路，熟悉各电动机的作用、起动方法、调速方法、制动方法及电动机的保护，注意各电动机控制的运动形式之间的相互关系，如主电动机和冷却泵电动机之间存在顺序，还有主运动和进给运动之间的顺序及各进给方向之间的联锁关系。分析控制电路时，要分析每一个控制环节所对应的电动机，尤其是机械和电气的联动，各环节之间的互锁和保护。

CA6140 车床控制电路比较简单，被控电动机的电气要求不高，只具备一般的顺序、互锁控制。

M7130 磨床砂轮电动机采用的是星形－三角形减压起动。液压泵电动机控制也不复杂，但电磁吸盘对电气求高一些。使用了欠电流继电器 KA 保证电磁吸盘只有在足够的吸力时，才能进行磨削加工，以防止工件损坏或人身事故。电磁吸盘由整流装置供给直流电工作，“充磁”和“退磁”只是流经电磁吸盘线圈的电流方向不同。

X62W 万能铣床主要有三种运动方式：主轴运动、进给运动和辅助运动，其中进给运动较复杂，6 个方向（上、下、左、右、前、后）运动靠 2 个手柄、3 根丝杆、4 个行程开关进行控制。另外，为了解决齿轮变速带来的啮合不好的问题，电路中又增设了“瞬时冲动”环节，通过压合行程开关，瞬时接通电动机，达到便于啮合的目的。

综合练习题

一、判断题（正确打“√”，错误打“×”）

1. 铣床的主运动是指主轴带动铣刀的旋转运动。（　）

2. 通过布置图和接线图就能很方便地找到各电器元件和测试点。（　）

3. X62W 万能卧式铣床有主运动、进给运动和辅助运动三种运动形式。(　　)

4. 车床控制电路的电源是由控制变压器二次侧输出的 24 V 电源。(　　)

5. 车床的主运动为零件的旋转运动，由主轴通过卡盘带动零件旋转。(　　)

6. 进给变速冲动是由进给变速手柄配合进给变速冲动限位开关实现的。(　　)

7. 铣床的辅助运动是指工作台在进给方向上的快速运动、旋转运动等。(　　)

8. 铣床的照明由变压器 TC 输出 36 V 的安全电压，由开关 SA4 控制照明灯。(　　)

9. 磨床四台电动机的工作情况是 M1、M2 和 M3 为单向旋转控制，M4 为正、反转控制。(　　)

10. 铣床按结构形式的不同，可分为卧式、立式、龙门、仿形和专用铣床。(　　)

11. 卧式车床主要由床身、主轴变速箱、进给箱、溜板箱、刀架、丝杠、光杠、尾架等部分组成。(　　)

12. 车床照明灯与信号灯电路，由控制变压器 TC 的二次侧分别输出 110 V 和 55 V 电压，作为机床照明灯和信号灯的电源。(　　)

13. X62W 卧式万能铣床电气控制电路图。M3 为主轴电动机，M2 为工作台进给电动机，M1 为冷却泵电动机。(　　)

14. 车床主轴电动机 M1 和冷却泵电动机 M3 采用顺序控制，只有主轴电动机 M1 起动后冷却泵电动机 M3 才能起动。(　　)

15. X62W 是一种通用的多用途机床，它可以对各种零件进行平面、螺旋面、斜面、成形表面的加工。(　　)

16. 铣床的进给运动是指工作台的前后（横向）、左右（纵向）和上下（垂直）六个方向的运动，或圆工作台的旋转运动。(　　)

17. X62W 卧式铣床，主要由床身、主轴、刀杆、悬梁、刀杆支架、工作台、回转盘、横溜板、升降台、底座等组。(　　)

18. M7130 平面磨床主要由纵向移动手轮、砂轮箱、滑座、横向进给手轮、砂轮调节器、立柱、工作台、垂直进给手轮、床身等部分组成。(　　)

19. 磨床可分为外圆磨床、内圆磨床、平面磨床、工具磨床、螺纹磨床、齿轮磨床、球面磨床、花键磨床、导轨磨床、无心磨床等。(　　)

二、填空题

1. CA6140 普通车床的电气控制原理图，分为__________电路、__________电路及__________电路三部分。

2. 分析电气控制电路的具体内容和要求主要包括____________、________、____________________________________。

3. 电气控制电路原理图主要由__________电路、__________电路、______电路及______________电路等组成，这是分析控制电路的关键内容。

4. 在车削加工时，要根据被加工零件材料、刀具种类、零件尺寸、工艺要求等来选择不同的____________ 和_______________。

5. 在车削加工螺纹时，为避免乱扣，要反转退刀，再纵向进刀继续加工，这就要求主轴应具备__________ 、__________功能。

6. 在 CA6140 主电路中，一共有三台电动机。M1 为__________电动机，带动主轴旋转和刀架作进给运动；M2 为_________电动机；用来输送切削液；M3 为____________电动机。

7. X62W 铣床的联锁包括：______与______具有顺序联锁；工作台进给的 6 个方向都具有__________和___________的双重联锁；____________工作台和________工作台之间的联锁。

三、简答题

1. 简述车床主轴电动机 M1 的控制过程。
2. M7130 平面磨床的基本控制要求是什么？
3. 对 M7130 平面磨床进行主电路分析。
4. 对 X62W 万能铣床进行主电路分析。
5. 对 CA6140 车床主、控电路进行故障分析。

第4章　电气控制系统设计

4.1　概述

电气控制系统的设计包括原理设计和工艺设计两部分。前者是满足生产过程中机械加工和工艺的各种控制要求，综合考虑设备的自动化程度和技术的先进性；后者是满足电气控制装置本身的制造、使用以及维修的需要。前者决定一台设备的使用效能和自动化程度，即决定着生产机械设备的先进性、合理性；后者则决定了电气控制设备的生产可行性、经济性、造型美观和使用维护方便等。

4.2　电气控制系统设计的基本内容

电气控制系统设计的基本内容包括确定电力拖动方案，设计生产机械电力拖动自动控制电路，选择拖动电动机及电气元件，进行生产机械电力装备施工设计，编写生产机械电气控制系统的电气说明书与设计文件。

1. 原理设计内容

(1) 拟定电气控制系统设计任务书　电气设计任务书是电气设计的依据。

(2) 确定电力拖动方案和控制方案　拖动方法主要有电力拖动、液压传动、气动等。根据机械设备驱动力矩或功率的要求，合理选择电动机的类型、参数。

(3) 选择电动机　选择电动机的类型、电压等级、容量及转速，并选择出具体型号。

(4) 设计电气控制框图　原理框图包括主电路、控制电路和辅助电路。对原理图各连接点进行编号，电气原理图是整个设计的中心环节，是工艺设计和制定其他技术资料的依据。

(5) 绘图　绘制电气原理图、布置图、控制面板图、元器件安装底板图、电气安装接线图和电气互连图等。

(6) 选择电气元器件，制定元器件明细表　根据电气原理图合理选择元器件，并列出元器件清单。

(7) 编写设计说明书和维修说明书。

2. 工艺设计内容

工艺设计的主要目的是便于组织电气控制装置的制造，实现原理设计要求的各项技术指标，为设备的调试、维护、使用提供必要的图样资料。

工艺设计的主要内容为：

1) 根据电气原理图及选定的电器元件，绘制总装接线图。

2) 设计并绘制电器元件布置图。

3) 设计并绘制电器元件的接线图。

4) 设计并绘制电器箱及非标准零件图。

5）列出所用各类元器件及材料清单。

6）编写设计说明书和使用维护说明书。

4.3 电气控制系统设计的一般步骤

1. 拟定设计任务书

电气设计任务书是整个系统设计的依据。制定电气设计任务书，要根据所设计的机械设备的总体技术要求，有条件时应聚集电气、机械工艺、机械结构三方面的设计人员，共同讨论。在电气设计任务书中，要说明所设计的机械设备的型号、用途、工艺过程、技术性能、传动要求、工作条件、使用环境等。除此以外，还应说明以下技术指标及要求。

（1）控制精度和生产率要求。

（2）有关电力拖动的基本特性　电动机的数量、用途、负载特性、工艺过程、动作要求、控制方式、调速范围以及对反向、起动和制动的要求等。

（3）有关电气控制的特性　自动控制的电气保护、联锁条件、控制精度、生产率、自动化程度、动作程序、稳定性及抗干扰要求等。

（4）其他要求　主要电气设备的布置草图、安装、照明、信号指示、显示和报警方式、电源种类、电压等级、频率及容量等要求。

（5）目标成本及经费限额　包括目标成本、经费限额、验收标准及方式等。

2. 选择电力拖动方案与控制方式

电力拖动方案与控制方式的确定是设计的先决条件。

电力拖动方案包括生产工艺要求、运动要求、调速要求及生产机械的结构、负载性质、投资额等条件，确定电动机的类型、数量、拖动方式，制定电动机的起动、运行、调速、转向和制动等要求，这可作为电气控制原理图设计及电器元件选择的依据。

3. 其他要求

（1）选择电动机　根据选择的拖动方案，确定电动机的类型、数量、结构形式、容量、额定电压和额定转速等。

（2）设计电气原理图并选用元器件　设计电气控制原理电路图并合理选择元器件，编制元器件目录清单。

（3）设计电气设备的各种施工图样　设计电气设备制造、安装、调试所必需的各种施工图样，并以此为根据编制各种材料定额清单。

（4）编写说明书。

4.4 电气控制系统设计的基本原则

1. 最大限度满足生产机械和工艺对电气控制电路的要求

电气控制电路是为整个生产机械和工艺过程服务的，在设计前，首先对生产设备的主要工作性能、结构特点、工作方式和保护装置等方面要清楚，作全面细致的了解。

2. 确保控制电路的工作安全可靠

（1）选择控制电源　选择控制电源时，一般尽量减少控制电路中电源的种类，控制电压等级应符合标准等级。在控制电路比较简单的情况下，通常采用交流 220 V 和 380 V 供电，可以省去控制变压器。在控制系统电路比较复杂的情况下，应采用控制变压器降低控制电压，或用直流低电压控制。对于微机控制系统，还要注意弱电与强电电源之间的隔离，一般情况下，不要共用零线，避免电磁干扰。对照明、显示及报警电路，要采用安全电压。

交流标准控制电压等级为：380 V、220 V、127 V、110 V、48 V、36 V、24 V、6.3 V。

直流标准控制电压等级为：220 V、110 V、48 V、24 V、12 V。

（2）电器元件的选择　为了保证电气控制电路工作的可靠性，最主要的是选择可靠的电器元件。在元器件选择的时候，尽可能选用机械和电气寿命长、动作可靠、抗干扰性能好的电器，使控制电路在技术指标、稳定性、可靠性等方面得到进一步提高。

（3）正确连接电器的线圈

1）在交流控制电路中，电器的线圈不允许串联连接。如果将两个接触器的线圈进行串联，由于它们的阻抗各不相同，即使外加电压是两个线圈额定电压之和，两个电器元件的动作总是有先有后，不可能同时动作。这就使得两个线圈分配的电压不可能相等；当衔铁未吸合时，其气隙较大，电感很小，因而吸合电流很大。当有一个接触器先动作，其阻抗值增加很多，电路中电流下降很快就使另一个线圈不能吸合，严重时可将线圈烧毁。如果需要两个电器同时动作，线圈应并联连接，按图 4-1b 所示连接。

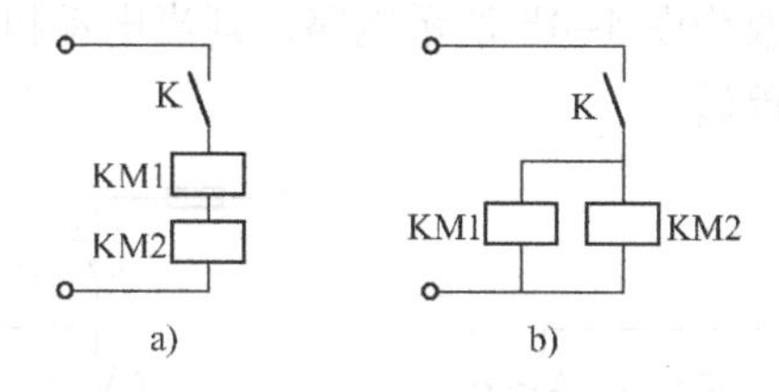

图 4-1　交流线圈的连接

a）不正确　b）正确

2）对于直流电磁线圈，当两电感量相差悬殊时也不能直接并联，以免使控制电路产生误动作。如图 4-2a 所示，直流电磁铁 YA 线圈与直流继电器 KM 线圈并联，当接触器 KM 常开触头断开时，继电器 KM 很快释放。由于 YA 线圈的电感很大，存储的磁能经 KM 线圈释放，从而使继电器 KM 有可能重新吸合，过一段时间 KA 又释放，这种情况显然是不允许的。因此应在 KM 的线圈电路中单独加一 KM 的常开触头，如图 4-2b 所示。

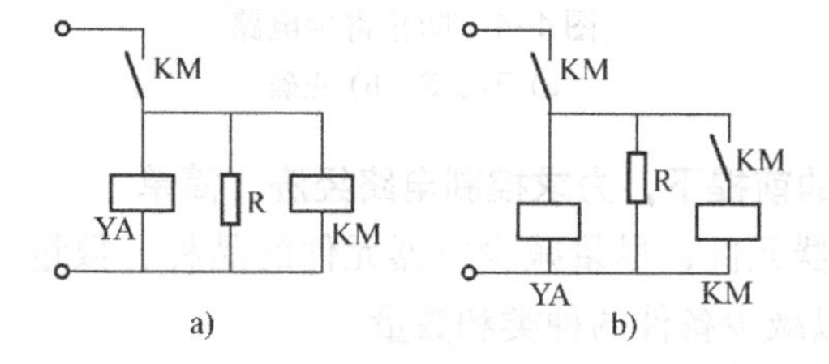

图 4-2　直流线圈的连接

a）不正确　b）正确

（4）合理选择电器元件及触头的位置　电器元件触头位置的正确画法同电器元件的常开触头和常闭触头靠得很近，当分别接在电源的不同相上时，如图 4-3a 所示的行程开关 SQ 的常开触头和常闭触头，常开触头接在电源的一相，常闭触头接在电源的另一相上，当触头断开时，可能在两触头间形成电弧，造成电源短路。如果改成图 4-3b 的形式，由于两触头间的电位相同，就不会造成电源短路。所以在设计控制电路时，应使分布在电路不同位置的同一电器触头尽量接到同一电位点，这样可避免在电器触头上引起短路。

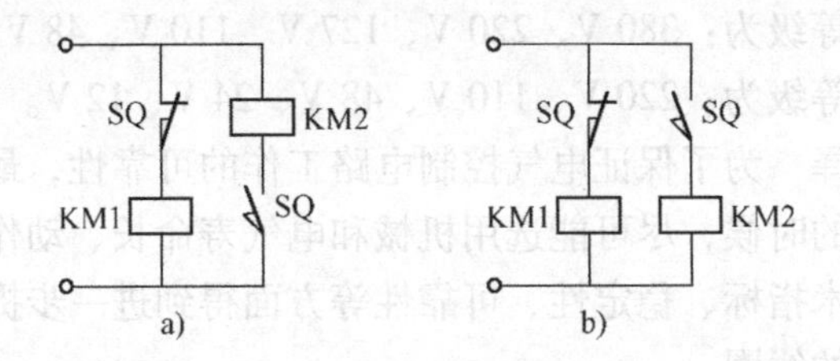

图 4-3　触头的画法

a）不正确　b）正确

（5）避免出现寄生电路　在电气控制电路的动作过程中，如果出现不是由于误操作而产生意外接通的电路称为寄生电路。图 4-4a 所示是一个具有指示灯显示和过载保护的电动机正、反向运行控制电路。正常工作情况下能完成正、反向起动、停止和信号指示。但当热继电器 FR 动作时，产生寄生电路，电流流向如图 4-4a 中虚线所示，使正向接触器 KM1 不能释放，起不了保护作用。如改为图 4-4b 所示电路，则当电动机发生过载时，FR 触头断开，整个控制电路断电，电动机停转。

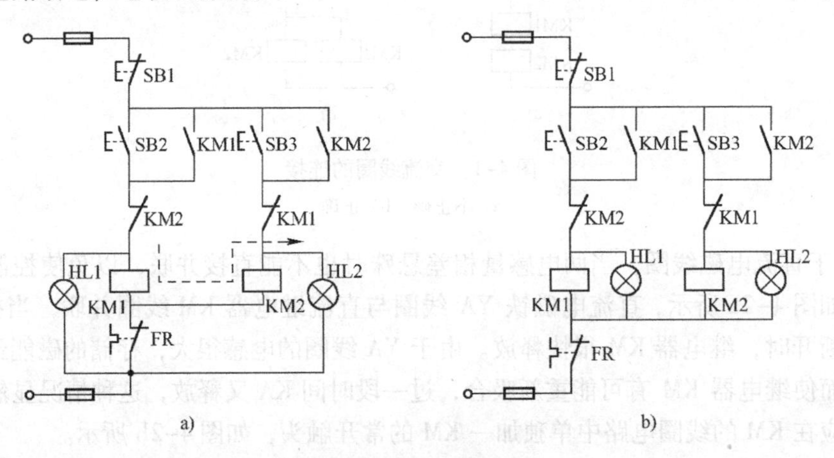

图 4-4　防止寄生电路

a）不正确　b）正确

3. 在满足生产工艺的前提下，力求控制电路经济、简单

1）尽量选用标准电器元件，尽量减少电器元件的品种、数量，同一用途的器件尽量选用相同型号的电器元件以减少备件的种类和数量。

2）尽量选用标准的、常用的或经过实践考验的典型环节或基本电气控制电路。

3）尽量减少不必要的触头，这样可以简化电气控制电路。

4）尽量缩减连接导线的数量和长度。

5）尽量减少通电电器的数量。在正常工作的过程中，除必要的电器元件外，其余电器应尽量减少通电时间。以Y－Δ 减压起动控制电路为例，如图 4-5 所示，两个电路均可实现

Y-Δ减压起动控制，但经过比较，图 4-5b 在正常工作时，只有接触器 KM1 和 KM2 的线圈得电，较图 4-5a 要更合理。

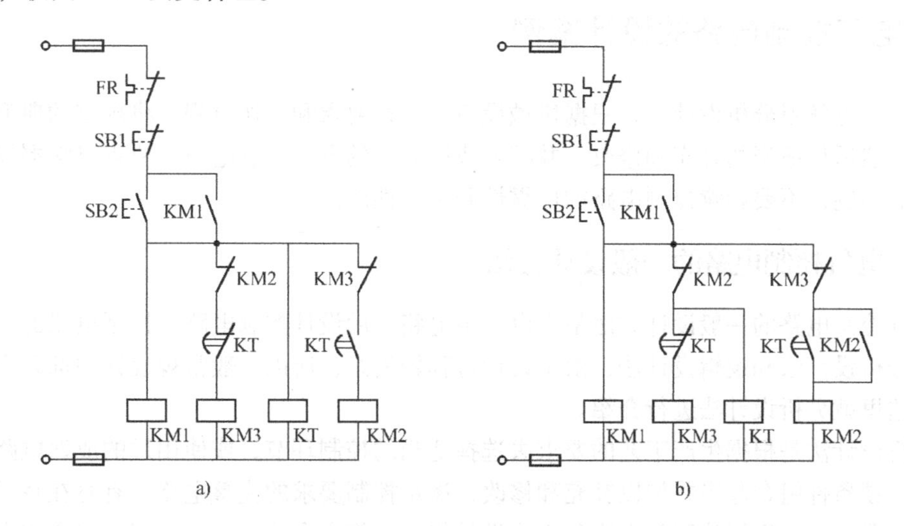

图 4-5　Y-Δ减压起动控制电路

4. 设置必要的保护环节

（1）短路保护　短路时产生的瞬时故障电流可达到额定电流的几倍到几十倍。常用的短路保护有熔断器、断路器、专门的短路保护继电器。

（2）过电流保护　过电流保护常用于限流起动的直流电动机和绕线转子异步电动机中，通常采用过电流继电器和接触器配合动作的方法保护电动机过电流的电路。

（3）过载保护　电动机如果长期超载运行，绕组的温升将超过允许值，会损坏电动机，所以要设置过载保护环节。一般采用具有反时限特性的热继电器作保护环节。

（4）欠电流保护　欠电流保护是指被控制电路的电流低于额定值时需要动作的一种保护，通常利用欠电流继电器来实现。欠电流继电器线圈串接在被保护电路中，正常工作时吸合，一旦发生欠电流故障就会自动切断电源。

（5）断相保护　电源断相、接触不良或者电动机内部断线都会引起电动机断相运行。可采用专门为断相运行而设计的断相保护热继电器。

（6）失电压保护　采用接触器及按钮控制的电路一般都具有失电压保护功能。如果采用手动开关、行程开关等来控制接触器，则必须采用专门的零电压继电器。

（7）欠电压保护　当电源电压降低到额定电压的 60%～80% 时，继电器自动将电动机电源切除，这种保护称为欠电压保护。通常采用零位继电器作为欠电压保护。

（8）过电压保护　通常是在线圈两端并联一个电阻、电阻串电容或二极管串电阻等形式，以形成一个放电电路。

（9）极限保护　作直线运动的生产机械常设有极限保护环节，一般用行程开关的常闭触头来实现。

（10）弱磁保护　直流并励电动机、复励电动机在励磁磁场减弱或消失时，有必要在控制电路中采用弱磁保护环节，一般用弱磁继电器。

(11) 其他保护　根据实际情况来设置如温度、水位、欠电压等保护环节。

4.5　电气控制电路的设计案例

本节重点学习分析设计法，根据机械设备的工艺要求和工作过程，将现有的典型环节加以集聚，然后作适当的补充和修改，并综合成所需要的电气控制电路。要重点掌握设计时应当注意的问题，不要影响控制电路的可靠性和工作性能。

4.5.1　电气控制电路的一般设计方法

电气控制电路的一般设计方法是先设计主电路，后设计控制电路。控制电路的设计方法主要有分析设计法和逻辑设计法，由于设计过程较复杂，所以一般常规设计中都采用分析设计法，这里就分析设计法进行介绍。

分析设计法是根据生产工艺的要求去选择适当的控制环节，或使用过的成熟电路，按各部分的联锁条件组合起来并加以补充和修改，满足控制要求的完整电路。有时在找不到现成电路的情况下，可根据控制要求边分析边设计修改，将主令信号经过适当的组合与变换，在一定条件下得到执行元件所需要的工作信号。当然，这种设计方法是以熟练掌握了各种电气控制电路的基本环节和具备一定的阅读与分析电气控制电路的经验为基础，初学者容易掌握。在采用分析设计法时主要存在以下缺点。

1）在发现试画出来的电路达不到要求时，往往通过增加电器元件或触头数量的方法加以解决，所以设计出来的电路往往不一定是最佳电路。

2）设计中当经验不足或考虑不周时往往会发生差错，影响电路的可靠性或工作性能。下面通过一个设计实例来说明分析设计法的设计过程。

4.5.2　往复运动电气控制电路的设计案例

【例1】　某生产机械如图4-6所示。运动部件由A点起动运行到B点，撞上行程开关SQ2后停止；2 min后自动返回到A点，撞上SQ1后停止，2 min后自动运行到B点，停留2 min后又返回A点，实现往复运动。要求电路具有短路保护、过载保护和欠电压保护。

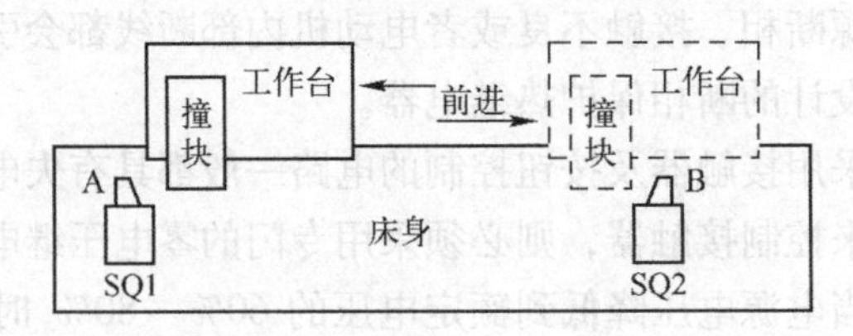

图4-6　机床工作示意图

1. 初步设计

(1) 主电路的设计　由于要实现往复运动，所以主电路应具备正、反转功能。

(2) 控制电路的设计　接触器控制电路中的设备由A点起动，电动机正转，KM1线圈得电。把SQ2的常闭触头串入KM1常闭辅助触头电路中，当撞上SQ2后电动机停止，同时串入KM2线圈的互锁点，在SB2两端并联KM1的常开辅助触头用于自锁。在SQ2常开触头后面接入 KT1，当撞上 SQ2 后，时间继电器 KT1 得电，延时 2 min 后 KT1 得电延时闭合触头闭合，KM2 得电反转。根据功能可得到图 4-7 所示的草图。

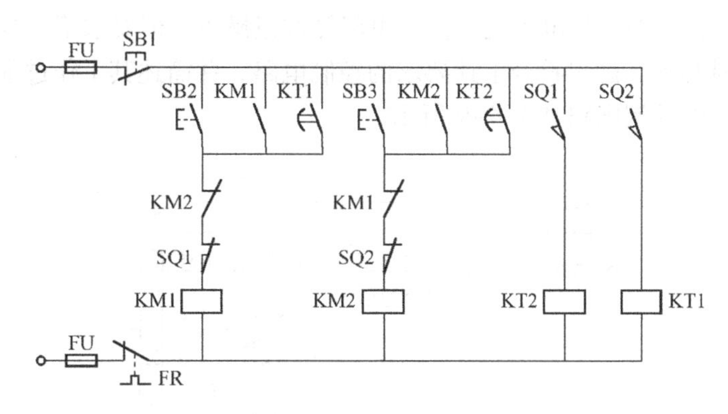

图 4-7　自动往返控制电路草图

2. 完善设计草图

主电路的设计比较简单，所以完善设计草图一般是指控制电路的设计草图。上述草图在控制功能上已达到设计要求，但仔细分析可发现：当运动部件运行到 B 点时撞上 SQ2 或到 A 点撞上 SQ1 时电网停电，若操作人员未拉下电源开关，当电网恢复供电后，该生产机械会自动起动。因为当 SQ1 或 SQ2 受压时，KT2 或 KT1 的线圈通过 FU、SB1、SQ1 或 SQ2 常开触头和 FR 构成回路，延时一段时间后，KM1 或 KM2 线圈得电，这样会造成设备的自行起动，这是不允许的，因此必须对上述电路加以完善和改正，如图 4-8 所示。

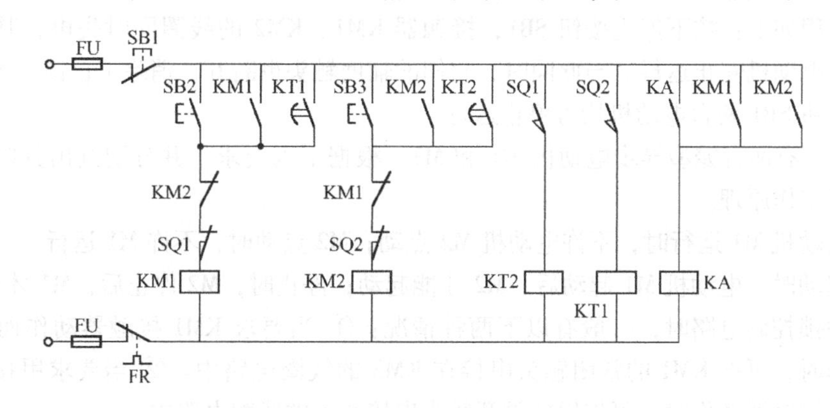

图 4-8　自动往返控制电路图

这个电路是在原电路的基础上增加了一个中间继电器 KA 。由于 KA 具有失电压保护功能，当电网恢复供电后设备必须重新人工起动，从而提高了系统的安全性。

当然，上述这种现象一般是不可能出现，但作为一名电气电路的设计者要尽量考虑周全，做到万无一失。

3. 校核电气原理图

设计完成后，必须认真进行校核，看其是否满足生产工艺要求，电路是否合理，有无需要进一步简化之处，是否存在寄生电路，电路工作是否安全可靠等。

4.5.3 常见电气控制电路的设计案例

【例2】 有两台笼型异步电动机，由一组起停按钮操作，但要求第一台电动机起动后第二台电动机能延时起动。画出符合上述要求的控制电路，并简述其工作过程。

符合上述要求的控制电路如图4-9所示。

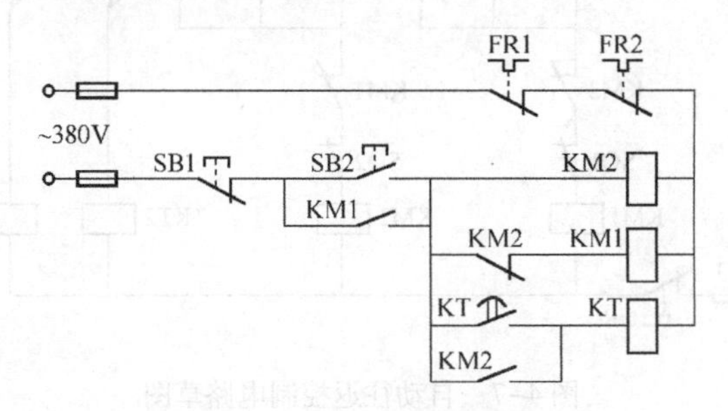

图4-9 两台延时起动电路

起动过程如下：按下起动按钮SB2，接触器KM1线圈通电，KM1的主触头闭合，第一台电动机运行，KM1的辅助常开触头闭合，实现自锁。与此同时，时间继电器KT线圈通电，其常开触头延时闭合，使接触器KM2的线圈通电，则其主触头闭合，第二台电动机起动，同时KM2的辅助常开触头闭合，实现自锁；KM2的辅助常闭触头断开，使时间继电器KT线圈断电。可见，该电路是满足第一台电动机起动后，延时一定时间第二台电动机自行起动的要求的。

停止过程如下：按下停止按钮SB1，接触器KM1、KM2的线圈同时失电，其主触头断开，使两台电动机停止运行。与此同时，它们的辅助触头也断开，消除了自锁。可见，只要按下停止按钮SB1两台电动机均可停止运行。

【例3】 有两台笼型异步电动机M1和M2，根据下列要求，并分别画出其联锁控制电路，并分析工作原理。

（1）电动机M1运行时，不许电动机M2点动；M2点动时，不许M1运行。

（2）起动时，电动机M1起动后，M2才能起动；停止时，M2停止后，M1才能停止。

设计联锁控制电路时，一般有以下两种情况：① 当要求KM1接触器动作而不许KM2接触器动作时，可把KM1的常闭触头串接在KM2的线圈电路中。② 当要求甲接触器动作后才允许乙接触器动作时，可把甲的常开触头串接在乙的线圈电路中。

在图4-10中，接触器KM1控制电动机M1运行，接触器KM2控制电动机M2运行，KM1的常闭触头串在KM2的线圈电路里，KM2的常闭触头串在KM1的线圈电路里，两者就不会同时接通，可满足题意的要求。

在图4-11中，由于KM1的常开触头串在KM2的线圈电路里，起动时只有KM1接通，即电动机M1运行后，才具备了电动机M2运行的条件，否则即使按下起动按钮SB4，KM2也不能接通，电动机M2就不能运行。

停止时，只有按下停止按钮SB3后，KM2线圈断电，并联在停止按钮SB1上的KM2常开触头才断开，再按下SB1才能使电动机M1停止运行。因此，图4-11所示电路能够满足题意的要求。

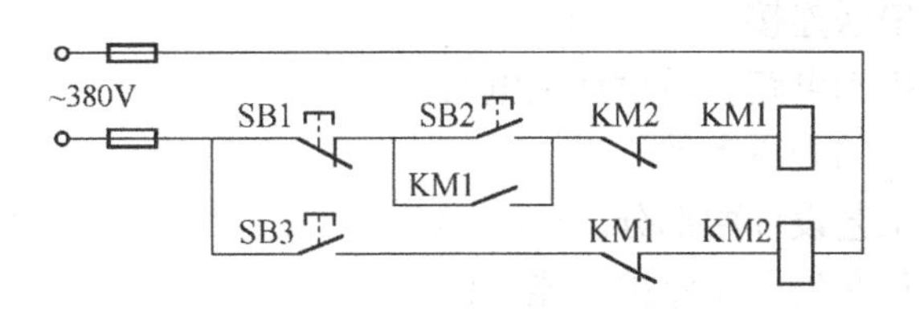

图 4-10　M1、M2 不同时运行电路

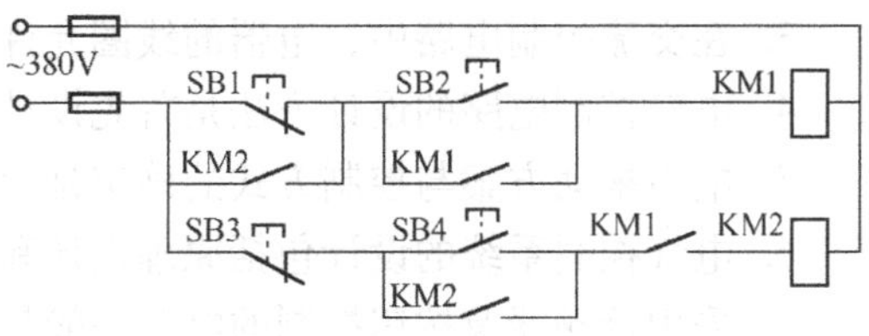

图 4-11　M1、M2 顺序起停电路

【例 4】 有三台传送带运输机分别由三台笼型异步电动机拖动，为了使运输带上不积压运送的材料，要求电动机按顺序起动，即电动机 M1 起动后 M2 才能起动，M2 起动后 M3 才能起动；停止时可以一起停。另外，在试车时，要求三台电动机都能单独起停。画出能实现上述要求的继电器接触器控制电路，并分析工作原理。

实现上述要求的控制电路如图 4-12 所示。

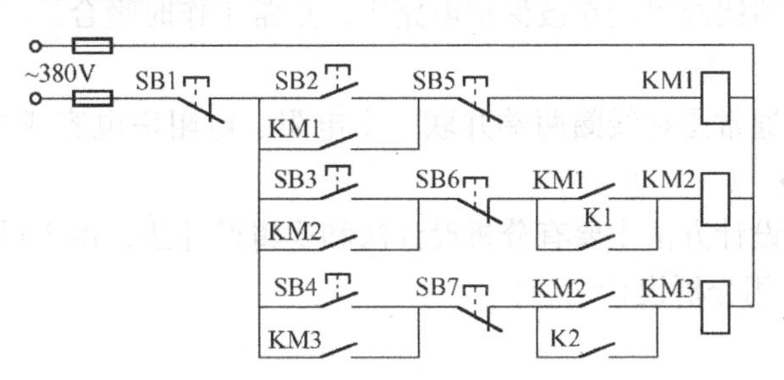

图 4-12　三台电动机顺序起动电路

在试车时，将开关 K 合上，通过按钮 SB2 ~ SB7 可以实现三个电动机的单独起停，可不受顺序控制的约束。

正常运行时，将开关 K 断开，按起动按钮 SB2，则电动机 M1 起动。M1 起动后，按起动按钮 SB3，电动机 M2 起动；如果 M1 没起动，由于 KM1 的常开触头串在 KM2 的线圈电路里，即使按下起动按钮 SB3，也不能起动 M2。M2 起动后，按起动按钮 SB4，电动机 M3 可起动。当要停止运行时，按停止按钮 SB1，可使三台电动机同时停止运行，而通过操作停止按钮 SB5 ~ SB7 也可以实现三台电动机的分别停车。

本章小结

本章主要叙述了电气控制系统设计的基本内容、一般步骤、基本原则、设计实例和一般规律，重点介绍了电气原理图的设计方法，并且以电动机控制电路作为典型设计实例，详细地介绍了常见电气控制电路的设计方法。

综合练习题

一、判断题（正确打“√”，错误打“×”）

1. 电气设计任务书是电气设计的依据。(　)

2. 拖动方法包括电力拖动、液压传动、气动等。(　)

3. 在交流控制电路中，电器的线圈允许串联连接。(　　)

4. 电气控制电路的设计方法是首先设计控制电路，后设计主电路。(　　)

5. 电力拖动方案与控制方式的确定是设计的先决条件。(　　)

6. 电气控制系统的设计包括原理设计和工艺设计两部分。(　　)

7. 采用接触器及按钮控制的电路一般都具有失电压保护功能。(　　)

8. 工艺设计主要是实现电气原理设计所要求的各项技术指标。(　　)

9. 选择电动机包括电动机类型、型号、电压等级、容量及转速。(　　)

10. 电气控制原理设计决定着生产机械设备的先进性、合理性、自动化程度等。(　　)

11. 直线运动的生产机械设有极限保护环节，采用行程开关的常闭触头来实现。(　　)

12. 电气控制工艺设计决定了设备生产的可行性、经济性、造型美观和使用维护方便等。(　　)

13. 欠电流继电器线圈串接在被保护电路中，正常工作时吸合，一旦发生欠电流故障就会自动切断电源。(　　)

14. 过电压保护通常是在线圈两端并联一个电阻、电阻串电容或二极管串电阻等形式，以形成一个放电电路。(　　)

15. 控制电路的设计方法主要有分析设计法和逻辑设计法，由于设计过程较复杂，所以一般常规设计中都采用分析设计法。(　　)

二、填空题

1. 强电与弱电电源之间的隔离，不共用零线，是为了避免____________。

2. 为了保证电气控制电路工作的可靠性能，最主要的是选择可靠的____________。

3. 电源断相、接触不良，或者电动机____________都会引起电动机断相运行。

4. 如果采用手动开关、行程开关等来控制接触器，则必须采用专门的__________继电器。

5. 在元器件选择的时候尽可能选用________和________寿命长、动作可靠、抗干扰性能好的__________。

6. 电动机如果长期超载运行，绕组的温升将超过允许值，会损坏电动机，所以要设置____________保护环节。

7. 当电源电压降低到额定电压的______________时，继电器自动切断电动机电源，这种保护称为__________保护。

8. 选择控制电源，当控制电路比较简单的情况下，通常采用交流 220 V 和 380 V 供电，可以省去______________。

9. 交流标准控制电压等级为：380 V、220 V、127 V、110 V、48 V、36 V、24 V、6. 3 V。国家规定安全电压是________V。

10. 电气图包括__________图、________图、_____________图、元器件安装底板图、电气安装接线图和电气互连图等图样。

11. 电气控制系统设计的基本原则是最大限度满足__________和________对电气控制电路的要求，确保____________的工作安全可靠。

12. 过电流保护常用于限流起动的直流电动机和绕线式异步电动机中，通常采用________电流继电器和____________配合动作的方法保护电动机过电流的电路。

13. 设计电气控制原理框图包括________电路、__________电路和__________电路，对原理图各连接点进行编号，电气原理图是整个设计的中心环节，是工艺设计和制定其他技术资料的依据。

三、简答题

1. 电力拖动方案的要求是什么？

2. 什么是电气设计任务书？

3. 常用的短路保护有哪些？

4. 工艺设计主要内容有哪些？

5. 分析设计法的内容是什么？

四、电路图设计

1. 有两台三相异步电动机，主轴电动机由接触器 KM 控制，它们组成一个集中起停和单独起停的控制电路，画出符合上述要求的控制电路，并分析工作原理。

2. 有三台笼型电动机 M1、M2、M3，按下起动按钮 SB2 后 M1 起动，延时 5 s 后 M2 起动，再延时 5s 后 M3 起动。画出继电器接触器控制电路。

3. 有两台三相异步电动机由接触器 KM1 控制，要求控制电路的功能如下：

(1) 两台电动机互不影响地独立操作；

(2) 能同时控制两台电动机的起动与停止；

(3) 当一台电动机发生过载时，两台电动机均停止工作。

画出控制电路图。

4. 设计一个控制电路，要求第一台电动机起动 10 s 以后，第二台电动机自动起动，运行 10 s 以后，第一台电动机停止转动，同时第三台电动机起动，再运转 15 s 后，电动机全部停止。

5. 设计三条传送带运输机控制电路的生产流水线，将货物从一个地方运送到另一个地方。1#、2#、3#传送带分别由三台电动机 M1、M2、M3 拖动，并有保护功能，画出控制电路。要求：

(1) 起动顺序为 M1、M2、M3，即顺序起动，并要有一定时间间隔，以防止货物在传送带上堆积；

(2) 停车顺序为 3#、2#、1#，即逆序停止，以保证停车后传送带上不残存货物；

(3) 当 1#或 2#故障停车时，3#能随即停车，避免继续送料，造成货物堆积；

(4) 设置保护功能。

第5章　PLC基础知识

5.1　概述

可编程序控制器简称PLC，它是在电气控制技术和计算机技术的基础上开发出来的，并逐渐发展成为以微处理器为核心，综合了计算机技术、自动控制技术和通信技术的新型工业自动控制装置。PLC在机械、冶金、能源、化工、石油、交通、电力等领域应用非常广泛。

1. PLC的定义

1987年国际电工委员会（IEC）在颁布可编程序控制器标准草案中对可编程序控制器定义如下："可编程序控制器是一种数字运算操作的电子系统，专为在工业环境下应用而设计。它采用可编程序的存储器，在其内部存储执行逻辑运算、顺序控制、定时、计数和算术运算等操作的指令，并通过数字式和模拟式的输入和输出，控制各种类型的机械设备或生产过程。可编程序控制器及其有关外围设备，都应按易于与工业系统联成一个整体，易于扩充其功能的原则进行设计"。

2. PLC的特点

（1）可靠性高，抗干扰能力强　这是PLC最重要的特点之一。由于PLC是专为工业控制而设计的，所以除了对元器件进行筛选外，在软件和硬件上都采用了很多抗干扰的措施，如内部采用屏蔽、优化的开关电源、光耦合隔离、滤波、冗余技术、自诊断故障、自动恢复等功能，采用了由半导体电路组成的电子组件，这些电路充当的软继电器等开关是无触头的，如存储器、触发器的状态转换均无触头，极大地增加了控制系统整体的可靠性。而继电器、接触器等硬器件使用的是机械触头开关，因此两者的可靠程度是无法比拟的。这些措施大大地提高了PLC的抗干扰能力和可靠性。

PLC还采用循环扫描的工作方式，所以能在很大程度上减少软故障的发生。有些高档的PLC中，还采用了双CPU模块并行工作的方式。即使它的一个CPU出现故障，系统也能正常工作，同时还可以修复或更换有故障的CPU模块；一般PLC的平均无故障工作时间达到几万小时甚至可达几十万个小时。

根据有关统计资料表明：在PLC控制系统的故障中，CPU占5%，I/O接口占5%，输入设备占45%，输出设备占30%，电路占5%。80%的故障属于PLC的外部故障。所以PLC生产厂家都致力于研制、发展用于检测外部故障的专用智能模块，进一步提高系统的可靠性。

（2）通用性强，使用方便　现在的PLC产品都已系列化和模块化了，档次也多，可由各种组件灵活组合成不同的控制系统，以满足不同的控制要求。用户不再需要自己设计和制作硬件装置，只需设计程序即可。同一台PLC只要改变软件即可实现控制不同的对象或不同的控制要求。

（3）程序设计简单，容易理解和掌握　PLC是一种新型的工业自动化控制装置，它的基本指令不多，常采取与传统的继电器控制原理图相似的梯形图语言，编程器的使用简便；对程序进行增减、修改和运行监视很方便。工程人员学习、使用这种编程语言十分方便，因此对编制程序的步骤和方法，容易理解和掌握。

（4）系统设计周期短　PLC 在许多方面是以软件编程来取代硬件接线，系统硬件的设计任务仅仅是依据对象的要求配置适当的模块。目前的 PLC 硬件软件较齐全，为模块化积木式结构，大大缩短了整个设计所花费的时间，用 PLC 构成的控制系统比较简单，编程容易，程序调试修改也很简单方便。

（5）体积小、重量轻　PLC 的各个部件，包括 CPU、电源、I/O 等均采用模块化设计，模块化结构使系统组合灵活方便，系统的功能和规模可根据用户的实际需求自行组合。PLC 一般不需要专门的机房，可以在各种工业环境下直接运行。而且自诊断能力强，能判断和显示出自身故障，使操作人员检查判断故障方便迅速，维修时只需更换插入式模块，维护方便。PLC 本身故障率很低，修改程序和监视运行状态容易，安装使用也方便。

（6）适应性强　对生产工艺改变适应性强，可进行柔性生产。PLC 实质上就是一种新型的工业控制计算机，控制功能是通过软件编程来实现的。当生产工艺发生变化时，只需改变 PLC 中的程序即可。

5.2　PLC 的基本组成

PLC 的基本组成包括硬件与软件两部分。

5.2.1　PLC 的硬件组成

PLC 的硬件组成包括中央处理器（CPU）、存储器（RAM、ROM）、输入/输出（I/O）接口、编程设备、通信接口、电源和其他一些电路。PLC 的硬件结构框图如图 5-1 所示。

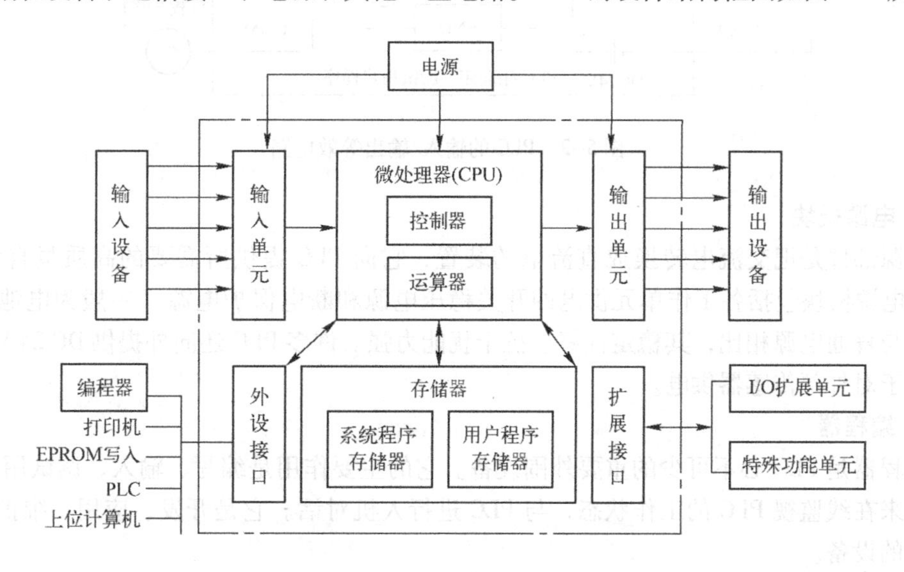

图 5-1　PLC 的硬件结构框图

1. 中央处理单元

中央处理单元（CPU）是 PLC 的核心部件，整个 PLC 的工作过程都是在中央处理器的统一指挥和协调下进行的，它的主要任务是在系统程序的控制下，完成逻辑运算、数学运算、协调系统内部各部分工作等，然后根据用户所编制的应用程序的要求去处理有关数据，最后再向被控对象送出相应的控制（驱动）信号。

2. 存储器

存储器是 PLC 用来存放系统程序、用户程序、逻辑变量及运算数据的单元。存储器的类型有可读/写操作的随机存储器 RAM 和只读存储器 ROM、PROM、EPROM 和 E^2PROM。

3. 输入/输出接口

输入/输出（I/O）接口是 PLC 与工业控制现场各类信号连接的部件。PLC 通过输入接口把工业现场的状态信息读入，输入部件接收的是从开关、按钮、继电器触头和传感器等输入的现场控制信号，通过用户程序的运算与操作，对输入信号进行滤波、隔离、电平转换等，把输入信号的逻辑值准确、可靠地传入 PLC 内部，并将这些信号转换成 CPU 能接收和处理的数字信号，把结果通过输出接口输出给执行机构。

PLC 通过输出接口，接收经过 CPU 处理过的数字信号，并把它转换成被控制设备或显示装置能接收的电压或电流信号，从而驱动接触器、电磁阀和指示器件等。

PLC 的输入/输出等效电路如图 5-2 所示。

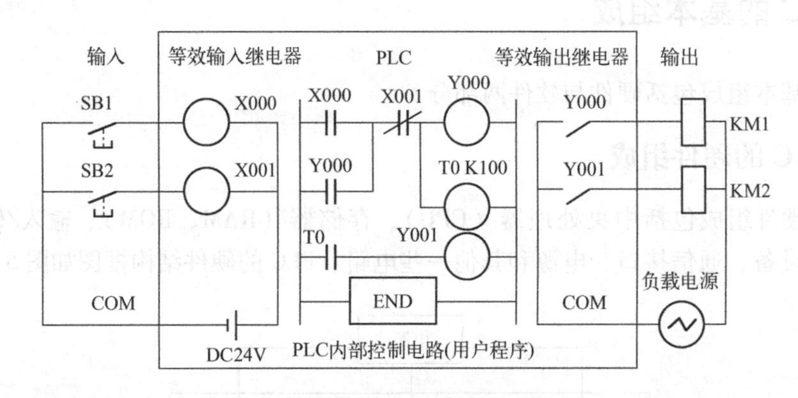

图 5-2　PLC 的输入/输出等效电路

4. 电源模块

电源部件是把交流电转换成直流电的装置，它向 PLC 提供所需要的高质量直流电源。PLC 的电源模块包括各工作单元供电的开关稳压电源和断电保护电源（一般为电池）。PLC 的电源与普通电源相比，其稳定性好、抗干扰能力强。许多 PLC 还向外提供 DC 24 V 稳压电源，用于对外部传感器供电。

5. 编程器

编程器是 PLC 必不可少的重要外围设备。它的主要作用是编写、输入、调试用户程序，还可用来在线监视 PLC 的工作状态，与 PLC 进行人机对话。它是开发、应用、维护 PLC 不可缺少的设备。

编程器
- 专用编程器
  - 简易编程器
  - 智能编程器
- 通用编程系统：PC 上配专用编程软件

6. 其他接口

其他接口包括外存储器接口、EPROM 写入器接口、A-D 转换接口、D-A 转换接口、远程通信接口、与计算机相连的接口、打印机接口、与显示器相连的接口等。

5.2.2 PLC 的软件组成

PLC 的软件组成包括系统程序和用户程序。

1. 系统程序

系统程序是指控制和完成 PLC 各种功能的程序。系统程序可完成系统命令解释、功能子程序调用、管理、监控、逻辑运算、通信、各种参数设定、诊断（如电源、系统出错，程序语法、句法检验等）等功能。系统程序由制造厂家直接固化在只读存储器 ROM、PROM 或 EPROM 中，用户不能访问和修改。

2. 用户程序

用户程序是用户根据控制对象生产工艺及控制的要求而编制的应用程序，它是根据 PLC 控制对象的要求而定的。

为了便于检查和修改、读出方便，用户程序一般存于 CMOS 静态 RAM 中，用锂电池作为后备电源，保证了断电时不会丢失信息。当用户程序经过运行正常，不需要改变，可将其固化在 EPROM 中。有的 PLC 已直接采用 E^2PROM 作为用户存储器。

用户程序常用的编程语言有 5 种，其中最常用的是梯形图和语句表。

(1) 梯形图　梯形图是目前应用非常广、最受技术人员欢迎的一种编程语言。梯形图具有直观、形象、实用的特点，与继电器控制图的设计思路基本一致，很容易由继电器控制电路转化而来。

(2) 语句表　语句表是一种与汇编语言类似的编程语言，它采用的是助记符指令，并以程序执行顺序逐句编写成语句表。梯形图和指令表存在一定对应关系。

(3) 逻辑符号图　逻辑符号图包括与、或、非以及计数器、定时器、触发器等。

(4) 功能表图　又叫作状态转换图，它的作用是表达一个完整的顺序控制过程，简称 SFC 编程语言。它是将一个完整的控制过程分成若干个状态，各状态具有不同动作，状态间有一定的转换条件，条件满足则状态转换，当上一状态结束则下一状态开始。

(5) 高级语言　主要是大中型 PLC 采用高级语言来编程，如 C 语言、BASIC 语言等。

5.3 PLC 的工作原理

PLC 的工作原理与计算机的工作原理基本一致，在系统程序的管理下，通过运行应用程序完成用户任务。

5.3.1 扫描工作方式

当 PLC 运行时，有许多操作需要进行，但执行用户程序是它的主要工作，另外还要完成其他工作。它实际上是按照分时操作原理进行工作的，每一时刻执行一个操作，这种分时操作的工作过程称为 CPU 的扫描工作方式。在开机时，CPU 首先使输入暂存器清零，更新编程器的显示内容，更新时钟和特殊辅助继电器内容等。

在执行用户程序前，PLC还应完成的辅助工作有内部处理、通信服务、自诊断检查。

在内部处理阶段，PLC检查CPU模块内部硬件、I/O模块配置、停电保持范围设定是否正常，监视定时器复位以及完成其他一些内部处理。在通信服务阶段，PLC要完成数据的接收和发送任务、响应编程器的输入命令、更新显示内容、更新时钟和特殊寄存器内容等工作。还将检测是否有中断请求，若有则作相应中断处理。在自诊断阶段，检测程序语法是否有错、电源和内部硬件是否正常等，检测存储器、CPU及I/O部件状态是否正常。当出现有错或异常时，CPU能根据错误类型和程度发出出错提示信号，并进行相应的出错处理，使PLC停止扫描或只能作内部处理、自诊断、通信处理。

PLC采用循环扫描工作方式。为了连续地完成PLC所承担的扫描工作，系统必须重复执行依一定的顺序完成循环扫描工作，每重复一次的时间称为一个扫描周期。由于PLC的扫描速度很快，输入扫描和输出刷新的周期通常为3 ms左右，而程序执行时间根据程序的长度不同而不同。PLC一个扫描周期通常为10～100 ms，对一般工业被控对象来说，扫描过程几乎是与输入同时完成的。PLC的循环扫描工作过程如图5-3所示。

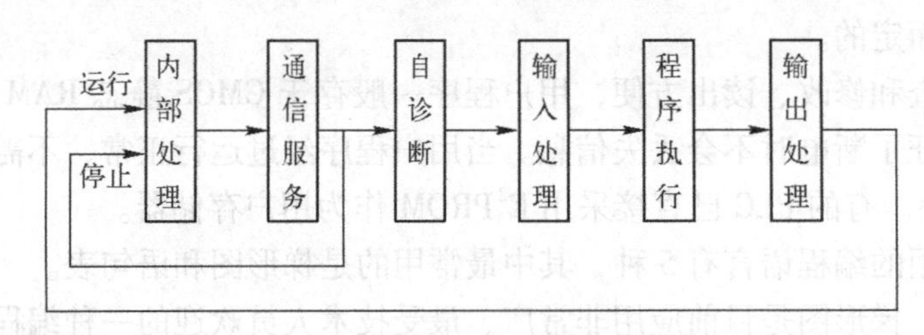

图5-3　PLC的循环扫描工作过程

5.3.2　工作过程

PLC的工作过程一般可分为三个阶段：输入采样阶段、程序执行阶段和输出处理阶段。

（1）输入采样阶段　PLC以扫描工作方式按顺序将所有输入端的输入状态采样，读入到寄存器中存储，这一过程称为采样。在本工作周期内，这个采样结果的内容不会改变，而且这个采样结果将在PLC执行程序时被使用。

（2）程序执行阶段　PLC是按顺序进行扫描，即从上到下、从左到右地逐条扫描各指令，直到扫描到最后一条指令，并分别从输入映像寄存器和输出映像寄存器中获得所需的数据进行逻辑运算和算术运算，运算结果存入相应的输出映像寄存器中。但这个结果在全部程序未执行完毕之前不会送到输出端口上。程序执行阶段的特点是依次顺序执行指令。

（3）输出处理阶段　输出处理阶段也叫作输出刷新阶段。在执行完用户所有程序后，PLC将输出映像寄存器中的内容送入到寄存输出状态的输出锁存器中，再送到外部去驱动接触器、电磁阀和指示灯等负载，这时输出锁存器的内容要等到下一个扫描周期的输出阶段到来才会被刷新。这三个阶段也是分时完成的。

值得注意的是，PLC在一个扫描周期中，输入采样工作只在输入处理阶段进行，对全部输入端扫描一遍并记下它们的状态后，即进入程序处理阶段，这时不管输入端的状态作何改变，输入状态表不会变化，直到下一个循环的输入处理阶段才根据当时扫描到的状态予以刷新。这种集中采样、集中输出的工作方式使PLC在运行中的绝大部分时间实质上和外部设备是隔离的，这就从根本上提高了 PLC 的抗干扰能力和可靠性。

5.4 PLC 的性能指标

在对 PLC 性能进行描述时，经常用到位、数字、字节及字等术语。

位指二进制的一位，仅有 0、1 两种取值。一个位对应 PLC 的一个继电器，某位的状态为 0 或 1，分别对应继电器线圈的断电或通电。

4 位二进制数构成一个数字，这个数字可以是 0000 ~ 1001（十进制），也可以是 0000 ~ 1111（十六进制）。

2 个数字或 8 位二进制数构成一个字节。

2 个字节构成一个字。在 PLC 术语中，字称为通道。一个字含 16 位，或者说一个通道含 16 个继电器。

PLC 的性能指标较多，PLC 的性能指标是指 PLC 所具有的技术能力，现介绍如下基本性能指标。

1. 编程语言种类

不同厂家的 PLC 编程语言不同，互相不兼容，而且可能拥有其中一种、两种或全部的编程方法。编程指令种类及条数越多，其功能就越强，即处理能力和控制能力也就越强。

2. 存储容量

存储容量是指用户程序存储器的容量，它通常以字为单位来计算。约定 16 位二进制数为一个字（注意：一般微处理器是以 8 位为一个字节的），每 1024 个字为 1 KB。中小型 PLC 的存储容量一般在 8 KB 以下，大型 PLC 的存储容量有在 256 KB ~ 2 MB 之间。

在 PLC 中，程序指令是按“步”存放的，每编一条语句为一步，每一步占用两个字。而复杂的指令往往若干步，因而用“步”来表示程序容量，往往以最简单的基本指令为单位，称为多少基本指令（步）。

若用字节表示，则一般小型机内存为 1 KB 到几 KB，中型机为几 KB 至几百 KB，大型机为几百 KB 至 2 MB。

3. 输入/输出（I/O）总点数

PLC 的输入/输出（I/O）信号的最大数量表示 PLC 的最大规模。输入/输出（I/O）点数越多，外部可接入的器件和输出的器件就越多，控制规模就越大。因此，I/O 点数是衡量 PLC 性能的重要指标之一。

PLC 的输入/输出量有开关量和模拟量两种。对于开关量，I/O 单元采用最大的 I/O 点数来表示；对于模拟量，I/O 单元采用最大的 I/O 通道数来表示。

4. 扫描速度

PLC 的扫描速度是指 PLC 执行程序的速度，是衡量 PLC 性能的重要指标，一般以执行 1 KB 指令所需的时间来表示扫描速度，以 ms/KB 为单位表示。

5. PLC 内部继电器的种类

PLC 内部继电器的种类很多，如输入继电器、输出继电器、辅助继电器、定时器、计数器、特殊继电器、数据寄存器、状态继电器等。

6. 扩展能力

PLC 的扩展能力包括以下两个方面：

（1）大部分 PLC 用输入/输出（I/O）扩展单元进行输入/输出（I/O）点数的扩展；

（2）用各种功能模块进行功能的扩展。

7. 工作环境

工作环境的温度为 0 ~ 50℃，湿度小于 85%。

8. 其他

（1）自诊断功能、通信联网功能、监控功能、特殊功能模块、远程 I/O 能力等。

（2）输入/输出方式，某些主要硬件（如 CPU、存储器）的型号等。

（3）智能单元的数量。

5.5 PLC 的分类

PLC 的种类很多，其功能、内存容量、控制规模、外形等方面差异较大，因此 PLC 的分类标准也不统一，但仍可按其 I/O 点数、结构形式、实现功能进行大致的分类。

1. 按输入/输出点数分类

（1）超小型 PLC　输入/输出点数在 64 点以下为超小型或微型 PLC，输入/输出的信号是开关量信号，实现功能以逻辑运算为主，并有计时和计数功能。结构紧凑，为整体结构。用户程序容量通常为 1 ~ 2 KB。小型 PLC 由整体结构向小型模块化结构发展，使配置更加灵活，为了市场需要已开发了各种简易、经济的超小型微型 PLC，最小配置的 I/O 点数为 8 ~ 16 点，适应单机及小型自动控制的需要。

（2）小型 PLC　小于 256 点大于 64 点的为小型 PLC，其输入/输出点数在 64 ~ 256 之间，用户程序存储器容量在 2 ~ 4 KB。其特点是体积小，结构紧凑，整个硬件融为一体，除了开关量 I/O 以外，还可以连接模拟量 I/O 以及其他各种特殊功能模块。它能执行包括逻辑运算、计时、计数、算术运算、数据处理和传送、通信联网以及各种应用指令。

（3）中型 PLC　中型 PLC 的输入/输出点数在 256 ~ 512 点之间，兼有开关量和模拟量输入输出，用户程序存储器容量一般为 2 ~ 8 KB。兼有开关量和模拟量输入/输出，I/O 的处理方式除了采用一般 PLC 通用的扫描处理方式外，还能在扫描用户程序的过程中，直接读输入，刷新输出。它可以连接各种特殊功能模块，它的控制功能和通信联网功能更强，指令系统更丰富，扫描速度更快，内存容量更大等。一般采用模块式结构形式。

（4）大型 PLC　大型 PLC 的输入/输出点数在 512 ~ 8192 点之间，用户程序存储器容量达 8 ~ 64 KB。控制功能更完善，自诊断功能强，通信联网功能强，有各种通信联网的模块，可以构成三级通信网，实现工厂生产管理自动化。大型 PLC 还可以采用三 CPU 构成表决式系统，使机器的可靠性更高。

（5）超大型 PLC　超大型 PLC 的输入/输出点数在 8192 点以上，用户程序存储器容量大于64 KB。目前已有 I/O 点数达 14336 点的超大型 PLC，使用 32 位微处理器，多 CPU 并行工作和大容量存储器，功能很强大，采用模块式结构。

2. 按结构形式分类

按 PLC 的结构形式分类，通常可分为整体式和模块式两种。

（1）整体式　将电源、CPU、存储器、I/O接口安装在同一机体内，具有结构紧凑、体积小、重量轻、价格低等优点。由于主机I/O点数固定，所以灵活性较差。一般小型PLC常采用这种结构。

（2）模块式　将PLC各部分分成若干个单独的模块，如电源模块、CPU模块、输入模块、输出模块等，这种结构的特点是硬件上具有较高的灵活性，装配方便，便于扩展。用户可根据需要选配不同模块组成一个系统，构成不同控制规模和功能的PLC，一般中型和大型PLC常采用这种结构。这种结构较复杂，造价较高。

3. 按实现的功能分类

按照PLC所能实现的功能的不同，可大致分为低档机、中档机、高档机三种。

（1）低档机　具有逻辑运算、定时、计数、移位、自诊断、监控等基本功能，低档机以逻辑运算为主，可实现逻辑、顺序、移位、计时、计数控制等。

（2）中档机　除具有低档机的功能外，还具有较强的模拟量输入/输出、算术运算、数据传送、比较、通信、子程序、远程I/O、中断处理等功能。可完成既有开关量又有模拟量控制的任务。可用于复杂的逻辑运算及闭环控制场合。

（3）高档机　具有更强的数字处理能力，除具有中档机的功能外，增设有带符号算术运算、位逻辑运算、矩阵运算、平方根运算以及函数、表格、CRT显示、打印等功能。高档机具有更强的通信联网功能，使运算能力更强，还具有模拟调节、联网通信、监视、记录和打印等功能，使PLC能进行智能控制、远程控制、可用于大规模过程控制系统，与其他计算机构成分布式生产过程综合控制管理系统，成为整个工厂的自动化网络。

5.6　PLC的控制情况

PLC广泛应用于石油、化工、钢铁、电力、建材、机械、汽车、轻纺、交通运输、环保及文化娱乐等各个行业，控制情况可归纳为过程控制、运动控制、开关量的逻辑控制、模拟量控制、数据处理、通信及联网等。

1. 过程控制

过程控制主要用于温度、压力、流量等模拟量的闭环控制。作为工业控制计算机，PLC能编制各种各样的控制程序，完成闭环控制。PID调节通常是闭环控制系统中用得较多的调节方法。大中型PLC都有PID模块，许多小型PLC也具有此功能模块。PID处理一般是运行专用的PID子程序。过程控制在石油、石化、冶金、热处理、锅炉控制等场合得到广泛的应用。

2. 运动控制

PLC可用于直线运动或圆周运动的控制。早期控制直接用于开关量I/O模块连接位置传感器和执行机构，现在通常采用专用的运动控制模块，可驱动步进电动机或伺服电动机的单轴或多轴位置控制模块。PLC厂家的产品几乎都有运动控制功能，广泛用于各种机械、机床、机器人、电梯等场合。

其他几种控制将在第10章论述。

5.7 PLC 的市场情况

1. PLC 市场规模

2006 年中国 PLC 市场规模为 44.3 亿元，到 2010 年中国 PLC 市场规模达到了 68.4 亿元，相比 2009 年 53.9 亿元的市场规模，同比增长 26.7%。2006 年～2010 年 PLC 市场规模的复合增长率为 9.08%。随着“十二五”提升装备自动化的提出，PLC 市场处于持续增长状态，到 2013 年市场规模达到 90 亿元。见表 5-1。

表 5-1 PLC 市场规模（资料来源：中机院机电市场研究所）

2006～2013（年）	市场规模（百万）	增 长 率
2006	4430	13.6%
2007	5000	12.9%
2008	5380	7.6%
2009	5392	0.2%
2010	6833	26.7%
2011	7822	14.5%
2012	8260	9.6%
2013	9025	9.3%

在未来五年内，中国 PLC 市场的综合年增长率预计将达到 14.1%。PLC 中国市场预期以 12.4% 的年复合增长率（CAGR）增长。

2. PLC 人才需求

企业迫切需要懂 PLC 应用的人才。从人才招聘市场来看，电气工程师是需求量较大的一个岗位，即便是刚入行，只要能进行 PLC 编程，就能较容易地找到工作；如果有一两年工作经验，并且有实际项目经验，找一个薪资高的工作也就变得很容易了。

5.8 PLC 的发展趋势

1. PLC 的扩展

随着 PLC 性价比的不断提高，其应用领域不断扩大。PLC 的应用范围已从传统的产业设备和机械的自动控制，扩展到具体应用领域如中小型过程控制系统、远程维护服务系统、节能监视控制系统，以及与生活相关联的机器、与环境关联的机器，而且有急速上升的趋势。尤其是随着 PLC 和 DCS 相互渗透，两者的界线日趋模糊，PLC 有从传统的应用于离散的制造业向连续的流程工业扩展的趋势。

2. PLC 的发展趋势

PLC 在工业自动化控制领域是一种很可靠、实用、耐用、高效、物美价廉的工具。随着计算机技术的不断发展，传感器的不断智能化，PLC 在今后的工业自动化控制领域将起到很有效的作用。

PLC 的未来发展不仅取决与产品本身的发展，还取决于 PLC 与其他控制系统和工厂管理设备的集成化。PLC 被集成到计算机集成制造系统（CIMS）中，把它的功能和资源与数控技术、机器人技术、CAD/CAM 技术、个人计算机系统、管理信息系统以及分层软件系统结合起来。

PLC 的新技术包括：更好的操作界面、图形用户界面、人机界面，设备与硬件和软件的接口，支持人工智能化等。软件进展将使 PLC 采用广泛使用的通信标准与不同设备连接。在工厂的未来自动化发展中，PLC 将占据重要的地位，控制策略将被智能地分布开来，而不是集中起来，超级 PLC 将在需要复杂运算、网络通信和对小型 PLC 和机器控制器的监控的应用中得到使用。

本章小结

本章主要叙述 PLC 的基础知识，包括定义、特点、基本组成、工作原理、性能指标和分类。最后对 PLC 的控制情况、市场情况和未来发展方向进行了概述。

综合练习题

一、判断题（正确打“√”，错误打“×”）

1. PLC 的基本组成包括硬件与软件两部分。（　　）
2. PLC 适用于开关量、模拟量和数字量的控制。（　　）
3. PLC 可用于多机群控制及自动化流水线控制。（　　）
4. PLC 在许多方面可以用软件编程来取代硬件接线。（　　）
5. PLC 只能作直线运动控制，不能作圆周运动的控制。（　　）
6. 可编程序控制器是专门为工业控制而设计的。（　　）
7. 按结构形式，PLC 通常可分为整体式和模块式两种。（　　）
8. PLC 的输入/输出（I/O）量有开关量和模拟量两种。（　　）
9. 在机床强电控制系统中，PLC 不能替代机床上的传统电器。（　　）
10. PLC 内部继电器的种类很多，而每种继电器点数不一样。（　　）
11. 过程控制主要用于温度、压力、流量等模拟量的闭环控制。（　　）
12. 按 PLC 功能的不同，大致可分为低档机、中档机、高档机三种。（　　）
13. PLC 集电控、电仪、电传为一体，成为自动化工程的核心设备。（　　）
14. PLC 的故障率很低，一旦出故障，多数属于 PLC 的内部故障。（　　）
15. 中央处理单元是 PLC 的核心部件，它控制着所有部件的操作。（　　）
16. PLC 及其控制系统是由继电接触系统和计算机控制系统发展而来的。（　　）
17. 同一台 PLC 只要改变软件即可实现控制不同的对象或不同的控制要求。（　　）
18. 存储器是 PLC 用来存放系统程序、用户程序、逻辑变量及运算数据的单元。（　　）
19. 系统存储器主要用于存放系统工作所必须的程序，这些程序与用户有直接关系。（　　）
20. PLC 采用循环扫描的工作方式，能在很大程度上减少软故障的发生。（　　）
21. PLC 在工业自动化控制领域是一种很可靠、实用、耐用、高效、物美价廉的工具。

(　　)

22. 编程器的作用是进行编辑、输入、检查、调试、修改用户程序，以及用来监视 PLC 的工作状态。(　　)

23. PLC 综合了计算机技术、自动控制技术和通信技术的新型工业自动控制装置。(　　)

24. 用户存储器是指使用者根据工程现场的生产过程和工艺要求编写的控制程序，是 PLC 应用于工业控制的一个重要环节。(　　)

二、填空题

1. PLC 的工作原理与________的工作原理基本上是一致的。

2. PLC 的软件主要是________程序和________程序两类。

3. 工业自动化控制包括机器人、________设计与分析、________技术三大技术。

4. PLC 的工作过程一般可分为三个阶段：________阶段、________阶段和________阶段。

5. PLC 的硬件有中央处理器（CPU）、存储器（RAM、ROM）、输入/输出（I/O）接口、________、________、电源和其他一些电路组成。

6. PLC 电源包括各工作单元供电的________电源和________电源。

7. PLC 实质上就是一种新型的________计算机，控制功能是通过软件编程来实现的。当生产工艺发生变化时，只需改变________的程序即可。

8. PLC 的基本组成与一般的计算机系统类似，是一种以________为核心的、用于控制的________计算机。

9. PLC 是按顺序进行扫描，即________、________地逐条扫描各指令，直到扫描到________指令。

10. PLC 常用的编程语言有梯形图语言、语句表语言、流程图语言及某些高级语言等，使用最多的是________语言和________语言。

11. PLC 的工作过程都是在________的统一指挥和协调下进行的，它的主要任务是在系统程序的控制下，完成________运算、________运算、协调系统内部各部分工作等。

三、简答题

1. PLC 的内部继电器有哪些？

2. PLC 具有哪些功能？

3. PLC 的新技术是什么？

4. 可编程序控制器的定义是什么？

5. PLC 微处理器的主要任务是什么？

6. PLC 的基本结构是什么？

7. PLC 的系统程序有哪三种类型？

8. PLC 的程序是用什么方式表达的？

9. PLC 的主要特点有哪些？

第6章　三菱FX系列PLC

6.1　FX系列PLC简介

PLC的种类和规格很多，不同厂家生产的PLC、大中小型PLC的结构功能不尽相同，但它们的基本结构与工作原理大体相同。三菱公司是PLC的主要生产厂家之一，先后推出的F_1、F_2、FX_2、FX_{1S}、FX_{2N}、FX_{2NC}等系列PLC都是小型整体式结构，重量轻，具有很强的抗干扰能力和负载能力及优良的性价比，在我国应用较广泛。FX系列PLC由基本单元、扩展单元和特殊单元组成。每台PLC都有基本单元，扩展单元可以增加I/O点数，使用特殊单元可以增加控制功能。

本章将介绍三菱FX_{0S}、FX_{1S}、FX_{0N}、FX_{1N}、FX_{2N}、FX_{2NC}等系列PLC的内部继电器、编号和性能等功能。图6-1是三菱FX_{2N}-64MR的主机外形及输入、输出端子编号。

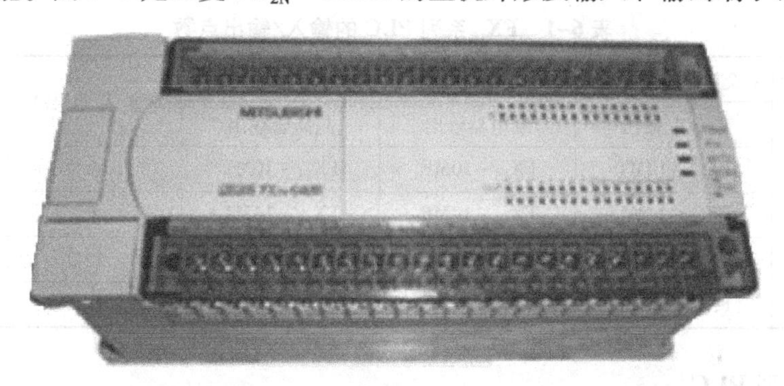

a)

⏚	●	COM	COM	X0	X2	X4	X6	X10	X12	X14	X16	X20	X22	X24	X26	X30	X32	X34	X36	●
L	N	●	24+	24+	X1	X3	X5	X7	X11	X13	X15	X17	X21	X23	X25	X27	X31	X33	X35	X37

b)

Y0	Y2	●	Y4	Y6	●	Y10	Y12	●	Y14	Y16	●	Y20	Y22	Y24	Y26	Y30	X32	X34	X36	COM6
COM1	Y1	Y3	COM2	Y5	Y7	COM3	Y11	Y13	COM4	Y15	Y17	COM5	Y21	Y23	Y25	Y27	Y31	Y33	Y35	Y37

c)

图6-1　三菱FX_{2N}-64MR

a）主机外形图　b）输入端子编号　c）输出端子编号

为了满足用户不同的控制要求，FX系列PLC有多种型号规格，其型号表示方法如下所示。

$$FX_{\square\square}-\square\square\square\square$$

①　②③④⑤

① 系列名，例如0S、1S、0N、1N、2N、2NC等。

② 输入/输出（I/O）点数。

③ 单元类型：M 为基本单元；E 为输入/输出混合扩展单元；EX 为扩展输入模块；EY 为扩展输出模块。

④ 输出方式：R 为继电器输出；S 为晶闸管输出；T 为晶体管输出。

⑤ 特殊品种：D 为 DC 电源，24 V 直流输出；E 为220/240 V 交流；A 为 AC 电源，AC（AC100～120 V）输入或 AC 输出模块；H 为大电流输出扩展模块；V 为立式端子排的扩展模块；C 为接插口输入/输出方式；F 为输入滤波时间常数为 1 ms 的扩展模块。

6.2 FX系列PLC的内部继电器

6.2.1 输入/输出点数

1. FX_{1S}系列PLC

FX_{1S}系列 PLC 是用于小规模系统的超小型 PLC，它只有 10～30 个 I/O 点，而且不能扩展，使用的电源有交流和直流电源两种。FX_{1S} PLC 的输入/输出点数见表 6-1。

表 6-1　FX_{1S}系列 PLC 的输入/输出点数

AC 电源，24 V 交流输入		DC 电源，24 V 直流输入		输入点数	输出点数
继电器输出	晶体管输出	继电器输出	晶体管输出		
X_{1S}-10MR	FX_{1S}-10MT	FX_{1S}-10MR	FX_{1S}-10MT	6	4
FX_{1S}-14MR	FX_{1S}-14MT	FX_{1S}-14MR	FX_{1S}-14MT	8	6
FX_{1S}-20MR	FX_{1S}-20MT	FX_{1S}-20MR	FX_{1S}-20MT	12	8
FX_{1S}-30MR	FX_{1S}-30MT	FX_{1S}-30MR	FX_{1S}-30MT	16	14

2. FX_{1N}系列PLC

FX_{1N}系列 PLC 是用于小规模系统的超小型 PLC，它最大可构成 I/O 点数为 128 点，能扩展，使用的电源有交流和直流电源两种。FX_{1N} PLC 的输入/输出点数见表 6-2。

表 6-2　FX_{1N}系列 PLC 输入/输出点数

类　型	AC 电源，24 V 交流输入		DC 电源，24 V 直流输入		输入点数	输出点数
	继电器输出	晶体管输出	继电器输出	晶体管输出		
基本单元	FX_{1N}-24MR	FX_{1N}-24MT	FX_{1N}-24MR	FX_{1N}-24MT	14	10
	FX_{1N}-40MR	FX_{1N}-40MT	FX_{1N}-40MR	FX_{1N}-40MT	24	16
	FX_{1N}-60MR	FX_{1N}-60MT	FX_{1N}-60MR	FX_{1N}-60MT	36	24
类　型	电源电压				输入点数	输出点数
扩展单元	FX_{0N}-40ER（AC 100～240 V）				24	16
扩展模块	FX_{0N}-8EX（无）				8	
	FX_{0N}-8EYR（无）					8
	FX_{0N}-8EYT（无）					8

3. FX_{2N}系列 PLC

FX_{2N}系列 PLC 是用于小规模系统的小型 PLC，是 FX 系列中功能最强、运行速度最快的机型，用户存储器容量可扩展到 16 KB，I/O 点数最大可扩展到 256 点。

FX_{2N}内设置有时钟、时钟数据比较、加减、读出/写入等指令，可用于时间控制。

FX_{2N}还有矩阵输入、10 键输入、16 键输入、数字开关、方向开关、7 段显示器扫描显示等方便指令。

FX_{2NC}的性能指标与 FX_{2N}基本相同，FX_{2NC}的基本单元 I/O 点为 16/32/64/96，所不同的是 FX_{2NC}采用插件式输入/输出，用扁平电缆连接，体积更小。

FX_{2N} PLC 的输入/输出点数见表 6-3。

表 6-3　FX_{2N}系列 PLC 输入/输出点数

型　号			输入点数	输出点数	扩展模块可用点数
继电器输出	晶体管输出	晶闸管输出			
FX_{2N}-16MR	FX_{2N}-16MT	FX_{2N}-16MS	X0~X7 8 点	Y0~Y7 8 点	24~32
FX_{2N}-32MR	FX_{2N}-32MT	FX_{2N}-32MS	X0~X17 16 点	Y0~Y17 16 点	24~32
FX_{2N}-48MR	FX_{2N}-48MT	FX_{2N}-48MS	X0~X27 24 点	Y0~Y27 24 点	48~64
FX_{2N}-64MR	FX_{2N}-64MT	FX_{2N}-64MS	X0~X37 32 点	Y0~Y37 32 点	48~64
FX_{2N}-80MR	FX_{2N}-80MT	FX_{2N}-80MS	X0~X47 40 点	Y0~Y47 40 点	48~64
FX_{2N}-128MR	FX_{2N}-128MT		X0~X77 64 点	Y0~Y77 64 点	48~64
带扩展：输入、输出合计 256 点			X0~X267 184 点	Y0~Y267 184 点	48~64

6.2.2 FX 系列 PLC 的性能

1. FX_{0S}、FX_{1S}系列 PLC 的性能

内置开关 RUN/STOP。

内置用于调整定时器设定时间的模拟电位器（其中 FX_{0S} 1 个、FX_{1S} 2 个），FX_{1S}系列 PLC 内设置有时钟功能，可进行时间控制，如果装上显示模块，还可进行时间显示与设定。

FX_{1S}系列 PLC 还可选用 FX_{1N}系列的各种功能扩展板，具有计算机通信功能。

FX_{0S}、FX_{1S}系列 PLC 的性能见表 6-4。

表 6-4　FX_{0S}、FX_{1S}系列 PLC 的性能

项　目	性　能	FX_{0S}	FX_{1S}
用户存储器	程序存储容量	800 步（E^2PROM）	2000 步（E^2PROM）
	可选存储器	FX_{1N}_E^2PROM_8L（2K）	
指令种类	基本指令	20	27
	步进指令	2	2
	功能指令	35 种 50 条	85 种 167 条
运算速度	基本指令	1.6~3.6 μs	0.55~0.7 μs
	功能指令	几十 μs~几百 μs	几十 μs~几百 μs

2. FX_{0N}、FX_{1N}系列 PLC 的性能

FX_{1N}可兼用 FX_{0N}所有特殊模块与外围设备，通过 RS-232C/422/485 接口与外部设备可

实现通信，装有 8 个选件板，通过模块可进行时间显示与设定。

FX_{0N}、FX_{1N}系列 PLC 的性能见表 6–5。

表 6–5　FX_{0N}、FX_{1N}系列 PLC 的性能

项　目	性　能	FX_{0N}	FX_{1N}
用户存储器	程序存储容量	2K 步（E^2PROM）	8K 步（E^2PROM）
	可选存储器	FX–E^2PROM–4（4K） FX–E^2PROM–8（8K） FX–EPROM–8（8K）	FX_{1N}–E^2PROM–8L
指令种类	基本指令	20	27
	步进指令	2	2
	功能指令	36 种 51 条	89 种 187 条
运算速度	基本指令	1.6 ~ 3.6 μs	0.55 ~ 0.7 μs
	功能指令	几十 μs ~ 几百 μs	几十 μs ~ 几百 μs

3. FX_{2N}、FX_{2NC}系列 PLC 的性能

FX_{2N}有多种模拟量输入/输出模块、位置控制模块、高速计数器模块、串行通信模块、脉冲输出模块或功能扩展板、模拟定时器扩展板等。使用这些特殊功能模块和功能扩展板，可以进行模拟量控制、位置控制和联网通信等功能。

FX_{2N}、FX_{2NC}系列 PLC 特殊功能模块说明见表 6–6。

表 6–6　FX_{2N}、FX_{2NC}系列 PLC 特殊功能模块

型　号	功 能 说 明
FX_{2N}–4AD	4 通道 12 位模拟量输入模块
FX_{2N}–4AD–PT	供 PT–100 温度传感器用的 4 通道 12 位模拟量输入
FX_{2N}–4AD–TC	供热电偶温度传感器用的 4 通道 12 位模拟量输入
FX_{2N}–4DA	4 通道 12 位模拟量输出模块
FX_{2N}–3A	2 通道输入、1 通道输出的 8 位模拟量模块
FX_{2N}–1HC	2 相 50 Hz 的 1 通道高速计数器
FX_{2N}–1PG	脉冲输出模块
FX_{2N}–10GM	有 4 点通用输入、6 点通用输出的 1 轴定位单元
FX–20GM 和 E–20GM	2 轴定位单元，内置 E^2PROM
FX_{2N}–1RM–SET	可编程凸轮控制单元
FX_{2N}–232–BD	RS–232C 通信用功能扩展板
FX_{2N}–232IF	RS–232C 通信用功能模块
FX_{2N}–422–BD	RS–422 通信用功能扩展板
FX–485PC–IF–SET	RS–232C/485 变换接口
FX_{2N}–485–BD	RS–485C 通信用功能扩展板
FX–16NP/NT	MELSECNET/MINI 接口模块
FX_{2N}–8AV–BD	模拟量设定功能扩展板

FX_{2N}有3000多点辅助继电器、1000点状态寄存器、200多点定时器、200点16位加计数器、35点32位加/减计数器、8000多点16位数据寄存器、128点跳步指针、15点中断指针。有128种功能指令，具有中断输入处理、修改输入滤波器常数、数学运算、浮点数运算、数据检索、数据排序、PID运算、开平方、三角函数运算、脉冲输出、脉宽调制、ASCⅡ码输出、串行数据传送、校验码、比较触点等功能指令。

6.2.3 输入/输出方式

1. 输入方式

PLC的输入方式按输入电路电流来分，有直流输入、交流输入、交流/直流输入方式三种。直流输入接口电路如图6-2所示，直流电源由PLC内部提供；交流输入接口电路如图6-3所示；交流/直流输入接口电路如图6-4所示。图6-2、图6-3、图6-4的输入信号经过光耦合器的隔离，提高了PLC的抗干扰能力。

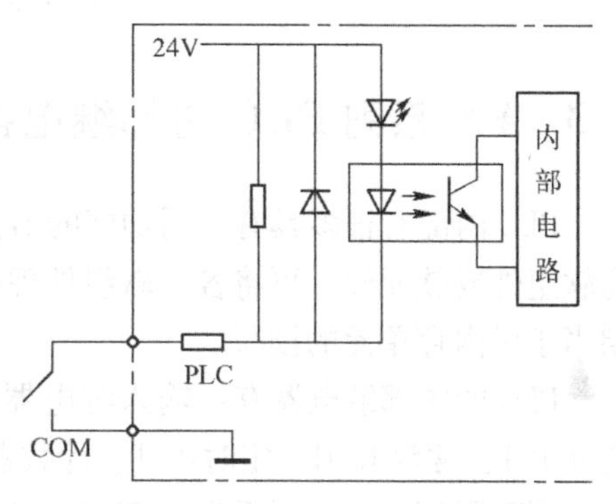

图6-2 直流输入接口电路

2. 输出方式

PLC的输出方式按负载使用的电源来分，有直流输出、交流输出和交直流输出三种方式。按输出开关器件的种类来分，有继电器、晶体管和晶闸管三种输出方式。继电器输出接口电路如图6-5所示，晶体管输出接口电路如图6-6所示。

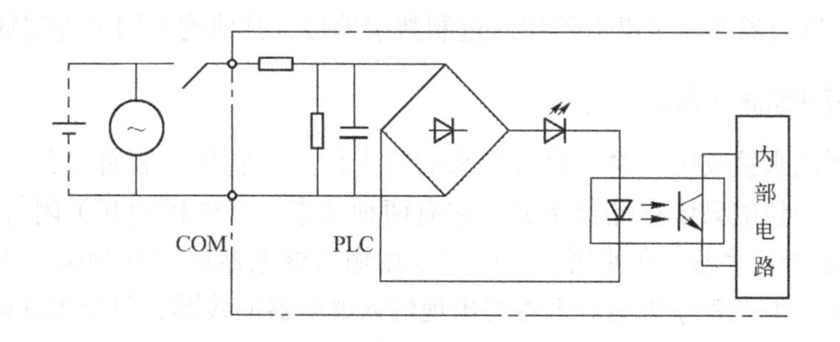

图6-3 交流输入接口电路

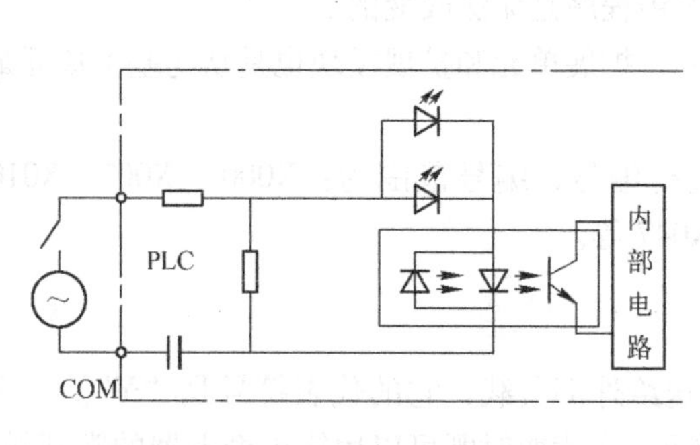

图6-4 交流/直流输入接口电路

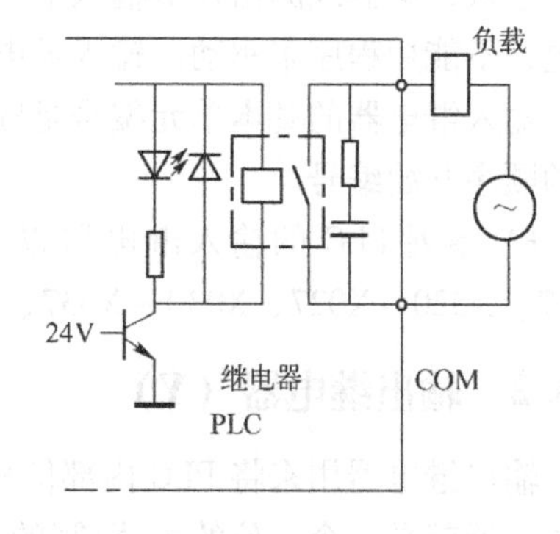

图6-5 继电器输出接口电路

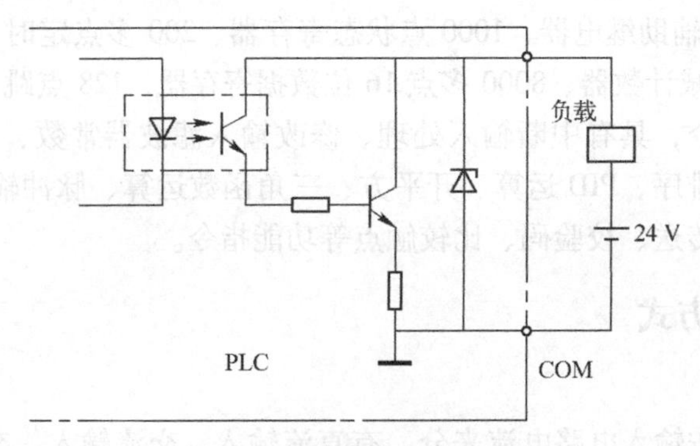

图 6-6　晶体管输出接口电路

6.3　FX 系列 PLC 内部继电器的编号及功能

PLC 内部有很多具有不同功能的器件，这些器件是由电子电路和存储器组成的，通常称为软组件或软元件。可将各个软组件理解为各个不同功能的内存单元，对这些单元的操作就相当于对内存单元的读写。

PLC 的内部继电器有：输入继电器 X、输出继电器 Y、辅助继电器 M、状态继电器 S、指针 P/I、常数 K/H、定时器 T、计数器 C、数据寄存器 D 和变址寄存器 V/Z。在使用 PLC 时，因不同厂家、不同系列的 PLC 的内部软继电器的功能和编号也不相同，所以用户在编制程序时，必须熟悉所选用 PLC 的内部继电器的功能和编号。内部继电器编号由字母和数字组成。

注意：输入继电器和输出继电器用八进制数字编号，其他均采用十进制数字编号。

6.3.1　输入继电器（X）

输入继电器用来接收用户输入设备发来的输入信号，它的代表符号是“X”。一个输入继电器就是一个一位的只读存储器单元，它有两种状态：当外接的开关闭合时为 ON 状态；当开关断开时为 OFF 状态。在使用中，既可以用输入继电器的常开触头，也可以用输入继电器的常闭触头。但在程序中绝对不可能出现输入继电器的线圈，只能出现输入继电器的触头。每个输入继电器的常开与常闭触头可以反复使用，使用次数不受限制。

输入继电器线圈由外部输入信号来驱动，只有当外部信号接通时，对应的输入继电器才得电，不能用程序来驱动。输入继电器的状态用程序是无法改变的。

输入继电器的基本单元编号是固定不变的，扩展单元和扩展模块也是从与基本单元最靠近的顺序开始编号。

FX 系列 PLC 的输入继电器以八进制进行编号，编号范围为：X000 ~ X007、X010 ~ X017、X020 ~ X027、X030 ~ X037、X040 ~ X047 等。

6.3.2　输出继电器（Y）

输出继电器用来将 PLC 内部信号输出传送给外部负载，它的代表符号是“Y”。一个输出继电器就是一个一位的可读/写的存储器单元，在读取时既可以用输出继电器的常开触头，也可以用输出继电器的常闭触头，可以无限次读取和写入，其断开或闭合受到程序的控制。

每个输出继电器，不管是常开还是常闭触头都可以反复使用，使用次数不受限制。

输出继电器线圈由 PLC 内部程序来驱动，其线圈状态传送给输出单元，再由输出单元对应的硬接点来驱动外部负载。

输出继电器与输入继电器一样，基本单元的输出继电器编号也是固定的，扩展单元和扩展模块的编号还是按与基本单元最靠近的顺序开始编号。

FX 系列 PLC 的输出继电器以八进制进行编号，编号范围为：Y000 ~ Y007、Y010 ~ Y017、Y020 ~ Y027、Y030 ~ Y037、Y040 ~ Y047 等。

6.3.3 辅助继电器（M）

辅助继电器是 PLC 中数量最多的一种继电器，它的代表符号是“M”，其作用相当于继电器控制系统中的中间继电器，可以由其他各种软组件驱动，也可以驱动其他软组件。辅助继电器有常开和常闭两种触头，只有 ON 和 OFF 两种状态，触头的使用和输入继电器类似，在 ON 状态下，常开触头闭合，常闭触头断开；在 OFF 状态下，常开触头断开，常闭触头闭合。

辅助继电器没有输出触头，线圈由程序指令驱动，每个辅助继电器都有无限多对常开、常闭触头，触头不能直接驱动外部负载，外部负载只能由输出继电器驱动。

FX 系列 PLC 的辅助继电器有通用辅助继电器、保持辅助继电器和特殊辅助继电器三种。

1. 通用辅助继电器编号（按十进制编号）

通用辅助继电器在通电之后，全部处于 OFF 状态。无论程序是如何编制的，一旦断电，再次通电之后，辅助继电器都处于 OFF 状态。

部分 FX 系列 PLC 通用辅助继电器编号见表 6-7。

表 6-7　部分 FX 系列 PLC 通用辅助继电器编号

FX_{0S}	FX_{1S}	FX_{0N}	FX_{1N}	FX_{2N}（FX_{2NC}）
M0 ~ M495	M0 ~ M383	M0 ~ M383	M0 ~ M383	M0 ~ M499

2. 保持辅助继电器编号

保持用辅助继电器，当 PLC 断电后，这些继电器会保持断电之前的瞬间状态的功能，再次通电之后能保持断电前的状态。其他特性与通用辅助继电器完全一样。

部分 FX 系列 PLC 保持辅助继电器编号见表 6-8。

表 6-8　部分 FX 系列 PLC 保持辅助继电器编号

FX_{0S}	FX_{1S}	FX_{0N}	FX_{1N}	FX_{2N}（FX_{2NC}）
M496 ~ M511	M384 ~ M511	M384 ~ M511	M384 ~ M1535	M500 ~ M3071

3. 特殊辅助继电器（M8000 ~ M8255）

特殊辅助继电器是具有某项特定功能的辅助继电器，这种特殊功能辅助继电器可分为两大类，即触头型和线圈型。

触头型特殊辅助继电器是反映 PLC 的工作状态或 PLC 为用户提供常用功能的器件，这些器件用户只能利用其触头，线圈由 PLC 自动驱动。

线圈型特殊辅助继电器是可控制的特殊功能辅助继电器，线圈由用户控制，当线圈得电后，驱动这些继电器，PLC 可作出一些特定的动作。

如：M8034 = ON 时，禁止所有输出。

M8030 = ON 时，熄灭电池欠电压指示灯。

M8050 = ON 时，禁止 IOXX 中断。

注意：在 FX 系列中，不同型号 PLC 的特殊辅助继电器的数量是有差别的，在 256 个特殊辅助继电器中，PLC 未定义的不要在用户程序中使用。

6.3.4 状态器（S）

状态（组件）器对在步进顺控类的控制程序中起着重要的作用，共分为 5 种，前 4 种状态器要与步进指令 STL 配合使用，第 5 种状态组件专为报警指示所编程序的错误设置。当不用步进顺控指令时，可以作为辅助继电器 KM 在程序中使用。

状态组件有初始用状态器、返回原点用状态器（FX_{2N}）、普通状态器、保持状态器、报警用状态器（FX_{2N}）。

部分 FX 系列 PLC 状态组件编号见表 6-9。

表 6-9 部分 FX 系列 PLC 状态组件编号

	FX_{0S}	FX_{1S}	FX_{0N}	FX_{1N}	FX_{2N}（FX_{2NC}）
初始用	S0 ~ S9	S0 ~ S9	S0 ~ S9	S0 ~ S9	S0 ~ S9
返回原点用					S10 ~ S19
普通	S0 ~ S63	S10 ~ S127	S10 ~ S127	S10 ~ S999	S20 ~ S499
保持		S0 ~ S127	S0 ~ S127	S0 ~ S999	S500 ~ S899
报警					S900 ~ S999

6.3.5 定时器（T）

定时器在 PLC 中的作用，相当于电气系统中的通电延时时间继电器。定时器中有一个设定值寄存器（一个字长）、一个当前值寄存器（一个字长）和一个用来存储其输出触头的映像寄存器（一个二进制位），这三个量使用同一地址编号。但使用场合不一样，意义也不同。定时器可提供无数对的常开、常闭延时触头供编程用。通常 PLC 中有几十至数百个定时器。

定时器是根据时钟脉冲累积计数而达到定时的目的。时钟脉冲有 1 ms、10 ms、100 ms 三种，当所计数达到规定值时，输出触头动作。定时器设规定值可用常数 K 作为设定值，也可以用数据寄存器 D 的内容作为设定值。

定时器按特性的不同可分为通用定时器和积算定时器。

1. 通用定时器

通用定时器没有断电保持功能，即当输入电路断开或停电时定时器复位。通用定时器有 100 ms 和 10 ms 两种。

部分 FX 系列 PLC 通用定时器编号见表 6-10。

表 6-10 部分 FX 系列 PLC 通用定时器编号

	FX_{0S}	FX_{1S}	FX_{0N}	FX_{1N}	FX_{2N}（FX_{2NC}）
100 ms	T0 ~ T49	T0 ~ T31	T0 ~ T62	T0 ~ T199	T0 ~ T199
10 ms	T24 ~ T49	T32 ~ T62	T32 ~ T62	T200 ~ T245	T200 ~ T245
1 ms			T63		

这里使用的数据寄存器应有断电保持功能。定时器的元件编号见表 6-10 中 FX_{1N}、FX_{2N}、FX_{2NC}，设定值和动作叙述如下。

100 ms 定时器：T0 ~ T199 共 200 点，每个定时器设定值范围为 0. 1 ~3276. 7 s。

10 ms 定时器：T200 ~ T245 共 46 点，定时范围为 0. 01 ~327. 67 s。

图 6-7 是定时器的工作原理图。当驱动输入 X000 接通时，定时器 T200 的当前值计数器对 10 ms 时钟脉冲进行累积计数，当设定值 K123 与该值相等时，定时器的输出触头接通，即输出触头是在驱动线圈后的 123 ×0. 01 s 时动作。当输入 X000 断开或发生断电时，计数器复位，输出触头也复位。定时器的工作过程如图 6-8 所示。

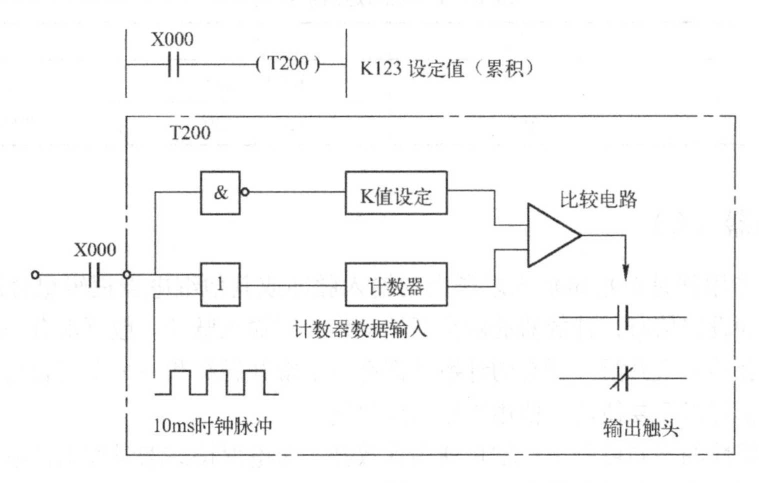

图 6-7　定时器的工作原理图

2. 积算定时器

积算定时器具有计数累积的功能。在定时过程中，若断电或定时器线圈 OFF，积算定时器将会保持当前的计数值，在通电或定时器线圈 ON 后会继续累积，使其当前值具有保持功能。积算定时器有两种：1 ms 积算定时器和 100 ms 积算定时器。这两种定时器除了定时分辨率不同外，在使用上也有区别。只有将积算定时器复位，当前值才变为 0。积算定时器应用如图 6-9 所示。

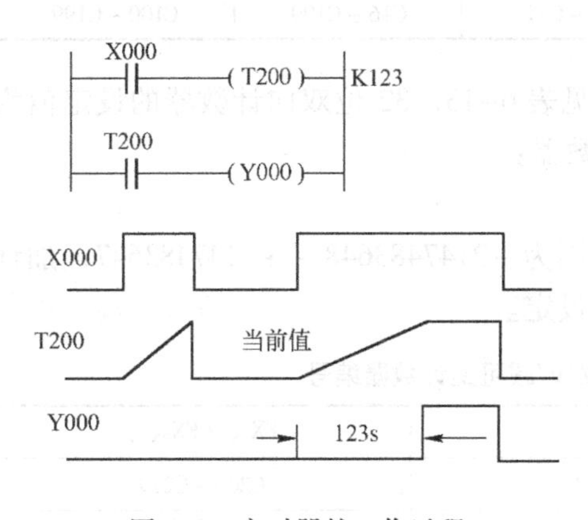

图 6-8　定时器的工作过程

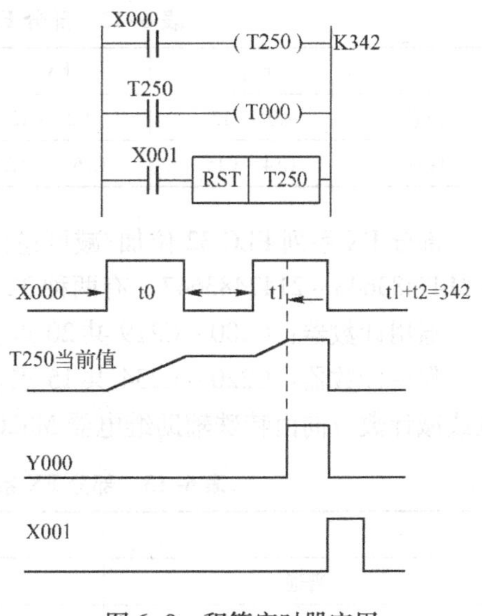

图 6-9　积算定时器应用

(1) 1 ms 积算定时器　有 4 个 1 ms 积算定时器，地址为 T246 ~ T249。对 1 ms 时钟脉冲进行累积计数，定时范围为 0. 001 ~ 32767 s。1 ms 积算定时器可以在子程序或中断中使用。

(2) 100 ms 积算定时器　100 ms 积算定时器共有 6 个，地址为 T250 ~ T255。对 100 ms 时钟脉冲进行累积计数，定时范围为 0. 1 ~ 3276. 7 s，100 ms 积算定时器除了不能在中断或子程序中使用和定时分辨率为 0. 1 s 外，其余特性与 1 ms 积算定时器一样。

FX_{1S}、FX_{1N}、FX_{2N} 积算定时器编号见表 6-11。

表 6-11　积算定时器编号

	FX_{1S}	FX_{1N}	FX_{2N}
100 ms		T250 ~ T255	T250 ~ T255
1 ms	T63	T246 ~ T249	T246 ~ T249

6. 3. 6　计数器（C）

计数器的作用就是对指定输入端子上的输入脉冲或其他继电器逻辑组合的脉冲进行计数。实现计数的设定值时，计数器的触头开始动作。对输入脉冲一般要求有一定的宽度。计数发生在输入脉冲的上升沿。所有的计数器都有一个常开触头和一个常闭触头。不管是常开还是常闭触头都可以反复使用，使用次数不受限制。

计数器按特性的不同可分为：增量通用计数器、断电保持式增量通用计数器、通用双向计数器、断电保持式双向计数器和高速计数器。

部分 FX 系列 PLC 16 位加计数器编号见表 6-12，16 位加计数器的设定值为 1 ~ 32767。有两种 16 位加/减计数器：

通用型：C0 ~ C99 共 100 点；

断电保持型：C100 ~ C199 共 100 点。其设定值 K 在 1 ~ 32767 之间。

表 6-12　部分 FX 系列 PLC 16 位增计数器编号

	FX_{0S}	FX_{1S}	FX_{0N}	FX_{1N}	FX_{2N}（FX_{2NC}）
普通	C0 ~ C13	C0 ~ C15	C0 ~ C15	C0 ~ – C15	C0 ~ C99
保持	C14 ~ C15	C16 ~ – C31	C16 ~ C31	C16 ~ C199	C100 ~ C199

部分 FX 系列 PLC 32 位加/减可逆计数器编号见表 6-13。32 位双向计数器的设定值为 – 2147483648 ~ 2147483647。有两种 32 位加/减计数器：

通用计数器：C200 ~ C219 共 20 点。

保持计数器：C220 ~ C234 共 15 点。设定值范围为 – 2147483648 ~ + 2147483647，加计数或减计数方向由特殊辅助继电器 M8200 ~ M8234 设定。

表 6-13　部分 FX 系列 PLC 32 位加/减可逆计数器编号

	FX_{1N}	FX_{2N}（FX_{2NC}）
普通	C200 ~ C219	C200 ~ C219
保持	C220 ~ C234	C220 ~ C234

计数器的动作过程叙述如下。

1. 加计数器

图 6-10 所示为加计数器的动作过程。X011 为计数输入，X011 每接通一次，当前值加 1。当计数器的当前值输入达到第 10 次时，C0 的输出触头接通。之后即使输入 X011 再接通，计数器的当前值也保持不变。当复位输入 X010 接通，计数器当前值为 0，输出触头 C0 断开。

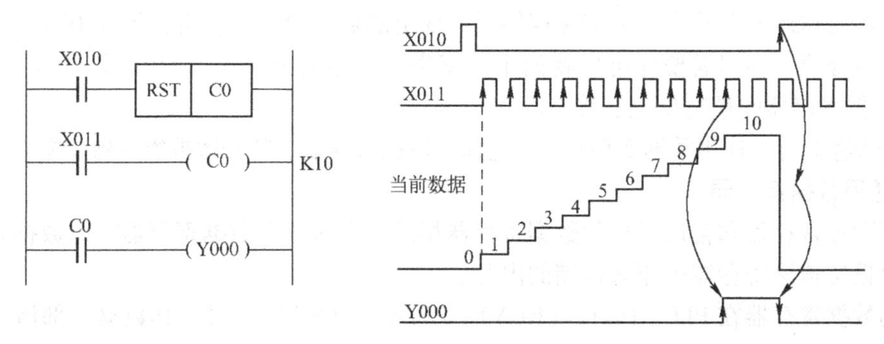

图 6-10　加计数器的动作过程

2. 加/减计数器

图 6-11 表示加/减计数器的动作过程。用 X014 作为计数输入，驱动 C200 线圈进行加计数或减计数。

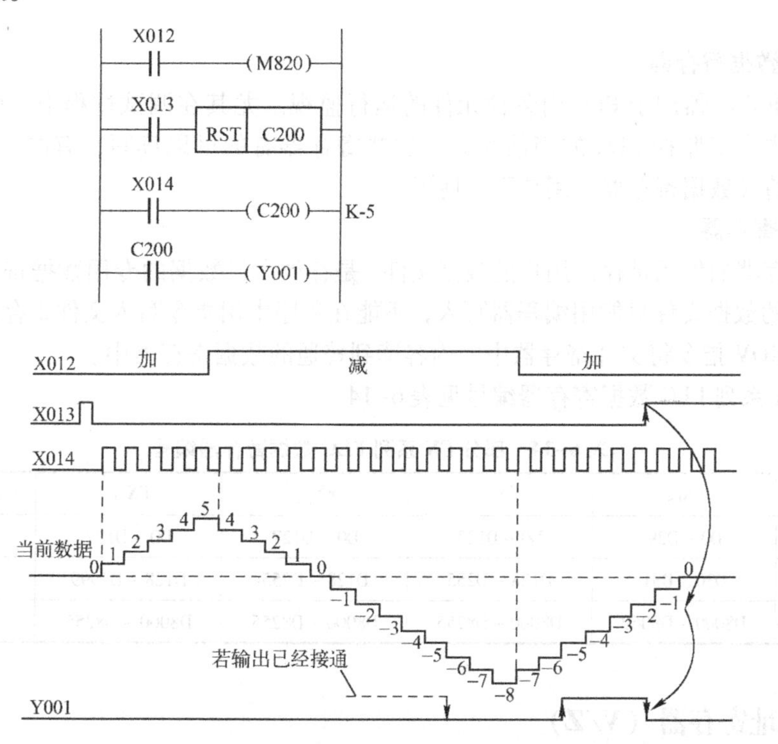

图 6-11　加/减计数器的动作过程

当计数器的当前值由 -6 变为 -5（增加）时，其触头接通（置 1）；由 -5 变为 -6（减少）时，其触头断开（置 0）。

当前值的加减与输出触头的动作无关。当从2147483647起再进行加计数时，当前值就成为-2147483648。同样从-2147483648起进行减计数，当前值就成为2147483647（该动作称为循环计数）。当复位输入X013接通，计数器的当前值为0，输出触头复位。

6.3.7 数据寄存器（D）

PLC在进行输入/输出处理、模拟量控制、位置控制时，需要许多数据寄存器和参数。数据寄存器的作用是存储中间数据和存储需要变更的数据等。数据寄存器为16位二进制数，最高位为符号位。根据需要还可以将两个数据寄存器组合成一个32位字长的数据寄存器。32位的数据寄存器的最高位也是符号位。

数据寄存器有：通用数据寄存器、断电保持数据寄存器、特殊数据寄存器、文件寄存器。

1. 通用数据寄存器

通用数据寄存器和普通微机的数据寄存器相同，当对一个数据寄存器写入数据时，用后写入的数据覆盖该寄存器中原来存储的内容。

通用数据寄存器在PLC由运行（RUN）变为停止（STOP）时，其数据全部清零。若将特殊继电器M8033置1，则PLC由运行变为停止时，数据可以保持。

2. 断电保持数据寄存器

断电保持数据寄存器的所有特性都与通用数据寄存器完全相同，断电保持数据寄存器只要不改写，原有数据就不会丢失，无论PLC运行与否，电源接通与否，都不会改变寄存器的内容。

3. 特殊数据寄存器

特殊数据寄存器用于PLC内各种元件的运行监视。尤其在调试过程中，可通过读取这些寄存器的内容来监控PLC的当前状态。这些寄存器有的可以读写，有的只能读不能写。未加定义的特殊数据寄存器，用户不能使用。

4. 文件寄存器

文件寄存器的作用是存储用户的数据文件，是存放大量数据的专用数据寄存器。PLC运行时，用户的数据文件只能用编程器写入，不能在程序中用指令写入文件寄存器。但可以在程序中用BMOV指令将文件寄存器中的内容读到普通的数据寄存器中。

部分FX系列PLC数据寄存器编号见表6-14。

表6-14 部分FX系列PLC数据寄存器编号

	FX_{0S}	FX_{1S}	FX_{0N}	FX_{1N}	FX_{2N}（FX_{2NC}）
16位普通	D0~D29	D0~D127	D0~D127	D0~D127	D0~D199
16位保持	D30、D31	D128~D255	D128~D255	D128~D7999	D200~D7999
16位特殊	D8000~D8069	D8000~D8255	D8000~D8255	D8000~D8255	D8000~D8195

6.3.8 变址寄存器（V/Z）

变址寄存器实际上是一种特殊用途的数据寄存器，其作用相当于微机中的变址寄存器，用于改变元件的编号（变址）。

V、Z都是16位的数据寄存器，与其他寄存器一样读写。需要32位操作时，可将V、Z

串联使用（Z 为低位，V 为高位）。

部分 FX 系列 PLC 变址寄存器编号见表 6-15。

表 6-15　部分 FX 系列 PLC 变址寄存器编号

FX_{0S}	FX_{1S}	FX_{0N}	FX_{1N}	FX_{2N}（FX_{2NC}）
V	V0 ~ V7	V	V0 ~ V7	V0 ~ V7
Z	Z0 ~ Z7	Z	Z0 ~ Z7	Z0 ~ Z7

6.3.9　常数（K/H）

常数也可作为元件处理，它在存储器中占有一定的空间。PLC 最常用的有两种常数：一种是以 K 表示的十进制数，另一种是以 H 表示的十六进制数。如 K23 表示十进制的 23；H64 表示十六进制的 64。

6.3.10　指针（P/I）

FX 系列 PLC 的指令中允许使用两种标号：一种为 P 标号，用于子程序调用或跳转；另一种为 I 标号，专用于中断服务程序的入口地址。

P 标号有 64 个，用在跳转指令中，使用格式：CJP0 ~ CJP63。从 P0 到 P63，不能随意指定，P63 相当于 END。

I 标号有 9 个：对应的外部中断信号的输入口为：X000 ~ X005，共 6 个；内部中断的 I 指针格式共 3 个，设定时间为 10 ~ 99 ms，每隔设定时间就会中断一次。

部分 FX 系列 PLC 指针编号见表 6-16。

表 6-16　部分 FX 系列 PLC 指针编号

	FX_{0S}	FX_{1S}	FX_{0N}	FX_{1N}	FX_{2N}（FX_{2NC}）
嵌套	N0 ~ N7	N0 ~ N7	N0 ~ N7	N0 ~ N7	N0 ~ N7
跳转用	P0 ~ P63	P0 ~ P63	P0 ~ P63	P0 ~ P127	P0 ~ P127

本章小结

本章介绍了三菱 FX_{0S}、FX_{1S}、FX_{0N}、FX_{1N}、FX_{2N} 等系列 PLC 的内部继电器、编号和性能，并以 FX_{2N} 机型为例，详细介绍 PLC 硬件结构、主要模块性能及工作原理。

不同厂家、不同系列的 PLC，其内部软继电器（编程元件）的功能和编号也不相同。因此在使用 PLC 时，必须熟练掌握所选用 PLC 的编程元件的功能、编号、使用方法及注意事项。FX_{2N} 系列 PLC 的等效编程元件包括输入继电器 X、输出继电器 Y、定时器 T、计数器 C、辅助继电器 M、状态继电器 S、数据寄存器 D、变址寄存器 V/Z、指针 P/I、常数 K/H 等。

FX_{2N} 系列 PLC 的技术指标包括一般技术指标、电源技术指标、输入技术指标、输出技术指标和性能技术指标等。其硬件配置包括基本单元、扩展单元、扩展模块、模拟量输入/输出模块、各种特殊功能模块及外部设备等。

综合练习题

一、判断题（正确打“√”，错误打“×”）

1. 变址寄存器用于改变元件的编号。(　　)

2. FX 系列 PLC 的输入继电器以十进制进行编号。(　　)

3. FX 系列 PLC 的输出继电器以八进制进行编号。(　　)

4. 通用辅助继电器在通电之后，全部处于 OFF 状态。(　　)

5. 特殊数据寄存器用于 PLC 内各种元件的运行监视。(　　)

6. 辅助继电器有通用、保持、特殊三种。(　　)

7. 不同 PLC 内每种触头有自己特定的号码标记，以示区别。(　　)

8. PLC 是按循环扫描方式，沿梯形图的先后顺序执行程序的。(　　)

9. 输出继电器是用来将 PLC 内部信号输出传送给外部负载。(　　)

10. 输入继电器是 PLC 用来接收用户输入设备发来的输入信号。(　　)

11. 定时器按特性的不同可分为通用定时器、积算定时器两种。(　　)

12. 数据寄存器的作用是存储中间数据和存储需要变更的数据等。(　　)

13. 定时器在 PLC 中的作用，相当于电气系统中的通电延时时间继电器。(　　)

14. 数据寄存器写入数据时，后写入的数据将覆盖掉原来存储的内容。(　　)

15. 每个输入继电器的常开与常闭触头可以反复使用，使用次数不受限制。(　　)

16. 按输出开关器件的种类来分，有继电器、晶体管和晶闸管三种输出方式。(　　)

17. 在程序中绝对不可能出现输入继电器的线圈，只能出现输入继电器的触头。(　　)

18. 输入继电器和输出继电器用十进制数字编号，其他采用八进制数字编号。(　　)

19. 按 PLC 的输入电路电流来分有直流输入、交流输入、交直流输入方式三种。(　　)

20. 输入继电器用于接收外部的输入信号，不能由 PLC 内部其他继电器的触头来驱动。(　　)

21. RST 指令可用于将定时器、计数器、数据寄存器、变址寄存器、移位寄存器中所有位的信息清零。(　　)

22. 所有的计数器都有一个常开触头和一个常闭触头，不管是常开还是常闭触头都不能反复使用。(　　)

23. 计数器的作用，就是对指定输入端子上的输入脉冲或其他继电器逻辑组合的脉冲进行计数。(　　)

二、填空题

1. PLC 的内部继电器编号由________和________组成。

2. PLC 输入继电器和输出继电器用________进制数字编号，其他均采用________进制数字编号。

3. 数据寄存器有________、________数据寄存器、________寄存器和文件寄存器。

4. 每个输出继电器，不管是常开还是常闭触头都可以________使用，使用次数________限制。

5. 定时器设规定值可用常数________作为设定值，也可以用________的内容作为设定值。

6. 按 PLC 的输出负载使用电源来分，有________输出、________输出和________输出三种方式。

7. PLC 内部有很多具有不同功能的器件，这些器件是由电子电路和存储器组成的，通常称为________件。

8. 输出继电器线圈是由________来驱动，其线圈状态传送给输出单元，再由输出单元对应的硬触头来驱动________负载。

9. 输入继电器线圈由________信号来驱动，只有当外部信号接通时，对应的输入继电器才得电，不能用________驱动。

10. 触头和线圈的常规位置是：触头应画在________线上，不能画在________分支线上。

11. 当梯形图中的输出继电器线圈得电时，就有信号输出，但不是直接驱动输出设备，而要通过输出接口的________，由________或________才能实现。

12. 辅助继电器没有输出触头，线圈由________驱动，每个辅助继电器都有无限多对常开、常闭触头，________不能直接驱动外部负载，外部负载只能由________驱动。

13. 定时器是根据时钟脉冲累积计数而达到定时的目的，时钟脉冲有________ms、________ms、________ms 三种。

14. 计数器有________计数器、________计数器、________计数器、________计数器和________计数器五种。

三、简答题

1. 为什么电气原理图输入信号的常闭触头在连接 PLC 面板输入端子时要改成常开触头？
2. 简述 FX_{2N}PLC 性能。
3. 简述 FX_{2N}PLC 系列特殊功能模块。
4. PLC 的内部继电器有哪些？
5. PLC 软组件的含义是什么？

第7章　三菱 FX_{2N} 系列 PLC 的基本指令及编程

7.1　PLC 编程语言概述

PLC 常用编程语言有梯形图语言、助记符（语句表编程）语言、逻辑功能图语言、高级语言等。本章主要讲述梯形图语言和助记符语言。

1. 梯形图编程语言

梯形图沿续了继电器控制电路的形式，它是在电路控制系统中常用的继电器、接触器逻辑控制基础上简化了符号演变而来的，比较形象、直观、实用。

梯形图的设计应注意以下几点。

1）梯形图中每个梯级流过的不是物理电流，而是“概念电流”，从左流向右，其两端没有电源。这个“概念电流”只是形象地描述用户程序执行中应满足线圈接通的条件。

2）梯形图中的触头只有常开和常闭触头，通常是 PLC 内部继电器触头或内部寄存器、计数器等的状态。不同 PLC 内每种触头有自己特定的号码标记，以示区别。

3）梯形图按从左到右、从上到下的顺序排列。每一逻辑行起始于左母线，然后是触头的串、并联，最后是线圈与右母线相连。最左边的竖线称为起始母线（也叫作左母线），最后以继电器线圈结束。

4）输入继电器用于接收外部的输入信号，而不能由 PLC 内部其他继电器的触头来驱动。因此梯形图中只出现输入继电器的触头，而不出现其线圈。输出继电器输出程序执行结果给外部输出设备。

5）梯形图中的继电器线圈，如输出继电器、辅助继电器线圈等，它的逻辑动作只有线圈接通以后才能使对应的常开或常闭触头动作。

6）梯形图中的触头可以任意串联或并联，但继电器线圈只允许并联而不能串联。

7）当梯形图中的输出继电器线圈得电时，就有信号输出，但不是直接驱动输出设备，而要通过输出接口的继电器，由晶体管或晶闸管实现。

8）PLC 是按循环扫描方式沿梯形图的先后顺序执行程序的，对同一扫描周期中的结果，保留在输出状态寄存器中，所以输出点的值在用户程序中可当作条件使用。

9）程序结束时，一般要有结束标志 END。

2. 助记符编程语言

助记符语言表示一种与计算机汇编语言相类似的助记符编程方式，但比汇编语言直观，编程简单，比汇编语言易懂易学。要将梯形图语言转换成助记符语言，必须先弄清楚所用 PLC 的型号及内部各种器件的标号，使用范围及每条助记符的使用方法。一条指令语句是由步序、指令语和作用器件编号三部分组成。

3. 逻辑功能图

逻辑功能图也是 PLC 的一种编程语言。这种编程方式采用半导体逻辑电路的逻辑框图来表达。框图的左边画输入，右边画输出。控制逻辑常用“与”“或”“非”三种逻辑功能来表达。

4. 高级语言

对大型 PLC 设备，为了完成比较复杂的控制，有时采用 BASIC 等计算机高级语言，使 PLC 的功能更强大。

不同厂家和类型的 PLC 的梯形图、指令系统和使用符号有些差异，但编程的基本原理和方法是相同或相似的。只要掌握了一种型号 PLC 的编程语言和方法，其他类型 PLC 的编程语言和方法就容易掌握了。

7.2 FX_{2N}系列 PLC 的技术特点

1）FX_{2N}系列 PLC 采用一体化箱体结构，其基本单元将 CPU、存储器、输入/输出接口及电源等都集成在一个模块内，结构紧凑，体积小巧，成本低，安装方便。

2）FX_{2N}是 FX 系列中功能最强、运行速度最快的 PLC。FX_{2N}的基本指令执行时间高达 0.08 μs，比 FX_2 大 4 倍，超过了许多大中型 PLC。

3）FX_{2N}的用户存储器容量可扩展到 16 K；I/O 点数最大可扩展到 256 点；FX_{2N}内装时钟，有时钟数据的比较、加减、读出/写入指令，可用于时间控制。

4）FX_{2N}有多种特殊功能模块，如模拟量输入/输出模块、高速计数器模块、脉冲输出模块、位置控制模块、RS-232C/RS-422/RS-485 串行通信模块或功能扩展板、模拟定时器扩展板等，使用这些特殊功能模块和功能扩展板，可以实现模拟量控制、位置控制和联网通信等功能。

5）FX_{2N}有 3000 多点辅助继电器、1000 点状态继电器、200 多点定时器、200 点 16 位加计数器、35 点 32 位加/减计数器、8000 多点 16 位数据寄存器、128 点跳步指针、15 点中断指针。

6）FX_{2N}具有中断输入处理、修改输入滤波器常数、数学运算、浮点数运算、数据检索、数据排序、PID 运算、开平方、三角函数运算、脉冲输出、脉宽调制、ACL 码输出、串行数据传送、校验码、比较触点等功能指令。

7）FX_{2N}还有矩阵输入、10 键输入、16 键输入、数字开关、方向开关、7 段显示器扫描显示等方便指令。

8）FX_{2NC}的性能指标与 FX_{2N}基本相同，FX_{2NC}的基本单元的 I/O 点为 16/32/64/96，所不同的是 FX_{2NC}采用插件式输入/输出，用扁平电缆连接，体积更小。

7.3 FX_{2N}系列 PLC 的基本指令

FX 系列 PLC 产品很多，本节以 FX_{2N}机型为例，介绍 FX 系列 PLC 的指令系统。

FX_{2N}系列 PLC 提供了基本指令 27 条、步进指令 2 条和应用指令 128 种 298 条。基本指令用于触头的逻辑运算、输入/输出操作、定时及计数等。这些指令可以从编程器上用与其助记符相对应的键输入。使用基本逻辑指令便可以编制出开关量控制系统的用户程序。

7.3.1 LD、LDI、OUT 指令

1. 指令用法

（1）LD（Load） 取指令。表示第一个常开触头与母线连接指令。即以常开触头开始一

逻辑运算的指令，如图 7-1 所示梯形图中的 X000 常开触头。在分支处也可使用。

（2）LDI（Load Inverse） 取反指令。表示第一个常闭触头与母线连接指令。即以常闭触头开始一逻辑运算的指令，如图 7-1 中的 X001 常闭触点。在分支处也可使用。

（3）OUT（Out） 线圈驱动指令。用于将逻辑运算的结果驱动一个指定的线圈，也叫作输出指令。

2. 指令说明

1）LD 和 LDI 两条指令用于触头与母线相连。在分支开始处，这两条指令作为分支的起点指令，也可以与 ANB 指令、ORB 指令配合使用。操作目标元件是 X、Y、M、T、C、S。

2）OUT 指令用于将运算结果驱动输出继电器、辅助继电器、定时器、计数器、状态继电器和功能指令的线圈，但是不能用来驱动输入继电器。操作目标元件是 Y、M、T、C、S 和功能指令线圈 F。

3）OUT 指令可以并行输出，在梯形图中相当于线圈是并联的。注意：输出线圈不能串联使用。

4）当 OUT 指令的目标元件是定时器 T 和计数器 C 时，必须设置常数 K 值紧跟，K 分别表示定时器的定时时间或计数器的计数次数，时间常数 K 的设定要占用一步，如图 7-2 中 T1 的时间常数设置为 K10。

5）OUT 是多程序步指令，要视目标元件而定。OUT 指令可以连续使用多次。

LD、LDI、OUT 指令的使用方法如图 7-1、图 7-2 所示。

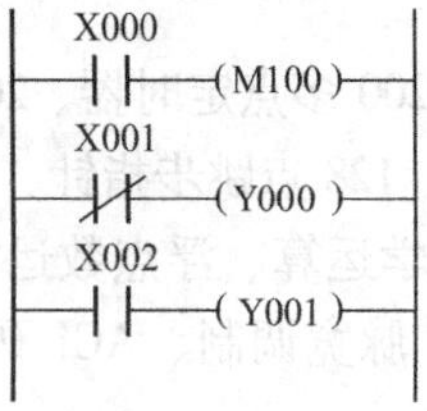

步序	指令	器件号	说明
0	LD	X000	将X000常开触头与母线相连
1	OUT	M100	驱动线圈M100
2	LDI	X001	将X001常闭触头与母线相连
3	OUT	Y000	驱动线圈Y000
4	LD	X002	将X002常开触头与母线相连
5	OUT	Y001	驱动线圈Y001
6	END		程序结束

a）　　b）

图 7-1　LD、LDI、OUT 指令（一）

a）梯形图　b）助记符

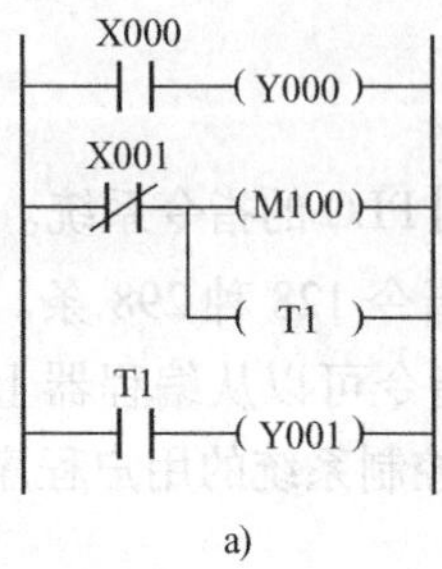

步序	指令	器件号	说明
0	LD	X000	将X000常开触头与母线相连
1	OUT	Y000	驱动线圈Y000
2	LDI	X001	将X001常闭触头与母线相连
3	OUT	M100	驱动线圈M100
4	OUT	T1	驱动定时器线圈T1
		K10	设定定时时间10 s
6	LD	T1	将T1的常闭触头与母线相连
7	OUT	Y001	驱动线圈Y001
8	END		程序结束

a）　　b）

图 7-2　LD、LDI、OUT 指令（二）

a）梯形图　b）助记符

7.3.2 AND、ANI 指令

1. 指令用法

(1) AND (And) 与指令。用于单个常开触头串联指令。

(2) ANI (And Inverse) 与非指令。用于单个常闭触头串联指令。

2. 指令说明

1) AND 与 ANI 指令用于单个触头串联，它们串联触头的个数理论上没有限制，也就是说这两条指令可以多次重复使用。这两条指令的操作目标元件是 X、Y、M、T、C、S。

2) 在执行 OUT 指令后，通过触头对其他线圈使用 OUT 指令，称为连续输出（或纵接输出)，只要电路设计顺序正确，连续输出可以多次重复。

AND 与 ANI 指令的使用方法如图 7-3 所示。

X000 X001 (Y000)
X003 X004 (Y001)

a)

步序	指令	器件号	说明
0	LD	X000	将X000常开触头与母线相连
1	AND	X001	串联常开触头X001
2	OUT	Y000	驱动线圈Y000
3	LD	X003	将X003常开触头与母线相连
4	ANI	X004	串联常闭触头X004
5	OUT	Y001	驱动线圈Y001
6		END	程序结束

b)

图 7-3 AND、ANI 指令

a) 梯形图 b) 助记符

7.3.3 OR、ORI 指令

1. 指令用法

(1) OR (Or) 或指令。常开触头并联指令，用于单个常开触头的并联，如图 7-4 中的常开触头 X001。

(2) ORI (Or Inverse) 或非指令。常闭触头并联指令，用于单个常闭触头的并联，如图 7-4 中的常闭触头 X003。

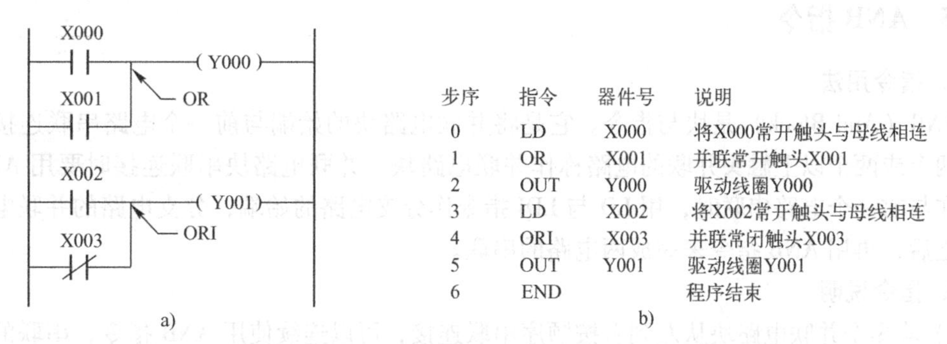

步序	指令	器件号	说明
0	LD	X000	将X000常开触头与母线相连
1	OR	X001	并联常开触头X001
2	OUT	Y000	驱动线圈Y000
3	LD	X002	将X002常开触头与母线相连
4	ORI	X003	并联常闭触头X003
5	OUT	Y001	驱动线圈Y001
6	END		程序结束

b)

图 7-4 OR、ORI 指令

a) 梯形图 b) 助记符

2. 指令说明

1) OR 和 ORI 指令设定的并联，是从 OR 和 ORI 一直并联到前面最近的 LD 和 LDI 指令上。这种支路并联的数量理论上不受限制。

2）OR 和 ORI 指令只能用于单个触头并联连接。这两条指令的操作目标元件是 X、Y、M、S、T、C。

7.3.4 ORB 指令

1. 指令用法

ORB（Or Block）是块或指令，它是将两个或两个以上串联电路块并联连接的指令，用于多触头电路块之间的并联连接。

2. 指令说明

1）ORB 指令后面不带操作数，即为独立指令。其指定的步长为一个程序步。

2）两个以上的触头串联连接的电路称为串联电路块。串联电路块并联时，各电路块分支的开始用 LD 或 LDI 指令，分支结尾用 ORB 指令。

3）如果需将多个串联电路块并联，则在每一电路块后面加上一条 ORB 指令。用这种办法编程对并联电路块的个数没有限制。

ORB 指令的使用方法如图 7-5 所示。

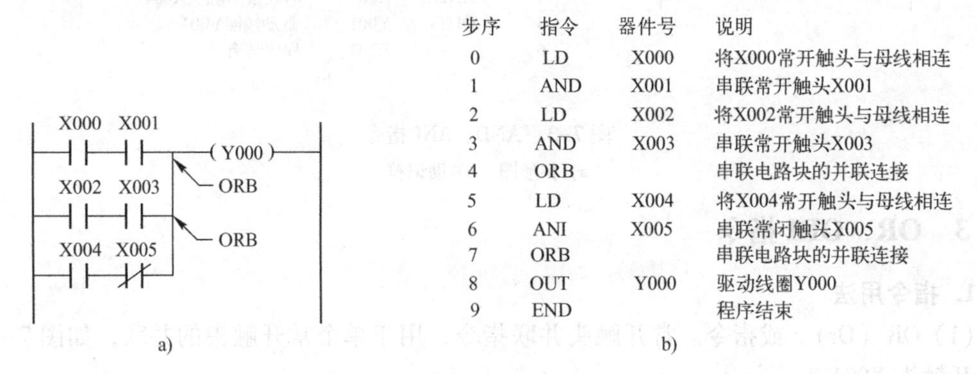

步序	指令	器件号	说明
0	LD	X000	将X000常开触头与母线相连
1	AND	X001	串联常开触头X001
2	LD	X002	将X002常开触头与母线相连
3	AND	X003	串联常开触头X003
4	ORB		串联电路块的并联连接
5	LD	X004	将X004常开触头与母线相连
6	ANI	X005	串联常闭触头X005
7	ORB		串联电路块的并联连接
8	OUT	Y000	驱动线圈Y000
9	END		程序结束

图 7-5　ORB 指令
a）梯形图　b）助记符

7.3.5 ANB 指令

1. 指令用法

ANB（And Block）是块与指令。它是将并联电路块的始端与前一个电路串联连接的指令。两个或两个以上触头并联的电路称作并联电路块，并联电路块串联连接时要用 ANB 指令。在与前一个电路串联时，用 LD 与 LDI 指令作分支电路的始端，分支电路的并联电路块完成之后，再用 ANB 指令来完成两电路的串联。

2. 指令说明

1）若多个并联电路块从左到右按顺序串联连接，可以连续使用 ANB 指令，串联的电路块个数没有限制。

2）ANB 指令也是一条独立指令，无操作目标元件，是一个程序步指令，其后不跟任何软组件编号。

ANB 指令的使用方法如图 7-6 所示。

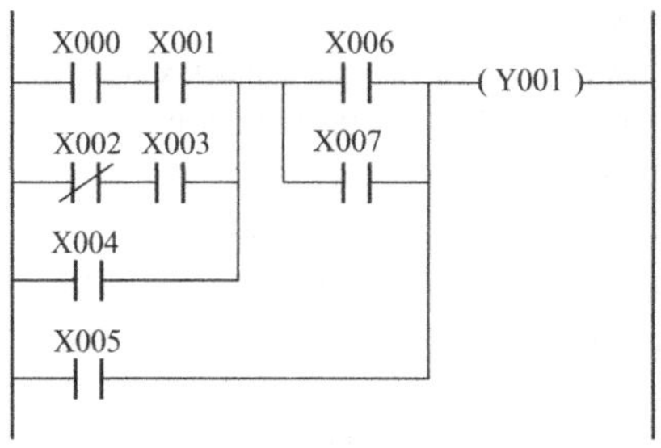

步序	指令	器件号	说明
0	LD	X000	X000常开触头与母线相连
1	AND	X001	串联常开触头X001
2	LDI	X002	X002常闭触头与母线相连
3	AND	X003	串联常开触头X003
4	ORB		并联电路块的连接
5	OR	X004	并联X004常开触头
6	LD	X006	X006常开触头与前块相连
7	OR	X007	并联X007 常开触头
8	ANB		
9	OR	X005	并联X005常开触头
10	OUT	Y001	驱动线圈Y001
11	END		程序结束

a)　　　b)

图 7-6　ANB 指令

a）梯形图　b）助记符

7.3.6　MPS、MRD、MPP 指令

1. 指令用法

（1） MPS（Push）　进栈指令。将状态读入栈寄存器。

（2） MRD（Read）　读栈指令。读出用 MPS 指令记忆的状态。

（3） MPP（POP）　出栈指令。

这组指令可将触头的状态先进栈保护，当后面需要触头的状态时，再出栈恢复，确保后面电路正确连接。

2. 指令说明

1）FX 系列 PLC 中有 11 个存储运算中间结果的存储区域称为栈存储器。

2）使用进栈指令 MPS 时，当时的运算结果压入栈的第一层存储，栈中原来的数据依次向下一层推移。

3）使用出栈指令 MPP 指令，各数据依次向上层移，最上层的数据在读出后就从栈内消失。

4）MRD 是最上层所存数据的读出专用指令，读出时，栈内数据不会发生移动。

5）MPS、MRD、MPP 指令均无操作目标元件，是一个程序步指令。

6）MPS、MPP 指令应该配对使用，而且连续使用应少于 11 次。

MPS、MRD、MPP 指令的使用如图 7-7、图 7-8 所示。

7.3.7　SET、RST 指令

1. 指令用法

（1）SET（Set）。置位指令。使操作保持 ON 的指令。

（2）RST（Reset）。复位指令。使操作保持 OFF 的指令。

RST 适用于将计数器的当前值回复到设定值，或对定时器、计数器、数据寄存器、变址寄存器、移位寄存器中所有位的信息清零。

a)

步序	指令	器件号	说明
0	LD	X000	X000常开触头与母线相连
1	AND	X001	串联常开触头X001
2	MPS		
3	AND	X002	串联常开触头X002
4	OUT	Y000	驱动线圈Y000
5	MPP		
6	OUT	Y001	驱动线圈Y001
7	LD	X003	X003常开触头与母线相连
8	MPS		
9	AND	X004	串联常开触头X004
10	OUT	Y004	驱动线圈Y004
11	MRD		
12	AND	X005	串联常开触头X005
13	OUT	Y005	驱动线圈Y005
14	MRD		
15	AND	X006	串联常开触头X006
16	OUT	Y006	驱动线圈Y006
17	MPP		
18	AND	X007	串联常开触头X007
19	OUT	Y007	驱动线圈Y007
20	END		程序结束

b)

图7-7　一层栈指令

a）梯形图　b）助记符

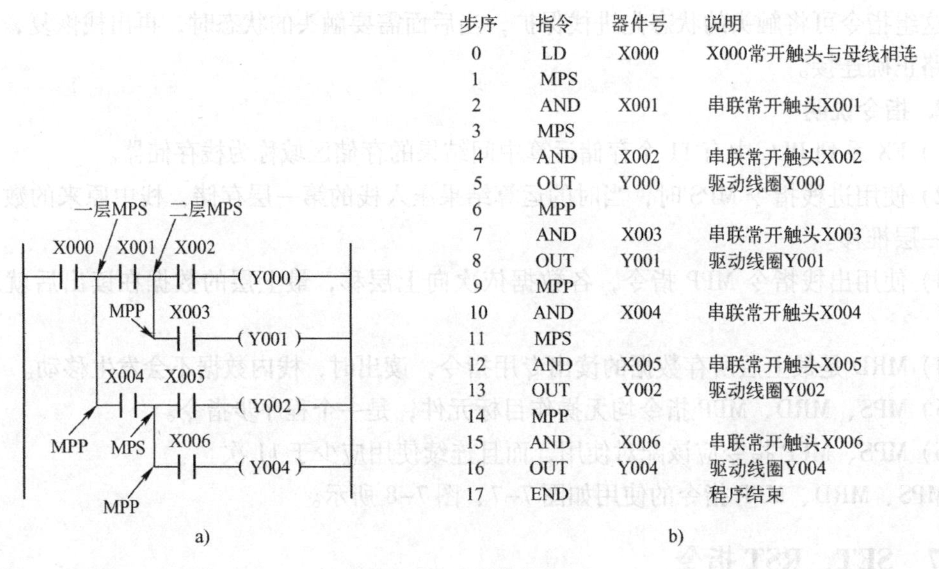

步序	指令	器件号	说明
0	LD	X000	X000常开触头与母线相连
1	MPS		
2	AND	X001	串联常开触头X001
3	MPS		
4	AND	X002	串联常开触头X002
5	OUT	Y000	驱动线圈Y000
6	MPP		
7	AND	X003	串联常开触头X003
8	OUT	Y001	驱动线圈Y001
9	MPP		
10	AND	X004	串联常开触头X004
11	MPS		
12	AND	X005	串联常开触头X005
13	OUT	Y002	驱动线圈Y002
14	MPP		
15	AND	X006	串联常开触头X006
16	OUT	Y004	驱动线圈Y004
17	END		程序结束

b)

图7-8　二层栈指令

a）梯形图　b）助记符

2. 指令说明

1）SET和RST指令具有自保持功能，在图7-9a中，常开触头X000一旦接通，即使再断开，Y000仍保持接通。常开触头X001一旦接通，即使再断开，Y000仍保持断开。

2）SET和RST指令的使用没有顺序限制，并且SET和RST之间可以插入别的程序，但只在最后执行的一条才有效。

SET 指令的操作目标元件为 Y、M、S。

RST 指令的操作目标元件为 Y、M、S、D、V、Z、T、C。

SET、RST 指令的使用如图 7-9 所示。

步序	指令	器件号	说明
0	LD	X000	X000常开触头与母线相连
1	SET	Y000	驱动线圈Y000
2	LD	X001	串联常开触头X001
3	RST	Y000	驱动线圈Y000
4	END		程序结束

图 7-9　SET、RST 指令

a) 梯形图　b) 助记符

7.3.8　PLS、PLF 指令

1. 指令用法

(1) PLS　脉冲输出指令，上升沿有效。

(2) PLF　脉冲输出指令，下降沿有效。

这两个指令用于目标元件的脉冲输出，当输入信号跳变时产生一个宽度为扫描周期的脉冲。

2. 指令说明

1) 使用 PLS 指令，元件 Y、M 仅在驱动输入接通后的一个扫描周期内动作。而使用 PLF 指令，元件 Y、M 仅在驱动输入断开后的一个扫描周期内动作。

2) 特殊继电器 M 不能用作 PLS 或 PLF 的目标元件。

3) PLS 指令在输入信号上升沿产生脉冲输出，而 PLF 在输入信号下降沿产生脉冲输出，这两条指令都是 2 程序步，它们的目标元件是 Y 和 M。其使用方法如图 7-10 所示。

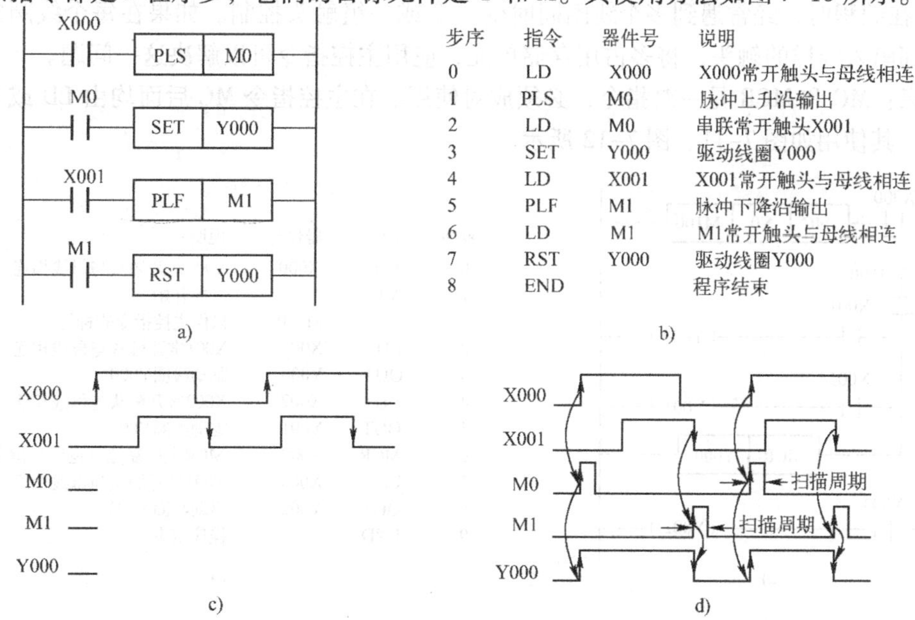

步序	指令	器件号	说明
0	LD	X000	X000常开触头与母线相连
1	PLS	M0	脉冲上升沿输出
2	LD	M0	串联常开触头X001
3	SET	Y000	驱动线圈Y000
4	LD	X001	X001常开触头与母线相连
5	PLF	M1	脉冲下降沿输出
6	LD	M1	M1常开触头与母线相连
7	RST	Y000	驱动线圈Y000
8	END		程序结束

图 7-10　PLS、PLF 指令

a) 梯形图　b) 助记符　c) X000、X001 的输入波形　d) Y000 的输出波形

7.3.9 MC、MCR 指令

1. 指令用法

（1）MC（Master Control） 主控开始指令，公共串联触头的连接指令（公共串联触头另起新母线）。

（2）MCR（Master Control Reset） 主控复位指令，MC 指令的复位指令。

这两个指令分别设置主控电路块的起点和终点。

2. 指令说明

1）当输入接通时，执行 MC 与 MCR 之间的指令，如图 7-11 中 X000 接通时执行该指令。当输入断开时，MC 与 MCR 指令间各元件将为如下状态：计数器、累计定时器、用 SET/RST 指令驱动的元件将保持当前的状态；非累计定时器及用 OUT 指令驱动的软组件将处在断开的状态。

2）与主控触头相连的触头必须用 LD 或 LDI 指令。使用 MC 指令后，母线移到主控触头的后面，MCR 使母线回到原来的位置。

3）使用不同的 Y、M 元件号，可多次使用 MC 指令。但若使用同一软组件号，将同 OUT 指令一样，会出现双线圈输出。

4）在 MC 指令内再使用 MC 指令，此时嵌套级的编号（0～7）就顺次由小增大。返回时用 MCR 指令，嵌套级的编号则顺次由大减小。

5）MC 指令是 3 程序步，MCR 指令是 2 程序步，两条指令的操作目标元件是 Y、M，但不允许使用特殊辅助继电器 M。

6）使用主控指令的触头称为主控触头，它在梯形图中与一般的触头垂直。它们是与母线相连的常开触头，是控制一组电路的总开关。

7）在编程时，经常遇到多个线圈同时受一个或一组触头控制。如果在每个线圈的控制电路中都串入同样的触头，将多占用存储单元，应用主控指令可以解决这一问题。

注意：MC 和 MCR 是一对指令，必须成对使用。在主控指令 MC 后面均由 LD 或 LDI 指令开始。其使用如图 7-11、图 7-12 所示。

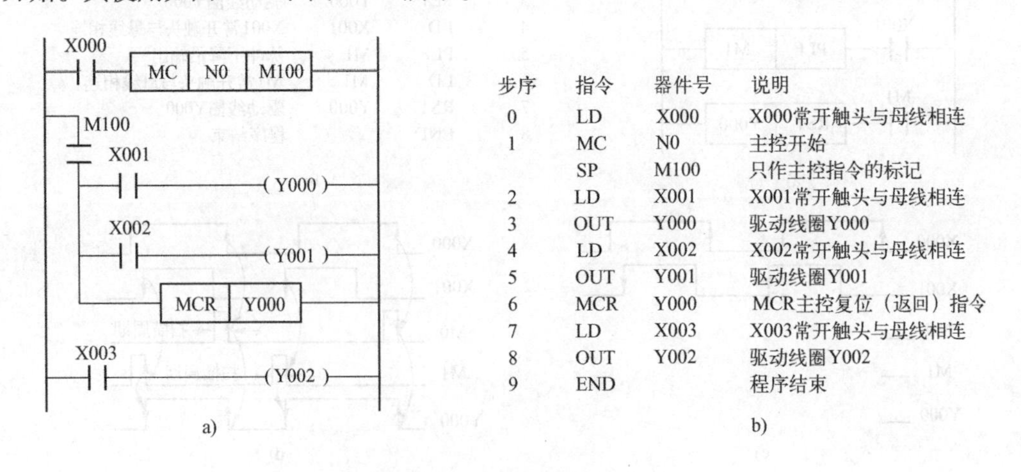

步序	指令	器件号	说明
0	LD	X000	X000常开触头与母线相连
1	MC	N0	主控开始
	SP	M100	只作主控指令的标记
2	LD	X001	X001常开触头与母线相连
3	OUT	Y000	驱动线圈Y000
4	LD	X002	X002常开触头与母线相连
5	OUT	Y001	驱动线圈Y001
6	MCR	Y000	MCR主控复位（返回）指令
7	LD	X003	X003常开触头与母线相连
8	OUT	Y002	驱动线圈Y002
9	END		程序结束

图 7-11 MC、MCR 指令（一）
a）梯形图 b）助记符

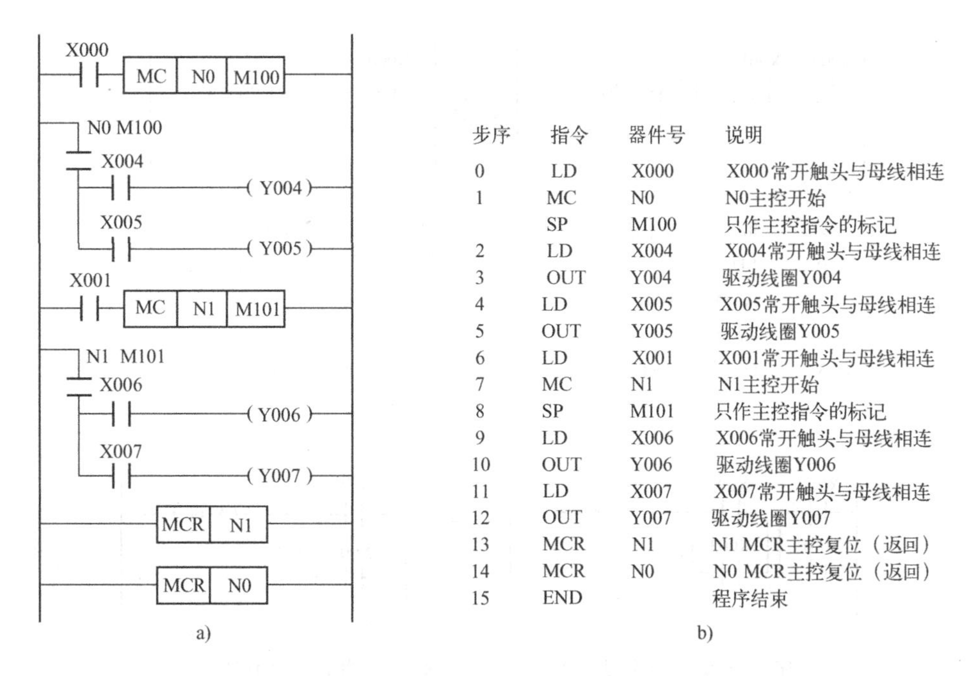

步序	指令	器件号	说明
0	LD	X000	X000常开触头与母线相连
1	MC	N0	N0主控开始
	SP	M100	只作主控指令的标记
2	LD	X004	X004常开触头与母线相连
3	OUT	Y004	驱动线圈Y004
4	LD	X005	X005常开触头与母线相连
5	OUT	Y005	驱动线圈Y005
6	LD	X001	X001常开触头与母线相连
7	MC	N1	N1主控开始
8	SP	M101	只作主控指令的标记
9	LD	X006	X006常开触头与母线相连
10	OUT	Y006	驱动线圈Y006
11	LD	X007	X007常开触头与母线相连
12	OUT	Y007	驱动线圈Y007
13	MCR	N1	N1 MCR主控复位（返回）
14	MCR	N0	N0 MCR主控复位（返回）
15	END		程序结束

b)

图 7-12　MC、MCR 指令（二）
a）梯形图　b）助记符

7.3.10　NOP 指令

1. 指令用法

NOP（Non－Processing）是空操作指令，用于删除一条指令。空操作指令是该步序作空操作。恰当地使用 NOP 指令，会给用户带来许多方便。

2. 指令说明

1）在程序中事先插入 NOP 指令，以备改动或追加程序时，可使步序编号的更改次数减到最少。

2）用 NOP 指令替代已写入指令，可修改电路。LD、LDI、AND、ANl、OR、ORI、ORB 和 ANB 等指令若换成 NOP 指令，可以改变电路。

① 指定某些步序编号内容为空。相当于指定存储器中某些单元内容为空，留作以后修改程序用。

② 短接电路中某些触头。必要时可用 NOP 指令把电路中某些触头短接。

如图 7-13a 中用 NOP 指令短接 X001、X002 触头。图 7-13b 中用 NOP 指令短接 X000 和 X001 触头，这时 0 号 LD、1 号 OR、4 号 ANB 指令改为 NOP 指令，相当于串联触头被短路。

③ 删除某些触头。必要时可用 NOP 指令删除电路中某些触头。如图 7-13c 中，用 NOP 指令删除触头 X000 和 X001，这时步序 0 号 LD、1 号 AND、4 号 ORB 都要用 NOP 指令。

需注意，使用 NOP 指令时，会使电路构成发生改变，往往容易出现错误，使修改后的电路不合理，造成梯形图出错，因此尽可能少用或不用该指令，且使用时要特别引起重视。比如用 NOP 指令短接图 7-13c 中触头 X000 时，必须同时把 AND X001 改为 LD。

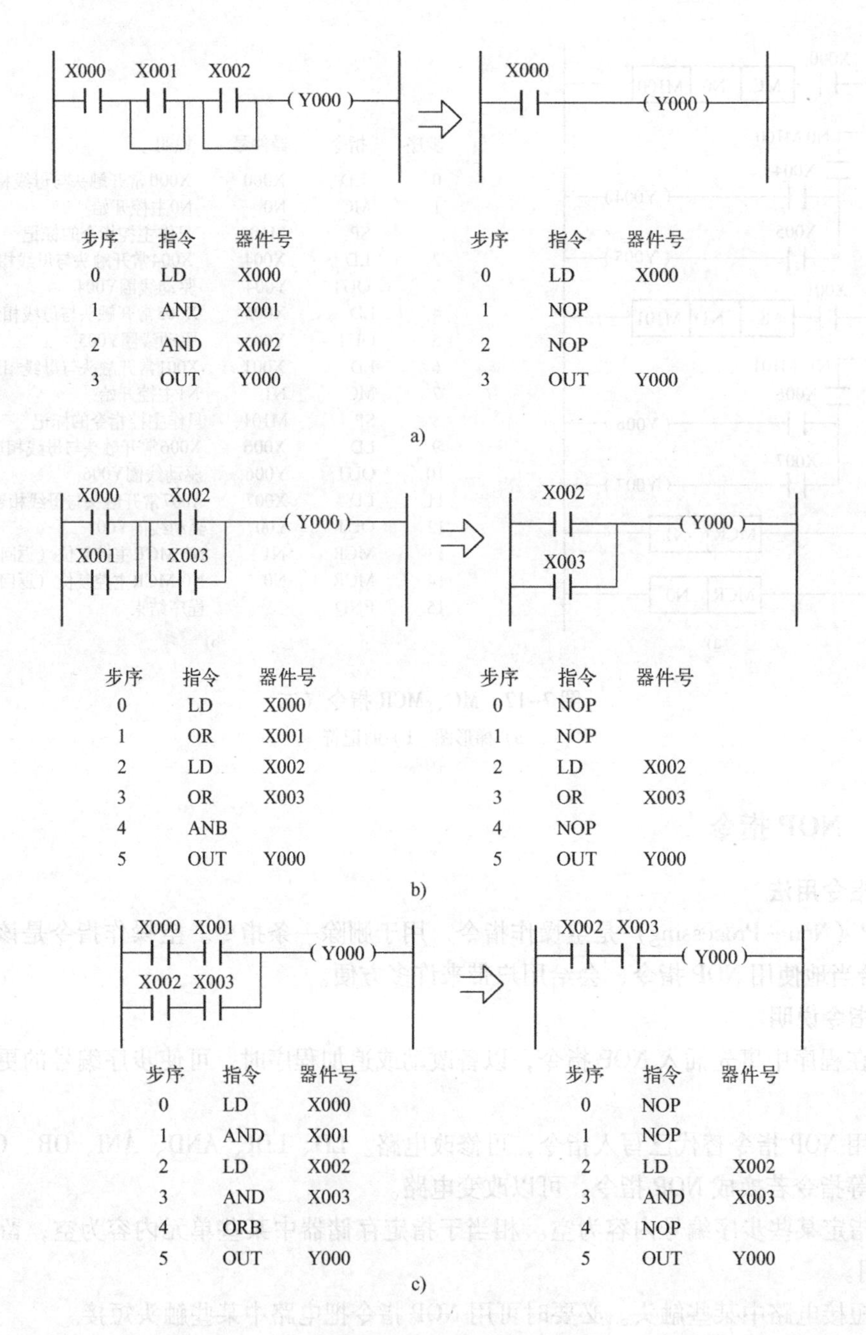

步序	指令	器件号	步序	指令	器件号
0	LD	X000	0	LD	X000
1	AND	X001	1	NOP	
2	AND	X002	2	NOP	
3	OUT	Y000	3	OUT	Y000

a)

步序	指令	器件号	步序	指令	器件号
0	LD	X000	0	NOP	
1	OR	X001	1	NOP	
2	LD	X002	2	LD	X002
3	OR	X003	3	OR	X003
4	ANB		4	NOP	
5	OUT	Y000	5	OUT	Y000

b)

步序	指令	器件号	步序	指令	器件号
0	LD	X000	0	NOP	
1	AND	X001	1	NOP	
2	LD	X002	2	LD	X002
3	AND	X003	3	AND	X003
4	ORB		4	NOP	
5	OUT	Y000	5	OUT	Y000

c)

图 7-13　NOP 指令

a）短接触头 X001、X002　b）短接触头 X000、X001　c）删除触头 X000、X001

7.3.11　END 指令

END（End）是程序结束指令。

在程序调试过程中，恰当地使用 END 指令，会给用户带来许多方便。

END 指令用于程序的结束，是无元件编号的独立指令。PLC 反复进入输入处理、程序运算、输出处理，若在程序最后写入 END 指令，则 END 以后的程序步就不再执行，直接进行输出处理。在程序调试过程中，按段插入 END 指令，可以顺序扩大对各程序段的检查。END 指令的另一个用处是分段程序调试。在程序调试过程中，可分段插入 END 指令，再逐段调试，在该段程序调试好后，依次删去 END 指令，直到全部程序调试完为止。

若用户程序中没有 END 指令，将从用户程序存储器的第一步执行到最后一步。将 END 指令放在用户程序结束处，只执行第一条指令至 END 指令之间的程序。

7.3.12 步进指令

1. 步进指令及步进梯形图

STL（Step Ladder）为步进触头指令；RET（Return）为步进返回指令。

在使用步进指令时，用状态转换图设计步进梯形图，如图 7-14 所示。状态转换图中的每个状态表示顺序工作的一个操作，因此步进指令常用于控制时间和位移等顺序的操作过程。

步进触头只有常开触头，没有常闭触头。STL 指令的梯形图符号用╢╟表示，连接步进触头的其他继电器触头用 LD 或 LDI 指令表示，该指令的作用为激活某个状态，在梯形图上体现为从主母线上引出的状态触头。该状态的所有操作均在子母线上进行。STL 指令在梯形图中的使用情况如图 7-14、图 7-15 所示。

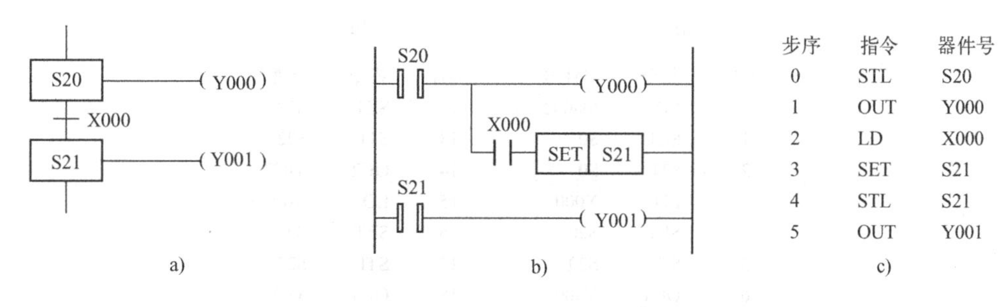

步序	指令	器件号
0	STL	S20
1	OUT	Y000
2	LD	X000
3	SET	S21
4	STL	S21
5	OUT	Y001

图 7-14　STL、RET 指令（一）

a）状态转换图　b）梯形图　c）助记符

从状态转换图中可见，每一状态提供三个功能：驱动负载、指定转换条件、置位新状态（同时转移源自动复位）。当步进触头 S20 闭合时，输出继电器 Y000 线圈接通。当 X000 闭合时，新状态置位（接通），步进触头 S21 也闭合。这时原步进触头 S20 自动复位（断开），这就相当于把 S20 的状态转到 S21，这就是步进转换作用。其他状态继电器之间的状态转移过程基本相同。

2. 步进指令的使用说明

1）步进触头须与梯形图左母线连接。使用 STL 指令后，凡是以步进触头为主体的程序，最后必须用 RET 指令返回母线。步进返回指令的用法如图 7-15 所示。因此，步进指令具有主控功能。

2）RET 指令用于返回主母线，使步进顺控程序执行完毕时，非状态程序的操作在主母线上完成，防止出现逻辑错误。状态转移程序的结尾必须使用 RET 指令。

3）只有当步进触头闭合时，它后面的电路才能动作。若步进触头断开，则其后面的电路将全部断开。

4）使用 S 指令后的状态继电器（有时也称步进继电器），才具有步进控制功能。这时

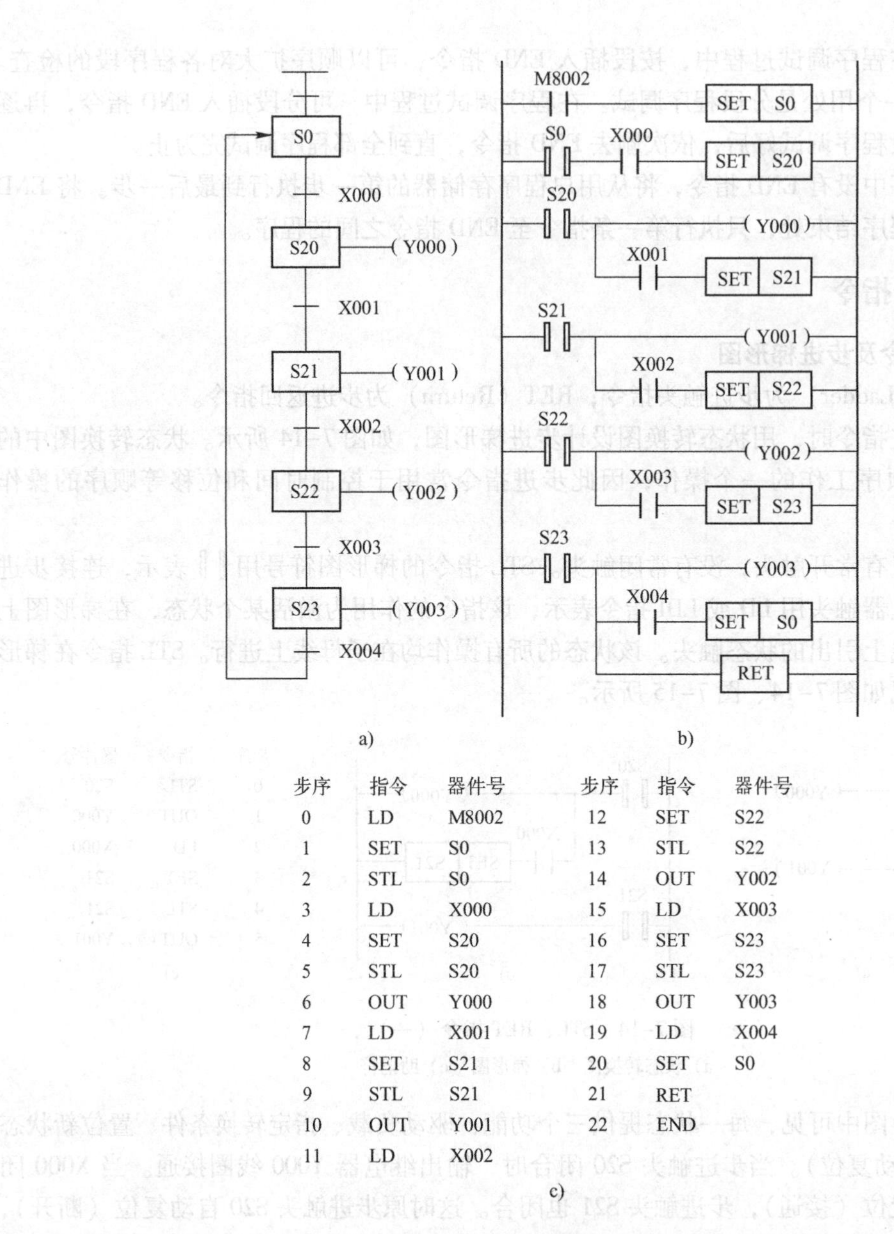

步序	指令	器件号	步序	指令	器件号
0	LD	M8002	12	SET	S22
1	SET	S0	13	STL	S22
2	STL	S0	14	OUT	Y002
3	LD	X000	15	LD	X003
4	SET	S20	16	SET	S23
5	STL	S20	17	STL	S23
6	OUT	Y000	18	OUT	Y003
7	LD	X001	19	LD	X004
8	SET	S21	20	SET	S0
9	STL	S21	21	RET	
10	OUT	Y001	22	END	
11	LD	X002			

c)

图 7-15　STL、RET 指令（二）

a）状态转换图　b）梯形图　c）助记符

除了提供步进常开触头外，还可提供普通的常开触头与常闭触头，但 STL 指令只适用于步进触头。

7.3.13　其他基本指令

在 27 个基本指令中，以下 7 个基本指令不常用，一般只要掌握前面 20 个基本指令就可以了。下面简单介绍一下这 7 个基本指令：

1. LDP、LDF 指令

LDP：上升沿的取指令，用于在输入信号的上升沿接通一个扫描周期。

LDF：下降沿的取指令，用于在输入信号的下降沿接通一个扫描周期。

2. ANDP、ANDF 指令

ANDP：上升沿的与指令，上升沿进行与逻辑操作的指令。

ANDF：下降沿的与指令，下降沿进行与逻辑操作的指令。

3. ORP、ORF 指令

ORP：上升沿的或指令，上升沿的或逻辑操作指令。

ORF：下降沿的或指令，下降沿的或逻辑操作指令。

4. INV 指令

INV：逻辑取反指令。将运算结果进行取反。当执行到该指令时，将 INV 指令之前的运算结果变为相反的状态，比如由原来的 OFF 到 ON 变为由 ON 到 OFF 的状态。

INV 指令的使用中应注意：

1）INV 指令不能直接和主母线相连接，也不能像 OR、ORI 等指令那样单独使用。

2）INV 指令是一个无操作数的指令。

7.4　梯形图编程的基本规则

在掌握了梯形图编程语言和 PLC 基本指令系统后，就可根据控制要求进行编程。为了使编程准确、快速和优化，必须掌握编程的基本规则和一些技巧。为此，在编辑梯形图时，要注意以下几点。

1）梯形图的各种符号，每一行要以左母线为起点，右母线为终点，在画图时可以省去右母线。梯形图是按照从上到下、从左到右的顺序设计，继电器线圈与右母线直接连接，在右母线与线圈之间不能连接其他元素，如图 7-16 所示。

a)　　b)

图 7-16　确定线圈放置位置

a）错误　b）正确

2）在并联连接支路时，应将有多触头的支路放在上方，如图 7-17b 所示，这样编排可以少写一条 ORB 指令。

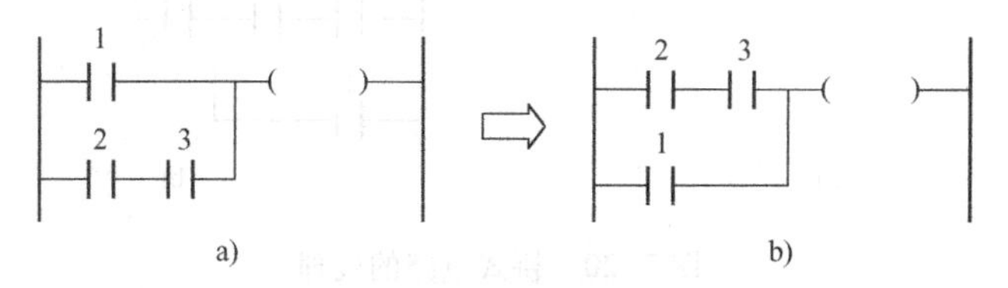

图 7-17　电路块并联的编排

3）触头和线圈的常规位置。触头应画在水平线上，不能画在垂直分支线上。梯形图的左母线与线圈间一定要有触头，而线圈与右母线间不能有任何触头，因此，应根据从上到下、从左到右顺序的原则和对输出线圈 Y 的几种可能控制路径画成图 7-18b 所示的形式。

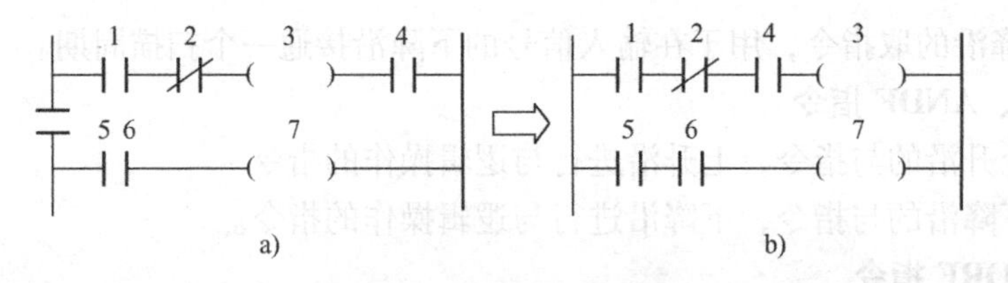

图 7-18　垂直触头的编排

4）输出线圈、内部继电器线圈及运算处理框必须写在一行的最右端，它们的右边不许再有任何的触头存在。

5）输入继电器、输出继电器、辅助继电器、定时器、计数器和状态继电器的触头可以多次使用，不受限制。

6）在梯形图中，每行串联的触头数和每组并联电路的并联触头数，虽然理论上没有限制，但在使用图形编程器时，要受到屏幕尺寸的限制，每行串联触头数最好不要超过 11 个。

7）继电器的输入线圈是由输入点上的外部输入信号控制驱动的，因此梯形图中继电器的输入触头用以表示对应点上的输入信号。

8）把并联电路中，触头最多的电路编排在左边，这样才会使编制的程序简洁明了，语句较少，如图 7-19b 所示，可省去一条 ANB 指令。

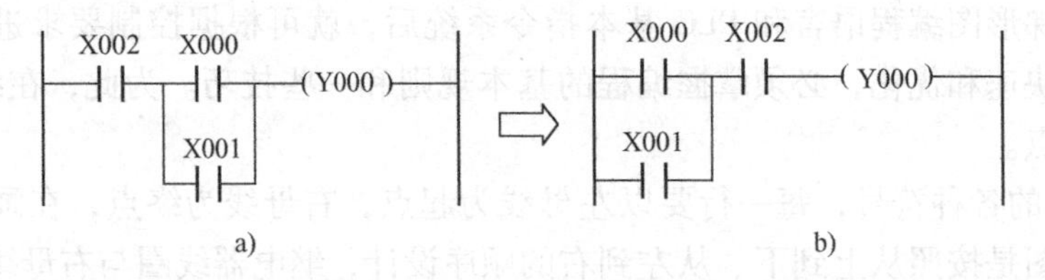

图 7-19　电路块并联的串联编排

9）对桥式电路的编程。桥式电路不能直接编程，必须画相应的等效梯形图，如图 7-20a 所示，图中触头 5 有双向“能流”通过，这是不可编程的电路，因此必须根据逻辑功能，对该电路进行等效变换成可编程的电路。图 7-20b 是对桥式电路的处理。

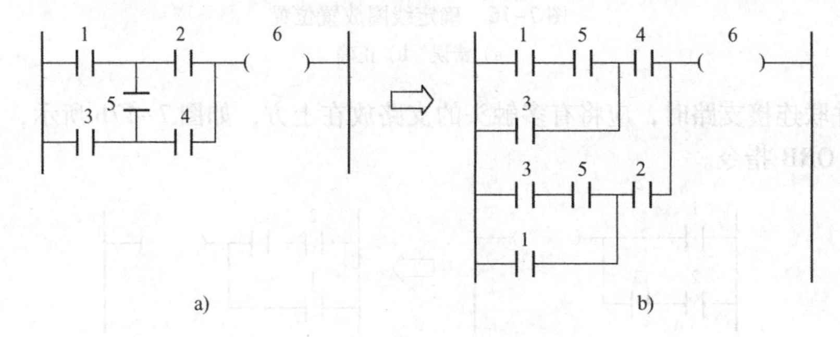

图 7-20　桥式电路的处理

10）对复杂电路的编程处理。如果电路结构复杂，用 ANB、ORB 等难以处理，可以重复使用一些触头改画出等效电路，这样能使编程清晰明了，简便可行，不易出错。例如图 7-21a 所示的电路，可等效变换成图 7-21b 所示的电路。

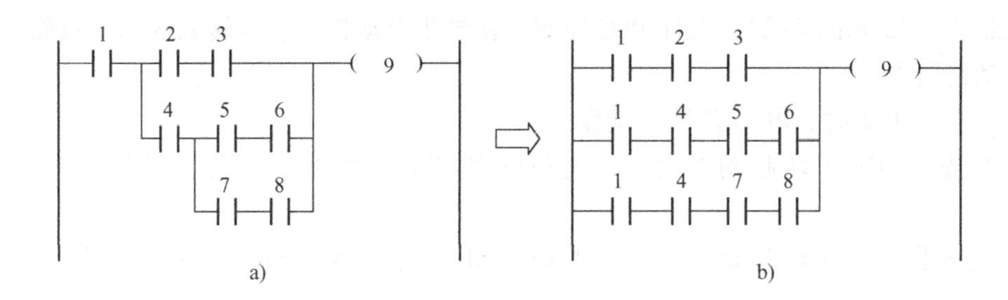

图 7-21　复杂电路的编程处理

7.5　基本指令应用举例

设计一个三相异步电动机正、反转 PLC 控制系统，并说明基本指令的应用。其控制电路如图 7-22 所示，其动作顺序如图 7-23 所示。

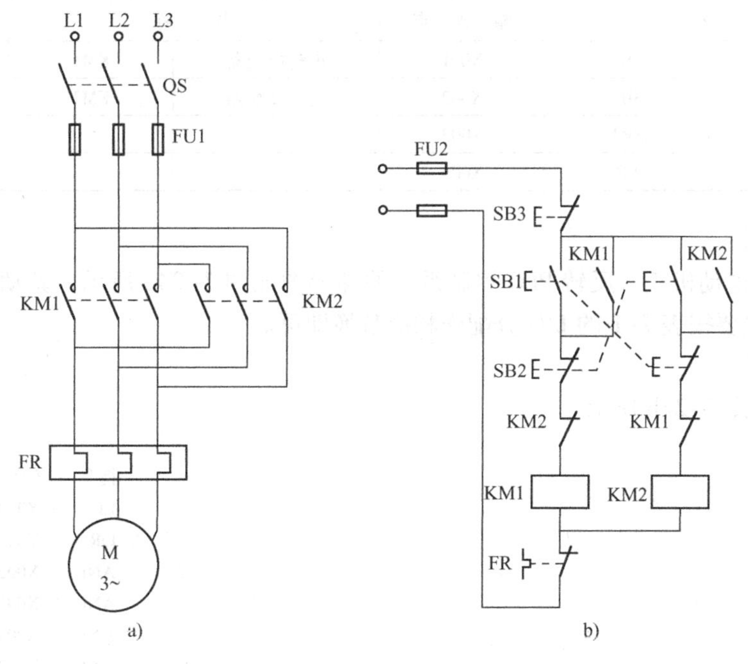

图 7-22　三相异步电动机正、反转控制电路

a）主电路　b）控制电路

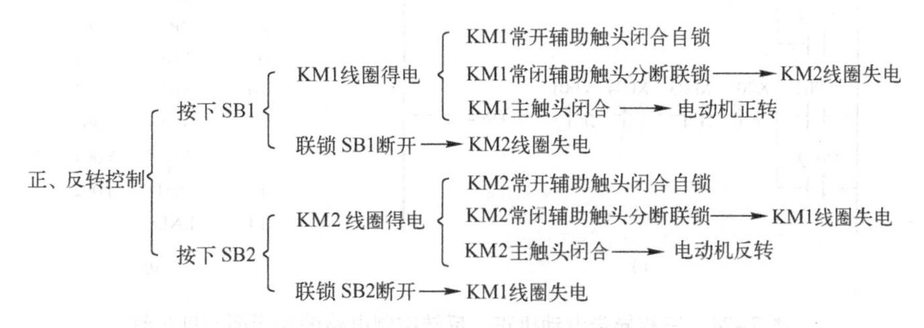

图 7-23　三相异步电动机正、反转控制电路的动作顺序

参照图 7-22 和图 7-23，设计 PLC 控制三相异步电动机正、反转系统的步骤如下。

1. 功能要求

1）当接上电源时，电动机 M 不动作。

2）当按下 SB1 正转起动按钮后，电动机 M 正转；再按 SB3 停止按钮后，电动机 M 停转。

3）当按下 SB2 反转起动按钮后，电动机 M 反转；再按 SB3 停止按钮后，电动机 M 停转。

4）热继电器触头 FR 动作后，电动机 M 因过载保护而停止。

2. 输入/输出端口设置

输入/输出端口设置见表 7-1。

表 7-1 三相异步电动机正、反转 PLC 控制 I/O 端口分配表

输　入			输　出		
名　称		输 入 点	名　称		输 出 点
正转起动按钮	SB1	X001	正转接触器	KM1	Y001
反转起动按钮	SB2	X002	反转接触器	KM2	Y002
停止按钮	SB3	X003			
热继电器触头	FR	X004			

3. 梯形图

三相异步电动机正、反转 PLC 控制系统的梯形图如图 7-24a 所示，其动作顺序完全符合图 7-23，只要按表 7-1 的 I/O 分配作相应替换即可。

4. 指令表

指令表如图 7-24b 所示。

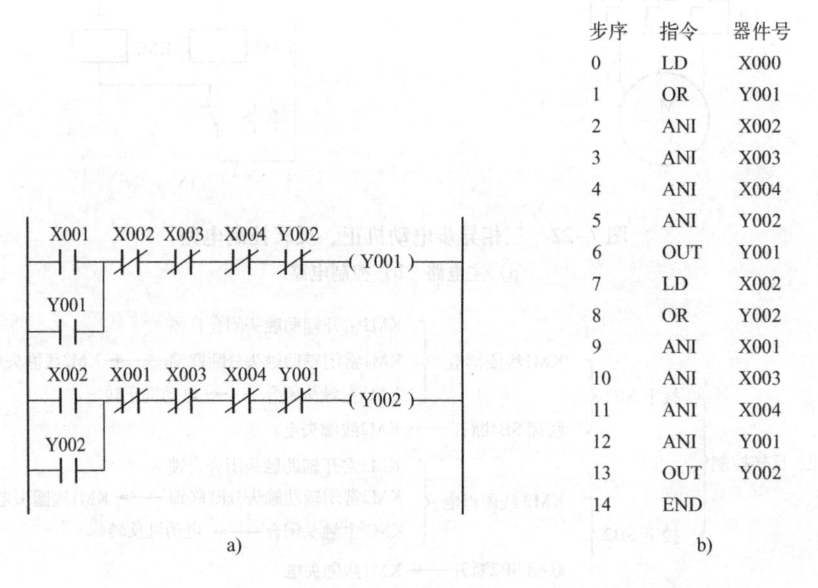

图 7-24 三相异步电动机正、反转控制电路的梯形图和助记符

a）梯形图 b）助记符

5. 接线图

接线图如图 7-25 所示。

为了防止正、反转起动按钮同时按下的危险，可在梯形图中设定互锁，将常闭触头 X001 和 Y001 串联在反转电路中，而将常闭触头 X002 和 Y002 串联在正转电路中。另外，在 PLC 的外部也设置了如图 7-25 所示的用实际常闭触头组成的互锁。

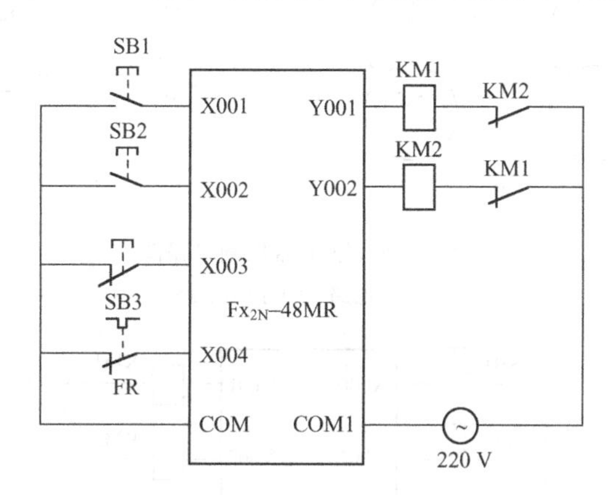

图 7-25　PLC 控制的接线图

注意：输入外部控制信号的常闭触头，在编制梯形图时要特别引起注意，否则将造成编程错误。

现以电动机正、反转控制电路为例，进行分析说明。

从图 7-25 中可见，由于 SB3、FR 的常闭触头和 PLC 的公共端 COM 已接通，在 PLC 内部电源作用下输入继电器 X003、X004 线圈已接通，而在图 7-24a 中的常闭触头 X003、X004 已断开，当按下起动按钮 SB1 时，输出继电器 Y001 是不会动作的，电动机不起动。

解决这类问题的方法有两种：一是把图 7-24a 中常闭触头 X003、X004 改为常开触头 X003、X004，如图 7-26 所示；另一种方法是把停止按钮 SB3、FR 改为常开触头，如图 7-27 所示，这样就可采用图 7-24a 所示的梯形图。

图 7-26　把常闭触头 X003、X004 改为常开触头

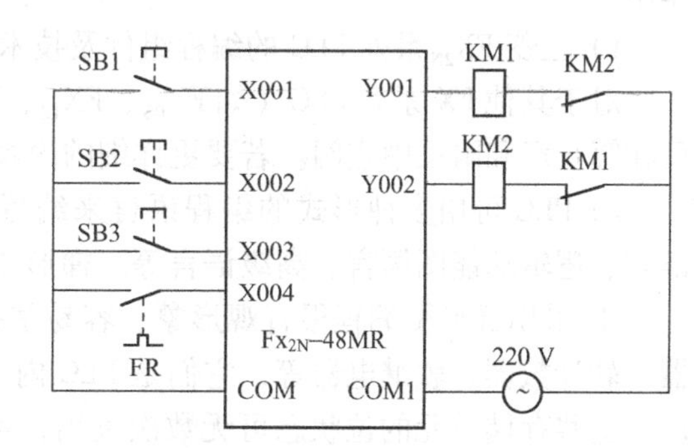

图 7-27　把停止按钮 SB3、FR 改为常开触头

在图 7-28b 中停止按钮 SB2 是常闭触头，在图 7-29 中把停止按钮 SB2 改为常开触头，这样就可采用常规的方法画梯形图了。通常采用这种方法比较简单，不易出错。

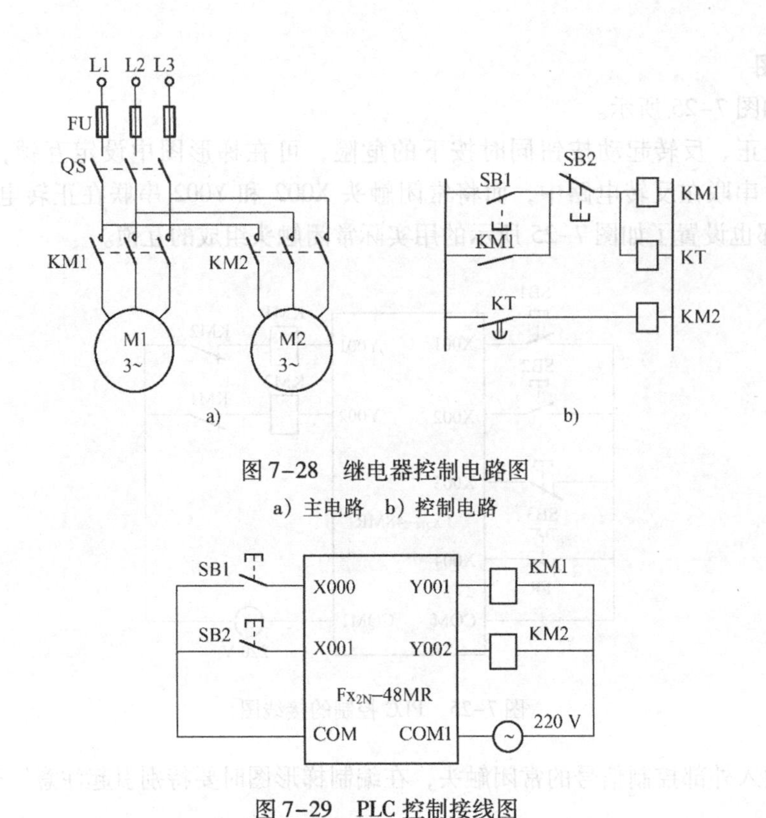

图 7–28　继电器控制电路图

a）主电路　b）控制电路

图 7–29　PLC 控制接线图

本章小结

本章主要介绍了三菱 FX_{2N}系列 PLC 的编程语言、编程方法和基本逻辑指令，它们是学习 PLC 的基础。要熟练掌握各种指令在梯形图和语句表编程中的使用方法，特别是要理解定时器和计数器的工作原理，这对初步掌握 PLC 编程以及解决实际工程应用问题具有重要作用。

1）三菱 FX_{2N}系列 PLC 的编程组件及技术参数见附录，供编程时查阅。

对于其他 FX 系列 PLC（如 FX_{0S}、FX_{1S}、FX_{0N}、FX_{1N}、FX_{2NC}）也基本相同，个别差异处可在第 6 章和附录中查阅。若要更详细的内容，请查阅相应的用户手册。

2）PLC 可用多种形式的编程语言来编写用户程序，如梯形图语言、助记符（语句表）语言、逻辑功能图语言、高级语言等。梯形图和助记符是两种最常用的 PLC 编程语言。

① 采用梯形图编程很直观形象、容易掌握。用梯形图编程时使用了软组件，如软定时器、软计数器、软继电器等，它们是 PLC 内部的编程组件，与 PLC 内部存储单元的位相对应。这些存储单元的位状态可无数次读出，可以说是“取之不尽”的，因此软触头在编程时可以反复使用。

② 助记符语言是以汇编语言的格式来表示控制程序的程序设计语言。助记符指令可在小型编程器中输入和修改，尤其适合现场调试。助记符指令是由操作码和操作数组成的。操作码表示指令的功能，通知 CPU 要执行什么操作；操作数采用标识符和参数表示，它表示参加操作的数的类别和地址。

3）FX_{2N}系列 PLC 有 20 条基本逻辑指令，这些基本指令一般能满足继电器接触器控制问题。对于基本逻辑指令，应当注意掌握每条指令的助记符名称、操作功能、梯形图、目标组件和程序步数。熟悉定时器与计数器指令及使用方法是掌握 PLC 基本指令的关键。定时器是 PLC 中的重要部件。而计数器主要用于对正跳沿计数。FX_{2N}系列 PLC 基本逻辑指令表见附录 B FX_{2N}系列 PLC 基本逻辑指令表。

4）步进顺控指令及其编程方法，是解决顺序控制问题的有效方法，编程时要解决好各组件先后之间的联锁、互锁的关系问题。

5）熟练掌握用梯形图进行编程的基本规则与技巧。

PLC 是为取代继电器接触器控制系统而产生的，因此两者存在着一定的联系。PLC 与继电器接触器控制系统具有相同的逻辑关系，但 PLC 使用的是计算机技术，其逻辑关系用程序实现，而不是实际电路。

综合练习题

一、判断题（正确打“√”，错误打“×”）

1. 步进指令具有主控功能。（ ）
2. OUT 指令可以并行输出。（ ）
3. 程序结束时，一般要有结束标志 END。（ ）
4. 步进触头只具有常开触头和常闭触头。（ ）
5. LD 和 LDI 两条指令用于触头与左母线相连。（ ）
6. 输出线圈可以并联使用、也可以串联使用。（ ）
7. 并联电路块串联连接时要用 ANB 或 ORB 指令。（ ）
8. 只有当步进触头闭合时，它后面的电路才能动作。（ ）
9. 在使用 ANB 指令之前，应先完成并联电路块的内部连接。（ ）
10. AND 与 ANI 指令用于单个触头串联，连续输出可以重复使用。（ ）
11. 梯形图中每个梯级流过的电流，从左流向右，其两端没有电源。（ ）
12. OUT 指令用于将运算结果驱动输出继电器和输入继电器。（ ）
13. 两个或两个以上触头并联的电路称作并联电路块或串联电路块。（ ）
14. 分支电路的并联电路块完成之后，再用 ANB 指令来完成两电路的串联。（ ）
15. 两个以上的触头串联连接的电路称为串联电路块，分支结尾用 ORB 指令。（ ）
16. 把并联电路最多的触头电路编排在左边，这样可以使编制的程序简洁明了。（ ）
17. END 指令不能作分段程序调试用，唯一的用处是全部程序调试结束后才使用。（ ）
18. 使用 STL 指令后，凡是以步进触头为主体的程序，最后必须用 RET 指令返回母线。（ ）
19. PLC 常用编程语言有梯形图语言、助记符语言、逻辑功能图语言、高级语言等。（ ）
20. OR 和 ORI 指令只能用于单个触头并联连接，也可以用于两个以上触头串联连接电路块的并联连接。（ ）

21. SET和RST指令的使用没有顺序限制，并且SET和RST之间可以插入别的程序，但只在最后执行的一条才有效。(　　)

二、填空题

1. 梯形图中的继电器线圈，它的逻辑动作________接通以后，才能使对应的________或________触头动作。

2. 梯形图中的触头，可以任意________或________，但继电器线圈只允许________而不能________。

3. 梯形图中触头只有________和________触头，通常是PLC内部继电器触头或内部寄存器、计数器等的触头状态。

4. 若多个并联电路块从左到右按顺序串联连接时，可以连续使用________指令，串联的电路块个数也________限制。

5. 梯形图的各种符号，每一行要以________母线为起点，________母线为终点，在画图时可以省去________母线。

6. 梯形图是按照从上到下、从左到右的顺序设计，继电器线圈与右母线直接连接，在________线与________之间不能连接________元素。

7. 输入继电器、输出继电器、辅助继电器、定时器、计数器和状态继电器的触头可以________使用，________限制。

8. 梯形图的左母线与线圈间一定要有________，而线圈与右母线间不能有任何________。输出线圈、内部继电器线圈及运算处理框必须写在一行的________端，它们的右边不许再有任何的触头存在。

9. 梯形图按________、________的顺序排列。每一逻辑行起始于________母线，然后是触头的串、并联接，最后是线圈与________线相连。最左边的竖线称为起始母线也叫作左母线，最后以继电器________结束。

三、简答题

1. 什么是梯形图编程？

2. 什么是助记符编程语言？

3. 什么是逻辑功能图？

4. 对复杂电路的编程通常是怎么处理的？

5. 梯形图编程语言的特点有哪些？

四、根据下列指令表，画出梯形图程序

(1)

```
0  LD    X000
1  OR    Y000
2  ANI   X001
3  OUT   Y000
4  END
```

(2)

```
0  LD    X000          6   OUT    Y001
```

1	OUT	Y000	7	LDI	X001
2	LDI	X000	8	OR	X002
3	AND	X001	9	ORI	X003
4	OUT	M0	10	OUT	Y002
5	ANI	X002	11	END	

(3)

0	LD	X000	7	OR	X006
1	AND	X001	8	LD	X005
2	LD	X002	9	OR	X007
3	AND	X003	10	ANB	
4	ORB		11	OUT	Y001
5	OUT	Y000	12	END	
6	LD	X004			

(4)

0	LD	X000	7	PLF	M1
1	SET	Y000	8	LD	M0
2	LD	X001	9	OR	Y001
3	RST	Y000	10	ANI	M1
4	LD	X002	11	OUT	Y001
5	PLS	M0	12	END	
6	LD	X003			

(5)

0	LD	X000	11	ORB	
1	MPS		12	ANB	
2	LD	X001	13	OUT	Y001
3	OR	X002	14	MPP	
4	ANB		15	AND	X007
5	OUT	Y000	16	OUT	Y002
6	MRD		17	LD	X010
7	LD	X003	18	OR	X011
8	AND	X004	19	ANB	
9	LD	X005	20	OUT	Y003
10	AND	X006	21	END	

(6)

0	LD	X000	9	ORB	
1	AND	X001	10	ANB	
2	LD	X002	11	LD	M100
3	ANI	X003	12	AND	M101
4	ORB		13	ORN	

5	LD	X004	14	AND	M102
6	AND	X005	15	OUT	Y000
7	LD	X006	16	END	
8	AND	X007			

(7)

0	LD	X000	13	OR	Y001
1	OR	Y000	14	MPS	
2	ANI	X001	15	OUT	T0
3	ANI	X002		K	20
4	ANI	Y001	16	MRD	
5	OUT	Y000	17	ANI	T0
6	LD	X001	18	ANI	Y002
7	OR	Y001	19	OUT	Y003
8	ANI	X000	20	MPP	
9	ANI	X002	21	AND	T0
10	ANI	Y000	22	ANI	Y003
11	OUT	Y001	23	OUT	Y002
12	LD	Y000	24	END	

五、根据梯形图写出指令表程序

(1)

X002 M100 Y004
Y004 Y003 M100
T4 Y005
END

(2)

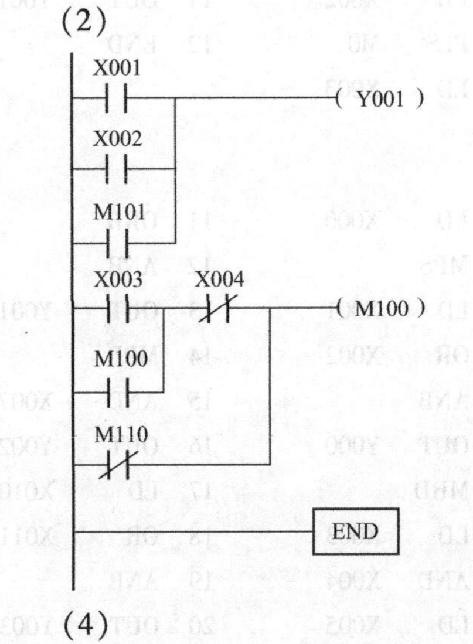

(3)

X000 X002 Y001
X001 X003
X004
END

(4)

X000 X002 Y001
X001 X003 X004

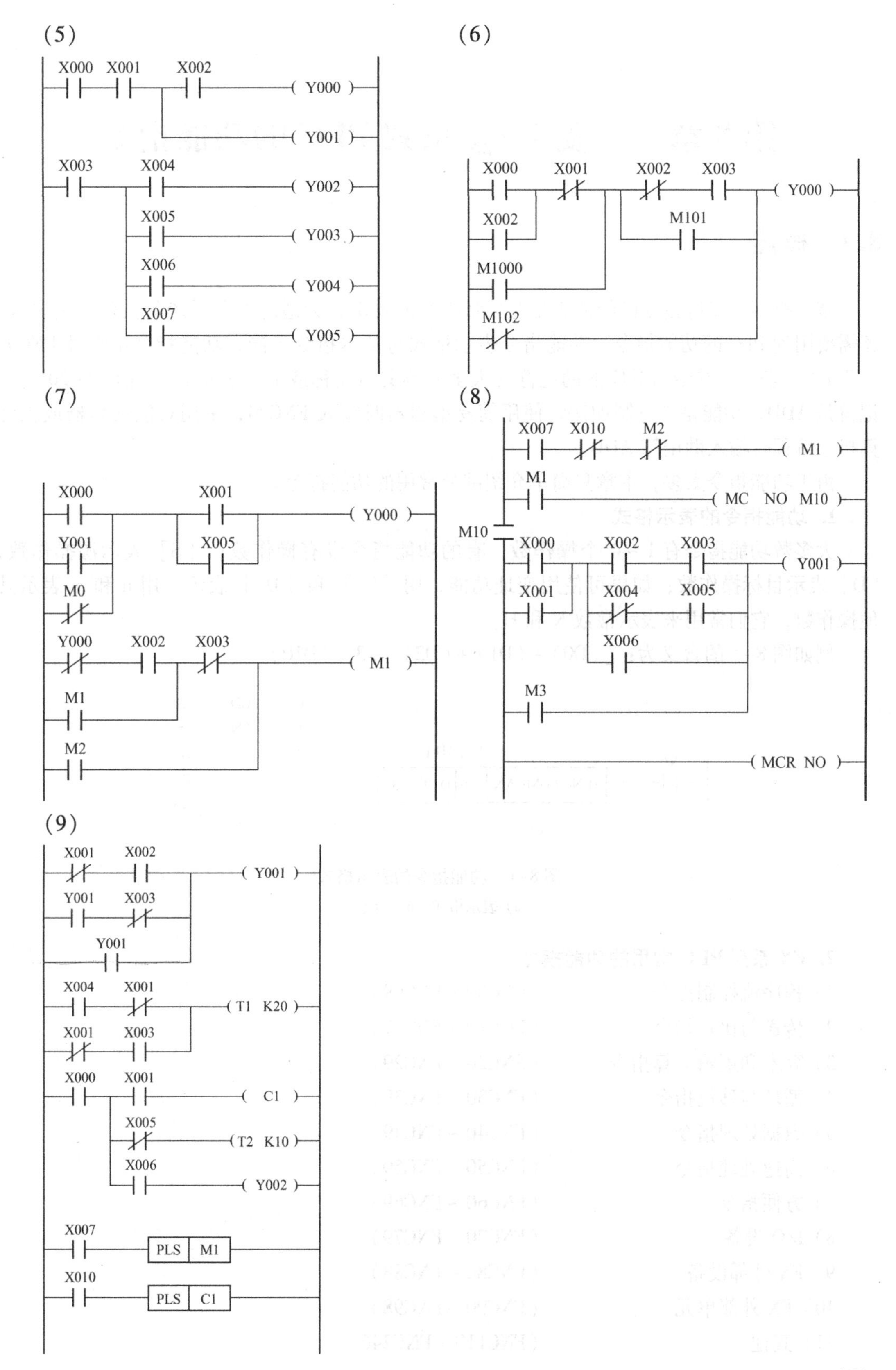
(5)
X000 X001 X002
Y000
Y001
X003 X004
Y002
X005
Y003
X006
Y004
X007
Y005
(6)
X000 X001 X002 X003
Y000
X002
M101
M1000
M102
(7)
X000 X001
Y000
Y001 X005
M0
Y000 X002 X003
M1
M1
M2
(8)
X007 X010 M2
M1
M1
MC NO M10
M10
X000 X002 X003
Y001
X001 X004 X005
X006
M3
MCR NO
(9)
X001 X002
Y001
Y001 X003
Y001
X004 X001
T1 K20
X001 X003
X000 X001
C1
X005
T2 K10
X006
Y002
X007
PLS M1
X010
PLS C1

第8章　三菱FX_{2N}系列PLC的功能指令

8.1　概述

基本指令和步进指令已经能满足开关量控制的要求，为适应控制系统的其他控制要求，还需要用到PLC的功能指令。功能指令表示格式与基本指令不同，功能指令用编号FNC00~FNC246表示，并给出对应的助记符（大多用英文名简称或缩写表示）。例如FNC20的助记符是ADD，功能是二进制加法，使用简易编程器时输入FNC20，采用智能编程器或在计算机上编程时输入助记符ADD。

由于功能指令太多，本章只简单介绍部分常用的功能指令。

1. 功能指令的表示格式

大多数功能指令有1~4个操作数，有的功能指令没有操作数；[S]表示源操作数，[D]表示目标操作数；如果可使用变址功能，用[S.]和[D.]表示。用n和m表示其他操作数，它们常用来表示常数K和H。

例如图8-1的含义为：$[(D0)+(D1)+(D2)]\div 3\rightarrow(D10)$

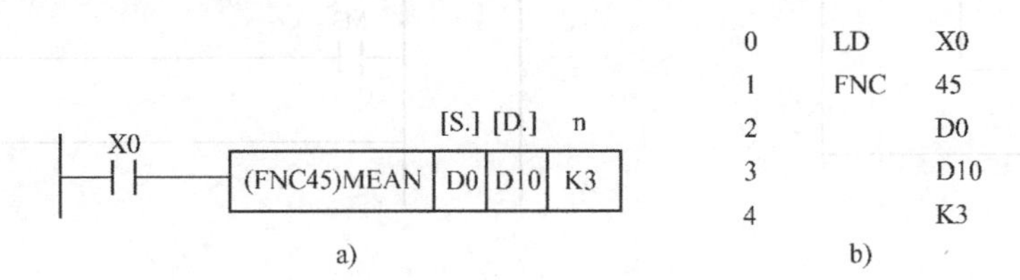

图8-1　功能指令的表示格式

a）表示格式　b）指令

2. FX系列PLC常用的功能指令

1）程序流控制指令　（FNC00~FNC09）

2）传送与比较指令　（FNC10~FNC19）

3）算术和逻辑运算指令　（FNC20~FNC29）

4）循环与移位指令　（FNC30~FNC39）

5）数据处理指令　（FNC40~FNC49）

6）高速处理指令　（FNC50~FNC59）

7）方便指令　（FNC60~FNC69）

8）I/O设备　（FNC70~FNC79）

9）FX外部设备　（FNC80~FNC88）

10）FX外部单元　（FNC90~FNC98）

11）其他　（FNC110~FNC246）

8.2 程序流控制指令

FX 系列 PLC 的功能指令中程序流控制指令共有 10 条，功能号是 FNC00 ~ FNC09。程序流控制指令的控制程序是顺序逐条执行的，但是在许多场合下却要求按照控制要求改变程序的流向。这些场合包括：条件跳转、转子程序与返回、中断调用与返回、循环、警戒时钟与主程序结束。程序流控制指令见表 8-1。

表 8-1 程序流控制指令表

功能号	指令	操作数	指令名称及功能简介
FNC00	CJ（P）	[D.]P0 ~ P63	程序跳转到［D.］、P 指针指定处。P63 为 END，步序不需指定
FNC01	CALL	[D.]P0 ~ P62	程序调用［D.］、P 指针指定的子程序，嵌套 5 层以下
FNC02	SRET		从子程序返回主程序
FNC03	IRET		中断返回主程序
FNC04	EI		中断允许
FNC05	DI		中断禁止
FNC06	FEND		主程序结束
FNC07	WDT		监视定时器
FNC08	FOR	[S.]：（K、H、KnX、KnY、KnM、KnS、T、C、D、V、Z）	循环开始，嵌套 5 层
FNC09	NEXT		循环结束

8.3 传送与比较指令

传送与比较指令的功能是将源数据传送到指定的目标。FX_{2N}系列 PLC 中设置了两条数据比较指令，其功能编号为 FNC10、FNC11；8 条数据传送指令，其功能编号为 FNC12 ~ FNC19。传送指令包括 MOV（FNC12：传送）、SMOV（FNC13：BCD 移位传送）、CML（FNC14：取反传送）、BMOV（FNC15：数据块传送）、FMOV（FNC16：多点传送）、XCH（FNC17：数据交换）、BCD（FNC18：BCD 转换）、BIN（FNC19：二进制数转换）8 条指令。指令的格式如下。

1. 比较指令 CMP

格式为：FNC10 CMP[S1.][S2.][D.]。

该指令是将源操作数［S1.］和源操作数［S2.］的数据进行比较，比较结果用目标元件［D.］的状态来表示。

2. 区间比较指令 ZCP

格式为：FNC11 ZCP[S1.][S2.]［S3.］［D.］。

该指令的功能是源操作数［S1］与［S2.］和［S3.］的内容进行比较，［S1］与

[S2.] 为区间起点和终点，[S3.] 为另一比较组件，并比较结果送到目标操作数 [D.] 中。

3. 传送指令 MOV

格式为：FNC12 MOV[S.][D.]。

其中 [S.] 为源数据，[D.] 为目标软组件。该数据传送指令的功能是将源数据传送到指定的目标。

4. 移位传送指令 SMOV

格式为：FNC13 SMOV [S.] m1 m2 [D.] n。

该指令的功能是将源数据（二进制）自动转换成4位BCD码，再进行移位传送，传送后的目标操作数元件的BCD码可自动转换成二进制数。只有 FX_{2N} 和 FX_{2NC} 才具有该指令功能。

5. 取反传送指令 CML

格式为：FNC14 CML [S.] [D.]。

该指令是将源操作数元件的数据逐位取反并传送到指定目标。只有 FX_{2N} 和 FX_{2NC} 才具有该指令功能。

6. 块传送指令 BMOV

格式为：FNC15 BMOV [S.] [D.]n。

该指令是将源操作数指定元件开始的n个数据组成数据块传送到指定的目标。传送顺序可根据情况自动决定。若用到需要指定位数的位元件，则源操作数和目标操作数的指定位数应相同。FX_{0S} 无此功能。

7. 多点传送指令 FMOV

格式为：FNC16 FMOV [S.] [D.]n。

该指令的功能是将源操作数中的数据传送到指定目标开始的n个元件中，传送后n个元件中的数据应完全相同。只有 FX_{2N} 和 FX_{2NC} 才具有该指令功能。

8. 数据交换指令 XCH

格式为：FNC17 XCH [D1.] [D2.]。

该指令是将数据在指定的目标元件之间进行交换。只有 FX_{2N} 和 FX_{2NC} 才具有该指令功能。

9. 变换指令 BCD

格式为：FNC18 BCD [S.] [D.]。

该指令是将源元件中的二进制数转换成BCD码送到目标元件中。

10. 变换指令 BIN

格式为：FNC19 BIN [S.] [D.]。

该指令是将源元件中的BCD数据转换成二进制数据送到目标元件中。

8.4 常用的功能指令

8.4.1 条件跳转指令

条件跳转指令 CJ，编号为 FNC00。

条件跳转指令的用法是当跳转条件成立时跳过一段程序，跳转至指令中所标明的标号处继续执行，跳过程序段中不执行的指令，即使输入元件状态发生改变，输出元件的状态仍然维持不变。若条件不成立，则继续顺序执行。操作元件指针为 P0 ~ P63，其中 P63 即 END。

条件跳转指令 CJ 使用说明如图 8-2a 所示，当 P10 为 ON 时，程序跳转标号 X012 处，执行图 8-2b 所示的程序；当为 OFF 时，跳转不执行，程序按原顺序执行。

在使用跳转指令时应注意以下几点。

1）在同一程序中一个指针标号只允许使用一次，不允许在两处或多处使用同一标号。

2）指针 P63 表示程序转移到 END。

3）跳转指令的执行条件如果使用 M8000，则为无条件跳转，因为在 PLC 运行时 M8000 为 ON。

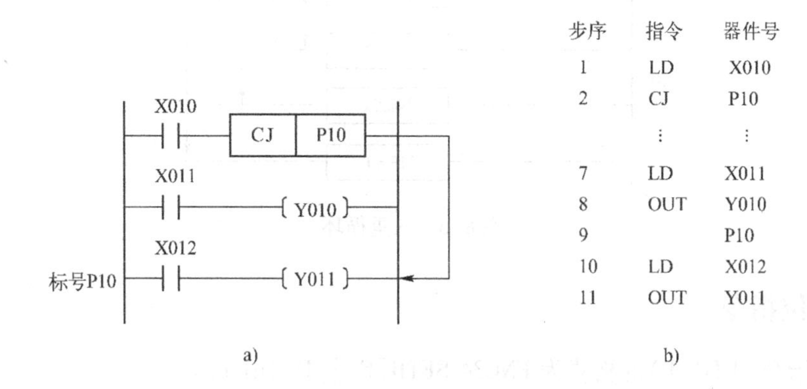

图 8-2　条件跳转指令梯形图和助记符
a）梯形图　b）助记符

8.4.2　循环指令

循环指令包括循环开始指令 FOR 和循环结束指令 NEXT。

循环范围开始指令 FOR，编号为 FNC08。

循环范围结束指令 NEXT，编号为 FNC09。

循环指令的操作功能为：控制 PLC 反复执行某一段程序，只要将这段程序放在 FOR、NEXT 之间，待执行完指定的循环次数后（由操作数指定），才能执行 NEXT 指令后的程序。

循环开始指令 FOR 和循环结束指令 NEXT 组成了一对循环指令。循环指令可以反复执行某一段程序，但要将这一段程序放在 FOR - NEXT 之间，待执行完指定的循环次数后，才执行 NEXT 下一条指令。配对后的 FOR - NEXT 不能再与其他的 FOR - NEXT 配对。图 8-3 所示为三重循环，按照循环程序的执行次序由内向外计算各循环次数。

（1）A 循环执行的次数

A 循环次数是 K1 M0，由辅助继电器组成的数据作为循环次数。

（2）B 循环执行次数

第二层的 B 循环次数由 D6 指定，B 循环包含了整个 A 循环，所以整个 A 循环都要被执行。

（3）C 循环执行次数

最外层的 C 循环次数由 K4 指定，C 循环包含了整个 B 循环。

注意循环指令的操作方法：

① FOR 和 NEXT 指令必须成对使用，缺一不可，FOR 在前，NEXT 在后；

② FOR、NEXT 循环指令最多可以嵌套 5 层，图 8-3 所示为三重循环；

③ 利用 CJ 指令可以跳出 FOR、NEXT 循环体。

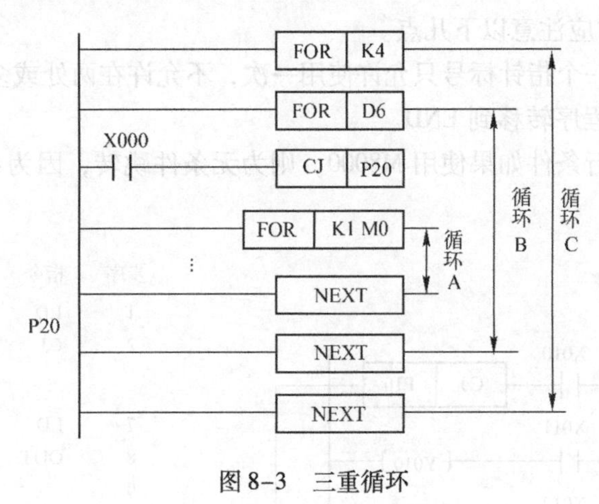

图 8-3　三重循环

8.4.3　移位指令

位右移指令 SFTR(P)的格式为 FNC34 SFTR[S.][D.]n1 n2。

位左移指令 SFTL(P) 的格式为 FNC35 SFTL[S.][D.]n1 n2。

SFTR、SFTL 指令使位元件中的状态成组地向右（或向左）移动。n1 个目标位元件中的数据向右或向左移动 n2 位，n2 指定移位位数。[S.] 为移位的源位元件首地址，[D.] 为移位的目标位元件首地址，n1 指定位元件的长度（个数），n2 为目标位元件移动的位数，n1 和 n2 的关系及范围因机型不同而有差异，一般为 n2≤n1≤1024。图 8-4 所示为位右移指令示例梯形图，图 8-5 所示为位左移位指令示例梯形图。

使用位右移和位左移指令时应注意：

① 源操作数可取 X、Y、M、S，目标操作数可取 Y、M、S。

② 只有 16 位操作，占 9 个程序步。

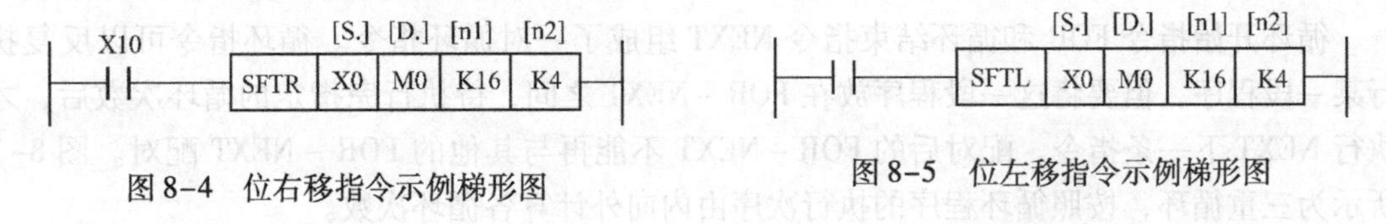

图 8-4　位右移指令示例梯形图　　　图 8-5　位左移指令示例梯形图

8.4.4　子程序指令

调用子程序指令 CALL，编号为 FNC01，操作数为 P0 ~ P127，此指令占用 3 个程序步。

子程序返回指令 SRET，编号为 FNC02，无操作数，占用 1 个程序步。

编程时子程序的标号应写在主程序结束指令 FEND 之后，CALL 子程序必须以 SRET 指令结束。如图 8-6 所示，当 X000 接通（X000 为 ON）时，CALL P10 指令使程序执行 P10 子程序，在子程序执行到 SRET 指令后程序返回到 CALL 指令的下一条指令处执行。当 X000 断开（X000 为 OFF）时，则程序按顺序执行。

在子程序中还可以多次使用 CALL 子程序，形成子程序嵌套。子程序嵌套层数不能超过 5，如图 8-7 所示程序中 CALL 指令共有 2 层嵌套。

使用子程序调用与返回指令时应注意：

① 转移标号不能重复，也不可与跳转指令的标号重复；

② 子程序可以嵌套调用，最多可 5 级嵌套。

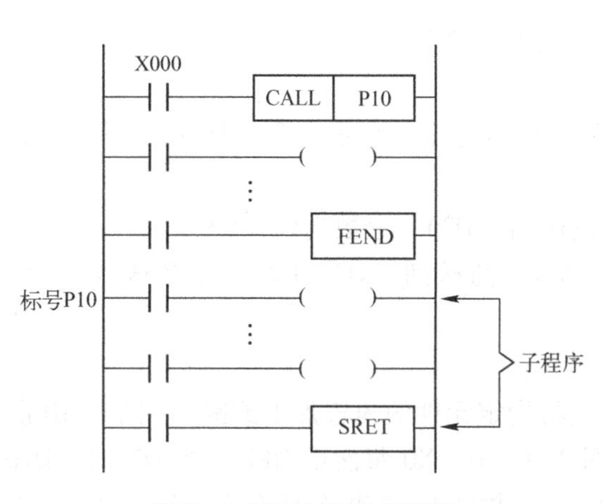

图 8-6 子程序指令梯形图

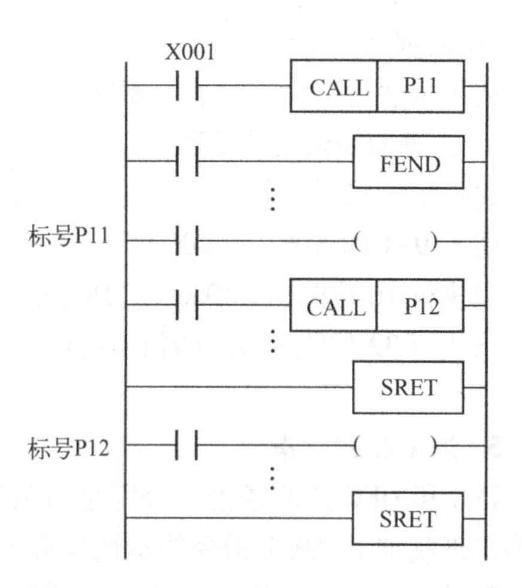

图 8-7 子程序嵌套梯形图

8.4.5 算术运算指令

加法指令 ADD，格式为 FNC20 ADD[S1.][S2.][D.]。

减法指令 SUB，格式为 FNC21 SUB[S1.][S2.][D.]。

乘法指令 MUL，格式为 FNC22 MUL[S1.][S2.][D.]。

除法指令 DIV，格式为 FNC23 DIV[S1.][S2.][D.]。

加 1 指令 INC，格式为 FNC24 INC[D.]。

减 1 指令 DEC，格式为 FNC25 DEC[D.]。

FX 系列 PLC 设置了 10 条算术和逻辑运算指令，其功能编号为 FNC20 ~ FNC29。在这些指令中，源操作数可以取所有的数据类型，目标操作数可以取 KnY、KnM、KnS、T、C、D、V 和 Z。16 位运算占 7 个程序步，32 位运算占 13 个程序步。FX_{2N} 的 FNC29 还有求补码功能。

1. 二进制加法指令 ADD

它是将两个源地址中的二进制数相加，结果送到指定的目标地址中去。图 8-8 为加法运算指令的示例梯形图，图中的 X000 为 ON 时，执行(D10) + (D12) 送 (D14)。

2. 二进制减法指令 SUB

它是将两个源地址中的二进制数相减，结果送到指定的目标地址中去。图 8-8 所示为减法运算指令的示例梯形图，图中的 X001 为 ON 时，执行(D0) - (K22)送 (D0)。

使用加法和减法指令时应该注意：

① 每个数据的最高位为符号位（0 为正、1 为负）。

② 加法指令有三个标志：零标志（M8020）、借位标志（M8021）和进位标志（M8022）。当运算结果为 0，零标志 M8020 置 1；当运算结果超过 32767（16 位运算）或 2147483647（32 位运算），则进位标志 M8022 置 1。

3. 二进制乘法指令 MUL

它是将两个源地址中的二进制数相乘，将结果（32 位）送到指定的目标地址中。如图 8-9 中的 X000 为 ON 时，执行(D0)×(D2)→(D5、D4)，乘积的低 16 位数据送到 D4 中，高 16 位数据送到 D5 中。

使用乘法指令时应注意：Z 只有 16 位乘法时能用，32 位不可用。

4. 二进制除法指令 DIV

它是将［S1.］除以［S2.］，商送到指定的目标地址中，余数送到［D.］的下一个元件。图 8-9 中的 X001 为 ON 时：

当执行 16 位除法运算时，(D6)÷(D8)，商送到（D2），余数送到（D3）。

当执行 32 位除法运算时(D7、D6)÷(D9、D8)，商送到（D3、D2），余数送到（D5、D4）。

5. 加 1 和减 1 指令

INC 和 DEC 这两条指令分别是当条件满足则将指定元件的内容加 1 或减 1。图 8-10 所示为二进制加 1、减 1 指令的示例梯形图。在图 8-10 中，X0 每次由 OFF 变为 ON 时，D10 中的数增加 1；X1 每次由 OFF 变为 ON 时，D11 中的数减 1。若指令是连续指令，则每个扫描周期均作一次加 1 或减 1 运算。

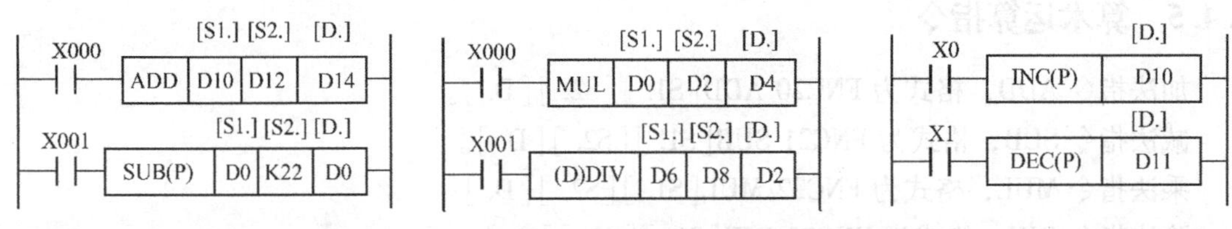

图 8-8　加、减法指令梯形图　　图 8-9　乘、除法指令梯形图　　图 8-10　加 1、减 1 指令梯形图

8.4.6　逻辑运算指令

逻辑与指令 WAND，格式为 FNC26 WAND［S1.］［S2.］［D.］。

逻辑或指令 WOR，格式为 FNC27 WOR［S1.］［S2.］［D.］。

逻辑异或指令 WXOR，格式为 FNC28 WXOR［S1.］［S2.］［D.］。

1. 逻辑与指令 WAND

逻辑与指令是将指定的两个源地址中的二进制数按位进行与逻辑运算，将结果送到指定的目标地址中。

如图 8-11 所示，当 X000 为 ON 时，［S1.］指定的 D10 和［S2.］指定的 D12 内数据按位对应，进行逻辑字与运算，结果存于由［D.］指定的元件 D14 中。

2. 逻辑或指令 WOR

逻辑或指令是将指定的两个源地址中的二进制数按位进行或逻辑运算，将结果送到指定的目的地址中。

如图 8-11 所示，当 X001 为 ON 时，［S1.］指定的 D20 和［S2.］指定的 D22 内数据按位对应，进行逻辑字或运算，结果存于由［D.］指定的元件 D24 中。

3. 逻辑异或指令 WXOR

逻辑异或指令是将指定的两个源地址中的二进制数按位进行异或逻辑运算，将结果送到指定的目标地址中。

如图 8-11 所示，当 X002 为 ON 时，［S1.］指定的 D30 和［S2.］指定的 D32 内数据按位对应，进行逻辑字异或运算，结果存于由［D.］指定的元件 D34 中 。

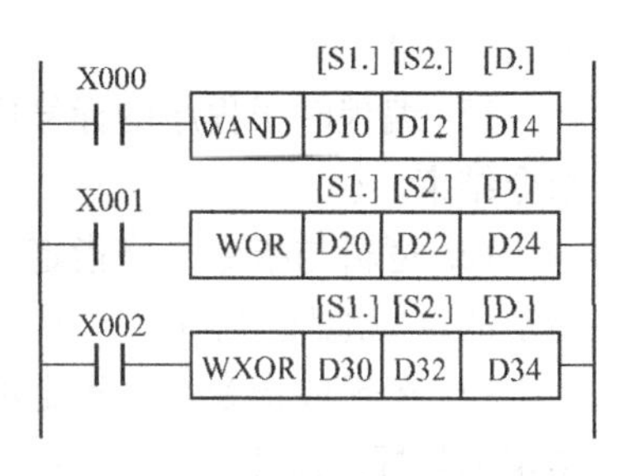

图 8-11　逻辑运算指令梯形图

本章小结

本章介绍了 FX_{2N}系列 PLC 的各种功能指令，也叫作应用指令。功能指令实际上就是一个个功能不同的子程序，能完成一系列的操作，使 PLC 的功能变得更强大。

FX_{2N}系列 PLC 的功能指令可以归纳为程序流控制、数据传送、算术和逻辑运算、循环移位与移位、数据处理、高速处理、方便类、外部 I/O、FX 系列外围设备和外部设备指令共十大类。要注意功能指令的使用条件和源、目标操作数的选用范围和选用方法，特别要注意的是，有些功能指令在整个程序中只能使用一次。

综合练习题

一、判断题（正确打“√”，错误打“×”）

1. FX_{2N}具有 SMOV 移位传送功能指令。(　　)
2. 功能指令表示格式与基本指令完全相同。(　　)
3. 传送与比较指令的功能是将源数据传送到指定的目标。(　　)
4. 子程序返回指令 SRET，无操作数，占用 1 个程序步。(　　)
5. 循环指令包括循环开始指令 FOR 和循环结束指令 NEXT。(　　)
6. 使用位右移和位左移指令时只有 16 位操作，占 9 个程序步。(　　)
7. 子程序调用指令 CALL，操作数为 P0 ~ P127，此指令占用 3 个程序步。(　　)
8. 使用子程序调用与返回指令时，子程序嵌套层数不能超过 5 级嵌套。(　　)
9. ADD 是将两个源地址中的二进制数相加，结果送到指定的目标地址中去。(　　)
10. FX 系列 PLC 设置了 10 条算术和逻辑运算指令，其功能编号为 FNC10 ~ FNC19。(　　)
11. 使用子程序调用与返回指令时，转移标号可重复，也可与跳转指令的标号重复。(　　)
12. DIV 是将［S1.］除以［S2.］，商送到指定的目标地址中，余数送到［D.］的下一个元件。(　　)
13. SUB 是将两个源地址中的二进制数相减，结果送到指定的目标地址中去。(　　)

14. 使用位右移和位左移指令时源操作数可取 X、Y、M、S，目标操作数可取 Y、M、S。(　　)

15. 编程时子程序的标号应写在主程序结束指令 FEND 之后，CALL 子程序必须以 SRET 指令结束。(　　)

16. 逻辑与指令是将指定的两个源地址中的二进制数按位进行与逻辑运算，将结果送到指定的目标地址中。(　　)

17. 逻辑或指令是将指定的两个源地址中的二进制数按位进行或逻辑运算，将结果送到指定的目标地址中。(　　)

二、填空题

1. FX_{2N}系列 PLC 功能指令用编号________表示。

2. FX 系列 PLC 的功能指令中程序流向控制指令共有______条，编号是______。

3. FX_{2N}系列 PLC 中设置了数据比较指令______条，编号为________；数据传送指令______条，编号为________。

4. 指令的功能是将源数据（二进制）自动转换成______位______码，再进行移位传送，传送后的目标操作数元件的______码可自动转换成______。

5. 程序流向控制指令的控制程序是顺序逐条执行的，但是在许多场合下却要求按照控制要求改变程序的流向。这些场合是：________、________与返回、________、警戒时钟与主程序结束。

三、简答题

1. 在使用跳转指令时应注意什么?

2. 在使用循环指令时应注意什么?

3. 在使用功能指令时应注意什么?

4. 循环指令的操作方法是什么?

5. 使用加法和减法指令时应该注意什么?

6. 条件跳转指令是如何操作的?

第9章　西门子S7系列PLC简介

9.1　概述

在第7、8章中，已经详细介绍了三菱FX系列PLC的指令及编程。西门子S7-200/300/400系列PLC与三菱FX系列PLC相比较，梯形图和助记符既有差异也有相似之处，但都有一定规律，所以在掌握了三菱FX系列PLC的指令及编程后，对西门子S7-200/300/400系列PLC的指令及编程也能很轻松地掌握。

西门子S7-200/300/400三个系列分别为大、中、小型PLC系统。

1. S7-200系列PLC

1）S7-200系列PLC有CPU21X系列、CPU22X系列、其中CPU21X型PLC常见的有CPU212、CPU214、CPU215、CPU216四种基本型号；CPU22X型PLC常见的有CPU221、CPU222、CPU224和CPU226四种基本型号。这些型号都是整体式结构，体积小、可靠性高、运行速度快，适合中、小规模的控制设备。

2）使用I/O扩展模块可以增加实际应用的I/O点数。在选用I/O扩展模块或其他特殊功能模块时要注意相关限制。

3）S7-200CPU在一个扫描周期内执行读输入、执行用户程序、处理通信请求、执行自诊断、输出处理5项操作。

4）PLC的技术性能指标是衡量其产品性能的重要依据。构成PLC控制系统时必须根据其技术性能指标来选择PLC。

5）S7-200PLC使用的数据类型有逻辑型、整型及实型，使用的常数可以表示成二进制、十进制、十六进制、ASCII或浮点数据。

6）S7-200 CPU存储器的寻址方式有直接寻址和间接寻址。如果按给定地址所找到的存储单元中的内容就是操作数属于直接寻址方式；使用指针来存取存储器中的数据属于间接寻址方式。

7）PLC内部的编程元件一般称为软继电器。每种元件实质代表了相应的存储器区域，它们都可以进行直接寻址。对于有些元件，当处理连续单元中的多个数据时，间接寻址体现出优越性。

2. S7-300系列PLC

S7-300 PLC是模块化中小型PLC系统，其主要特点是模块化、无排风扇结构、易于实现分布、易于用户掌握等。S7-300 PLC已成为各种从小规模到中等性能要求控制任务的方便又经济的解决方案。

3. S7-400系列PLC

S7-400 PLC是模块化大型PLC系统。该系列是模块化无风扇结构，可靠耐用，同时可以选用多种级别（功能逐步升级）的CPU，并配有多种通用功能的模板，这使用户能根据需要组合成不同的专用系统。S7-400 PLC 用于中、高档性能范围。

9.2 S7-200 系列 PLC 的硬件与接线

9.2.1 S7-200 系列 PLC 的硬件配置

S7-200 系列 PLC 的硬件包括 S7-200CPU 和扩展模块，扩展模块包括模拟量 I/O 扩展模块、数字量 I/O 扩展模块、温度测量扩展模块、特殊功能模块和通信模块等。

1. S7-200 CPU

S7-200CPU 将微处理器、集成电源和多个数字量 I/O 点集成在一个紧凑的盒子中。西门子提供多种类型的 CPU，S7-200 包括 CPU221、CPU222、CPU224 和 CPU226 共 4 种型号的 CPU，以适应各种应用要求。不同的 CPU 有不同的技术参数，见表 9-1。

表 9-1 S7-200CPU 的主要性能指标

性能指标	CPU221	CPU222	CPU224	CPU226
外形尺寸/mm	90×80×62	90×80×62	120.5×80×62	190×80×62
本机数字量 I/O	6 个输入/4 个输出	8 个输入/6 个输出	14 个输入/10 个输出	6 个输入/4 个输出
程序空间	2048 字	2048 字	4096 字	4096 字
数据空间	1024 字	1024 字	2560 字	2560 字
用户存储器类型	E^2PROM	E^2PROM	E^2PROM	E^2PROM
扩展模块数量	不能扩展	2 个模块	7 个模块	7 个模块
模拟量 I/O	无	16 输入/16 输出	32 输入/32 输出	32 输入/32 输出
数字量 I/O	128 输入/128 输出	128 输入/128 输出	128 输入/128 输出	128 输入/128 输出
内部继电器	256	256	256	256
指令执行速度	0.37us/指令	0.37us/指令	0.37us/指令	0.37us/指令
通信口数量	1（RS-485）	1（RS-485）	1（RS-485）	1（RS-485）
定时器/计数器	256/256	256/256	256/256	256/256

2. 扩展模块

（1）数字量 I/O 扩展模块　包括数字量输入模块、数字量输出模块和数字量输入/输出模块。其规格见表 9-2。

表 9-2 数字量 I/O 扩展模块规格表

模 块 型 号	输入点	输出点	电压	功耗/W	DC5V	DC24V
EM221DI	8	0	DC24V	2	30 mA	
EM221DI	16	0	AC120/230V	3	30 mA	
EM222DO	0	4	DC24V	3	40 mA	
EM223	4	4	DC24V	2	40 mA	20.4～28.8V

（2）模拟量 I/O 扩展模块　包括模拟量输入模块、模拟量输出模块和模拟量输入/输出模块。其规格见表 9-3。

表 9-3 模拟量 I/O 扩展模块规格表

模块型号	输入点	输出点	电压	功耗/W	DC5V	DC24V
EM231	4	0	DC24V	2	20 mA	60 mA
EM232	0	2	AC120/230V	2	20 mA	70 mA
EM235	4	1	DC24V	2	30 mA	60 mA

3. 端子连接

图 9-1 是 S7-200 系列 PLC CPU214 端子连接图，DC 24V 极性可任意选择，1M、2M 为输入端子的公共端，2L、3L 为输出公共端。

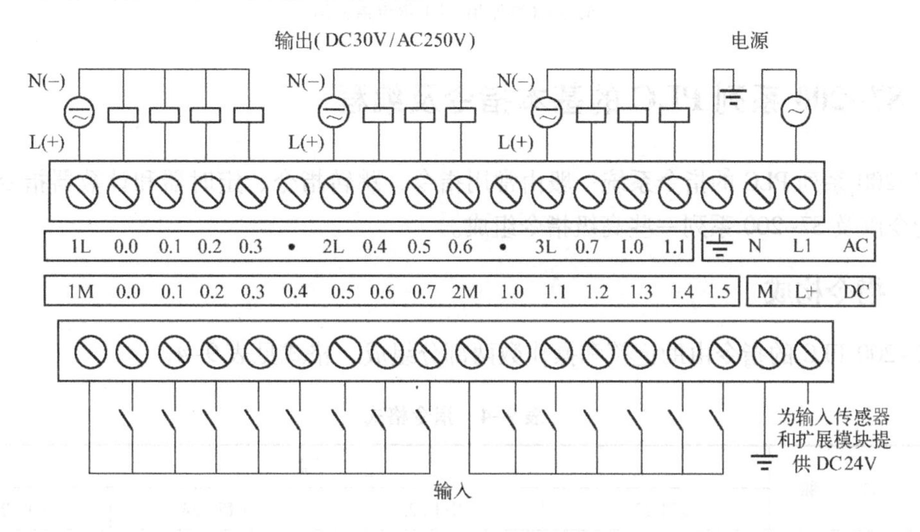

图 9-1 CPU214 连接端子标记

9.2.2 S7-200 系列 PLC 的接线

1. 输入端的接线

S7-200 系列 PLC 的输入端接线与三菱 FX 系列 PLC 输入端接线不同。三菱 FX 系列 PLC 不需要接入直流电源，其电源由系统内部提供；而 S7-200 系列 PLC 的输入端必须接入直流电源。PNP 型的接近开关按照图 9-2a 所示接线，NPN 型的接近开关按照图 9-2b 所示接线。

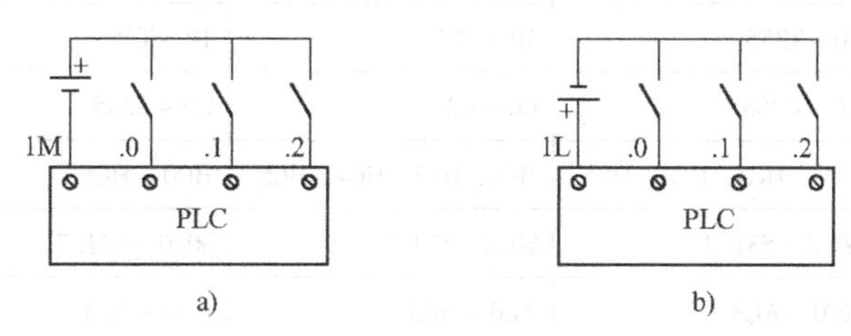

图 9-2 输入端的接线图

a) PNP 型 b) NPN 型

2. 输出端的接线

S7-200 系列 PLC 的输出端有两种类型：24 V 直流（晶体管）输出和继电器输出。

晶体管输出形式只能按照图 9-3a 所示接线，且只能接 24 V 直流电，推荐外接电源。若 PLC 需要高速输出时，要用晶体管输出。

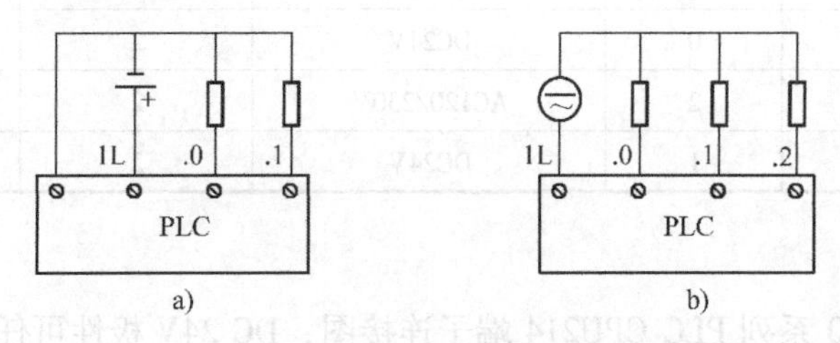

图 9-3 输出端的接线图

a）晶体管输出 b）继电器输出

9.3 S7-200 系列 PLC 的基本指令及编程

S7-200 系列 PLC 的指令系统一般由常用指令、跳转指令、定时器和计数器指令、数据操作指令以及 S7-200 系列一些高级指令组成。

9.3.1 指令构成

S7-200 PLC 的指令由助记符和操作数两部分组成，格式见表 9-4。

表 9-4 指令格式

记号	名　称	范　围			
		CPU221	CPU222	CPU224	CPU226
I	输入继电器	I0. 0 ~ I15. 7	I0. 0 ~ I15. 7	I0. 0 ~ I15. 7	I0. 0 ~ I15. 7
Q	输出继电器	Q0. 0 ~ Q15. 7	Q0. 0 ~ Q15. 7	Q0. 0 ~ Q15. 7	Q0. 0 ~ Q15. 7
AIW	模拟量输入	无	AIW0 ~ AIW30	AIW0 ~ AIW62	AIW0 ~ AIW62
AQW	模拟量输出	无	AQW0 ~ AQW30	AQW0 ~ AQW62	AQW0 ~ AQW62
M	位存储器	M0. 0 ~ M31. 7	M0. 0 ~ M31. 7	M0. 0 ~ M31. 7	M0. 0 ~ M31. 7
SM	特殊存储器	SM0. 0 ~ SM179. 7 SM0. 0 ~ SM29. 7	SM0. 0 ~ – SM179. 7 SM0. 0 ~ SM29. 7	SM0. 0 ~ SM179. 7 SM0. 0 ~ SM29. 7	SM0. 0 ~ SM179. 7 SM0. 0 ~ – SM29. 7
T	定时器	T0 ~ T255	T0 ~ T255	T0 ~ T255	T0 ~ T255
C	计数器	C0 ~ C255	C0 ~ C255	C0 ~ C255	C0 ~ C255
HC	高速计数器	HC0、HC3、HC4、HC5	HC0、HC3、HC4、HC5	HC0 ~ HC5	HC0 ~ – HC5
S	顺序继电器	S0. 0 ~ S31. 7	S0. 0 ~ S31. 7	S0. 0 ~ S31. 7	S0. 0 ~ S31. 7
AC	累加寄存器	AC0 ~ AC3	AC0 ~ AC3	AC0 ~ AC3	AC0 ~ AC3
	跳转/标号	0 ~ 255	0 ~ 255	0 ~ 255	0 ~ 255
	调用/子程序	0 ~ 63	0 ~ 63	0 ~ 63	0 ~ 63
	中断时间	0 ~ 127	0 ~ 127	0 ~ 127	0 ~ 127
	PID 回路	0 ~ 7	0 ~ 7	0 ~ 7	0 ~ 7

9.3.2　S7-200系列PLC基本指令

S7-200系列PLC共有27条基本指令，包括基本逻辑指令，算术、逻辑运算指令，数据处理指令，程序控制指令等。

1. LD 、LDN、 =(Out)指令

(1) 指令定义

① LD (Load)：取指令。表示第一个常开触头与左母线连接的指令。即以常开触头开始一逻辑运算的指令，在分支处也可使用。

② LDN (Load Not)：取反指令。表示第一个常闭触头与左母线连接的指令。即以常闭触头开始一逻辑运算的指令，在分支处也可使用。

含有直接位地址的指令又称为位操作指令，指令的输入端都必须使用LD和LDN这两条指令。

③ =(Out)：表示线圈驱动指令。用于将逻辑运算的结果驱动一个指定的线圈，也叫作输出指令。它将运算结果输出到指定的继电器，是驱动线圈的输出指令。

LD、LDN、 =(out)指令格式见表9-5。

表9-5　LD、LDN、 =(out)的指令格式

指令名称	STL	LAD	功　能	指令操作数
取指令	LD	┤├	起始的常开触头	I、Q、M、SM、T、C、V、S、L
取反指令	LDN	┤/├	起始的常闭触头	
线圈驱动指令	=	─( )	线圈输出	Q、M、SM、T、C、V、S、L

(2) 指令使用说明

① LD、LDN两条指令用于与左母线相连的触头，在分支电路块的开始处也要使用LD、LDN指令，也可以与后面的OLD、ALD指令配合完成块电路的编程。

② =(Out)指令用于输出继电器、辅助继电器、状态继电器、定时器及计数器等，但不可用于输入继电器。

③ 并联的=(Out)指令可以连续使用多次。

④ 在同一程序中不能使用双线圈输出，即同一个元器件在同一程序中只使用一次=(Out)指令。

LD 、LDN、 =(Out)指令的使用方法如图9-4所示。

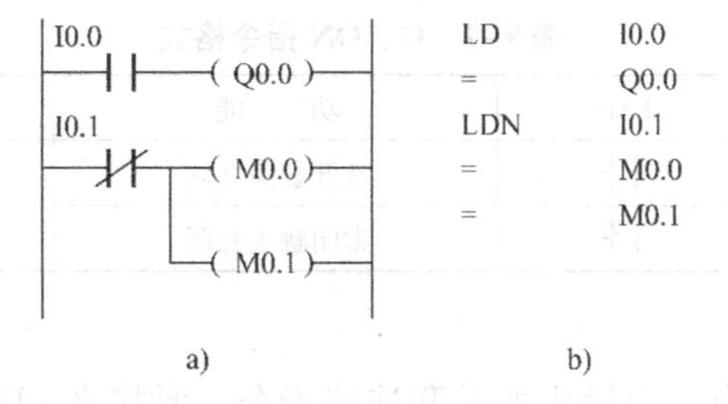

图9-4　LD、LDN、 = (Out) 指令的使用

a) 梯形图　b) 助记符

2. A 、AN 串联指令

（1）指令定义

A（And）：与指令。用于单个常开触头的串联连接。

AN（And Not）：与反指令。用于单个常闭触头的串联连接。

A、AN 指令格式见表 9-6。

表 9-6　A、AN 指令格式

指 令 名 称	STL	LAD	功　能	指令操作数
与指令	A	┤├	常开触头串联	I、Q、M、SM、T、C、V、S
与反指令	AN	┤/├	常闭触头串联	

（2）指令使用说明

① A、AN 是单个触头串联连接指令，这两条指令可以多次重复使用。但在用梯形图编程时会受到打印宽度和屏幕显示的限制，S7-200 PLC 的编程软件中规定的串联触头使用上限为 11 个。

② 若要串联多个触头组合回路时，要采用 ALD 指令。

③ 若按正确次序编程，可以反复使用 =（Out）指令。

A 、AN 指令的使用方法如图 9-5 所示。

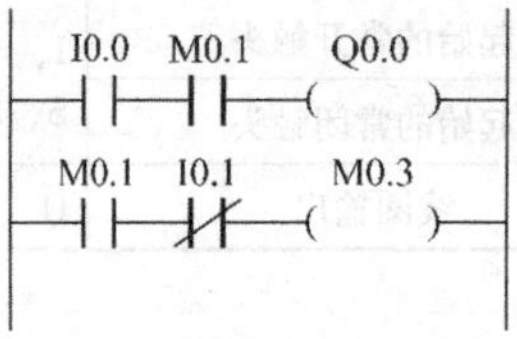

```
 I0.0   M0.1    Q0.0
─┤ ├──┤ ├────(    )─
 M0.1   I0.1    M0.3
─┤ ├──┤/├────(    )─
```

a)

```
LD    I0.0
A     M0.1
=     Q0.0
LD    M0.1
AN    I0.1
=     M0.3
```

b)

图 9-5　A 、AN 指令的使用

a）梯形图　b）助记符

3. O、ON 并联指令

（1）指令定义

O（Or）：或指令。用于单个常开触头的并联连接。

ON（Or Not）：或反指令。用于单个常闭触头的并联连接。

O、ON 指令格式见表 9-7。

表 9-7　O、ON 指令格式

指 令 名 称	STL	LAD	功　能	指令操作数
或指令	O	┤├	常开触头并联	I、Q、M、SM、T、C、V、S
或反指令	ON	┤/├	常闭触头并联	

（2）指令使用说明

① O、ON 指令可作为一个触头的并联连接指令，紧接在 LD、LDN 指令之后用，即对其前面 LD、LDN 指令所规定的触头再并联一个触头，可以连续使用。

② 若要将两个以上触头的串联电路和其他电路并联时，要采用 OLD 指令。

O、ON 指令的使用方法如图 9-6 所示。

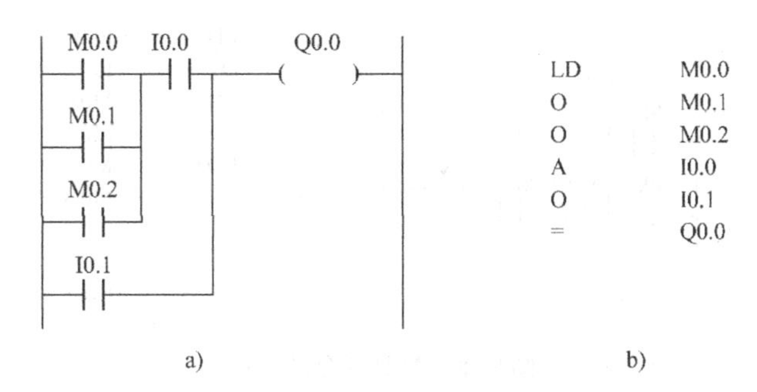

图 9-6 O、ON 指令的使用

a) 梯形图 b) 助记符

4. OLD 块或指令

(1) 指令定义

OLD (Or Load): 块或指令。用于两个或两个以上触头串联连接的电路之间的并联。

OLD 指令无操作数。

(2) 指令使用说明

① 两个以上触头串联连接的电路称为串联电路块，其支路的起点以 LD、LDN 开始，支路终点用 OLD 指令。

② 如需将多个支路并联，从第二条支路开始，在每一支路后面加 OLD 指令。用这种办法编程，对并联电路块的个数没有限制。

OLD 指令的使用方法如图 9-7 所示。

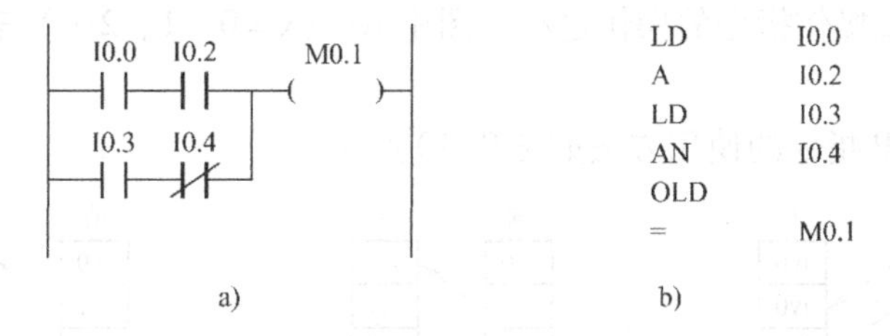

图 9-7 OLD 指令的使用

a) 梯形图 b) 助记符

5. ALD 块与指令

(1) 指令定义

ALD (And Load): 块与指令。用于并联电路块的串联连接。

ALD 指令无操作数。

(2) 指令使用说明

① 两个或两个以上触头并联的电路称为并联电路块，分支电路与前面电路串联连接时，使用 ALD 指令。分支的起始点用 LD、LDN 指令，并联电路块结束后，使用 ALD 指令与前面电路串联。

② 当有多个并联电路块从左到右按顺序串联连接时，可以连续使用 ALD 指令，串联的电路块数量没有限制。

ALD 指令的使用方法如图 9-8 所示。

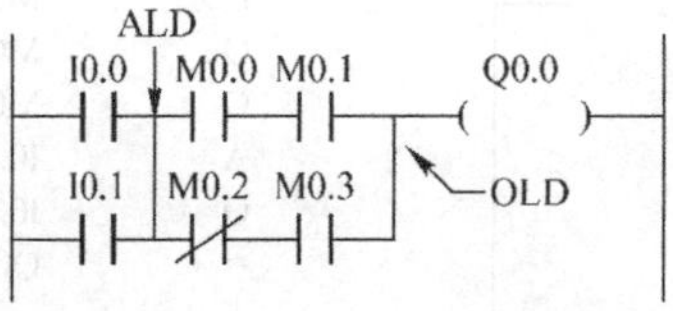

```
LD      I0.0
O       I0.1
LD      M0.0
A       M0.1
LDN     M0.2
A       M0.3
OLD
ALD
=       Q0.0
```

a)　　b)

图 9-8　ALD 指令的使用

a）梯形图　b）助记符

6. LPS 、LRD、LPP 指令

（1）指令定义

LPS（Logic Push）：逻辑入栈操作指令，无操作元件。

LRD（Logic Read）：逻辑读栈指令，无操作元件。

LPP（Logic Pop）：逻辑弹栈指令，无操作元件。

（2）指令说明

① 在 S7-200 系列 PLC 中有一个 9 层堆栈，用于处理所有逻辑操作，称为逻辑堆栈。其特点是“先进后出”。

① 逻辑入栈指令 LPS 用于生成一条新的母线，其左侧为原来的主逻辑块，右侧为新的从逻辑块，可以直接编程。LPS 指令的作用是把栈顶值复制后压入堆栈，栈底值压出丢掉。

② LRD 指令的作用是把逻辑堆栈第二级的值复制到栈顶，堆栈没有压入和弹出。

③ LPP 的作用是把堆栈弹出一级，原第二级的值变为新的栈顶值。

图 9-9 为逻辑栈操作指令的操作过程，图中 ivx（x =0、1、2…）表示存储在栈区某个程序断点的地址。

LPS、LRD、LPP 指令的使用方法如图 9-10 所示。

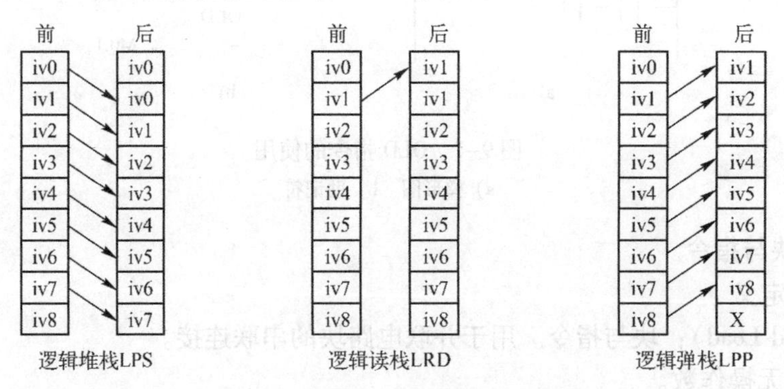

图 9-9　栈操作指令的操作过程

7. 置位与复位指令

（1）指令定义

① S（Set）：置位指令。使输入有效后从始位置 S - bit 开始的 N 个位置“1”并保持。

② R（Reset）：复位指令。使输入有效后从始位置 S - bit 开始的 N 个位置“0”并保持。

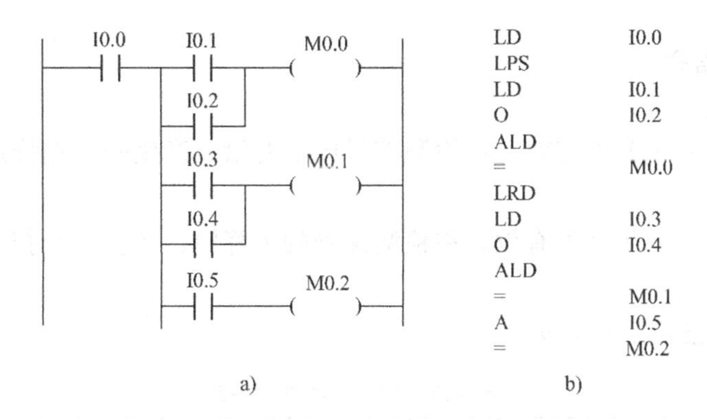

图 9-10 LPS、LRD、LPP 指令的使用

a) 梯形图 b) 助记符

S、R 指令格式见表 9-8。

表 9-8 S、R 指令格式

指令名称	STL	LAD	功 能	指令操作数
置位指令	S	S-bit —(S)	从 S－bit 开始的 N 个元件置 1 并保持	I、Q、M、SM、T、C、V、S、L
复位指令	R	S-bit —(R)	从 S－bit 开始的 N 个元件置 0 并保持	

（2）指令使用说明

① 对同一元件可以多次使用 S、R 指令（与 = 指令不同）。

② 对计数器和定时器复位，计数器和定时器的当前值将被清零。

③ N 的取值范围为 1～255，N 可为：VB、IB、QB、MB、SMB、SB、LB、AC、常数等。

编程时，置位、复位线圈之间间隔的网络个数可以任意。置位、复位线圈通常是成对使用，也可以单独使用。

S、R 指令的使用方法如图 9-11 所示。

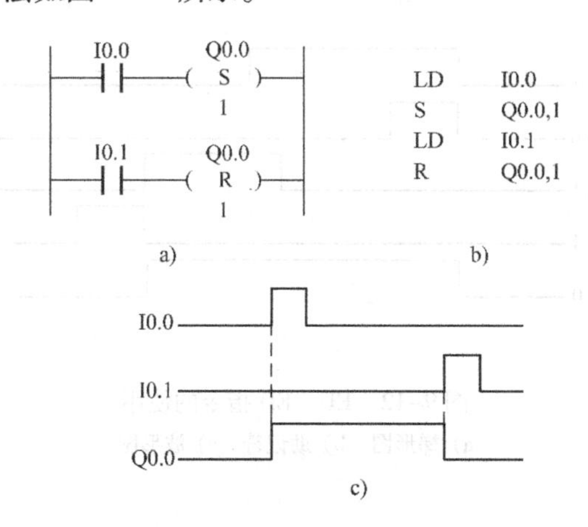

图 9-11 S、R 指令的使用

a) 梯形图 b) 助记符 c) 波形图

8. EU、ED 指令

(1) 指令定义

EU (EdgeUp)：上升沿有效。在检测信号的上升沿，产生一个扫描周期为扫描周期宽度的脉冲。

ED (EdgeDown)：下降沿有效。在检测信号的下降沿，产生一个扫描周期为扫描周期宽度的脉冲。

EU、ED 指令格式见表 9-9。

表 9-9　EU、ED 指令格式

指令名称	STL	LAD	功　能	操作元件
上升沿脉冲	EU	┤P├	上升沿微分输出	无
下降沿脉冲	ED	┤N├	下降沿微分输出	无

(2) 指令使用说明

边沿触发是指用边沿触发信号产生一个机器周期的扫描脉冲，一般用作脉冲整形。边沿触发指令分为上升沿触发和下降沿触发两大类。上升沿触发指输入脉冲的上升沿使触头闭合（ON）一个扫描周期。下降沿触发指输入脉冲的下降沿使触头闭合（ON）一个扫描周期。

EU、ED 指令的使用方法如图 9-12 所示。

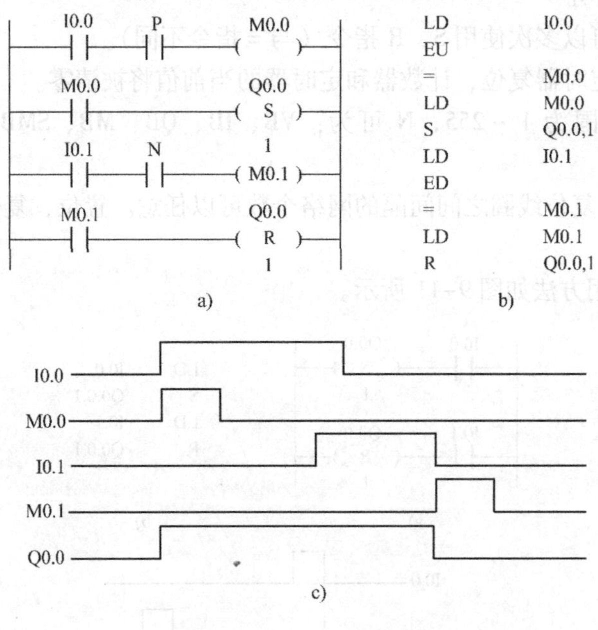

图 9-12　EU、ED 指令的使用
a) 梯形图　b) 助记符　c) 波形图

9. I 指令

(1) 指令定义

I (Immediate)：立即存取指令，对输入/输出点进行快速直接存取。

I 指令格式见表 9-10。

表 9-10　I 指令格式

指令名称	STL	LAD	功　　能
立即输出指令	=I	bit —(I)	bit 只能为 Q
立即置位指令	SI	bit —(SI) N	bit 只能为 Q N 的范围：1～128 N 的操作数同 S、R 指令
立即复位指令	RI	bit —(RI) N	

(2) 指令说明

立即指令是在 LD、LDN、A、AN、O 和 ON 指令后加 I，组成 LDI、LDNI、AI、ANI、OI、ONI 指令。程序执行立即读输入指令时，只是立即读取物理输入点的值，而不改变输入映像寄存器的值。其作用是提高 PLC 对输入/输出过程的响应速度，不受 PLC 循环扫描工作方式的影响。

其特点是：

① 当用立即指令读取输入点的状态时，对 I 进行操作，相应的输入映像寄存器中的值并没有更新。

② 当用立即指令访问输出点时，对 Q 进行操作，新值同时写入 PLC 的物理输出点和相应的输出映像寄存器中。

I 指令的使用方法如图 9-13 所示。

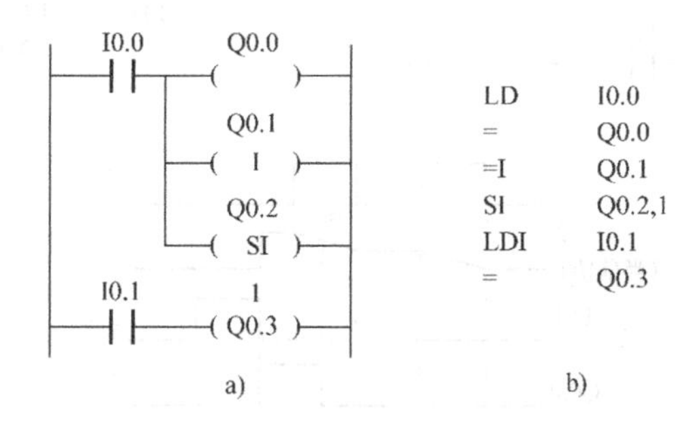

图 9-13　I 指令的使用

a) 梯形图　b) 助记符

10. NOP、NOT 指令

NOP（Non－Processing)：空操作指令，起增加程序容量的作用。操作数 N 为执行空操作指令的次数，N＝0～255。

NOT：取反指令，指将它左边电路的逻辑运算结果取反，运算结果若为 1 则变为 0，为 0 则变为 1，该指令没有操作数。

11. TON 、TONR 、TOF 指令

(1) 指令定义

TON（On Delay Timer)：通电延时定时器，通电后单一时间间隔的定时，如图 9-14 所示。

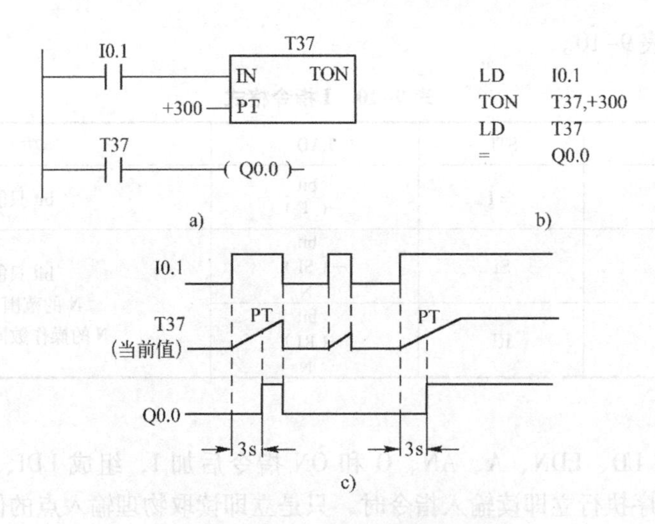

图 9-14　通电延时定时器应用示例

a）梯形图　b）助记符　c）波形图

TONR（Retentive On Delay Timer）：保持型通电延时定时器，多个时间间隔的累计定时，如图 9-15 所示。

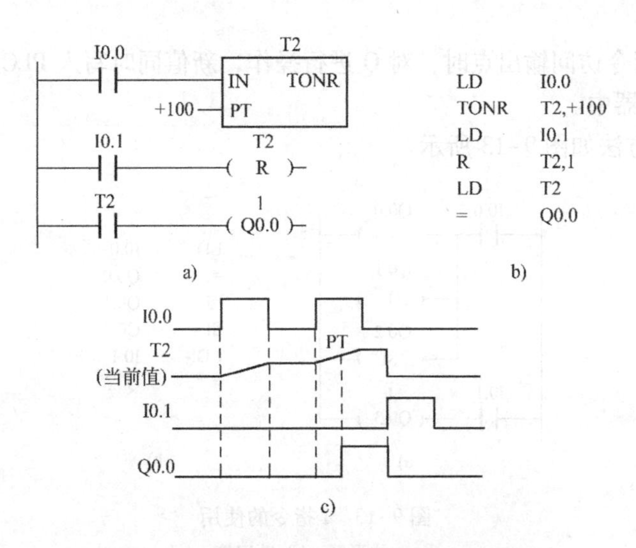

图 9-15　保持型通电延时定时器应用示例

a）梯形图　b）助记　c）波形图

TOF（Off Delay Timer）：断电延时定时器，单一时间间隔的定时，如图 9-16 所示。

TON、TONR、TOF 指令的工作方式与类型见表 9-11。

表 9-11　TON、TONR、TOF 指令的工作方式与类型

工作方式	用毫秒（ms）表示的分辨率	用秒（s）表示的最大当前值	定 时 器 号
TONR	1	32.767	T0，T64
	10	327.67	T1 ~ T4，T65 ~ T68
	100	3276.7	T5 ~ T31，T65 ~ T68

（续）

工作方式	用毫秒（ms）表示的分辨率	用秒（s）表示的最大当前值	定 时 器 号
TON/TOF	1 10 100	32.767 327.67 3276.7	T32，T96 T33 ~ T36，T97 ~ T100 T37 ~ T63，T101 ~ T255

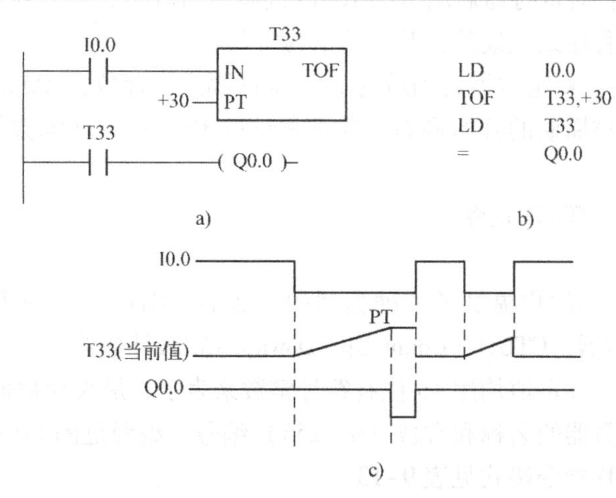

图 9-16　断电延时定时器应用示例

a）梯形图　b）助记符　c）波形图

(2) 指令格式

定时器 TON 、TONR 、TOF 指令格式见表 9-12。

表 9-12　TON 、TONR 、TOF 指令格式

指 令 名 称	STL	LAD	功　　能
通电延时定时器	TON	???? IN TON ????— PT	通电延时型
保持通电延时器	TONR	???? IN TONR ????— PT	有记忆通电延时型
断电延时定时器	TOF	???? IN TOF ????— PT	断电延时型

(3) 指令使用说明

S7-200 系列定时器有 3 种分辨率（时基）：1 ms、10 ms、100 ms，分别对应不同的定时器号。

定时器有 6 个要素：指令格式（时基、编号等）；预置值 PT；使能 IN；复位（3 种定时器不同）；当前值 Txxx；定时器状态。

定时值 = 时基 × 预置值 PT。由于定时器的计时间隔与程序的扫描周期并不同步，定时器可能在其时基（1 ms、10 ms、100 ms）内任何时间启动，所以，为避免计时时间丢失，一般要求设置预置值 PT 必须大于最小需要的时间间隔。例如：使用 10 ms 时基定时器实现

140 ms 延时（时间间隔），则 PT 应设置为 15（10 ms × 15 = 150 ms）。

① 1 ms 定时器：启动后的 1 ms 间隔进行计数，由系统每隔 1ms 刷新一次，与扫描周期及程序处理无关，即采用中断刷新方式。当扫描周期较长时，在一个周期内可能被多次刷新，其当前值在一个扫描周期内不一定保持一致。

② 10 ms 定时器：对定时器启动后的 10 ms 间隔进行计数，由系统在每个扫描周期开始时自动刷新。在每次程序处理期间，其当前值为常数。

③ 100 ms 定时器：对定时器启动后的 100 ms 间隔进行计数，100 ms 后由定时器指令启动定时器。在每次扫描周期的开始刷新，并把累计的 100 ms 的间隔数加到启动的定时器的当前值。

12. CTU、CTD、CTUD 指令

（1）指令定义

S7-200 系列 PLC 为用户提供了三种类型的计数器：CTU（Count Up）增计数器、CTD（Count Down）减计数器、CTUD（Count Up/ Down）增/减计数器。

计数器的当前值、设定值均用 16 位有符号整数来表示，最大计数值为 32767。

计数器编号用计数器的名称和常数（0 ~ 255）编号，编程范围 C0 ~ C255。

CTU、CTD、CTUD 指令格式见表 9-13。

表 9-13　CTU、CTD、CTUD 指令格式

名称/格式	增 计 数 器	减 计 数 器	增/减计数器
LAD	???? CU CTU R ???? PV	???? CD CTD LD ???? PV	???? CU CTUD CD R ???? PV
STL	CTU	CTD	CTUD

（2）指令使用说明

计数器有 6 个要素：指令格式（类型、编号等）；预置值 PV；使能 CU、CD；复位 R、LD；当前值 Cxxx；计数器状态（位）。

1）加计数器。加计数器在 CU 端输入脉冲上升沿（从 OFF 到 ON），当前计数值开始递增计数。当复位输入（R）置位或者执行复位指令时，计数器复位。计数器在达到最大计数值（32767）时，停止计数。

2）加/减计数器。加/减计数器有两个脉冲输入端，其中 CU 端用于加计数，CD 端用于减计数，执行加/减计数，CU/CD 端的计数脉冲上升沿加 1/减 1 计数。若当前值大于或等于计数器设定值（PV），计数器状态位置位。当复位输入（R）有效或执行复位指令时，计数器状态位复位，当前值清零，如图 9-17 所示。

注意：CU、CD 和 R 的顺序不能错。

3）减计数器。当减计数器指令输入端有上升沿时，减计数器每次从计数器的当前值减计数。当输入端接通时，计数器复位并把预设值装入当前值。当计数器到达 0 时，计数器位可接通，如图 9-18 所示。

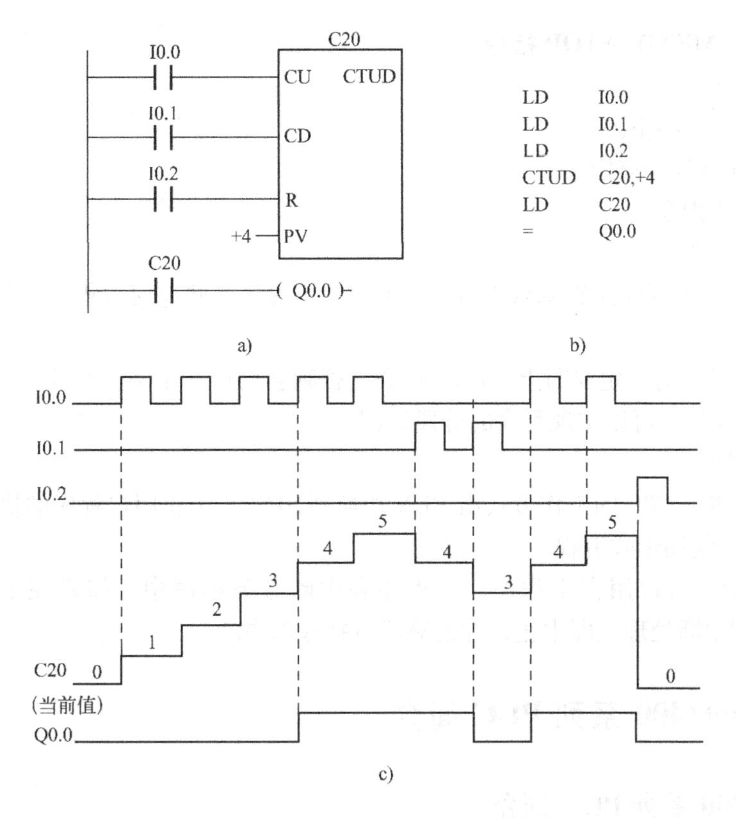

图 9-17　加/减计数器应用示例

a）梯形图　b）助记符　c）波形图

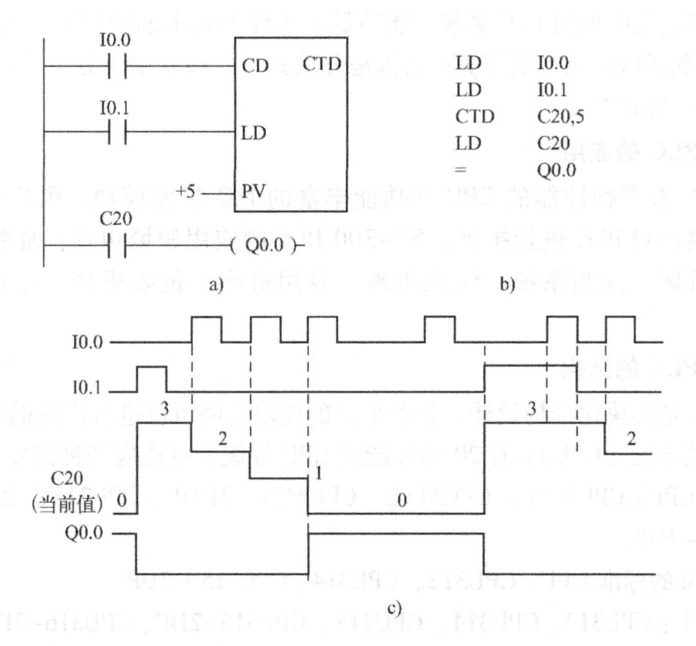

图 9-18　减计数器应用示例

a）梯形图　b）助记符　c）波形图

13. END、MEND、STOP 指令

（1）指令定义

END：条件结束指令。

MEND：无条件结束指令。

STOP：停止指令 。

（2）指令说明

1）END 指令根据前面的逻辑关系，结束用户主程序，并返回主程序起始点。END 指令无操作数。

2）在编程结束时一定要写上 MEND 指令，否则会出错。在调试程序时，在程序的适当位置插入 MEND 指令可以实现程序的分段调试。

3）STOP 指令。

① 可以使主机 CPU 的工作方式由 RUN 切换到 STOP，中止用户程序的执行。STOP 指令在梯形图中是以线圈形式编程。

② STOP 指令可以用在主程序、子程序和中断服务程序中。如果在中断程序中执行 STOP 指令，则中断处理立即中止，并忽略所有挂起的中断。

9.4 S7-300/400 系列 PLC 简介

9.4.1 S7-300 系列 PLC 简介

1. S7-300PLC 的主要特点

S7-300 是模块化中小型 PLC 系统，能满足中等性能要求的应用；有大范围的各种功能模块，可以满足和适应自动控制任务；结构是分散式，使得应用十分灵活；当控制接点增加时，可自由扩展；功能强大。

2. S7-300 PLC 的应用

S7-300 PLC 有多种性能的 CPU 和功能丰富的 I/O 扩展模块，用户可以根据实际应用选择合适的模块对 PLC 进行扩展。S7-300 PLC 的应用领域包括：通用机械工程应用、楼宇自动化、机床、控制系统、纺织机械、专用机床、包装机械、电器制造工业和相关产业。

3. S7-300 PLC 的结构

S7-300 PLC 是模块化结构设计，各种单独的模块之间可以进行广泛的组合及扩展。

1）中央处理单元（CPU）：有 20 种性能的 CPU 等级，可适应各种需要。

6 种紧凑型 CPU：CPU312C、CPU313C、CPU313C-2PTP 、CPU313C-2DP 、CPU314C-2PTP、CPU314C-2DP。

3 种重新定义的标准 CPU：CPU312、CPU314、CPU315 -2DP。

5 种标准 CPU：CPU313、CPU314、CPU315、CPU315-2DP、CPU316-2DP。

4 种户外型 CPU：CPU312 IFM、CPU314、CPU314 IFM、CPU315-2DP。

2 种其他 CPU：CPU315F-2DP、CPU318-2DP。

2）信号模块（SM）：用于数字量和模拟量 I/O。

3）通信处理器（CP）：用于连接网络和点对点之间的连接。

4）功能模块（FM）：用于高速计数、定位操作（开环或闭环控制）和闭环控制。

根据用户要求、还可以提供以下设备。

电源模块（PS）：用于将 S7-300 PLC 连接到 AC 120/230V 电源。

接口模块（IM）：用于多机架配置时连接主机架（CR）和扩展机架（ER）。S7-300 PLC 通过分布式的主机架（CR）和 3 个扩展机架（ER），可以操作多达 32 个模块，运行时无需风扇。

CM7 自动化计算机：AT 兼容的计算机，用于解决对时间要求非常高的技术问题。它既可作为 CPU，也可以作为功能模块使用。

4. S7-300PLC 的主要功能

S7-300 PLC 的高电磁兼容性和强抗振动、冲击性，使其具有最高的工业环境适应性。

S7-300 有两种类型：

① 标准型：温度范围从 0～60℃。

② 环境条件扩展型：温度范围为 -25℃～60℃，具有更强的耐受振动和污染特性。

S7-300 PLC 具有如下主要功能：

1）高速的指令处理功能：指令处理时间在 0.1～0.6 ms 之间。

2）浮点数运算功能：可以有效地实现更为复杂的算术运算。

3）方便用户的参数赋值功能：一个带标准用户接口的软件工具，可给所有模块进行参数赋值。

4）人机界面（HMI）功能：有方便的人机界面服务功能，S7-300 PLC 按用户指定的刷新速度传送这些数据。S7-300 PLC 操作系统能自动地处理数据的传送。

5）自诊断功能：检查 CPU 的智能化的诊断系统和连续监控系统的功能是否正常、有无记录错误和特殊系统事件等。

6）口令保护功能：多级口令保护可以使用户高度、有效地保护其技术机密，防止未经允许的复制及修改。

7）操作方式选择开关：操作方式选择开关像钥匙一样可以拔出。当钥匙拔出时，就不能改变操作方式。这样防止了非法删除或改写用户程序包。

5. S7-300PLC 的通信功能

S7-300 有多种不同的通信接口：

1）多种通信处理器用来连接工业以太网总线系统等；

2）通信处理器用来连接点到点的通信系统；

3）多点接口（MPI）集成在 CPU 中，用于同时连接编程器、PC、人机界面系统及其他自动化控制系统等。

CPU 还支持下列通信类型：

① 过程通信：通过总线对 I/O 模块周期寻址（过程映像交换）。

② 数据通信：在自动控制系统之间，人机界面和几个自动控制系统之间，数据通信会周期性地被用户程序、功能块调用。

9.4.2 S7-400 系列 PLC 简介

S7-400 PLC 是模块化的大型 PLC 系统，能满足中、高档性能要求的应用。S7-400 系列比 300 系列的规模和性能上更强大，启动类型有冷启动（CRST）和热启动（WRST）之分，它还有一个外部的电池电源接口，当在线更换电池时可以向 RAM 提供后备电源。S7-400 系列其他方面与 300 系列基本一样，下面作简要介绍。

1. S7-400PLC 的结构

S7-400 PLC 采用模块化设计，性能范围宽的不同模板可灵活组合，扩展十分方便。一个系统可包括以下几项。

1）电源模板（PS）：可将 S7-400 连接到 AC 120/230V 或 DC 24V 电源上。

2）中央处理单元（CPU）：有多种 CPU 可供用户选择，有些带有内置的 PROFIBUS - DP 接口，用于各种性能可包括多个 CPU 以及数字量输入和输出（DI/DO）和模拟量输入和输出（AI/AO）的信号模板（SM）。

3）通信处理器（CP）：用于总线连接和点到点连接。

4）功能模板（FM）：专门用于计数、定位、凸轮控制任务。

S7-400 PLC 还提供以下部件以满足用户的需要。

接口模板（IM）：用于连接中央控制单元和扩展单元。S7-400 PLC 中央控制器最多能连接 21 个扩展单元。

M7 自动化计算机：M7 是 AT 兼容的计算机，可用于要求解决高速计算机的技术问题。它既可用作 CPU 也可用作功能模板。

2. S7-400 PLC 的应用

S7-400 PLC 的应用主要包括以下领域：汽车制造、专用机床、工具机床、过程控制、通用机械、仪表控制装置、纺织机械、立体仓库、包装机械、控制设备。

多种级别的 CPU，种类齐全的通用功能的模板，用户可根据需要组合成不同功能的专用系统。当控制系统规模大或变得更加复杂时不必投入很多费用，只需适当增加一些模板，便能使系统升级，可充分满足需要。

本章小结

本章重点讲述 S7-200 系列 PLC 的基本指令，它是编程的基础。通过本章学习，要求熟练掌握常用基本指令在梯形图和语句表中编程的方法，并理解相应的时序逻辑。特别要注意掌握定时器指令和计数器指令的用法，了解其相应的工作原理。

综合练习题

一、根据下列指令表，画出对应的梯形图。

(1)		(2)	
LD	I0.0	LD	I0.0

```
O    Q0.0
A    I0.1
=    Q0.0
LD   I0.2
=    M0.0
A    I0.3
=    M0.1
```

```
O    I0.2
LD   I0.1
O    I0.3
ALD
=    M0.0
```

(3)

```
LD   I0.0
LPS
LD   I0.1
O    I0.2
ALD
=    Q0.0
LRD
LD   I0.3
ON   I0.4
ALD
=    Q0.1
LPP
A    I0.5
AN   I0.6
=    Q0.2
```

(4)

```
LD   I0.0
O    M0.0
AN   I0.1
=    M0.0
LD   I0.2
O    Q0.0
AN   I0.4
=    Q0.0
```

(5)

```
LD      I0.0
ON      I0.0
LPS
A       I0.2
AN      I0.3
LPS
A       I0.4
=       Q2.5
LPP
LD      I4.2
```

```
O       I3.3
ALD
R       M3.4，1
LPP
LPS     I0.5
A       M2.6
=
LPP     I0.6
AN      Q3.2
=
```

二、根据下列梯形图程序，写出指令表程序

(1)

(2)

(3)

(4)

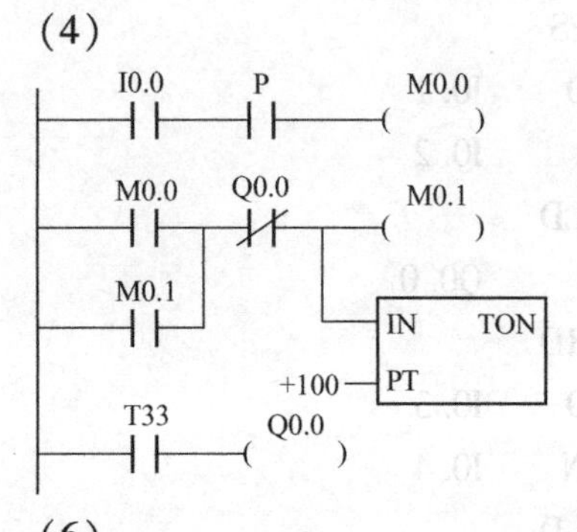

(5)

(6)

第10章　PLC的工程应用及案例

10.1　概述

1. PLC应用领域

(1) 开关量的逻辑控制　它是PLC最基本的功能。所控制的逻辑可以是时序、组合、计数、不计数等，控制的I/O点数可以不受限制，少则十点、几十点，多则成千上万点，还可以通过联网来实现控制。

(2) 模拟量的闭环控制　PLC具有A-D、D-A转换、算术运算和模糊控制的功能，可实现模拟量控制、闭环的位置控制、速度控制和过程控制。

(3) 数字量的智能控制　PLC能接收和输出高速脉冲，如果再配备相应的传感器或脉冲伺服装置，就能实现数字量的智能控制。

(4) 数据采集与监控　PLC在实现控制时，能把现场的数据实时显示出来或采集保存下来，可随时观察采集来的数据及统计分析结果。

(5) 通信、联网及集散控制　PLC的通信联网能力很强，PLC与PLC之间、PLC与计算机之间可进行通信和联网，由计算机来实现对其编程和管理。

如果充分利用PLC的通信功能，把PLC分布到各控制现场，并实现各站间及上、下层间的通信，就可实现分散控制、集中管理，即构成了集散型计算机控制系统（DCS）。

2. PLC应用类型

工业自动化中普遍采用的是开关量控制和模拟量控制，而开关量的顺序控制是工业自动化设计的首选。

用PLC可作为开关量逻辑控制、定时控制、计数控制，取代传统继电器接触器控制，如机床电气、电机控制中心等，也可取代顺序控制，如高炉上料、电梯控制、货物存取、运输、检测等。总之，PLC可用于单机、多机以及生产线的自动化控制场合。

用PLC可实现闭环过程控制，如压力、流量等连续变化的模拟量闭环PID控制。这种类型主要用在系统中模拟量较多、开关量较少的场合。

PLC的结构和工作方式，使它的设计内容和步骤与继电器控制系统及计算机控制系统都有很大的不同之处，如允许硬件电路和软件编程可以分开进行设计，这样就使得PLC系统设计变得简单和方便。

10.2　PLC控制系统的设计原则、内容、方法及步骤

1. 系统设计的基本原则

在设计PLC控制系统时，一般应按下述几个步骤进行。

1) 首先要全面、详细地了解被控对象的机械结构和生产工艺过程，然后针对PLC和其

他微机系统的技术特点进行比较分析，看哪种控制系统能最大限度地满足被控设备或生产过程的控制要求。

2）设计前，要进行现场调查研究，搜集有关资料。了解工艺过程和机械运动与电气执行元件之间的关系和对控制系统的控制要求，如机械运动部件的传动与驱动，液压、气动的控制，仪表、传感器等的连接与驱动等；在满足控制要求和技术指标的前提下，要尽量使控制系统简单、经济、操作及维修方便。然后拟定 PLC 控制方案。

以上两个步骤，是设计 PLC 控制系统的依据，也是设计的目标和任务，必须仔细地分析和掌握。

3）在制定 PLC 控制方案时，要根据生产工艺和机械运动的控制要求，确定控制系统的工作方式，设计时要给控制系统的容量和功能预留一定的余量，便于以后生产的发展和工艺的改进。

4）保证控制系统工作安全可靠。

2. 设计内容

1）根据被控对象的特性及用户的要求，拟定控制系统设计的技术条件和设计指标，写出详细的设计任务书，这是设计的依据。

2）选择电气传动形式、电动机、按钮、开关、传感器、继电器、接触器、以及电磁阀等执行机构。

3）选定 PLC 的型号（包括机型、容量、I/O 模块和电源等），确定 PLC 的 I/O 点数。

4）分配 PLC 的 I/O 点，绘制 PLC 的 I/O 端子接线图。

5）根据系统要求编写软件说明书，然后进行程序设计。

6）重视界面的设计，增强人与机器之间的友善关系。

7）设计控制系统操作台、电气控制柜等及安装接线图。

8）编写设计说明书和使用说明书等设计文档。

3. 设计方法及步骤

1）详细了解和分析被控对象的工艺条件和控制要求，分析被控对象的机构和运行过程，明确动作的逻辑关系等。

2）根据被控对象对 PLC 控制系统的技术指标要求，确定所需输入/输出信号的点数，选择合适的 PLC 类型。

3）根据控制要求，确定输入设备按钮、选择开关、行程开关、传感器等；输出设备有继电器、接触器、指示灯、电磁阀等。设计 PLC 的 I/O 电气接口图。

4）编制出输入/输出端子的接线图。

5）设计应用系统梯形图程序。

6）将程序输入 PLC。用编程器将梯形图转换成相应的指令并输入到 PLC 中；当使用计算机编程时，可将程序下载到 PLC 中。

7）程序调试。PLC 连接到现场设备之前，先进行模拟调试，然后再进行系统调试，排除程序中的错误。

8）程序模拟调试通过后，可接入现场实际控制系统与输入/输出设备，就可以进行整个系统的联机调试，如不满足要求，再修改程序或检查更改接线，直至调试成功。

9）编写技术文件。技术文件包括功能说明书、电气接口图、电气原理图、电器布置图、电气元件明细表、PLC 梯形图、故障分析及排除方法等。

10.3 PLC 控制系统的硬件和软件设计

10.3.1 PLC 的硬件设计

1. PLC 机型的选择

选择合适的机型是 PLC 控制系统设计中相当重要的环节。PLC 基本机型的选择原则是需要什么功能，就选择具有什么样功能的 PLC；在完成相同功能的情况下，适当地兼顾维修、备件的通用性，同时兼顾经济性以及今后设备的改进和发展。在功能的选择方面，要对被控系统进行详细分析，被控系统中有多少开关量输入和输出信号，规格如何；有多少模拟量输入输出信号，是否还有高速计数器模块、网络链接模块等。

另外，对于一个单位而言，应尽量使机型统一，以便于系统的设计、管理、使用和维护。

2. PLC 容量

PLC 容量包括两个方面：一是 I/O 点数，二是用户存储器的容量。

(1) I/O 点数估算　根据 I/O 的点数或通道数进行选择，可统计出 PLC 系统的开关量 I/O 点数及模拟量 I/O 通道数，以及开关量和模拟量的信号类型。根据被控对象的输入信号与输出信号的总点数，一般应保留 1/8 的备用量，作为 I/O 容量的选择依据。

在 I/O 容量满足要求后，还必须考虑是否能选配到合适的 I/O 模块。PLC 输入信号的电压有：直流 5 V、24 V、48 V、60 V 等。如 5 V 信号的传输最远不能超过 10 m，距离较远的设备选用电压较高的模块比较可靠。

(2) 存储器容量估算　由于用户程序存储器容量与许多因素有关，如 I/O 点数、控制要求、运算处理量、程序结构等，因此不可能预先准确地计算出程序容量，只能粗略地估算。PLC 的程序存储器容量以字或步为单位，如 1K 字、4K 步等。这里 PLC 程序的单位步是由一个字构成的，即每个程序步占一个存储器单元。如三菱 FX_{2v} PLC 可以有 2K 步、8K 步。

(3) 其他　其他需要考虑的主要是编程语言多样化，需要配备哪些专用功能模块等，这些都是 PLC 选型中的重要环节。

3. 其他硬件配置

PLC 选型确定以后，还要考虑系统中的其他部分，主要有：

(1) 电源　有的 PLC 备有独立的电源模块，选择电源模块时要考虑电源模块的额定输出电流要大于或等于主机、I/O 模块、专用模块等总的消耗电流之和。

(2) 大中型系统配置　对大中型的控制系统，必要时可考虑配置总监控台和监控模拟屏，以及专用 UPS 电源等。

10.3.2 PLC 的软件设计

1. PLC 控制系统的软件设计内容

PLC 控制系统的软件设计工作比较复杂，它要求设计人员不仅要有 PLC、计算机程序设计的基础，而且又要有自动控制的技术基础和一定的现场实践经验。软件设计包括系统初始化程序、主程序、子程序、中断程序、故障应急措施和辅助程序的设计，对小型开关量控制通常只有主程序。

软件设计应根据总体要求和控制系统的具体情况，确定程序的基本结构，绘制流程图或功能流程图，对简单的系统可以用经验法设计，对复杂的系统一般采用顺序法设计。

PLC 控制系统的软件设计通常要涉及以下几个方面的内容：

1）PLC 的功能分析与设计。

2）I/O 信号及数据结构分析与设计。

3）程序结构分析与设计。

4）程序设计与编制。

5）编程调试。

6）编制程序使用说明书。

2. PLC 控制系统的软件设计步骤

软件设计就是在软件规格说明书的基础上，编制实际应用程序并形成程序说明书。

1）制定设备运行方案。根据生产工艺的要求，分析各输入、输出与各种动作之间的逻辑关系，各设备的动作内容和动作顺序，画出流程图。

2）画控制流程图。画出系统控制流程图，可清楚地表明动作的顺序和条件。对于简单的控制系统，可省去这一步。

3）制定抗干扰措施。根据现场工作环境的因素，制定系统的硬件和软件抗干扰措施，如硬件可采用电源隔离、信号滤波，软件可采用平均值滤波等。

4）编写程序。根据 I/O 信号及所选定的 PLC 型号分配 PLC 的硬件资源，给梯形图的各种继电器或触头进行编号，然后再按技术要求，用梯形图进行编程。

5）软件测试。软件程序编写好以后一般先作模拟调试。还要对程序进行离线测试。用编程软件将输出点强制 ON/OFF，观察对应的控制柜内 PLC 负载（指示灯、接触器等）的动作是否正常，或对应的接线端子上的输出信号的状态变化是否正确。只有当模拟运行正常后，才能正式投入运行。

6）编制程序使用说明书。为了便于用户的使用，要对所编制的程序进行说明。说明书主要包括程序设计的依据、结构、功能、流程图，各项功能单元的分析，PLC 的 I/O 信号，软件程序操作步骤及注意事项等。

10.4 PLC 程序设计方法

PLC 常用的设计方法有两种，一是经验设计法，二是逻辑设计法。

10.4.1 经验设计法

经验设计法是根据生产机械的工艺要求和生产过程，选择适当的基本环节或典型电路综合而成的电气控制电路。依靠经验进行选择、组合，直接设计电气控制系统来满足生产机械和工艺过程的控制要求。

一般不太复杂的电气控制电路都可以按照这种方法进行设计，比较简便、快捷。但是，由于这种方法主要是依靠设计人员的经验进行设计，所以对设计人员的要求比较高，要求设计者有一定的实践经验，对工业控制系统和工业上常用的各种典型环节比较熟悉。

经验设计法在设计的过程中需要反复修改设计草图才能得到最佳设计方案，所以设计的结果往往不很规范。

用经验设计法设计 PLC 程序的基本步骤如下。

1）根据控制要求，合理地将控制设备的运动分成各自独立的简单运动，分别设计这些简单运动的基本控制程序。

2）按照各运动之间应有的制约关系来设置联锁电路，选定联锁触头，设计联锁程序。这是关系到控制系统能否可靠、正确运行的关键一步，必须引起重视。对于复杂的控制要求，要注意确定总的要求的关键点。

3）按照维持运动的进行和转换的需要，选择合适的控制方法，设置主令元件、检测元件以及继电器等。

4）在绘制好关键点的梯形图的基础上，针对性系统最终的输出进行梯形图的编绘，使用关键点综合出最终输出的控制要求。

5）设置好必要的保护装置。

10.4.2 逻辑设计法

所谓逻辑设计法是利用逻辑代数这一数学工具来设计 PLC 程序。这种设计方法既有严密可循的规律性和明确可行的设计步骤，又具有简便、直观和十分规范的特点。

逻辑设计方法的理论基础是逻辑代数，而继电器控制系统的本质是逻辑电路。从机械设备的生产工艺要求出发，电器将控制电路中的接触器、继电器等电器元件线圈的通电与断电，触头的闭合与断开，以及主令元件的接通与断开等均看成逻辑变量，因为 PLC 是一种新型的工业控制计算机，可以说 PLC 是“与”“或”非”三种逻辑电路的组合体。PLC 的梯形图程序的基本形式是“与”“或”“非”的逻辑组合，它的工作方式及其规律完全符合逻辑运算的基本规律。用变量及其函数只有“0”“1”两种取值的逻辑代数作为研究 PLC 程序的工具就是顺理成章的事了。采用逻辑设计法所编写的程序便于优化，是一种实用可靠的程序设计方法。

用逻辑设计法设计 PLC 程序的基本步骤如下。

1）根据控制要求列出逻辑代数表达式。

2）对逻辑代数式进行化简。

3）根据化简后的逻辑代数表达式画梯形图。

10.5 PLC 应用案例

本节中所有应用实例均采用 FX_{2N}系列 PLC 进行控制和编程。

10.5.1 电动机的正、反转联锁控制电路

在第 7 章中分析了具有电气联锁的电动机正、反转控制电路电气原理图，如图 7-22a、b 所示。PLC 控制的输入/输出接线图如图 7-25 所示，梯形图如图 7-24a 所示，对应的指令程序如图 7-24b 所示。

10.5.2　两台电动机顺序起动联锁控制电路

图 10-1 为两台电动机顺序起动联锁控制电路。PLC 控制的工作过程如下。

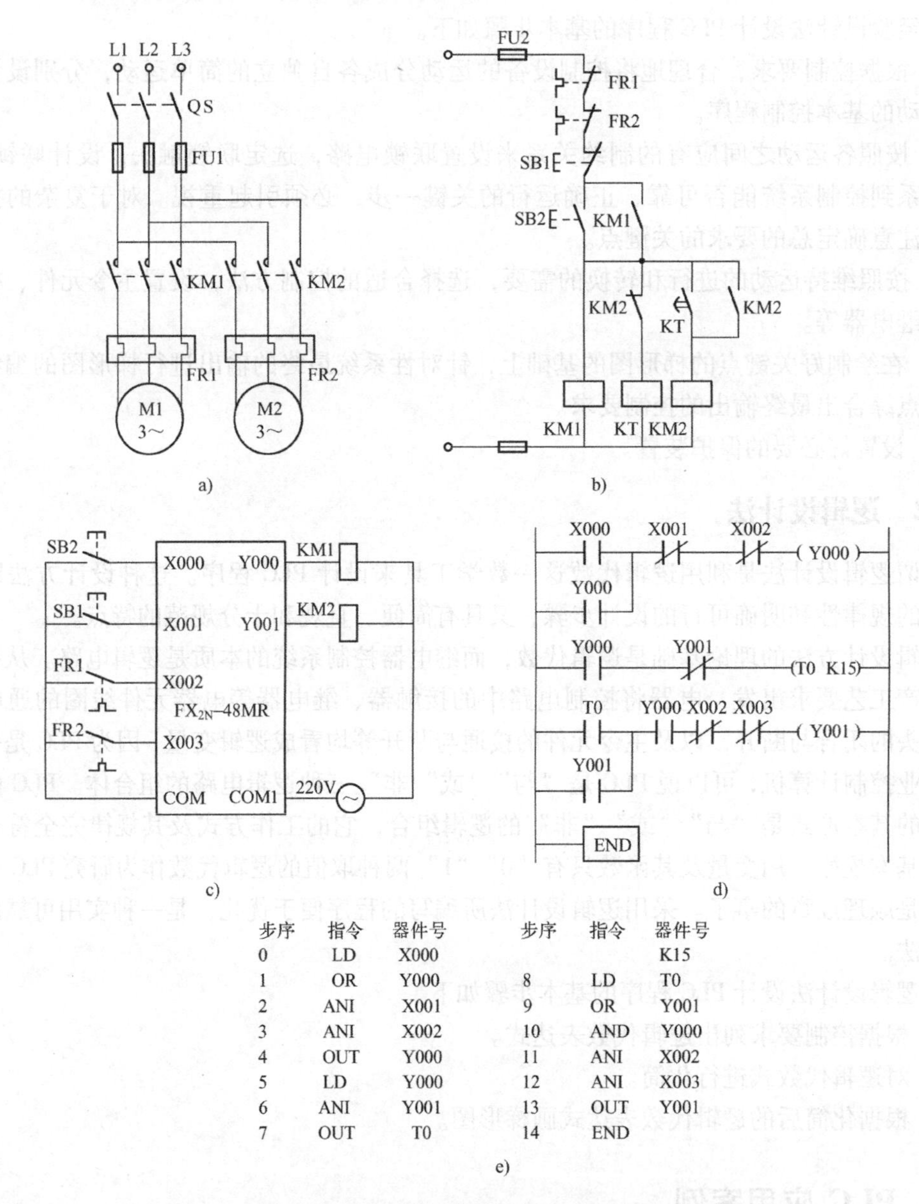

步序	指令	器件号	步序	指令	器件号
0	LD	X000			K15
1	OR	Y000	8	LD	T0
2	ANI	X001	9	OR	Y001
3	ANI	X002	10	AND	Y000
4	OUT	Y000	11	ANI	X002
5	LD	Y000	12	ANI	X003
6	ANI	Y001	13	OUT	Y001
7	OUT	T0	14	END	

e)

图 10-1　两台电动机顺序起动联锁控制电路

a) 主电路　b) 控制电路　c) PLC 控制输入/输出接线　d) 梯形图　e) 指令程序

起动运行：当合上电源开关 QS，按下起动按钮 SB2，输入继电器 X000 常开触头闭合，输出继电器 Y000 线圈接通并自锁，接触器 KM1 得电，电动机 M1 转动，Y000 常开触头闭合，定时器 T0 开始计时，K 按设定值延时时间后，T0 常开触头闭合，Y001 线圈接通并自锁，KM2 得电吸合，电动机 M2 转动。此电路只有 M1 先起动，M2 才能起动。

停止运行：按下停机按钮 SB1，X001 常闭触头断开。可使 Y000、Y001、T0 线圈电路断开，KM1 和 KM2 失电释放，两台电动机都停下来。

过载保护：当 M1 过载时，热继电器 FR1 常开触头闭合，X002 常闭触头断开，可使 Y000、Y001、T0 线圈电路断开，KM1 和 KM2 失电释放，两台电动机都停下来，达到过载保护的目的。另外，当 M2 过载时，FR2 和 X003 动作，Y001 和 KM2 线圈回路都断开，M2 停转，但 M1 仍然会继续运行。

10.5.3　自动限位控制电路

图 10-2 为自动限位控制电路。图中 SQ1 和 SQ2 为限位开关，安装在预定位置上作限位用。采用 PLC 控制的工作过程如下。

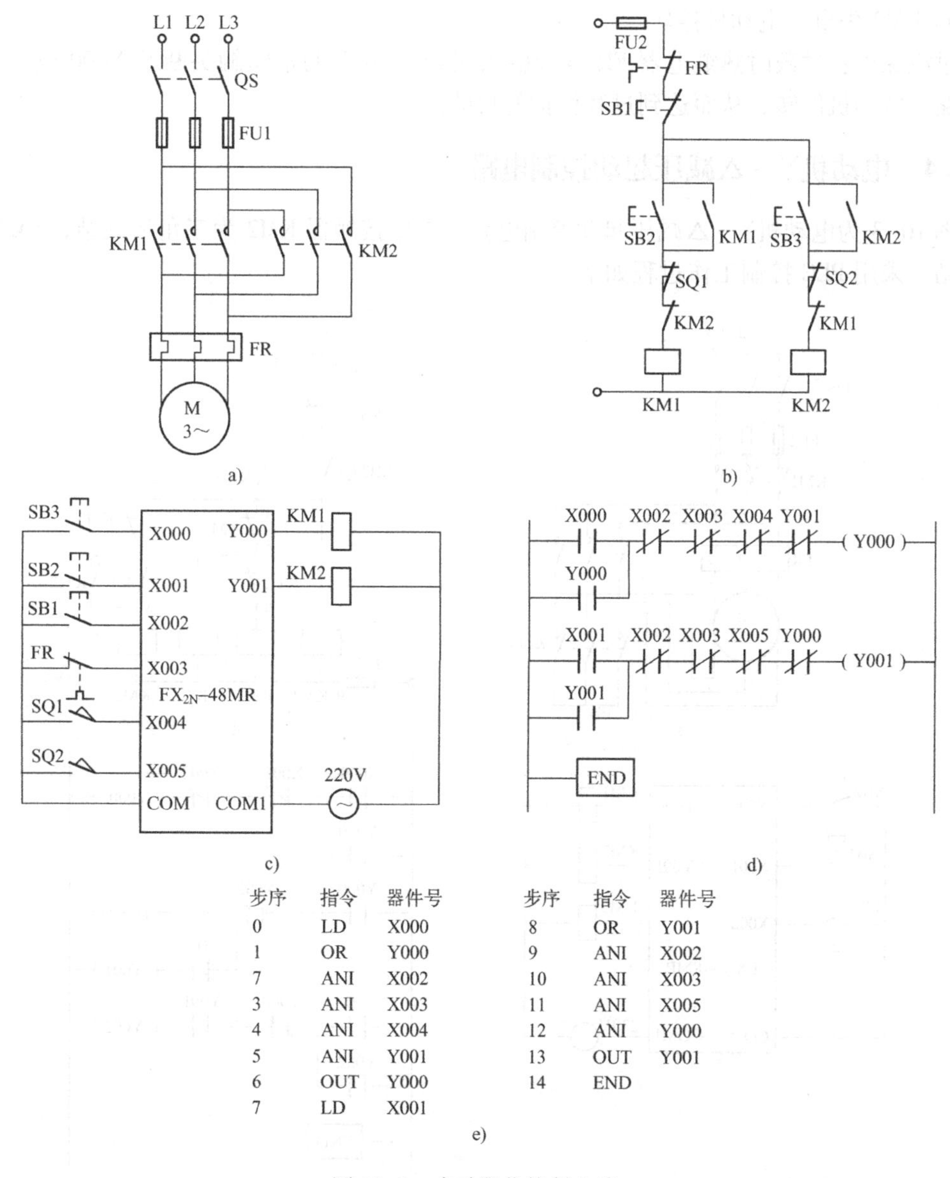

步序	指令	器件号	步序	指令	器件号
0	LD	X000	8	OR	Y001
1	OR	Y000	9	ANI	X002
7	ANI	X002	10	ANI	X003
3	ANI	X003	11	ANI	X005
4	ANI	X004	12	ANI	Y000
5	ANI	Y001	13	OUT	Y001
6	OUT	Y000	14	END	
7	LD	X001			

e)

图 10-2　自动限位控制电路

a）主电路　b）控制电路　c）PLC 控制输入/输出接线　d）梯形图　e）指令程序

起动运行：按下正向起动按钮 SB2，输入继电器 X000 常开触头闭合，输出继电器 Y000 线圈接通并自锁，Y000 的常闭触头断开输出继电器 Y001 的线圈，实现互锁，这时接触器 KM1 得电，电动机正向运转，使部件向前运行，当运行到预定位置时，装在运动部件上的挡铁碰撞位置开关 SQ1，SQ1 的常开触头闭合，使输入继电器 X004 的常闭触头断开，Y000 线圈回路断开，KM1 失电，电动机断电停转，运动部件停运。当按下反向起动按钮 SB3 时，输入继电器 X001 常开触头闭合，输出继电器 Y001 线圈接通并自锁，接触器 KM2 得电吸合，电动机反向运行，运动部件向后运行至挡铁碰撞位置开关 SQ2 时，X005 的常闭触头断开 Y001 的线圈回路，KM2 失电，电动机停转，运动部件停止运行。

停止运行：停机时按下停机按钮 SB1，X002 的常闭触头断开 Y000 或 Y001 的线圈电路，KM1 或 KM2 失电，电动机停转。

过载保护：过载时热继电器 FR 常开触头闭合，X003 的常闭触头断开 Y000 或 Y001 线圈回路，电动机停转，从而达到过载保护的目的。

10.5.4 电动机Y－△减压起动控制电路

图 10-3 为电动机Y－△减压起动控制电路。图中接触器 KM2 为三角形联结，KM3 为星形联结。采用 PLC 控制工作过程如下。

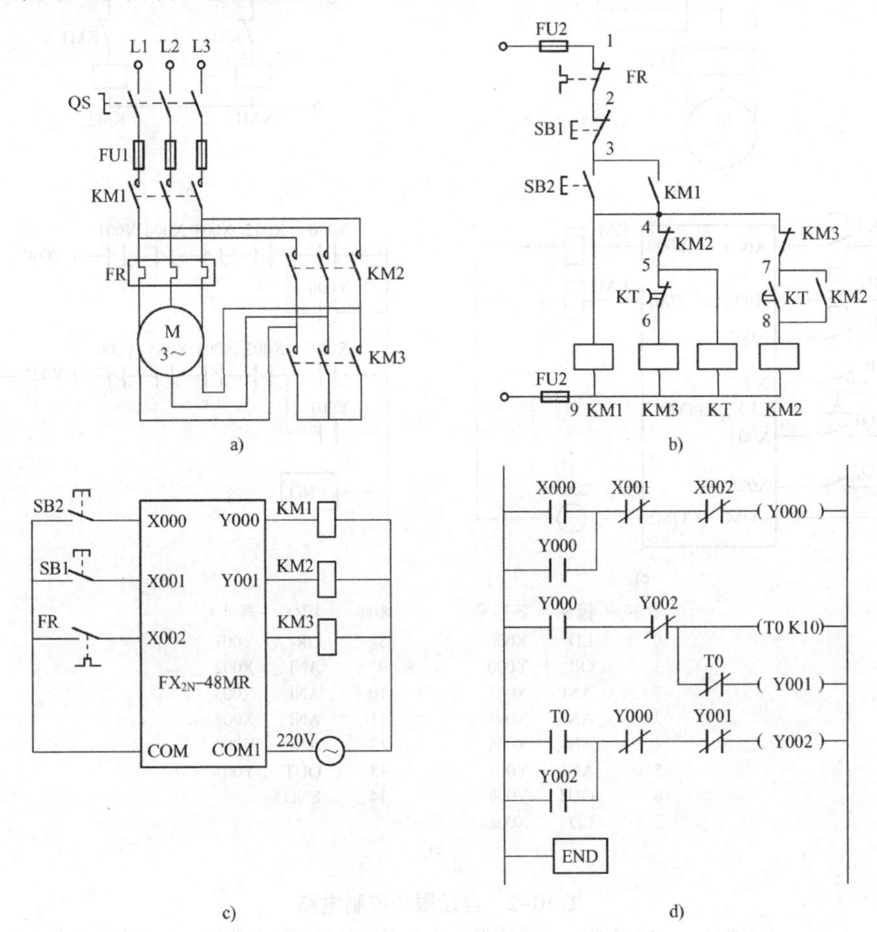

图 10-3 电动机Y－△减压起动自动控制电路

步序	指令	器件号	步序	指令	器件号
0	LD	X000	8	ANI	T0
1	OR	Y000	9	OUT	Y001
2	ANI	X001	10	LD	T0
3	ANI	X002	11	OR	Y002
4	OUT	Y000	12	AND	Y000
5	LD	Y000	13	ANI	Y001
6	ANI	Y002	14	OUT	Y002
7	OUT	T0 K10	15	END	

e)

图 10-3 电动机Y－△减压起动自动控制电路（续）

a）主电路 b）控制电路 c）PLC 控制输入输出接线 d）梯形图 e）指令程序

起动运行：当按下起动按钮 SB2 时，X000 闭合，Y000 接通并自保，驱动 KM1 吸合，同时由于 Y000 常开触头的闭合，使 T0 开始计时，Y002 接通，驱动 KM3 吸合，电动机星形联结起动。待计时器计时到时后，T0 常闭触头断开，使 Y002 停止工作，KM3 随之失电，而 T0 的常开触头闭合，Y001 接通并自保，这时又驱动 KM2 吸合，使电动机三角形联结投入稳定运行。Y002 和 Y001 在各自线圈电路中，相互串接 Y001 和 Y002 的常闭触头，使接触器 KM3 和 KM2 不能同时吸合，实现电气互锁的目的。

停止运行：停机时按下停机按钮 SB1，KM1、KM2、KM3 失电，电动机停转。

过载保护：由于热继电器 FR 的常开触头连接于输入继电器 X002，X002 常闭触头串接于 Y000 线圈电路，当过载时，FR 触头闭合，X002 触头断开，Y000 停止工作，KM1 失电断开交流电源，从而达到过载保护的目的。

10.5.5 自动循环控制

电路工作原理：图 10-4 为自动循环控制电路。要求工作台在一定距离内能自动往返循环运动，图中 SQ1、SQ2 为位置开关。采用 PLC 控制工作过程如下。

起动运行：按下正向运行按钮 SB2，输入继电器 X000 常开触头闭合，接通输出继电器 Y000 并自保，接触器 KM1 得电吸合，电动机正向运行，经过机械传动装置拖动工作台向左运动。当工作台上的挡铁碰撞位置开关 SQ1 时，X004 的常闭触头断开 Y000 的线圈回路，KM1 线圈失电，电动机断电；与此同时 X004 的常开触头接通 Y001 的线圈并自锁，KM2 得电，使电动机反转，拖动工作台向右运动，运动到一定位置时 SQ1 复位，挡铁碰撞位置开关 SQ2，使 X005 常闭触头断开 Y001 的线圈回路，KM2 失电，电动机断电，同时 X005 常开触头闭合接通 Y000 线圈并自保，KM1 得电吸合，电动机又正转。就这样往返循环直到停机为止。

停止运行：停机时按下停机按钮 SB1，X002 常闭触头断开 Y000 或 Y001 的线圈回路，KM1 或 KM2 失电，电动机停转，工作台停止运动。

过载保护：当过载时，热继电器 FR 动作，X003 常闭触头断开 Y000 或 Y001 的线圈回路，使 KM1 或 KM2 失电，电动机停转，工作台停止运行，达到过载保护的目的。

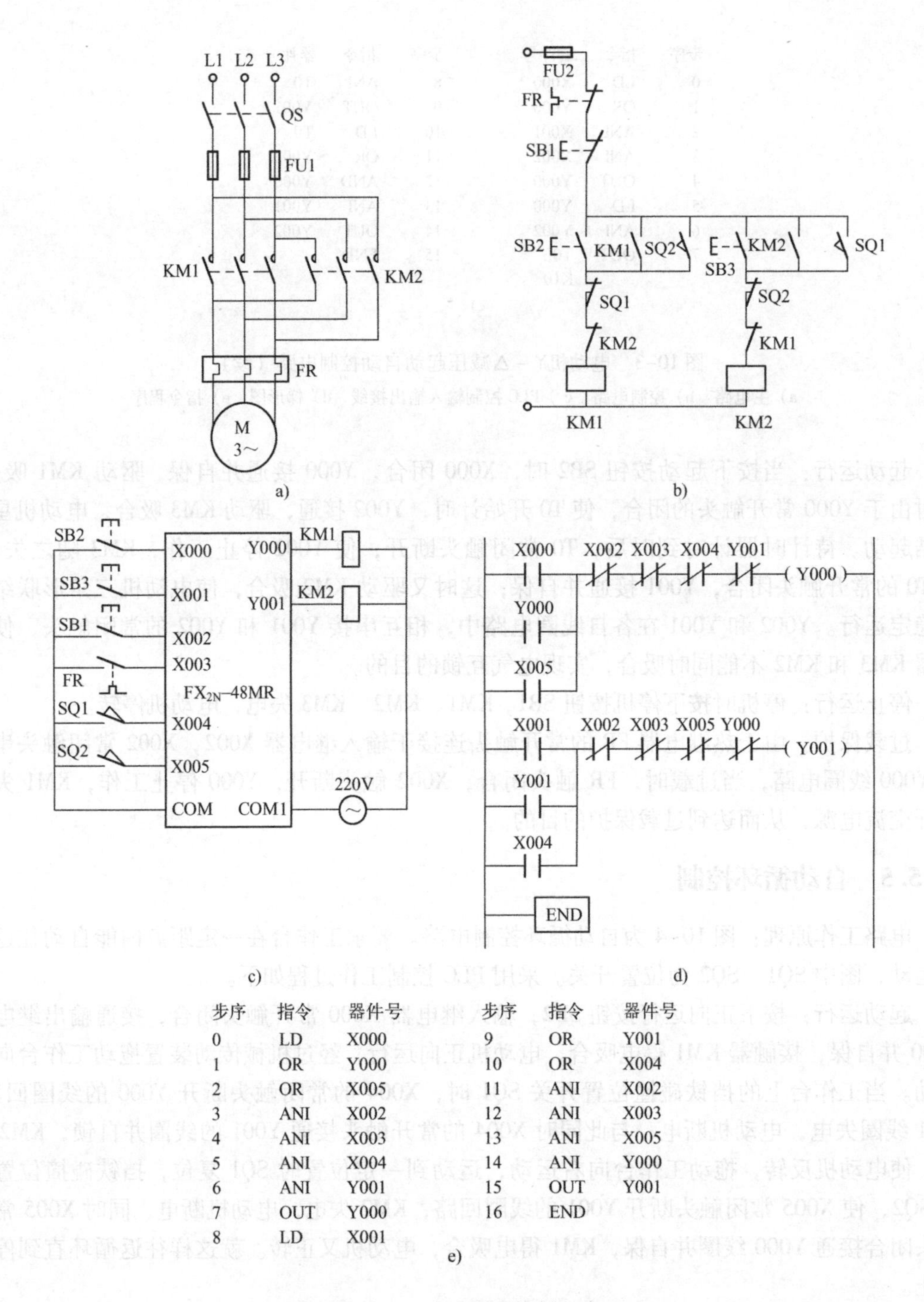

步序	指令	器件号	步序	指令	器件号
0	LD	X000	9	OR	Y001
1	OR	Y000	10	OR	X004
2	OR	X005	11	ANI	X002
3	ANI	X002	12	ANI	X003
4	ANI	X003	13	ANI	X005
5	ANI	X004	14	ANI	Y000
6	ANI	Y001	15	OUT	Y001
7	OUT	Y000	16	END	
8	LD	X001			

e)

图 10-4 自动循环控制电路

a）主电路 b）控制电路 c）PLC 控制输入/输出接线 d）梯形图 e）指令程序

10.5.6 能耗制动控制

图 10-5 为能耗制动自动控制电路。PLC 控制的工作过程如下。

起动运行：起动时，按下 SB2，X000 接通 Y000 线圈并自保，使接触器 KM1 吸合，电动机起动至稳定运行。同时 Y000 常闭触头切断 Y001 线圈通路，接触器 KM2 不能合上，起到电气互锁的作用。

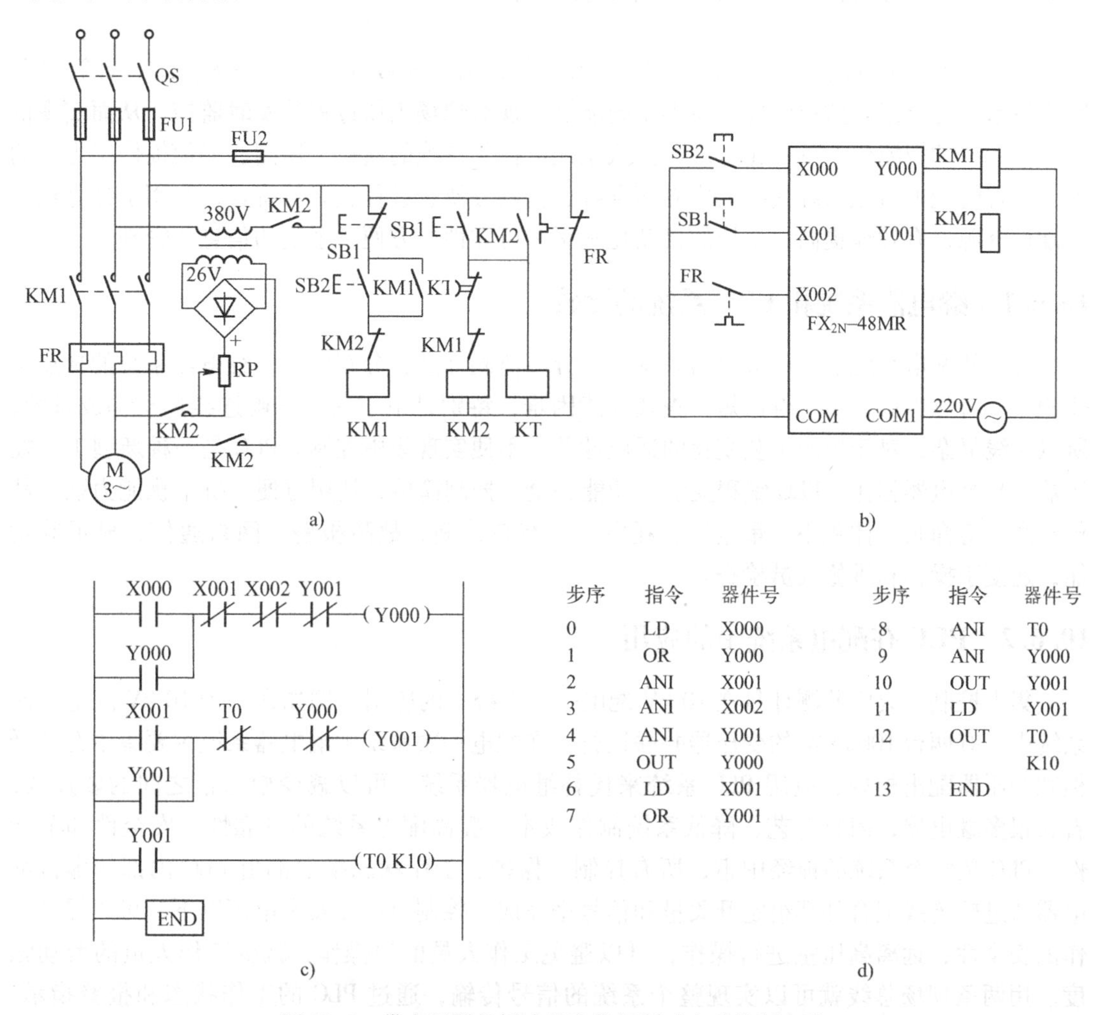

步序	指令	器件号	步序	指令	器件号
0	LD	X000	8	ANI	T0
1	OR	Y000	9	ANI	Y000
2	ANI	X001	10	OUT	Y001
3	ANI	X002	11	LD	Y001
4	ANI	Y001	12	OUT	T0
5	OUT	Y000			K10
6	LD	X001	13	END	
7	OR	Y001			

图 10-5　带变压器的桥式整流能耗制动自动控制电路

a）主电路与控制电路　b）PLC 控制输入/输出接线　c）梯形图　d）指令程序

制动运行：制动时，按下 SB1，由于 X001 的常闭触头和常开触头的作用，分别使 Y000 线圈回路断开，使 KM1 失电，Y001 线圈接通并自保，KM2 得电吸合，经过桥式整流的电流从电动机的一相绕组流入，经另一相绕组流出，实现对电动机的能耗制动。在 Y001 线圈常开触头闭合的同时，计时器 T0 开始计时，当计时时间到设定值 K 时，T0 常闭触头断开 Y001 线圈通路，KM2 失电，电动机转速很快降至零。图中电位器 RP 可调节制动电流的大小。

过载保护：当电动机过载时，热继电器 FR 常开触头闭合，X002 常闭触头切断 Y000 线圈通路，KM1 失电释放，切断电动机交流供电电源，电动机得到保护。

10.6 PLC在智能配电系统中的应用

现代的PLC产品集数据处理、程序控制、参数调节和数据通信为一体，结合计算机及网络技术，配合组态监控软件，使得系统能够实现对现场工作过程的实时监控，从而实现低压配电系统的智能化、可视化管理，为低压配电控制系统的遥控、遥测、遥信提供了可靠的平台。智能配电监控系统具有人机界面友好、控制方便、过程直观等特点，利用了计算机的软硬件资源，有效地提高了系统的自动化水平和可靠性，方便了系统的信息化管理。

10.6.1 继电器系统和PLC系统的比较

传统的配电系统是采用继电器系统进行分布监测计量、分布控制。继电器系统的缺点是体积大，可靠性低，工作寿命短，查找故障困难，特别是由于它是靠硬连线逻辑构成系统，所以接线复杂，对于生产工艺变化的适应性差，不便实现集中控制。PLC是一种新型工业控制器，与继电器相比，PLC编程灵活、功能齐全、控制简单、使用方便、抗干扰能力强、性价比高、寿命长、体积小、重量轻、耗电小，有自诊断、故障报警、网络通信、显示等功能，还便于操作和维修人员检查。

10.6.2 PLC在配电系统中的应用

集中控制、集中监测计量在10 kV配电一次系统中的应用。例如在一个10 kV配电一次系统中，有两台1000 kW的变压器并联运行。在配电一次系统中继电器系统主要集中在总受柜和变压器配出柜内，应用PLC系统来代替继电器系统，可以减少柜与柜之间的硬连线，省去很多继电器，简化工艺，降低系统制作成本，提高配电系统的可靠性，安全性和节能性。PLC是整个系统的神经中枢，所有控制、保护、工作状态指示都由PLC内部的虚拟继电器通过软连线配合外部给定开关量和信号来完成。控制电压在安全电压以下，可以提高工作的安全性；远离高压室进行操作，可以避免工作人员的误操作，减少工作人员的劳动强度。用两条现场总线就可以实现整个系统的信号传输，通过PLC的工作状态和报警指示，便于工作和维修人员的故障排除。

应用PLC对10 kV配电一次系统改进，对系统的总受柜、配出柜实现集中控制，应用数字仪表对系统进行集中监测计量。改进后，以综合柜为工作平台，在值班室，工作人员可以对高压室运行状态进行控制，既方便又安全；工作人员可以随时对监测仪表和计量仪表以及工作或报警状态进行记录、巡查，既方便又及时明了，还可以减少劳动强度。配电系统的智能化、节能、操作简便、方便维护是经济高速发展的需要。

本章小结

本章介绍了PLC控制系统设计的基本内容、步骤和设计原则。通过一些典型实例的分析与设计，介绍PLC控制系统应用程序的编制方法以及PLC在智能配电系统中的应用。

要重点掌握PLC控制系统设计的基本原则和设计的一般流程，要有一个整体的概念。对控制对象的特点和要求要仔细了解，在满足控制要求、环境要求和性价比等条件下，合理选择I/O模块、PLC的机型和硬件配置。

对PLC控制系统的设计，在满足工艺过程、环境要求和性能价格比等条件下，再合理选择PLC的机型，在硬件设计过程中，首先设计控制系统的电气原理图，如主电路、控制电路、控制台（柜）及其他非标准零件和接线图、安装图。再按一定的顺序进行系统的软件设计。

软件设计要根据控制要求画出程序框架，列出I/O分配表，编写程序，调试程序。程序设计主要有经验设计法和逻辑设计法。一般对于简单的控制系统，都采用分析设计法；对于复杂的控制系统，尤其是要求很强时序性的系统，要采用用逻辑设计控法。

PLC与传统继电器相比，具有编程灵活、功能齐全、控制简单、使用方便等特点，因此应用于智能配电系统中，使系统更加智能化。

综合练习题

一、判断题（正确打“√”，错误打“×”）

1. PLC可实现闭环过程控制。(　　)

2. PLC都备有独立的电源模块。(　　)

3. 用PLC可取代传统继电接触器控制。(　　)

4. PLC可构成了集散型计算机控制系统。(　　)

5. PLC是与、或、非三种逻辑电路的组合体。(　　)

6. PLC可用于单机、多机以及生产线的自动化控制场合。(　　)

7. 经验设计法设计的结果不如逻辑设计法设计的结果规范。(　　)

8. PLC的梯形图程序的基本形式是与、或、非的逻辑组合。(　　)

9. 逻辑设计法所编写的程序便于优化，是一种实用可靠的设计方法。(　　)

10. PLC的硬件电路和软件编程分开设计，可使PLC系统设计变得简单。(　　)

11. 经验设计法在设计的过程中要反复修改设计方案才能得到最佳设计方案。(　　)

12. 选择PLC电源模块时要考虑电源模块的额定输出电流要大于或等于主机、I/O模块、专用模块等总的消耗电流之和。(　　)

二、填空题

1. PLC常用的设计方法有两种，一是__________法；二是__________法。

2. 逻辑设计方法的理论基础是_______________，而继电器控制系统的本质是__________。

3. 用PLC可作为开关量__________控制、__________控制、______________控制，取代传统继电接触器控制。

4. PLC的软件设计步骤包括制定设备运行方案、画控制流程图、制定抗干扰措施、编写程序、__________、____________使用说明书。

5. 软件设计应根据总体要求和控制系统的具体情况，确定程序的基本结构，绘制流程图或功能流程图，对简单的系统可以用____________法设计，对复杂的系统一般采用__________设计。

6. PLC程序的逻辑设计法是利用了__________这一数学工具来设计__________电路。

这种设计方法既有严密可循的规律性和明确可行的设计步骤，又具有简便、直观和________的特点。

三、简答题

1. PLC 软件设计的内容有哪些？
2. 控制系统的设计有哪四步？
3. PLC 的硬件设计内容有哪些？
4. PLC 的设计方法及步骤是什么？
5. PLC 的应用领域有哪些？
6. 经验法设计 PLC 应用程序的步骤是什么？
7. PLC 是用来替代哪些传统电器的？可用来实现机床的哪些控制功能？

第 11 章　PLC 编程软件的安装与使用

GX Developer 是三菱 PLC 的新版通用软件，该软件适用于三菱 FX 系列、A 系列及 Q 系列的所有 PLC。GX Developer 编程软件支持梯形图、指令表、SFC、ST 及 FB、Label 语言程序设计，网络参数设定，可进行程序的线上更改、监控及调试，具有异地读写 PLC 程序功能，能够方便地实现故障诊断、程序的传送及程序的复制、删除和打印等，还能运行写入功能，可以避免频繁地操作 STOP/RUN 开关，方便程序的调试。此外，它还可将 Excel、Word 等常用编辑软件中的文字与表格复制到 PLC 程序中，使用、调试、诊断方便，适用面广。下面简要介绍 GX Developer 软件的安装和使用方法。

11.1　PLC 编程软件的安装

首先打开 GX 编程软件的 SETUP 程序。操作步骤为：双击文件夹“EnvMEL”，再双击“SETUP”，同时出现三菱公司标志和软件系列号，并且弹出“安装向导”开始进行安装。注意下面的安装提示，在安装时，最好把其他应用程序关掉，包括杀毒软件、防火墙、IE 浏览器、办公软件等，因为这些软件可能会调用系统的其他文件，影响安装的正常进行。单击“确定”按钮，出现“欢迎”对话框，进入设置程序。单击“下一步”，出现“用户信息”，单击“下一步”，出现“注册确认”对话框，输入注册信息后，选择“是”，然后出现“输入序列号”对话框（注意，不同软件的序列号可能会不相同）。单击“下一步”，出现“语言程序功能”，在选择的选项前面打勾，单击“下一步”，注意安装时不要选择监控模式，“监视专用”复选框不能打勾（安装选项中，每一个步骤要仔细看，有的选项打勾了反而不利），单击“下一步”，选择必要的选项，然后单击“下一步”，选择安装目标位置，若有不清楚的选项，就选择默认，直接单击“下一步”开始安装了。

11.2　PLC 编程软件的使用

1. 进入编程环境

在计算机上安装好 GX Developer 编程软件后，执行“开始→程序→MELSOFT 应用程序→GX Developer”命令，即可进入编程环境，如图 11-1 所示。

图 11-1　GX Developer 编程环境界面

2. 创建一个新工程

进入编程环境后，可以看到窗口编辑区域工具栏中除了“新建”和“打开”按钮外，其余按钮都显示灰色不可用。执行“工程→创建新工程”命令或单击“新建”图标按钮，可以创建一个新的工程，如图 11-2 所示。

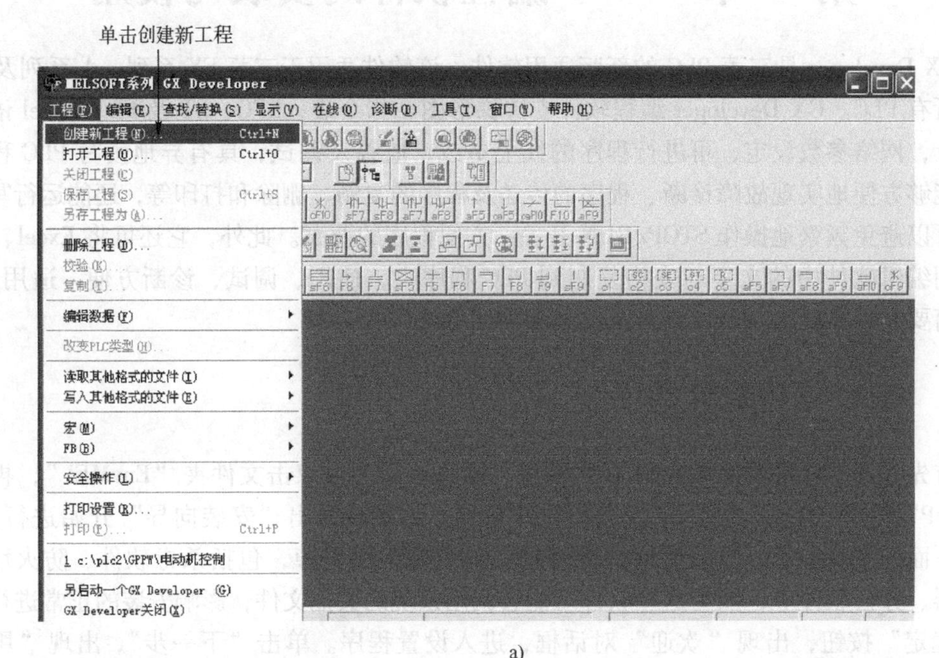

a)

单击此处选择 PLC 系列

创建新工程

PLC系列 FXCPU 确定 取消

PLC类型 FX2N(C)

程序类型 梯形图 SFC MELSAP-L ST

标签设定 不使用标签 使用标签 (使用ST程序、FB、结构体时选择)

生成和程序名同名的软元件内存数据

工程名设定 设置工程名 单击此处选择 PLC 类型

驱动器/路径 c:\plc2\GPPW

工程名 浏览...

索引

b)

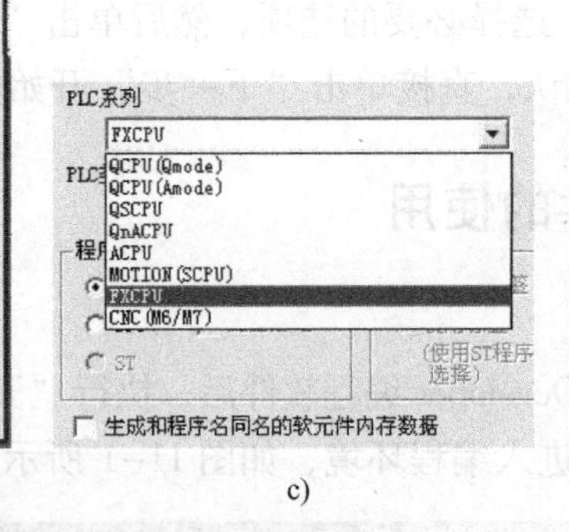

c)

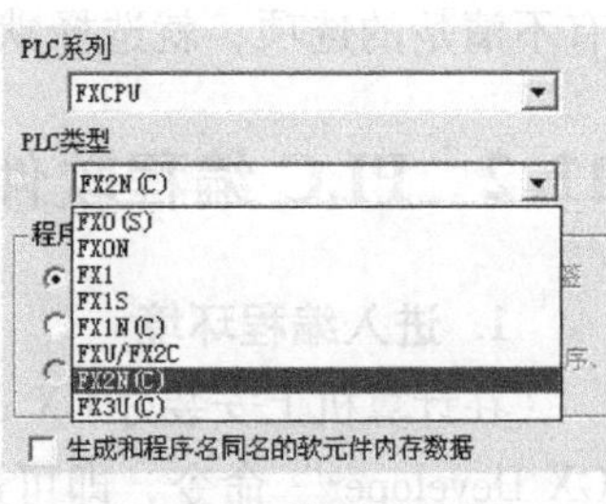

d)

图 11-2　创建新工程界面

按图 11-2c、d 所示选取 PLC 所属系列（选“FXCPU”）和类型（选“FX2N（C）”），另外还包括程序类型和工程名设定。工程名设定即设置工程的保存路径、工程名和标题。注意这两项都必须设置，否则就无法写入 PLC。

设置好相关参数后，单击“确定”按钮，出现如图 11-3 所示窗口，就可进入程序的编制。

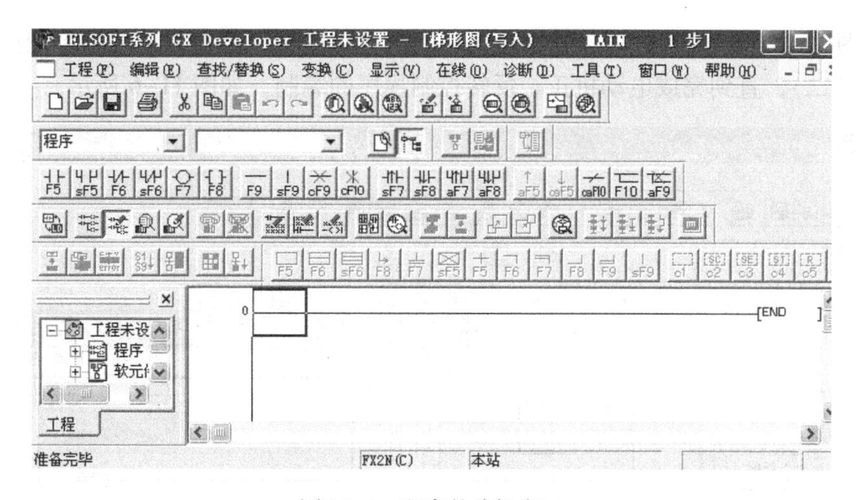

图 11-3　程序的编辑窗口

3. 程序的编制

图 11-3 是程序的编辑窗口，在进行程序输入时可以通过单击相应的按钮完成，图形编辑工具栏如图 11-4 所示。

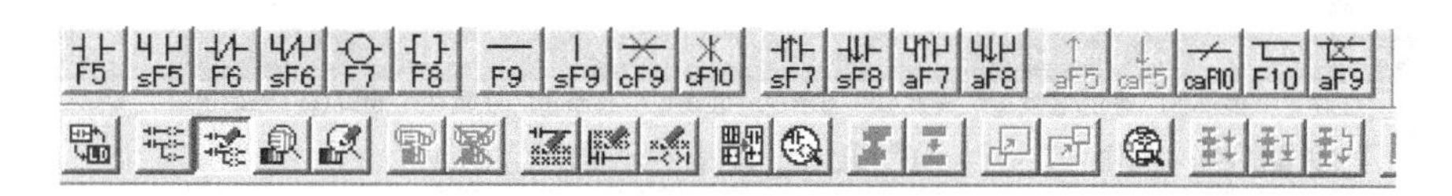

图 11-4　图形编辑工具栏

（1）程序的输入　在图 11-4 所示图形编辑工具栏中，单击“F5 常开按钮”，输入触头 X000，如图 11-5 所示，其余的元件类似输入。在进行程序的输入时也可以采用另外一种办法，例如要输入常闭触头 X001，可以输入“ANI ~ X001”，并确定。

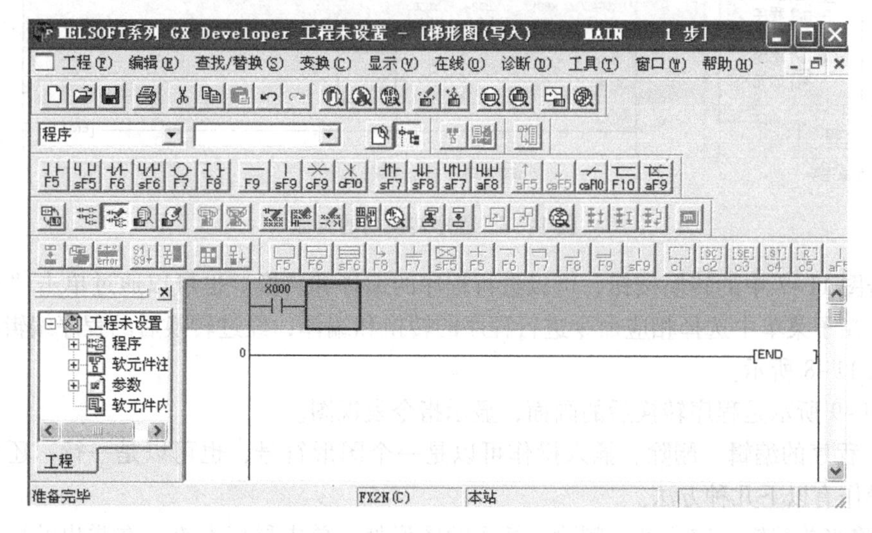

图 11-5　程序编辑（一）

单击图 11-6 所示箭头方向，弹出输入、输出接点图标，单击需要的梯形图图标，进入程序编辑（二），直到完成电动机正、反转控制程序的编制，如图 11-6 所示。

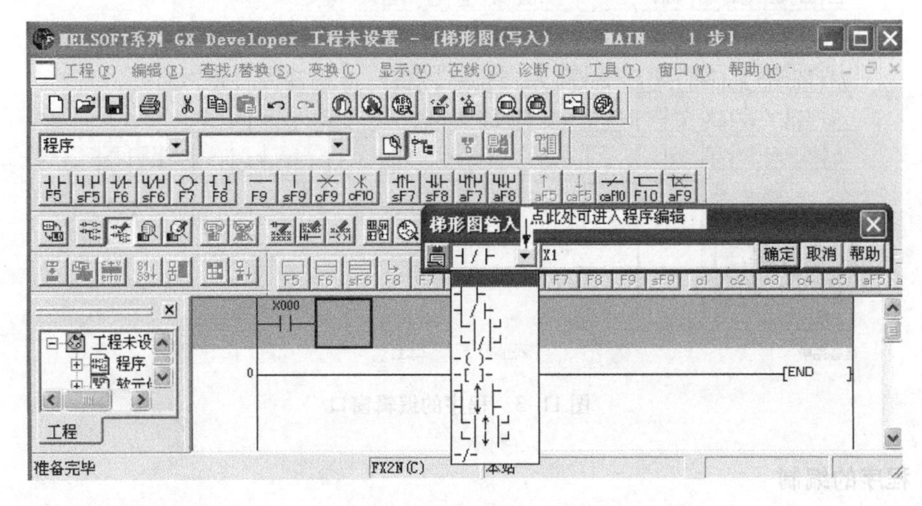

图 11-6 程序编辑（二）

（2）程序的转换　图 11-7 是程序转换前的画面，版面梯形图呈灰色。

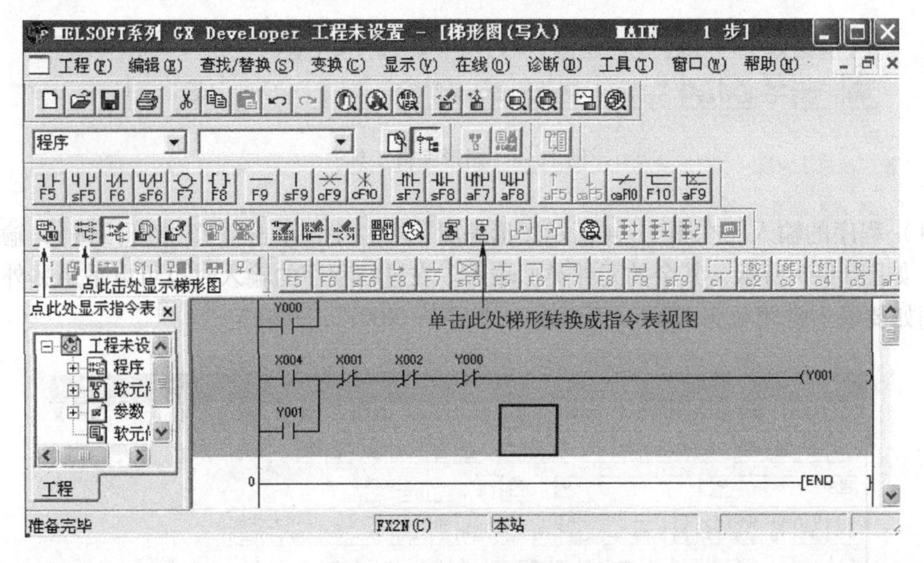

图 11-7 程序转换前的画面

单击图 11-7 中的转换按钮，可以进行程序的编译和转换。也可以通过单击“变换”下拉菜单，在子菜单中选择相应命令进行程序的转换和编译，经过转换后的程序编辑界面会泛白，如图 11-8 所示。

图 11-9 所示是程序转换后的画面，显示指令表视图。

（3）程序的编辑　删除、插入操作可以是一个图形符号，也可以是一行，还可以是一列，其操作有以下几种方法。

1）将当前编辑区定位到要删除、插入的图形处，单击鼠标右键，在弹出的快捷菜单中选择需要的操作。

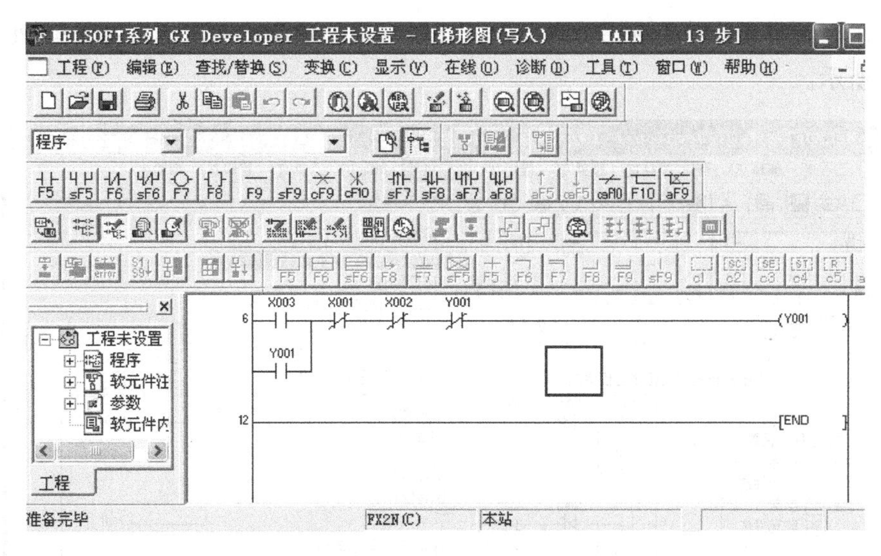

图 11-8　程序转换后的画面

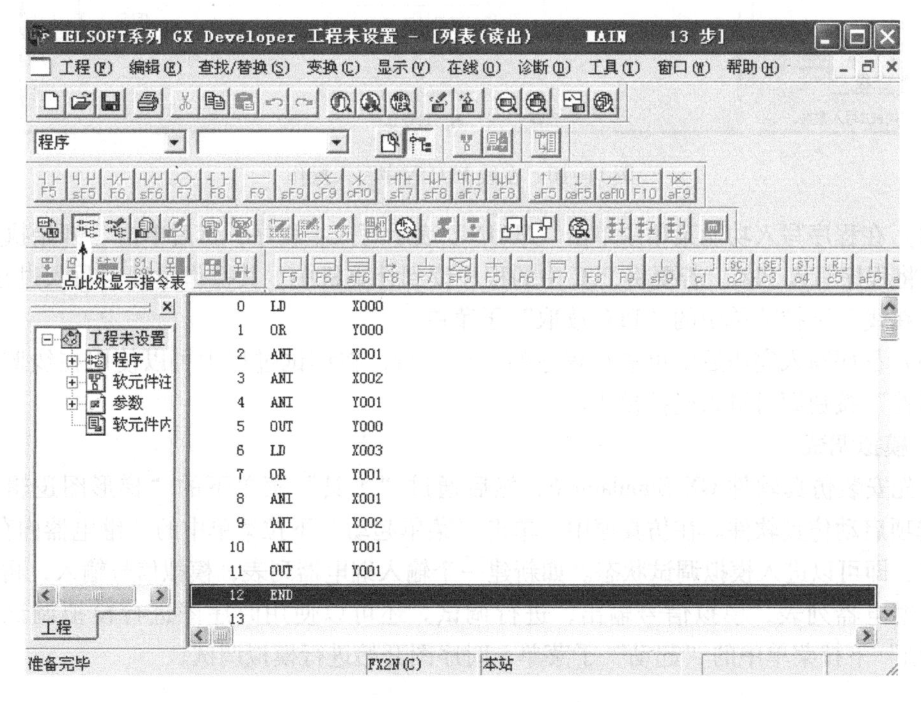

图 11-9　程序转换后的指令表视图

2）将当前编辑区定位到要删除、插入的图形处，在“编辑”菜单中执行相应的命令。

3）将当前编辑区定位到要删除的图形处，然后按下〈Delete〉键即可。

4）要删除某一段程序时，可以拖动鼠标选中该段程序，然后按下〈Delete〉键即可，或执行“编辑”下拉菜单中的“删除行”或“删除列”命令。

4. 程序的运行

在程序编制完成后，开始进行程序的运行。

（1）单击图 11-10 所示“在线”下拉菜单中的“PLC 写入”子菜单，程序进入在线写入操作，在线 PLC 程序写入操作，就是将计算机显示的程序经通信接口送入到 PLC 中，如图 11-10 所示。

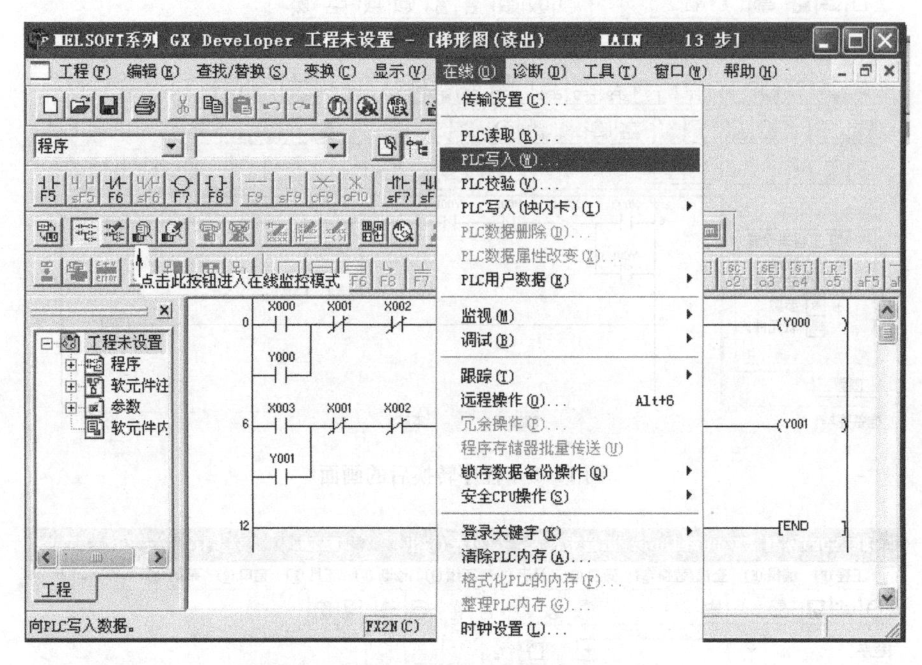

图 11-10　在线 PLC 程序写入操作

（2）在程序写入功能菜单中单击“MAIN”表示写入主程序，然后单击“开始执行”按钮即可将程序写入 PLC。若要将 PLC 中的程序读到计算机中，其操作过程与写入过程类似，单击“在线”下拉菜单中的“PLC 读取”子菜单。

（3）程序写入完毕后即可进行程序的调试运行，在调试过程中可以使用在线监控，单击“监控”按钮即可进入监控模式。

5. 模拟调试

首先安装仿真软件 GX Simulator 6，然后通过“工具”菜单下的“梯形图逻辑测试起动”选项启动仿真软件。在仿真窗中，单击“菜单起动”下拉菜单中的“继电器内存监视”子菜单，即可以进入模拟调试状态。如新建一个输入继电器列表，模拟信号输入，再新建一个输出继电器列表，模拟信号输出，进行调试。还可以使用时序图进行模拟调试，单击“时序图”下拉菜单中的“起动”子菜单，时序图开始进行模拟调试。

第12章　实验与实训

模块1　电气控制

项目1　低压电器的认识与拆装实训

一、实训目的

（1）认识常用的低压电器的结构及工作原理。

（2）学习低压电路的选择方法和安装。

（3）熟悉低压电器的整定方法和铭牌数据。

二、实训概述

低压电器实验是“电气与可编程序控制器”课程的重要实践环节。通过实训使学生对常用的低压电器、电器设备的拆卸安装和使用方法有一定的感性认识，并培养一定的动手能力，熟练掌握电工安全作业的基本技能。为今后从事相关工作打下良好基础。

电器是指能自动或手动接通和断开电路，以及对电路或非电路现象能进行切换、控制、保护、检测、变换和调节的元件。常见的低压电器有：接触器、电磁起动器、控制器、熔断器、电流继电器、热继电器，避雷器、电磁离合器、电磁铁、速度继电器、压力继电器、温度继电器、时间继电器、主令开关、行程开关、按钮、万能转换开关、刀开关、电子接近开关、电感式开关等。

三、实训设备与器材

（1）万用表	1只
（2）接触器	1个
（3）按钮	1个
（4）热继电器	1个
（5）组合开关	1个
（6）中间继电器	1个
（7）常用电工工具	1套

四、实训内容与步骤

（1）根据摆放的低压电器的实物，写出各电器的名称。

（2）检验器材质量，用万用表或肉眼检查各元器件各触头的分合情况是否良好，器件外部是否完整无缺；用万用表检查接触器的线圈电压与电源电压是否相符。

（3）拆装电器元件，包括交流接触器、中间继电器、时间继电器，按钮。

（4）检查各活动部件是否灵活，固定部分是否松动，线圈阻值是否正确；通电检查各触头压力是否符合要求，声音是否正常。

（5）通电试验，通电前必须自检无误并请示指导教师的同意，通电时必须有指导教师在场方可进行。

五、注意事项

遵守实习纪律，实训过程中要爱护实训器材，在操作过程中应严格遵守操作规程以免发生意外，穿绝缘鞋，注意安全。

六、实训报告

写出交流接触器、中间继电器、时间继电器上的铭牌数据，并分别说明铭牌数据各代表什么含意？

项目2 三相异步电动机的点动、长动控制实训

一、实训目的

(1) 熟悉交流接触器、按钮、热继电器等控制电器的结构、工作原理及使用方法。

(2) 学习异步电动机点动、长动控制电路的接线方法。

(3) 观察电动机直接起动以及点动、长动、停止等控制过程。

二、实训概述

小容量的异步电动机，通常都采用直接起动，因为直接起动设备简单，操作便利，电动机的容量小，不会影响同一电路系统的其他负载正常工作。为了方便，常将所需控制电器装在一个铁箱内，称为磁力起动器，来操纵电动机的直接起动。磁力起动器由交流接触器、热继电器、熔断器、按钮、组合开关，信号灯组成，具有失电压保护和过载保护的功能。

有的生产机械在调整状态时，需要有点动控制，如图12-1b所示为不带自锁环节的点动控制；当并联上接触器的自锁触头后，能实现长动控制，如图12-1c所示控制电路，从而满足了生产工艺的要求。

三、实训设备与器材

(1) 异步电动机	1台
(2) 接触器	1个
(3) 按钮	1个
(4) 热继电器	1个
(5) 组合开关	1个
(6) 熔断器	1个

四、实训电路

实训电路如图12-1所示。

五、实训内容与步骤

(1) 观察记录接触器、按钮、热继电器的结构、型号、规格，熟悉实训电路图。

(2) 用万用表检查接触器、按钮等电器的常开、常闭触头是否闭合或断开，可动部件是否灵活，电器的额定电压与电源电压是否相符合，熔断器是否完好。

(3) 点动控制：按图12-1a、b接线，按先接主电路后接控制电路，先串联后并联的顺序进行，电路接好以后，先自行检查，再经教师检查后通电实验。当按下起动按钮SB时，电动机转动，松开SB时，电动机就停止运行，从而实现了点动控制。

(4) 长动控制：将自锁触头并联到起动按钮SB2两端，如图12-1c所示，当按下按钮SB2时，电动机转动，松开SB2，电动机仍然转动，从而实现了长动控制，要电动机停止工

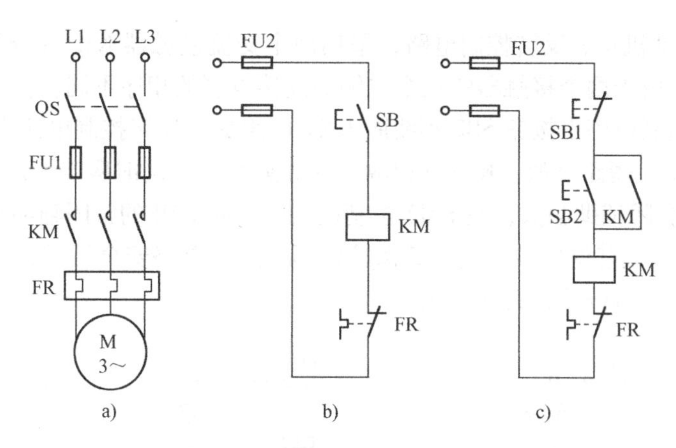

图 12-1　电动机的点动、长动控制电路

a）主电路　b）点动控制电路　c）长动控制电路

作须按下停止按钮 SB1。

（5）模拟过电压保护：用木尺拨动热继电器，使其常闭触头断开，电动机停转。若要电动机再次转动，则需重新起动。

（6）模拟失电压保护：在电动机正常运转时，突然拉开电源闸刀，电动机失电压将停止转动，稍停片刻，再合上电源闸刀，电动机不会转动。

六、注意事项

（1）接线、拆线检查都不准带电操作，每次改接电路都必须断电进行，每次电路改接完毕需重新通电时，都要经教师检查同意方可进行。

（2）当电动机处于转动状态时，不能触摸接触器、热继电器上的金属部分。

七、实训报告

（1）记录电动机的铭牌数据，记录低压电器的技术数据。

（2）根据实验叙述电动机实现自锁的过程。

（3）叙述接触器、热继电器在电路中各起什么作用。

（4）在直接起动实验电路中，若起动按钮和停止按钮位置对调后，是否能起动？是否仍具有过载保护和自锁作用？

项目 3　三相异步电动机的正、反转控制实训

一、实训目的

（1）掌握三相异步电动机正、反转控制电路的连接与操作方法。

（2）加深理解三相异步电动机的可逆旋转控制电路的工作原理以及电路中“自锁”和互锁”环节的作用。

（3）观察反接制动过程，测试反接制动时的电流。

二、实训概述

在生产实践中，有许多机械运动部件需要正、反向运动，如磨床砂轮的升降；摇臂钻床的摇臂升降；万能铣床主轴旋转方向的改变及工作台的往返运动等。绝大多数是由电动机的正、反转来实现的，而电动机的正、反转通常是靠改变电源相序来实现的。

图 12-2 是电动机正、反转控制电路，采用两个交流接触器 KM1 和 KM2 分别控制电动机的正转和反转。由于两个接触器的三个主触头连接电源的相序不同，所以能改变电动机的转向。其中正转控制电路由按钮 SB2 和线圈 KM1 等组成，反转控制电路由按钮 SB3 和线圈 KM2 等组成。为避免短路事故，KM1 和 KM2 主触头绝不能同时吸合，所以在 KM1 控制电路中串联 KM2 的常闭辅助触头，在 KM2 控制电路中串联 KM1 的常闭辅助触头，从而起到互锁作用。图中的 FR 是热继电器，起过载保护作用。这种电路安全可靠，但改变电动机的转向应先按停止按钮，再按反转起动按钮。

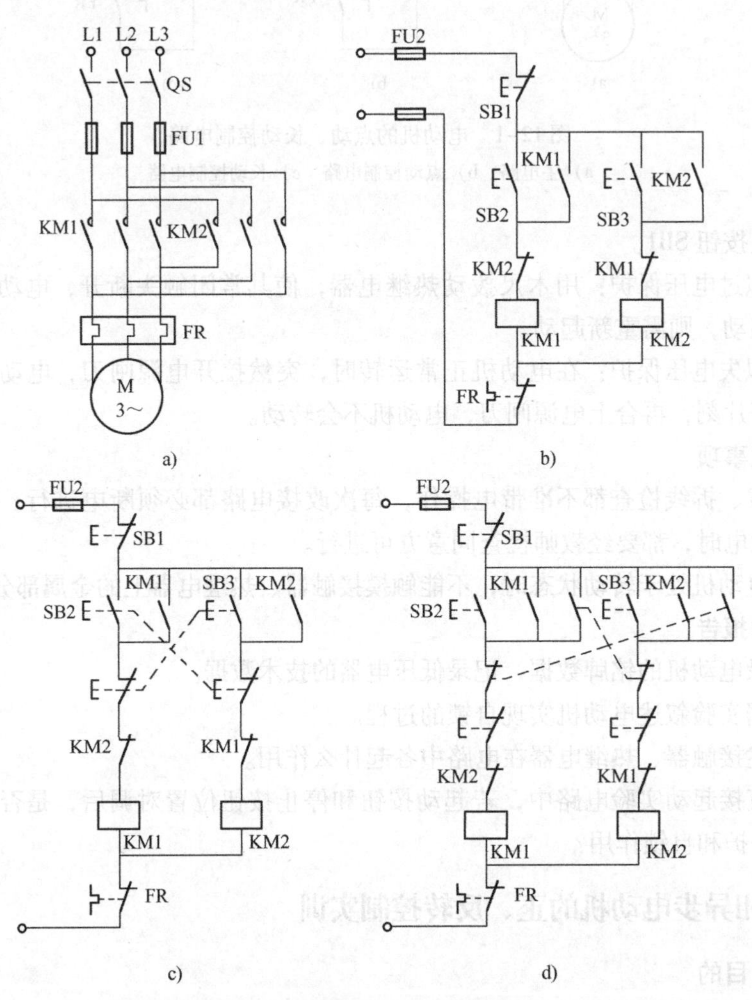

图 12-2　电动机正、反转控制电路

a）主电路　b）控制电路 1　c）控制电路 2　d）控制电路 3

图 12-2c、d 的控制电路采用了复合按钮，它可以不按停止按钮就使电动机从正转直接变为反转。在进行反接制动时，旋转磁场与转子转向相反，其相对转速比起动时还要大，因此，转子、定子电流也比起动时要大，所以频繁地进行反接制动，电动机会因过电流而损坏。

三、实训设备与器材

(1) 异步电动机	1 台
(2) 接触器	2 个
(3) 按钮	1 个
(4) 热继电器	1 个
(5) 组合开关	1 个
(6) 熔断器	1 个
(7) 电线	若干
(8) 控制板	1 块
(9) 电工工具	1 套

四、实训内容与步骤

(1) 检查各电器元件是否完好，活动部件是否灵活，触头是否接触良好等。弄清电路图中各电器符号在控制电路板上的安装位置及其接线端。

(2) 绘制安装接线图，根据原理图进行电器元件布置，对照原理图上的线号，在接线图上作好端子标注编号。图 12-2 正、反向起动控制电路的自锁、联锁线号较多，应仔细标注。

(3) 按照接线图规定的位置将电器元件摆放在安装底板上定位打孔。先将热继电器水平安装，然后再将其他电器元件固定好。

(4) 按图 12-2a、b 连接电路，可先接主电路，后接控制电路，主电路用粗导线，控制电路用细导线，两只交流接触器在接线时，输入端和输出端只能倒相一次，若输入端倒相输出端就不能再倒相了。主电路接好后再接控制电路。电路接好先自行检查，再经教师检查同意后可通电操作。

(5) 先按正转起动按钮 SB2，观察电动机转动方向及各元件的运动情况。

(6) 按停止按钮 SB1，待正转停止后，再按反转按钮 SB3，观察电动机转动方向及各元件运动情况。

(7) 图 12-2c、d 是电动机双重联锁正、反转控制电路原理图。操作过程参照前面 (1) ~ (5) 步骤，

(8) 互锁控制。当电动机反转运行时，不按停止按钮，而直接按正转按钮，这时电动机不会改变转向，必须先按停止按钮后才能改变转向，这就是互锁环节的作用。

五、注意事项

(1) 不要频繁改变电动机的转向，以防烧坏电动机。

(2) 电动机运行时，不能触摸电动机转动部分和各种电器的接线螺钉。

(3) 反接制动电流很大，要选择好电流表量程，在突然按下反转按钮的瞬间观察电流表量程。

六、实训报告

(1) 反接制动电流为什么这样大？频繁的反接制动有何危害？

(2) 简述正、反转电路的工作原理和各元件的运动顺序。

(3) 指出自锁触头和互锁触头的作用。

(4) 本实训所用电器是否合理，如不合理，应怎样进行改进？

项目4　三相异步电动机带延时正、反转控制实训

一、实验目的

(1) 掌握由电气原理图接成实际电路的方法。

(2) 学习时间继电器的电路连接，加深对电气控制系统各种保护、自锁、互锁等环节的理解。

(3) 学会分析、排除继电器和接触器控制电路故障的方法。

二、实验概述

在生产实践中，有时某系统同时装有几台作用不同的电动机，有时需要延时起动，如图12-3所示就是延时控制电路，当合上电源，按下起动按钮SB2，电动机起动正向运行，当时间继电器设置的时间到时后，电动机自动反向运行。

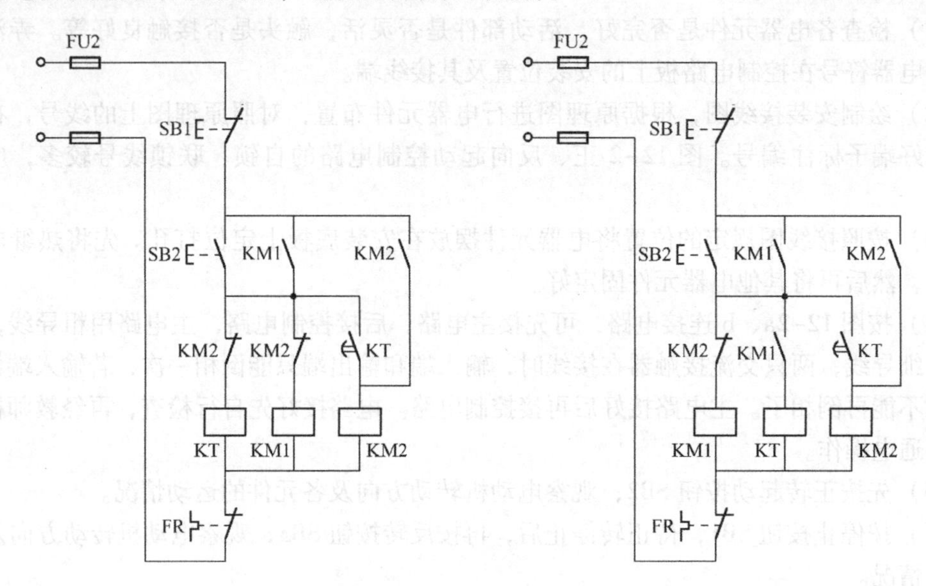

图 12-3　延时控制电路

三、实验仪器与设备

(1) 三相异步电动机	2台
(2) 接触器	2个
(3) 按钮	1套
(4) 热继电器	1个
(5) 组合开关	1套
(6) 熔断器	1个
(7) 电线	若干
(8) 万用表	1只
(9) 控制板	1块
(10) 电工工具	1套

四、实验内容与步骤

(1) 按图12-3连接电路，经教师检查同意后，接通电源进行实验。

（2）按下起动按钮 SB2，电动机先正向运行，观察运转情况，接着时间继电器使电动机反向运转，再观察运转情况。

（3）进行联锁控制实验，按停止按钮 SB1，使电动机停转，观察是否能联锁。

五、注意事项及说明

（1）本次实验电压较高，须注意安全，接线、拆线、检查均不得带电进行，不要出现带联锁的控制电路裸露线头。

（2）本次实验电路要求接线要牢固，主、控电路分别用粗、细导线连接，以便检查。

六、实验报告

（1）根据实验现象简述控制电路的工作原理及各元件的动作顺序。

（2）分析时间继电器有何作用。

模块 2　PLC 的应用

PLC 是现代教学中必不可少的实验设备，它直观、生动、形象地演示 PLC 程序的运行结果，使学生真正了解 PLC 的控制原理，使教学与实践有机结合起来。这种教学实验可以增强学生的学习兴趣，提高学生的动手能力，大大增强学生就业自信心与竞争能力。

目前学校的 PLC 实验设备主要是教学实验装置和实验箱两种，本章的 PLC 实验设计兼顾了教学实验装置和实验箱两种。教学实验装置是由很多实验模板组成，每个实验模板都安装有扁平信号排线插座，PLC 的输入端子 X 和输出端子 Y 不用接线，接过电源就可以实验了，如果不用扁平信号排线，输入端子 X 和输出端子 Y 必须按所给接线图连接电路。实验箱一般不配备扁平信号排线，输入端子 X 和输出端子 Y 必须按所给接线图连接电路。

由于厂家提供的教学实验装置以 FX_{2N}-48MR 机型较多，实验箱以 FX_{1S}-30MR 较多，本书以三菱 FX 系列 FX_{1S}-30MR、FX_{2N}-48MR 机型为例。三菱 FX 系列其他机型也可参照，注意输出继电器公共端的极性，本书介绍的 FX_{1S}-30MR 机型实验箱的公共端为负极性，FX_{2N}-48MR 公共端为正极性。最好是按教学实验装置、实验箱说明书进行。FX 系列的输出继电器的公共端：FX_{1S}-30MR 为 COMO ~ COM3、FX_{1N}-33MR 为 COMl ~ COM4、FX_{2N}-32MR 为 COMl ~ COM4、FX_{2N}-48MR 为 COMl ~ COM5、FX_{1N}-60MR 为 COM1 ~ COM7。必须熟悉输入、输出端子编号，才能保证实验正确接线。

三菱 FX_{1S}-30MR、FX_{2N}-48MR 的面板输入、输出端子编号接线图如图 12-4 所示。

项目 5　FX-20P 编程器的使用方法

一、实训目的

（1）熟悉 FX-20P 编程器的使用。

（2）掌握 PLC 学习机的编程方法。

二、实训概述

FX 型 PLC 的简易编程器有好几种，功能也有差异，这里介绍有代表性的 FX-20P 简易编程器，介绍其结构、组成及编程操作。FX-20P 手持式编程器外形如图 12-5 所示。

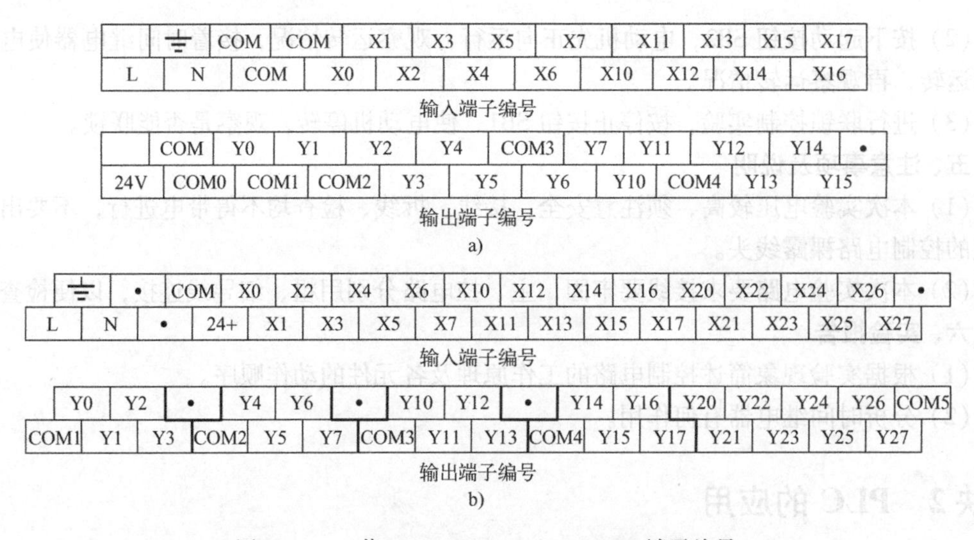

图 12-4　三菱 FX_{1S}-30MR、FX_{2N}-48MR 端子编号

a）FX_{1S}-30MR 输入、输出端子编号　b）FX_{2N}-48MR-001 输入、输出端子编号

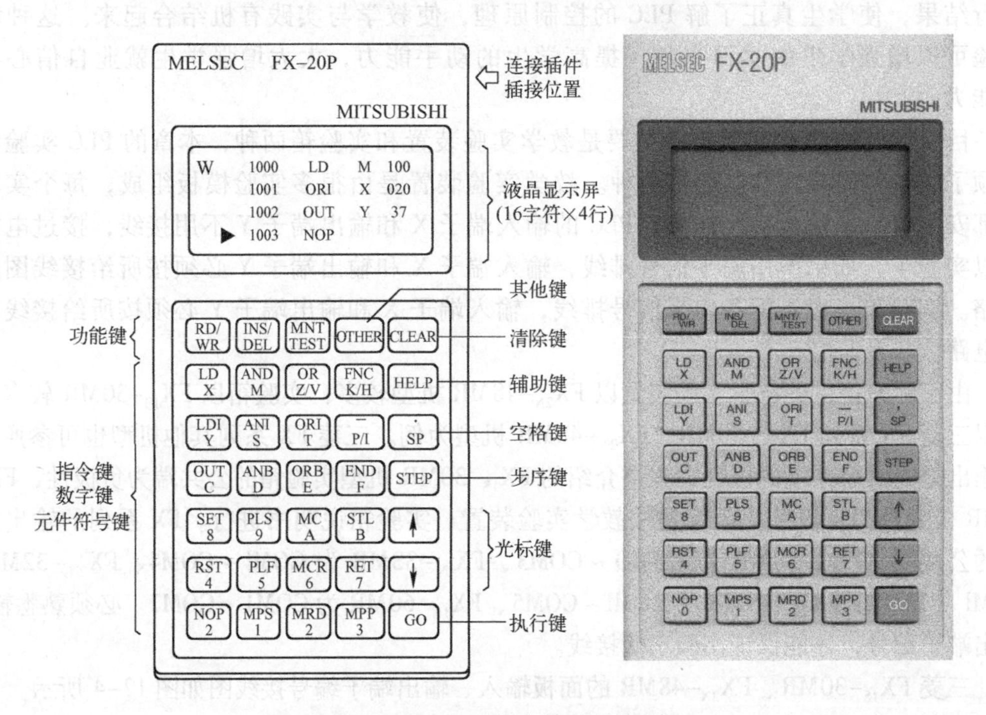

图 12-5　FX-20P 手持式编程器外形图

FX-20P 手持式编程器的液晶显示屏只能同时显示 4 行，每行 16 个字符，在编程操作时，显示屏上显示的内容如图 12-6 所示。

FX-20P 手持式编程器适用于三菱公司 FX 系列 PLC，插在 PLC 上使用时，既可将程序写入 PLC 的 RAM 中，又可在操作过程中监视 PLC 的运行，还可在 PLC 的 RAM 存储器和 E^2PROM 存储器之间传送程序。它有联机（Online）和脱机（Offline）两种操作方式。选用脱机方式时，需用 FX-20P-ADP 电源适配器对编程器供电。若通电 lh，RAM 内的信息可以保留 3 天。液晶显示屏便于阅读，面板小巧轻便、易于携带。

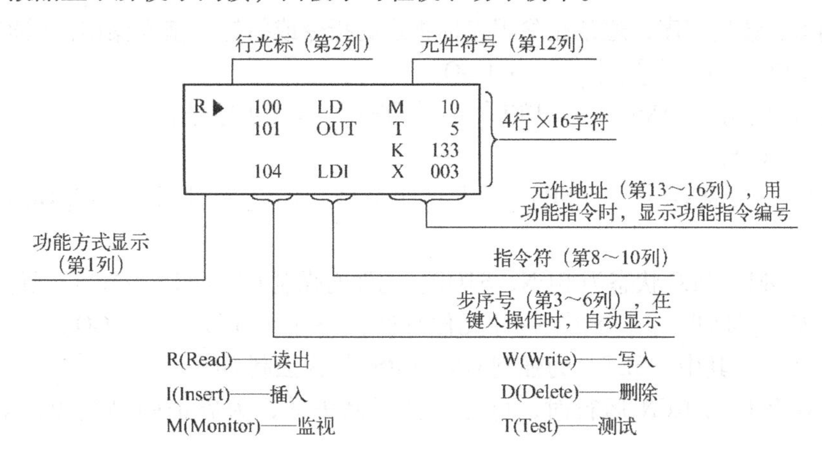

图 12-6　FX-20P 手持式编程器显示屏

三、实训设备与器材

(1) FX-20P 编程器　　1 块

(2) PLC 学习机　　1 台

四、实训内容及步骤

1. HPP 操作面板

它由 35 个按键组成。

(1) 功能键 [RD/WR]，读出/写入；[INS/DEL]，插入/删除；[MNT/TEST]，监视/测试　各功能键交替起作用，按一次时选择第一个功能，再按一次，则选择第二个功能。

(2) 其他键 [OTHER]　在任何状态下按此键，显示方式菜单（项目单）。安装 ROM 写入模块时，在脱机方式菜单上进行项目选择。

(3) 清除键 [CLEAR]　如在按 [GO] 键前（即确认前）按此键，则清除键入的数据。此键也可以用于清除显示屏上的出错信息或恢复原来的画面。

(4) 帮助键 [HELP]　显示应用指令一览表。在监视时，可进行十进制数和十六进制数的转换。

(5) 空格键 [SP]　在输入时用此键指定元件号和常数。

(6) 步序键 [STEP]　用此键设定步序号。

(7) 光标键 [↑]、[↓]　用此键移动光标和提示符，指定当前元件的前一个或后一个元件，作行滚动。

(8) 执行键 [GO]　此键用于指令的确认、执行，显示后面的画面（滚动）和再搜索。

(9) 指令、元件号、数字键　上部为指令，下部为元件符号或数字。上、下部的功能是根据当前所执行的操作自动进行切换。下部的元件符号 [Z/V]、[K/H]、[P/I] 交替起作用。

2. 主要功能操作

手持编程器 HPP 复位：RST + GO。

程序删除：PLC 处于 STOP 状态。

逐条删除：读出程序，逐条删除用光标指定的指令或指针。基本操作：［读出程序］→［INS］→［DEL］→［↑］、［↓］→［GO］。

指定范围的删除：［INS］→［DEL］→［STEP］→［步序号］→［SP］→［STEP］→［步序号］→［GO］。

元件监控：［MNT］→［SP］→［元件符号］→［元件号］→［GO］→［↑］、［↓］。

强制 ON/OFF：PLC 状态为 RUN、STOP。元件的强制 ON/OFF，先进行元件监控，而后进行测试功能。［MNT］→［SP］→［元件符号］→［元件号］→［GO］→［TEST］→［SET］/［RST］。其中［SET］为强制 ON，［RST］为强制 OFF。

注意：在 PLC 为 RUN 运行时，可能会使强制失效，为验证强制输出，最好 PLC 为 STOP。

程序的写入：［RD/WR］→［指令］→［元件号］→［GO］。

计时器写入：［RD/WR］→［OUT］→［T××］→［SP］→［K］→［延时时间值］→［GO］。

程序的插入：PLC 处于 STOP 状态。读出程序→［INS］→指令的插入→［GO］。

联机方式菜单有 7 个项目：方式切换、程序检查、存储盒传送、参数设置、元件变换、蜂鸣器音量调整、锁存清除。

（1）方式切换　由联机方式切换到脱机方式。按［GO］键，进行联机→脱机方式切换。按［CLEAR］键返回方式菜单。

（2）程序检查　程序检查时，分“有错”和“无错”两种情况。有错时，显示有错的步序号，出错信息和出错代码。有错或无错时，只要按［CLEAR］键或［OTHER］键，则显示方式菜单。

（3）存储盒的传送　PLC 为 STOP 状态。用［↑］、［↓］键，使光标对准所选项目，然后按［GO］。

说明：

FX ROM→E^2PROM 时，应将 E^2PROM 盒内的保护开关置于 OFF。

4K 或 8K 的程序，不能从存储盒传送到内部 RAM（显示“PC PARA. ERROR”）。

正确传送后，显示“COMPLETED”。

（4）参数设定　参数设定包括：默认值（DEFAULT values）、存储器容量、锁存范围、文件寄存器的设定和关键字登记。

（5）元件变换　PLC 为 STOP 状态。此操作可以在同一类元件内进行元件号变换。执行此操作时，程序中的该元件号全部被置换（包括在 END 指令后的该元件号）。

（6）蜂鸣器音量调整　PLC 为 STOP 状态。利用［↑］、［↓］键调整显示条的长度，条越长，音量越大，音量分 10 级，用［OTHER］键或［CLEAR］键返回方式菜单。

（7）锁存清除　PLC 为 STOP 状态。注意：程序存储器为 EPROM 时，此操作不能用来进行文件寄存器的清除。程序为 E^2PROM 时，存储器保护开关处于 OFF 位置，才能进行文件寄存器的清除。文件寄存器以外的元件，无论存储器的形式为 RAM、EPROM、E^2PROM 中任何一种，其锁存清除均有效。

3. 练习程序写入

写入程序之前，要将 PLC 内部存储器的程序全部清除（简称“清零”）。

清零：[RD/WR]→[RD 读/WR 写]

→[NOP]→[A]→[GO]→[GO]

NOP 为成批写入。

基本指令有三种情况：一是仅有指令助记符，不带元件；二是有指令助记符和一个元件；三是指令助记符带两个元件。在选择写入功能的前提下，写入上述三种基本指令的键操作如下：

①[指令]→[GO]（只需输入指令）。

②[指令]→[元件符号]→[GO]（需要指令和元件的输入）。

③[指令]→[元件符号→[元件号]→[SP]→[元件符号]→[元件号]→[GO]（需要指令、第 1 元件和第 2 元件的输入）。

例如要将图 12-7 所示的梯形图程序写入到 PLC 中，可按如下进行操作。

0	LD	X000
1	ANI	X001
2	OUT	Y000
3	NOP	

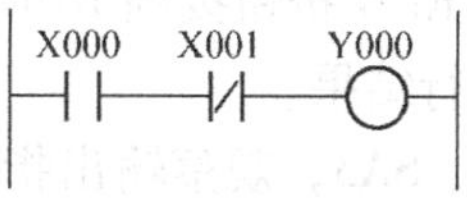

图 12-7　基本指令用梯形图及显示

[WR]→[LD]→[X]→[0]→[GO]→[ANI]→[X]→[1]→[GO]→[OUT]→[Y]→[0]→[GO]

在指令输入过程中，若要修改，可按图 12-6 所示进行操作。

五、思考题

（1）简述 FX-20P 型编程器的功能。

（2）简述联机与脱机操作有何异同？

（3）编程器的编程和计算机的编程相比，它们各自有何优缺点？

项目 6　PLC 基本指令实验

一、实验目的

（1）熟悉 PLC 实验装置。

（2）熟悉 PLC 编程软件及方法

（3）掌握与、或、非逻辑功能指令、SET 置位、RST 复位的编程方法。

二、实验概述

任何厂家生产的 PLC，均有基本的逻辑指令。三菱 FX 系列 PLC 有基本指令 27 条。本次实验进行常用的基本指令 LD、LDI、AND、ANI、OR、ORI、SET、RST、OUT 和 END 等的编程操作训练，其余指令训练将在以后实验中进行。

本书使用的 PLC 实验面板参见附录图 A-2。每个实验部分的接线孔通过插锁紧线与 PLC 的主机相应的输入/输出插孔相连接。Xi 为输入点，Yi 为输出点。

图 A-2 的中间两排，SB1 ~ SB9 为输入按键，SA1 ~ SA9 为模拟开关量的输入。

L1 ~ L9 是 LED 指示灯，按继电器输出用于模拟输出负载的通与断。

电源：24 V、0.7 A。

三、实验设备与器材

(1) PLC 教学实验台　　1 台

(2) FX-20P 编程器　　1 台

(3) 编程电缆　　1 根

(4) 连接导线　　若干

四、实验内容及步骤

编制梯形图并写出程序。通过程序判断 Y001、Y002、Y003、Y004 的输出状态，然后再输入并运行程序加以验证。

1. 与非逻辑功能实验

梯形图中的 X001、X003 分别对应控制单元输入开关 SA1、SA3。

手持编程器通过专用电缆与 PLC 主机连接。打开编程器，逐条输入程序，检查无误后，将 PLC 主机上的 STOP/RUN 按钮拨到 RUN 位置，若运行指示灯点亮，表明程序开始运行，有关的指示灯将显示运行结果。

拨动输入开关 SA1、SA3，观察输出指示灯 L1、L2、L3、L4 是否符合与、或、非逻辑的正确结果。与非逻辑功能实验的指令表与梯形图如图 12-8 所示。

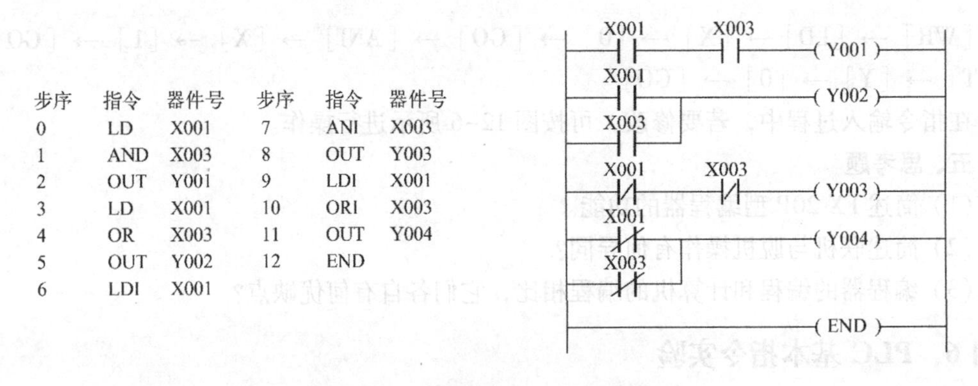

步序	指令	器件号	步序	指令	器件号
0	LD	X001	7	ANI	X003
1	AND	X003	8	OUT	Y003
2	OUT	Y001	9	LDI	X001
3	LD	X001	10	ORI	X003
4	OR	X003	11	OUT	Y004
5	OUT	Y002	12	END	
6	LDI	X001			

图 12-8　与非逻辑指令表与梯形图

2. 基本指令实验

梯形图中的 X001 ~ X007 分别对应控制单元输入开关 SA1 ~ SA7。

梯形图中的 T0、C0 分别对应控制单元输入开关 SA8、SA9。

拨动输入开关 SA1 ~ SA7，观察输出结果。

基本指令实验的指令表与梯形图如图 12-9 所示。

五、实验报告及思考题

(1) 整理实验操作结果。

(2) 在电动机起动、停止电路中，起动、停止开关与 PLC 的输入接口是怎样连接的?

(3) 交流电动机和直流电动机起动/停止的 PLC 控制程序是否一样?

步序	指令	器件号	步序	指令	器件号
0	LD	X001	10	OUT	T1
1	ANI	X002			K10
2	OUT	Y000	11	LD	X006
3	LD	X003	12	RST	C0
4	OR	X004	13	LD	X007
5	OUT	Y001	14	OUT	C0
6	LD	X005			K10
7	ANI	T1	15	LD	C0
8	OUT	T0	16	OUT	Y003
		K10	17	END	
9	LD	T0			

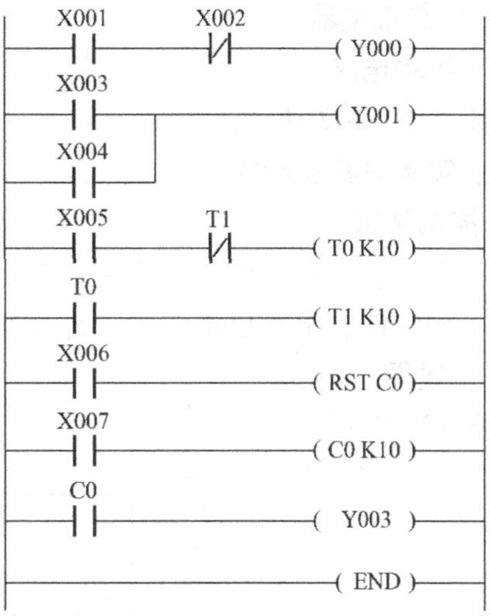

图 12-9　基本指令实验的指令表与梯形图

项目 7　三相异步电动机正、反转控制的 PLC 实验

一、实验目的

1. 掌握异步电动机正、反转控制电路的连接与操作方法。

2. 加深理解三相异步电动机的正、反转控制电路的工作原理以及电路中“自锁”和互锁”环节的作用。

3. 观察反接制动过程，测试反接制动时的电流。

4. 熟悉正、反转的 PLC 控制电路的连接方法。

5. 熟悉安装控制电路的基本步骤。

6. 培养电气电路安装操作能力。

二、实验概述

见项目 3 实验概述

三、实验设备与器材

（1）PLC 实验装置（或实验箱）	1 台
（2）计算机（或 FX－20P 手持编程器）	1 台
（3）编程电缆	1 根
（4）连接导线	若干
（5）组合开关	1 个
（6）熔断器	1 个
（7）电线	若干
（8）控制板	1 块
（9）电工工具	1 套
（10）异步电动机	1 台
（11）接触器	2 个
（12）按钮	1 个

（13）热继电器　　　　　　　　　　　　　1个

四、实验电路

电路如图12-2所示。

五、实验内容及步骤

1. 控制要求

用PLC控制电动机的正、反转。其中SB2为正转按钮，SB3为反转按钮，SB1为停止按钮。按下SB2时，电动机正转，若此时按下SB3，则电动机反转，反之亦然。

2. 接线图

如图12-10所示。

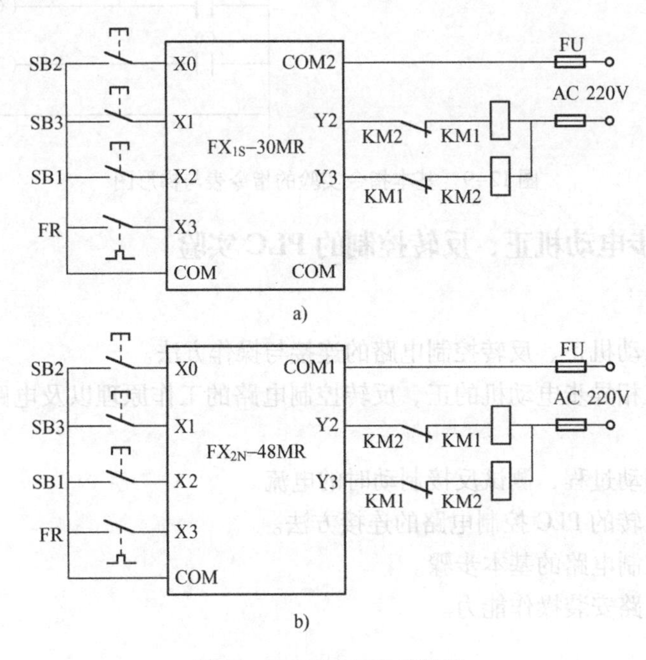

图12-10　PLC I/O连线图

a）FX_{1S} -30MR　b）FX_{2N} -32MR、FX_{2N} -48MR

3. I/O分配（连线）

I/O分配表见表12-1。

表12-1　I/O分配表

输　入		输　出	
正转按钮SB2	X0	接触器KM1	Y2
反转按钮SB3	X1	接触器KM2	Y3
停止按钮SB1	X2		

4. 实验步骤

（1）按图12-10接线。

（2）将程序输入PLC，观察输出指示显示是否正确。

（3）接通24 V电源，再运行PLC程序，观察输出指示显示是否正确，或观察KM1/

KM2 吸合的情况。

（4）合上 380 V 电源，再运行程序，按下 SB2 电动机应正转。按下 SB1，电动机应停转，再按下 SB3，电动机应反转。

5. 指令和梯形图

正、反转 PLC 控制电路的指令表见表 12-2，梯形图如图 12-11 所示。

表 12-2　指令表

步　序	指　令	器 件 号	步　序	指　令	器 件 号
0	LD	X000	7	OR	Y001
1	OR	Y000	8	ANI	X002
2	ANI	X002	9	ANI	X000
3	ANI	X001	10	ANI	Y000
4	ANI	Y001	11	OUT	Y001
5	OUT	Y000	12	END	
6	LD	X001			

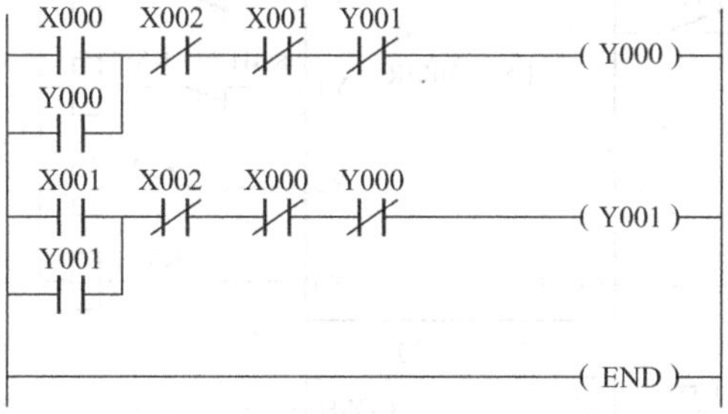

图 12-11　电动机正、反转梯形图

六、注意事项

（1）对容量较大的电动机，主电路和控制电路应分别选用粗细不同导线连接。

（2）不要频繁改变电动机的转向，以防烧坏电动机。

（3）电动机运行时，不能触摸电动机转动部分和各种电器的接线螺钉。

（4）反接制动电流很大，要选择好电流表量程，并在突然按下反转按钮的瞬间观察电流表变化。

七、实验报告

（1）整理有关测试数据，记录电动机及各电器的铭牌及技术数据。

（2）电动机的自锁连接保持不变，用 PLC 能否实现点动控制？

（3）交流电动机和直流电动机起动/停止的 PLC 控制程序是否一样？

项目 8　电动机的 PLC 自动控制实验

一、实验目的

（1）掌握电动机的常规控制电路设计。

（2）了解电动机电路的实际接线。

（3）掌握电动机与 PLC 的Y－△接线。

二、实验概述

电动机起动可以正转起动和反转起动，而且正、反转可切换，即在正转时可直接按下反转起动按钮，电动机即开始反转，同时切断正转电路，反之亦可。电动机起动时，要求电动机先为Y形联结，过一段时间再变成△联结运行。另外，还要有停止按钮。

电动机的 PLC 自动控制 I/O 分配表如图 12-12a 所示，接线图如图 12-12b、c 所示；电动机的 PLC 自动控制指令表如图 12-13a 所示，梯形图如图 12-13b 所示。

输　入		输　出	
停止 SB1	X0	正转接触器 KM1	Y0
正转起动 SB2	X1	反转接触器 KM2	Y1
反转起动 SB3	X2	Y联结接触器 KMY	Y2
		△联结接触器 KM△	Y3

a)

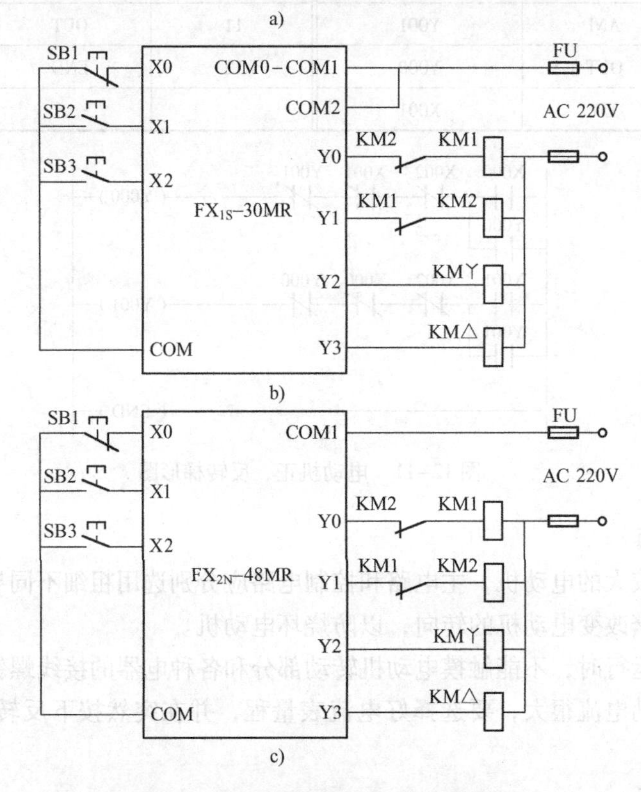

图 12-12　电动机的 PLC 自动控制接线图

a）I/O 分配表　b）FX_{1S}－30MR 接线图　c）FX_{2N}－32MR、FX_{2N}－48MR 接线图

三、实验设备与器材

（1）PLC 实验装置（或实验箱）	1 台
（2）计算机（或 FX－20P 手持编程器）	1 台
（3）编程电缆	1 根
（4）连接导线	若干
（5）电动机	1 台

步序	指令	器件号	步序	指令	器件号	步序	指令	器件号	步序	指令	器件号
0	LD	X001	11	OUT	Y000	21	LDI	M0	31	ANI	M4
1	SET	M0	12	OUT	T0	22	AND	M1	32	OUT	M5
2	LD	X002			K50	23	OUT	Y001	33	LD	M2
3	SET	M1	13	MPS		24	OUT	T1	34	OR	M4
4	LD	M0	14	ANI	T0			K50	35	OUT	Y002
5	AND	M1	15	ANI	M3	25	MPS		36	LD	M3
6	OR	X000	16	OUT	M2	26	ANI	T1	37	OR	M5
7	RST	M0	17	MPP		27	ANI	M5	38	OUT	Y003
8	RST	M1	18	AND	T0	28	OUT	M4	39	END	
9	LD	M0	19	ANI	M2	29	MPP				
10	ANI	M1	20	OUT	M3	30	AND	T1			

a)

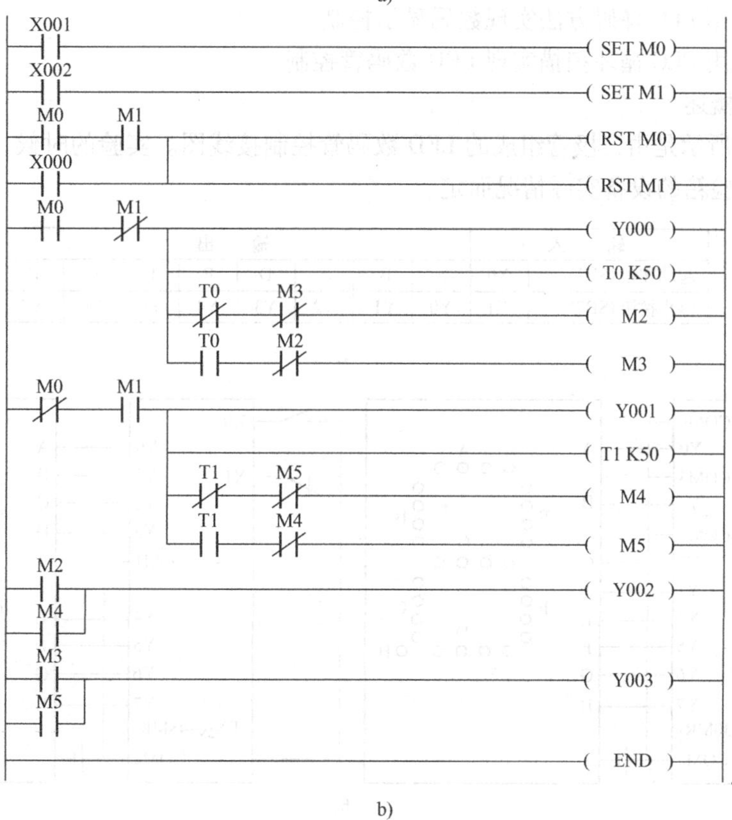

b)

图 12-13　梯形图

a）指令表　b）梯形图

四、实验内容及步骤

（1）按图 12-12 接线，其中 SBl 为停止按钮，SB2、SB3 分别为正转、反转起动按钮。

（2）将程序输入 PLC。

（3）接通 24 V 电源，主机开关拨向 RUN，按起动按钮 SB2，观察电动机是否正转。

（4）按下按钮 SB3，观察电动机是否反转。

（5）不切断自锁触头，改变程序实现点动控制。

五、注意事项

（1）复习Y-Δ起动电路和可逆控制电路。

（2）熟悉本次实验内容及步骤。

六、实验报告

（1）按要求格式完成实验报告。

（2）电气接口电路应如何连接？应采取哪些保护措施？

项目9　数码显示的PLC控制实验

一、实验目的

（1）学会用PLC构成数码显示控制系统。

（2）掌握用PLC译码方法实现数码显示控制。

（3）掌握用PLC循环扫描实现LED数码管控制。

二、实验概述

图12-14所示是由二极管组成的LED数码管控制接线图。实验的时候，可根据PLC教学实验台或实验箱的设备实际情况而定。

输　入		输　出							
起动按钮(SB1)	X0	A	B	C	D	E	F	G	H
停止按钮(SB2)	X1	Y0	Y1	Y2	Y3	Y4	Y5	Y6	Y7

a)

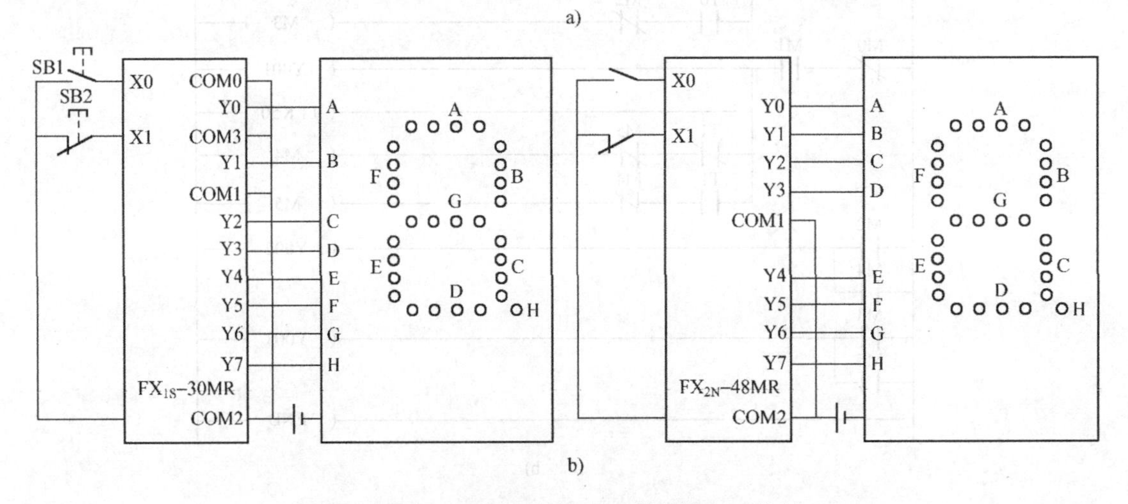

b)

图12-14　二极管组成的LED数码管PLC控制
a）I/O分配表　b）PLC接线图

LED数码管有两种显示接线方式，一种是共阴，另一种为共阳，当发光二极管正向偏置时，发光管（LED）灯就亮，发光管发光时所通过的电流约为10 mA。

图12-15a所示指令表是数码显示控制系统的参考指令，图12-15b所示是对应的数码显示控制系统的梯形图。

三、实验设备与器材

（1）PLC实验装置（或实验箱）　　1台

（2）计算机（或FX-20P手持编程器）　　1台

（3）编程电缆　　　　　　　　　　　　　　1 根

（4）连接导线　　　　　　　　　　　　　　若干

四、实验内容及步骤

（1）按图 12-14 所示进行接线。

（2）将程序输入 PLC。

（3）运行 PLC：主机开关拨向 RUN，按启动按钮，运行程序，首先亮 A、B、C、D、E、F、G、H 段码，对应显示 0 ~9 数字。

（4）试运行程序，观察输出 Y0 ~ Y6 的状态是否和指令所示一致，若不一致则需检查程序。

（5）控制情况是：A→B→C→D→E→F→G→H→ABCDEF(0)→BC(1)→ABDEG(2)→ABCDG(3)→BCFG(4)→ACDFG(5)→ACDEFG(6)→ABC(7)→ABCDEFG(8)→ABCDFG(9)→A→B→C…循环。

步序	指令	器件号	步序	指令	器件号	步序	指令	器件号	步序	指令	器件号
0	LD	X000	30	LD	M101	60	OUT	Y002	90	OR	M118
1	OR	M1	31	OR	M109	61	LD	M104	91	OUT	Y005
2	AND	X001	32	OR	M111	62	OR	M109	92	LD	M107
3	ANI	M119	33	OR	M112	63	OR	M111	93	OR	M111
4	OUT	M1	34	OR	M114	64	OR	M112	94	OR	M112
5	LD	M1	35	OR	M115	65	OR	M114	95	OR	M113
6	ANI	M0	36	OR	M116	66	OR	M115	96	OR	M114
7	OUT	T0	37	OR	M117	67	OR	M117	97	OR	M115
8	SP	K20	38	OR	M118	68	OR	M118	98	OR	M117
9	LD	T0	39	OUT	Y000	69	OUT	Y003	99	OR	M118
10	OUT	M0	40	LD	M102	70	LD	M105	100	OUT	Y006
11	LD	M1	41	OR	M109	71	OR	M109	101	LD	M108
12	OUT	T1	42	OR	M110	72	OR	M111	102	OUT	Y007
13	SP	K30	43	OR	M111	73	OR	M115	103	LDI	X001
14	ANI	T1	44	OR	M112	74	OR	M117	104	OR	M119
15	OUT	M10	45	OR	M113	75	OUT	Y004	105	FNC	40
16	LD	M10	46	OR	M116	76	LD	M106			M101
17	OR	M2	47	OR	M117	77	OR	M109			M118
18	OUT	M100	48	OR	M118	78	OR	M113	106	OUT	T3
19	LD	M118	49	OUT	Y001	79	OR	M114			K5
20	OUT	T2	50	LD	M103	80	OR	M115	107	AND	T3
21	SP	K20	51	OR	M109	81	OR	M117	108	RST	M119
22	AND	T2	52	OR	M110	82	OR	M118	109	END	
23	OUT	M2	53	OR	M112	83	OUT	Y005			
24	LD	M0	54	OR	M113	84	LD	M106			
25	FNC	35	55	OR	M114	85	OR	M109			
26	SP	M100	56	OR	M115	86	OR	M113			
27	SP	M101	57	OR	M116	87	OR	M114			
28	SP	K19	58	OR	M117	88	OR	M115			
29	SP	K1	59	OR	M118	89	OR	M117			

a)

图 12-15　数码显示控制参考梯形图

a）指令表

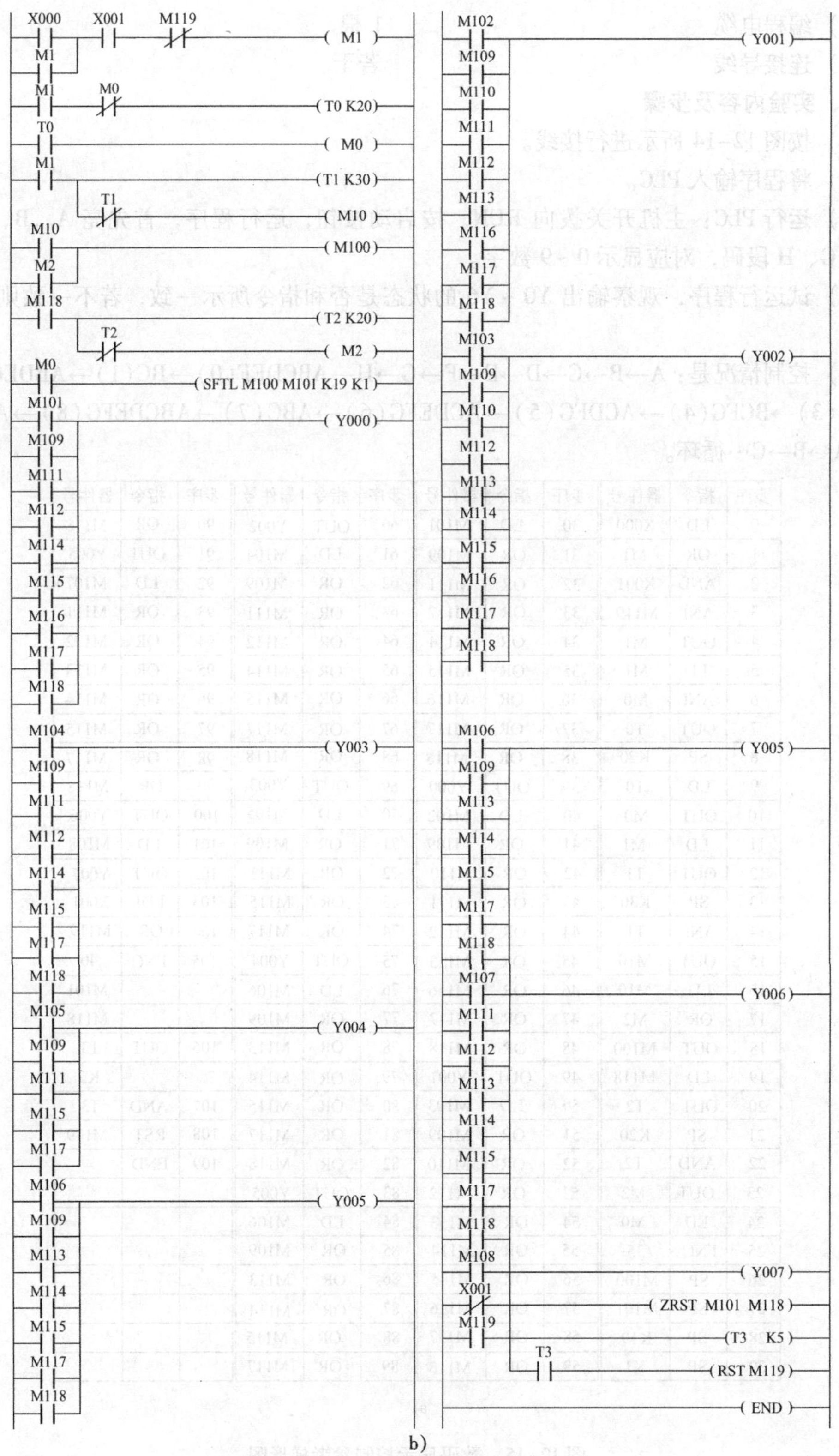

图 12-15 数码显示控制参考梯形图（续）

b）梯形图

（6）接通 PLC 电源，开启 24V 负载电源，运行 PLC 程序。当 X0 或 X1 为 ON 时，显示器以 1 s 的速度变化数字，当 X0 或 X1 为 OFF 时，显示器显示值不变化。

五、注意事项

（1）复习 PLC 基本指令及应用指令的编程方法。

（2）复习 LED 数码显示器的工作原理。

（3）熟悉本次实验原理、电路、内容及步骤。

六、实验报告

简述 LED 数码显示器的工作原理。

项目 10　步进电动机的 PLC 模拟控制实验

一、实验目的

（1）了解并掌握移位指令在控制中的应用及其编程方法。

（2）用 PLC 构成五相步进电动机控制系统。

二、实验概述

步进电动机具有结构简单、数字化控制容易、成本低廉、定子和转子加工精度高，外壳、法兰和轴的刚性好，电动机运行效率高，发热小，转动平稳，定位准确，无明显共振区，不易失步，高响应速度，低振动，使用寿命长，抗振动和恶劣环境，不易损坏等特点。现已广泛应用于众多对速度控制要求不高和负载无大范围变动的场合。

如果将步进电动机和驱动器或控制器合为一体，可使其结构紧凑、重量轻、系统组成简单、应用场合灵活，还可以具备网络通信功能。五相步进电动机 I/O 分配表如图 12-16a 所示，电路图如图 12-16b 所示；五相步进电动机控制接线图如图 12-17 所示。

输　入		输　出				
起动按钮 (SB1)	X0	A	B	C	D	E
停止按钮 (SB2)	X1	Y1	Y2	Y3	Y4	Y5

a)

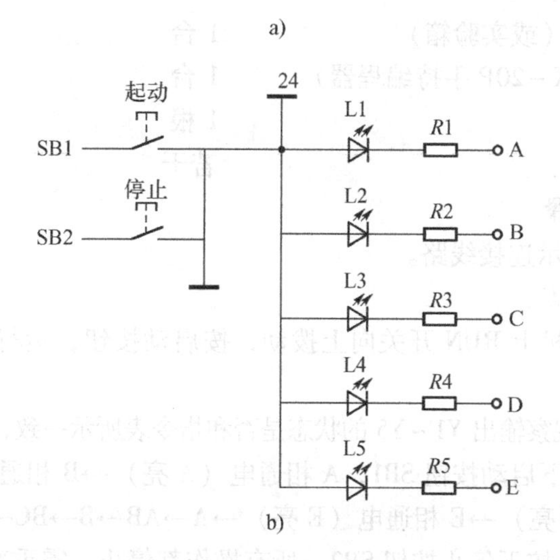

b)

图 12-16　五相步进电动机电路图

a）I/O 分配表　b）电路示意图

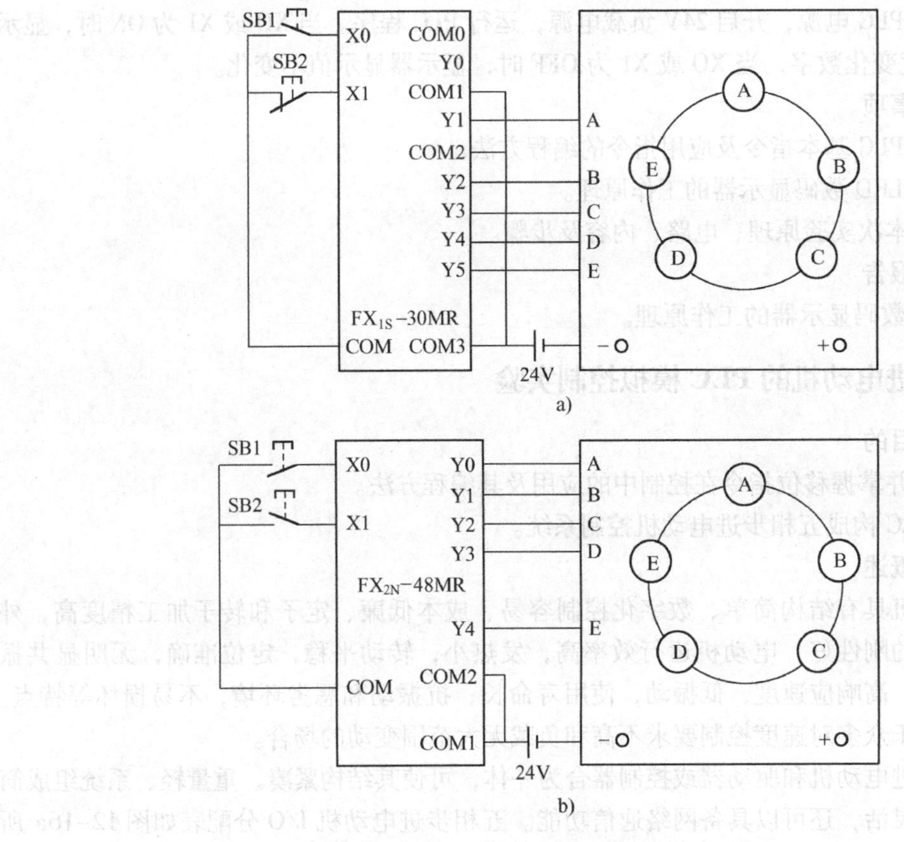

图 12-17　步进电动机控制接线图

a）FX_{1S}－300MR 接线图　b）FX_{2N}－32MR、FX_{2N}－48MR 接线图

图 12-18a 是五相步进电动机控制参考指令（程序）表，图 12-18b 是对应的梯形图。

三、实验设备与器材

（1）PLC 实验装置（或实验箱）　　1 台

（2）计算机（或 FX－20P 手持编程器）　　1 台

（3）编程电缆　　1 根

（4）连接导线　　若干

四、实验内容及步骤

（1）按图 12-17 所示连接线路。

（2）将程序输入 PLC。

（3）启动运行。主机上 RUN 开关向上拨动，按启动按钮，运行程序，观察 A、B、C、D、E 段码的显示情况。

（4）试运行程序，观察输出 Y1～Y5 的状态是否和指令表所示一致，若不一致则需检查程序。

（5）控制情况：按下启动按钮 SB1，A 相通电（A 亮）→B 相通电（B 亮）→C 相通电（C 亮）→D 相通电（D 亮）→E 相通电（E 亮）→A→AB→B→BC→C→CD→D→DE→E→EA→A→B…循环下去。按下停止按钮 SB2，所有操作都停止，需重新启动。

公共端连线如图 12-4 所示。

（6）接通 PLC 电源，开启 24V 负载电源，运行 PLC 程序。当 XO 或 X1 为 ON 时，显示

步序	指令	器件号	步序	指令	器件号	步序	指令	器件号	步序	指令	器件号
0	LD	X000	15	LD	M10	30	OR	M106	45	OR	M111
1	OR	M1	16	OR	M2	31	OR	M107	46	OR	M112
2	AND	X001	17	OUT	M100	32	OR	M115	47	OR	M113
3	OUT	M1	18	LD	M115	33	OUT	Y001	48	OUT	Y004
4	LD	M1	19	OUT	T2	34	LD	M102	49	LD	M105
5	ANI	M0	20	SP	K20	35	OR	M107	50	OR	M113
6	OUT	T0	21	ANI	T2	36	OR	M108	51	OR	M114
7	SP	K20	22	OUT	M2	37	OR	M108	52	OR	M115
8	LD	T0	23	LD	M0	38	OUT	Y002	53	OUT	Y005
9	OUT	M0	24	FNC	35	39	LD	M103	54	LDI	X001
10	LD	M1	25	SP	M100	40	OR	M109	55	FNC	40
11	OUT	T1	26	SP	M101	41	OR	M110			M101
12	SP	K30	27	SP	K15	42	OR	M111			M115
13	ANI	T1	28	SP	K1	43	OUT	Y003	56	END	
14	OUT	M10	29	LD	M101	44	LD	M104			

a)

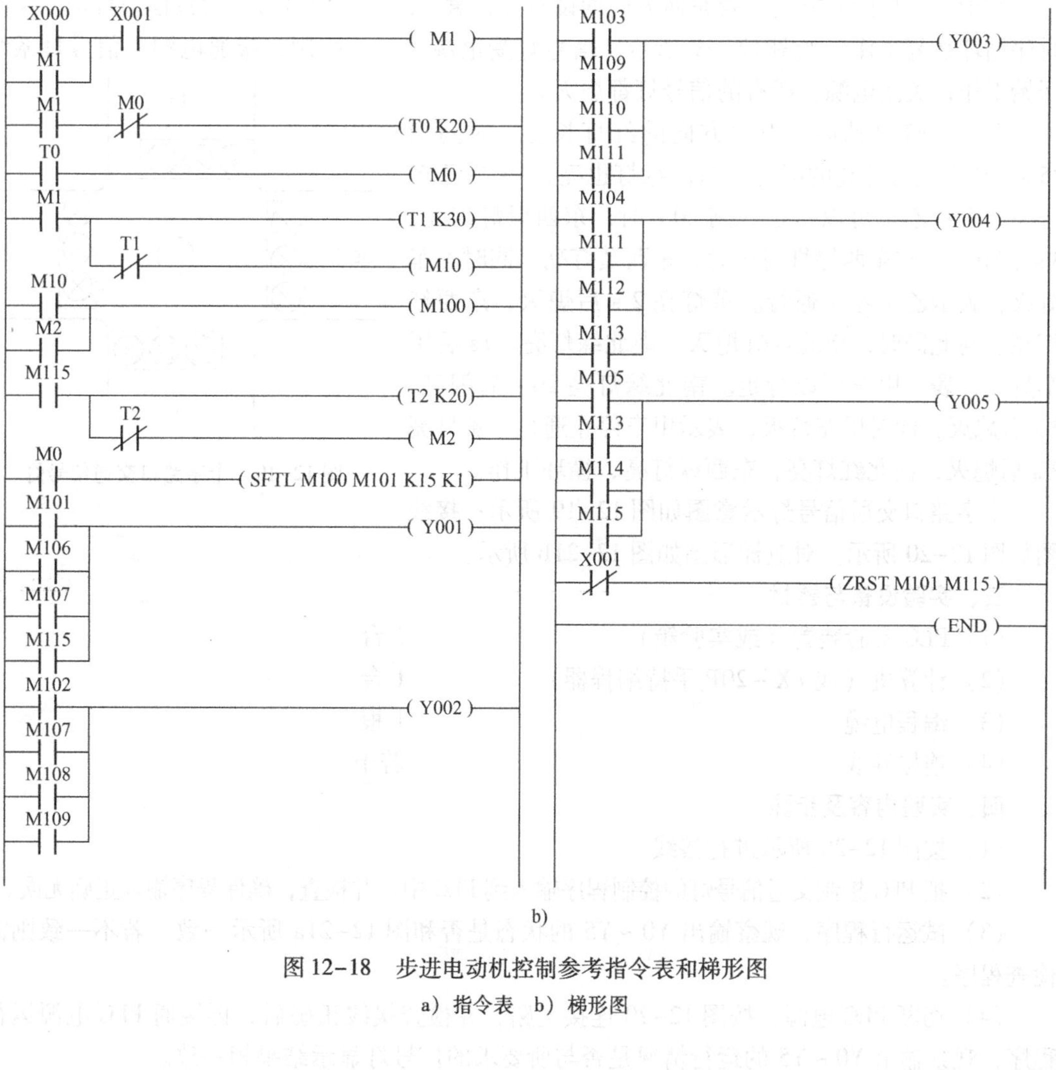

b)

图 12-18　步进电动机控制参考指令表和梯形图

a）指令表　b）梯形图

器以 1 s 的速度变化数字，当 X0 或 X1 为 OFF 时，显示器显示值不变。

五、注意事项

（1）复习 PLC 基本指令及应用指令的编程。

（2）复习五相步进电动机控制的工作原理。

（3）熟悉本次实验实验原理、电路、内容及步骤。

六、实验报告

简述五相步进电动机控制的工作原理。

项目 11　交通信号灯的自动控制实验

一、实验目的

（1）掌握用 PLC 控制十字路口交通信号灯的设计方法。

（2）熟悉 PLC 的编程方法和程序调试，了解用 PLC 解决一个实际问题的全过程。

二、实验概述

在十字路口南北方向以及东西方向均设有红、黄、绿三只信号灯，六只信号灯依一定的时序循环往复工作，如图 12-19 所示。信号灯受电源总开关控制，接通电源，信号灯系统开始工作；关闭电源，所有的信号灯都熄灭。

在信号灯启动后，南北方向的红灯长亮，时间为 25 s。在南北红灯亮的同时，东西绿灯也亮，1 s 后乙车灯亮，表示乙车可以行走。到 20 s 时，东西绿灯闪亮，3 s 后熄灭，在东西绿灯熄灭后，东西黄灯亮，同时乙车灯灭，表示乙车停止通行。黄灯亮 2 s 后熄灭，东西红灯亮。与此同时，南北红灯熄灭，南北绿灯亮。1s 后甲车灯亮，表示甲车可以行走。南北绿灯亮 20 s 后闪亮，3 s 后熄灭，同时甲车灯灭，表示甲车停止通行。黄灯亮 2 s 后熄灭，南北红灯亮，东西绿灯亮，循环工作。

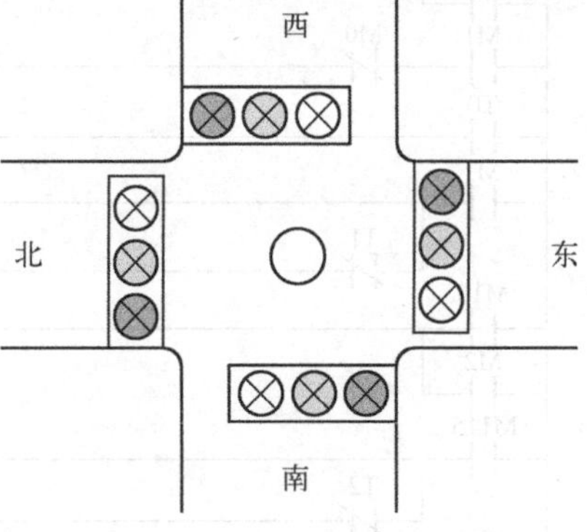

图 12-19　十字路口交通信号灯

十字路口交通信号灯示意图如图 12-19 所示；接线图如图 12-20 所示。对应梯形图如图 12-21b 所示。

三、实验设备与器材

（1）PLC 实验装置（或实验箱）	1 台
（2）计算机（或 FX-20P 手持编程器）	1 台
（3）编程电缆	1 根
（4）连接导线	若干

四、实验内容及步骤

（1）按图 12-20 所示进行接线。

（2）把 PLC 控制交通信号灯的控制程序输入到 PLC 中，并检查，确保程序输入正确无误。

（3）试运行程序，观察输出 Y0 ~ Y5 的状态是否和图 12-21a 所示一致，若不一致则需检查程序。

（4）切断 PLC 电源，按图 12-20 连接电路，并检查接线正确后，再接通 PLC 电源运行程序，观察输出 Y0 ~ Y5 的运行情况是否与所要求的信号灯显示结果相一致。

输　入		输　出			
启动 (SB1)	X0	南北红灯	Y0	东西红灯	Y3
		南北黄灯	Y1	东西黄灯	Y4
停止 (SB2)	X1	南北绿灯	Y2	东西绿灯	Y5
		甲车车灯	Y6	乙车车灯	Y7

a)

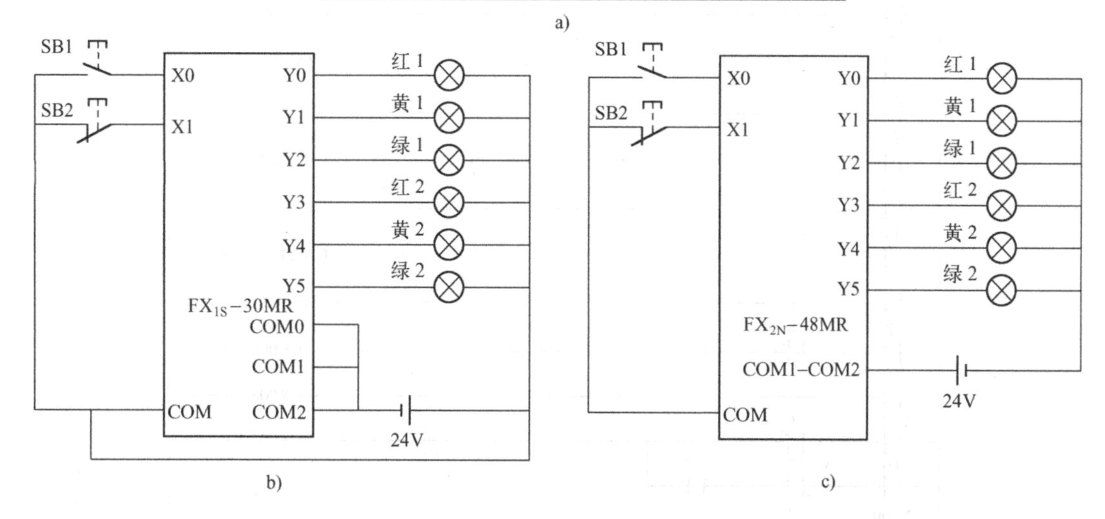

图 12-20　PLC 交通信号灯演示接线图

a）I/O 连接　b）FX_{1S} -30MR 接线图　c）FX_{2N} -32MR、FX_{2N} -48MR 接线图

步序	指令	器件号	步序	指令	器件号	步序	指令	器件号	步序	指令	器件号
0	LD	X000	21	OUT	T1	42	ANI	T6	63	LD	T1
1	OR	M0	22	SP	K250	43	LD	T6	64	ANI	T2
2	OUT	M0	23	LD	T1	44	ANI	T7	65	ORB	
3	LD	M0	24	OUT	T2	45	ORB		66	OUT	T13
4	ANI	T4	25	SP	K30	46	OUT	T12	67	SP	K10
5	OUT	T0	26	LD	T2	47	SP	K10	68	LD	T13
6	SP	K250	27	OUT	T3	48	LD	T12	69	ANI	T2
7	LD	T0	28	SP	K20	49	ANI	T7	70	OUT	Y006
8	OUT	T4	29	LD	M0	50	OUT	Y007	71	LD	T2
9	SP	K300	30	ANI	T0	51	LD	T7	72	ANI	T3
10	LD	M0	33	OUT	Y000	52	ANI	T5	73	OUT	Y001
11	ANI	T0	34	LD	T0	53	OUT	Y004	74	LD	M0
12	OUT	T6	35	OUT	Y003	54	LD	Y003	75	ANI	T23
13	SP	K200	34	LD	Y000	55	ANI	T1	76	OUT	T22
14	LD	T6	35	ANI	T6	56	LD	T1	77	SP	K5
15	OUT	T7	36	LD	T6	57	ANI	T2	78	LD	T22
16	SP	K30	37	ANI	T7	58	AND	T22	79	OUT	T23
17	LD	T7	38	AND	T22	59	ORB		80	SP	K5
18	OUT	T5	39	ORB		60	OUT	Y002	81	END	
19	SP	K200	40	OUT	Y005	61	LD	Y003			
20	LD	T0	41	LD	Y000	62	ANI	T1			

a)

图 12-21　交通信号灯指令表及梯形图

a）指令表

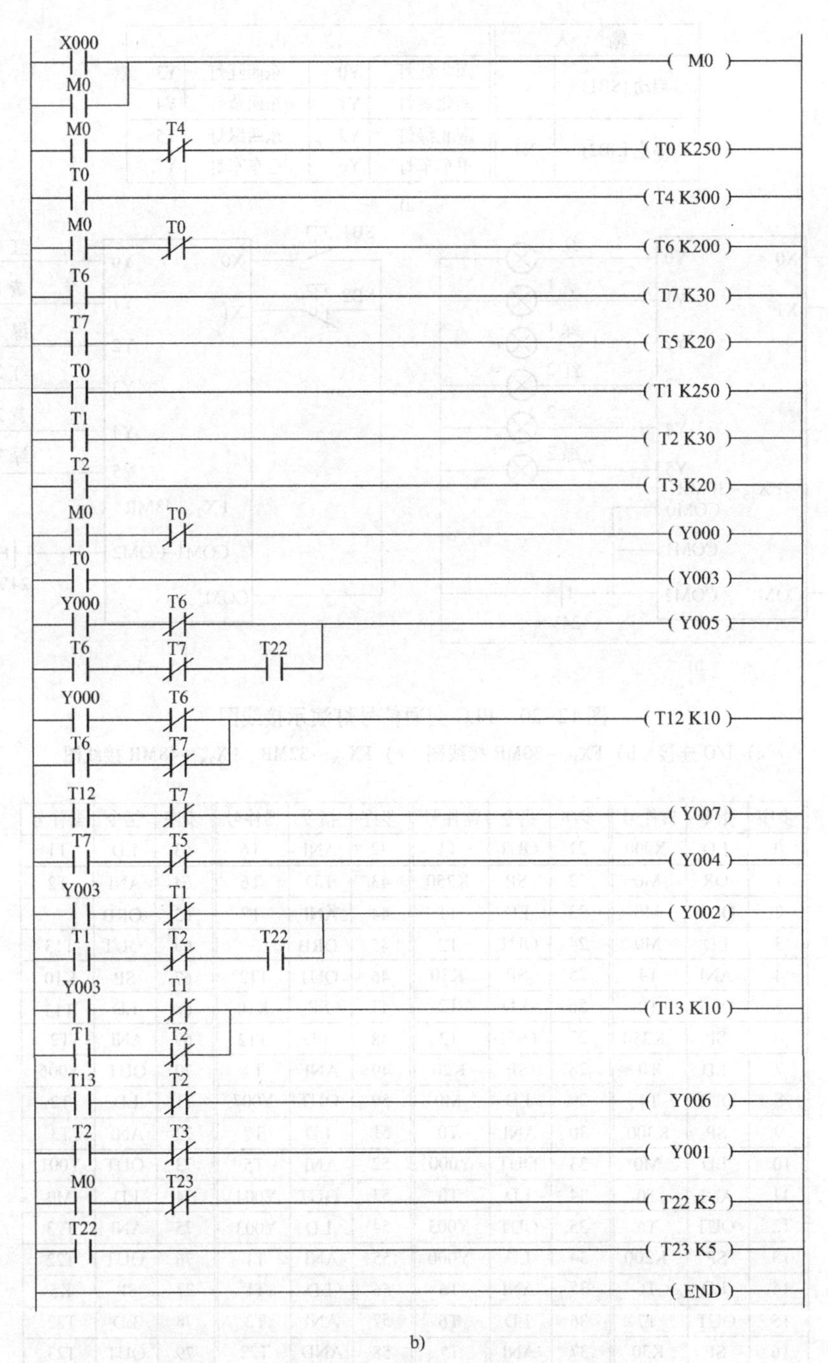

图 12-21 交通信号灯指令表及梯形图（续）

b）梯形图

五、注意事项

（1）了解本次实验的内容及步骤。

（2）熟悉 PLC 与交通灯演示装置的电气原理图及接线。

六、实验报告

（1）按要求格式完成实验报告。

（2）能否用步进顺控指令实现该控制？

（3）能否用计数器/定时器的指令实现交通灯的控制？

项目12　PLC的机械手控制实验

一、实验目的

（1）掌握机械手步进控制程序的设计方法。

（2）掌握步进顺控指令的编程方法。

二、实验概述

机械手在工业控制中应用非常广泛，图12-22所示是应用于自动化生产线的搬物转位机械手，系统起动运行后，可将传送带A上的物体搬送到传送带B上。控制系统的工作过程如下。

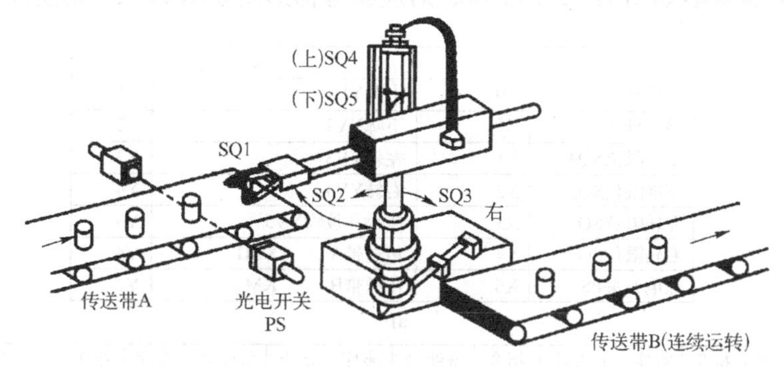

图12-22　机械手搬物动作示意图

1. 控制要求

按起动按钮后，传送带A运行直到物体碰到光电开关才停止，同时机械手下降。下降到位后机械手夹紧物体，2 s后开始上升，机械手保持夹紧。上升到位右转，左转到位下降，下降到位机械手松开，2 s后机械手上升。上升到位后，传送带B开始运行，同时机械手左转，右转到位，传送带B停止，此时传送带A运行直到光电开关动作才停止，如此循环。

机械手动作顺序如下。

（1）原位状态下按下起动按钮，传送带A开始运行，当传送带A上的工件进入光电检测区，光电开关动作，传送带A停止。传送带B与系统同时起动，起动后连续运转，停止时由单独的按钮控制。

（2）机械手从原位开始下降，下降到下限位，行程开关动作，下降结束。

（3）机械手抓工件，直到抓物限位开关动作，抓物动作结束，上升运动开始。

（4）上升到上限位，行程开关动作，上升结束，机械手开始右旋转。

（5）右旋转到右限位，行程开关动作，右旋转动作结束，机械手开始下降。

（6）下降到下限位，行程开关动作，下降结束，放物动作开始。

（7）经时间 t 延时，放物动作结束，机械手开始上升。

（8）上升到上限位，行程开关动作，上升结束，机械手开始左旋转。

（9）左旋转到位，限位开关动作，左旋转动作结束，一个工作循环完毕。如果未按停止按钮，则自动进入下一个循环。

（10）在工作过程中，如果按下停止按钮，则一个工作循环后停止运行，回到原位状态。

机械手的上升/下降、左旋转/右旋转的执行机构均采用双线圈的二位电磁阀驱动液压装置实现，每个线圈完成一个动作；抓紧/放松由单线圈二位电磁阀驱动液压装置完成，线圈得电时执行抓紧动作，线圈断电时执行放松动作；传送带 A 由接触器线圈 KM1 控制起动、停止；传送带 B 由接触器线圈 KM2 控制，系统起动后连续运转，直到系统停止为止。

2. 输入/输出分析

（1）输入共有 9 个开关量控制信号：系统起动按钮 SB1、停止按钮 SB2、上限位 SQ4、下限位 SQ5、左限位 SQ2、右限位 SQ3、光电开关 PS。

（2）输出共有 7 个开关量控制信号：传送带 A、传送带 B 运行控制接触器线圈 KM1、KM2，上升 YV1、下降 YV2、左旋转 YV3、右旋转 YV4、夹紧抓物和放物控制电磁阀线圈 YV5。

3. I/O 分配与接线图

本系统选用 FX_{1S} -30MR 型 PLC 进行控制，其 I/O 通道分配及 I/O 接线如图 12-23a 所示。

机械手控制指令表如图 12-23b 所示，对应参考梯形图如图 12-23c 所示。

输入		输出		
起动SB1	X0	上升YV1		Y1
停止SB2	X5	下降YV2		Y2
上升限位SQ4	X1	左转YV3		Y3
下降限位SQ5	X2	右转YV4		Y4
左转限位SQ2	X3	抓物和放物YV5		Y5
右转限位SQ3	X4	传送带A	KM1	Y6
光电开关PS	X6	传送带B	KM2	Y7

a)

步序	指令	器件号	步序	指令	器件号	步序	指令	器件号	步序	指令	器件号
0	LD	X000	25	AND	M14	48	AND	X001	69	LD	M101
1	OR	M0	26	ANI	M101	49	ORB		70	OR	M105
2	AND	X005	27	ANI	M102	50	LD	M104	71	OUT	Y002
3	OUT	M0	28	ANI	M103	51	AND	X003	72	LD	M102
4	LD	X001	29	ANI	M104	52	ORB		73	SET	M200
5	OR	M0	30	ANI	M105	53	LD	M105	74	OUT	T0
6	OR	M11	33	ANI	M106	54	AND	X002	75	SP	K20
7	ANI	Y002	34	ANI	M107	55	ORB		76	LD	M200
8	OUT	M11	35	ANI	M108	56	LD	M106	77	OUT	Y005
9	LD	X004	34	ANI	M109	57	AND	T1	78	LD	M103
10	OR	M0	35	AND	M16	58	ORB		79	OR	M107
11	OR	M14	36	OUT	M100	59	LD	M107	80	OUT	Y001
12	ANI	Y003	37	LDI	X005	60	AND	X001	81	LD	M104
13	OUT	M14	38	FNC	40	61	ORB		82	OUT	Y003
14	LD	X006			M101	62	LD	M108	83	LD	M106
15	OR	M16			M109	63	AND	X004	84	RST	M200
16	AND	M0	39	RST	M200	64	ORB		85	OUT	T1
17	OUT	M16	40	LD	M100	65	LD	M109	86	SP	K20
18	LD	M0	41	LD	M101	66	AND	X006	87	LD	M108
19	ANI	M16	42	AND	X002	67	ORB		88	ANI	M109
20	LD	M109	43	ORB		68	FNC	35	89	OUT	Y007
21	ANI	M110	44	LD	X102			M100	90	OUT	Y004
22	ORB		45	AND	T0			M101	91	END	
23	OUT	Y006	46	ORB				K10			
24	LD	M11	47	LD	M103			K1			

b)

图 12-23 机械手运行 I/O 接线、指令表和梯形图

a）I/O 接线表 b）指令表

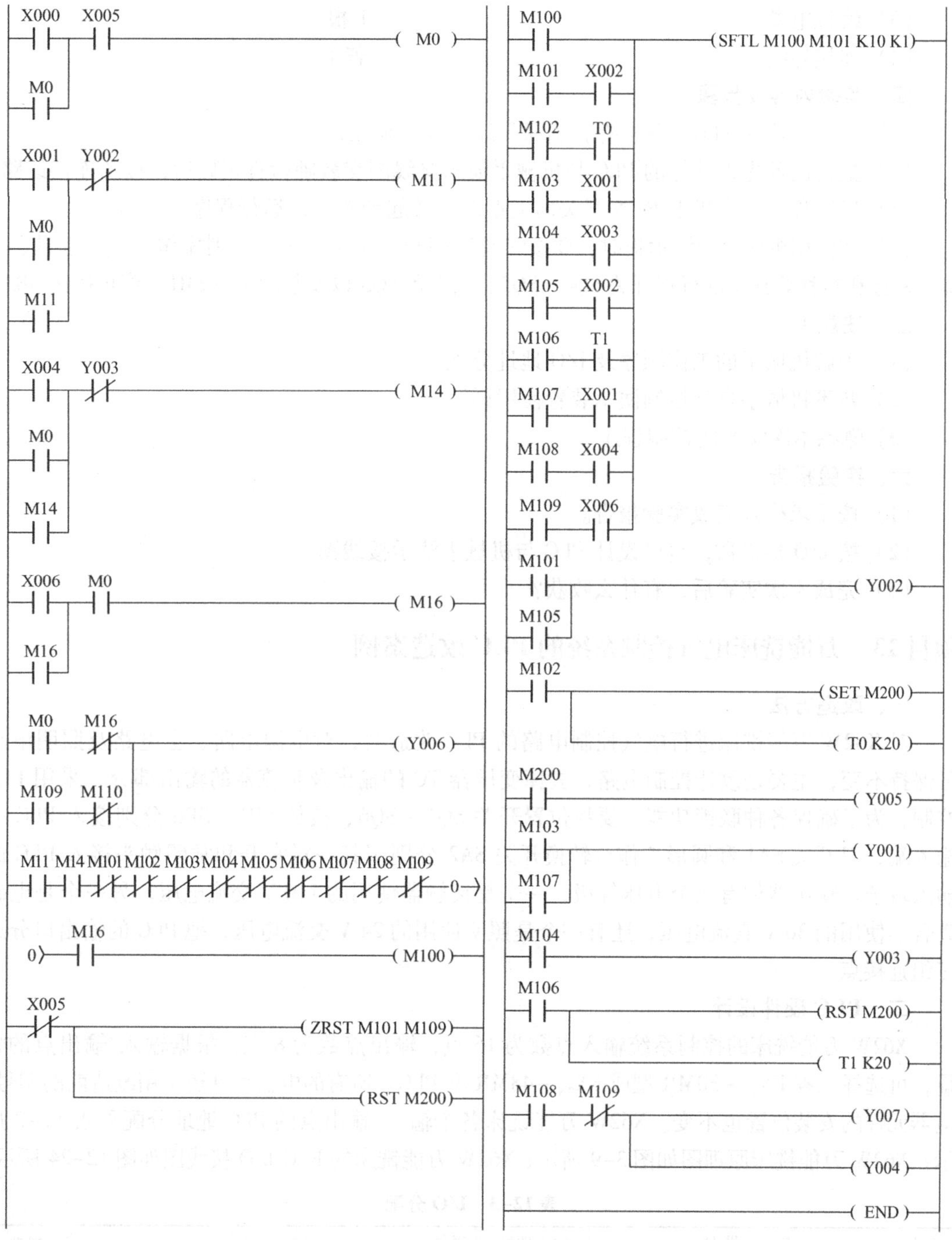

X000 X005 (M0)
M0
X001 Y002 (M11)
M0
M11
X004 Y003 (M14)
M0
M14
X006 M0 (M16)
M16
M0 M16 (Y006)
M109 M110
M11 M14 M101 M102 M103 M104 M105 M106 M107 M108 M109 0
0 M16 (M100)
X005 (ZRST M101 M109)
(RST M200)

M100 (SFTL M100 M101 K10 K1)
M101 X002
M102 T0
M103 X001
M104 X003
M105 X002
M106 T1
M107 X001
M108 X004
M109 X006
M101 (Y002)
M105
M102 (SET M200)
(T0 K20)
M200 (Y005)
M103 (Y001)
M107
M104 (Y003)
M106 (RST M200)
(T1 K20)
M108 M109 (Y007)
(Y004)
(END)

c)

图 12-23 机械手运行 I/O 接线、指令表和梯形图（续）

c）梯形图

三、实验设备与器材

（1）PLC 实验装置（或实验箱） 1 台

（2）计算机（或 FX－20P 手持编程器） 1 台

（3）编程电缆　　　　　　　　　　　　　　　　　　1根

（4）连接导线　　　　　　　　　　　　　　　　　　若干

四、实验内容及步骤

（1）将程序输入PLC，并检查，确保程序输入正确无误。

（2）把自己预先设计好的PLC与机械手演示接线图交教师检查正确后，按图连接线路。

（3）运行程序，主机上RUN开关向上拨动，按起动按钮，运行程序。

（4）在使用机械手的演示板时，要按实验原理和电路中所述，分别操作机械手上升、下降、左移和右移等到位的行程开关SQ4、SQ5、SQ2和SQ3以及起动按钮SB1、停止按钮SB5。

五、注意事项

（1）了解机械手的工作顺序及I/O地址分配。

（2）熟悉机械手自动控制演示装置使用说明。

（3）熟悉本次实验的控制程序。

六、实验报告

（1）按要求格式完成实验报告。

（2）按I/O接口数，自己设计PLC与机械手演示接线图。

（3）完成本次实验后，有什么收获？

项目13　万能铣床电气控制系统的PLC改造案例

一、改造方法

对X62W万能铣床进行电气控制电路的PLC改造时，对电源电路、主电路及照明电路可保持不变，主要是改造控制电路，去掉变压器TC的输出及整流器的输出部分，采用PLC控制，为了确保各种联锁功能，要将位置开关SQ1～SQ6、按钮SB1～SB6分别接入PLC的输入端，刀开关SA1和圆形工作台转换开关SA2分别用其一对常开和常闭触头接入PLC的输入端子。输出器件有三个电压等级，一个是接触器使用的110 V交流电压，另一个是电磁离合器使用的36 V直流电压，还有一个是照明使用的24 V交流电压，把PLC的输出口分成三组连接点。

二、PLC硬件设计

X62W万能铣床的控制系统输入点数为16点，输出点数为8点，根据输入/输出点的数量，可选择三菱FX_{1S}-30MR型或FX_{2N}-48MR型PLC。所有的电器元件还采用改造前的型号，电器元件的安装位置也不变。X62W万能铣床各个输入/输出点的PLC地址分配见表12-3所示；X62W万能铣床原理图如图3-9所示；X62W万能铣床的PLC I/O接线图如图12-24所示。

表12-3　I/O分配

序号	输入器件	输入地址	序号	输出器件	输出地址
1	SB1、SB2主轴起动	X0	1	EL照明	Y0
2	SB3、SB4快速进给	X1	2	KM1主轴电动机M1起动	Y1
3	SB5-1、SB6-1制动	X2	3	KM2快速进给控制	Y2
4	SB5-2、SB6-2制动	X3	4	KM3进给电动机M2正转	Y3
5	SA1换刀开关	X4	5	KM4进给电动机M2反转	Y4
6	SA2圆工作台开关	X5	6	YC1主轴制动	Y5
7	SA4照明开关	X6	7	YC2快速进给	Y6

（续）

序号	输入器件	输入地址	序号	输出器件	输出地址
8	SQ1 主轴冲动	X7	8	YC3 主轴制动、换刀	Y7
9	SQ2 进给冲动	X10			
10	SQ3-1、SQ5-1 向前或向下	X11			
11	SQ3-2、SQ4-2 向右或向左	X12			
12	SQ4-1、SQ6-1 向上或向后	X13			
13	SQ5-2、SQ6-2 左右进给	X14			
14	FR1 热保护触头	X15			
15	FR2 热保护触头	X16			
16	FR3 热保护触头	X17			

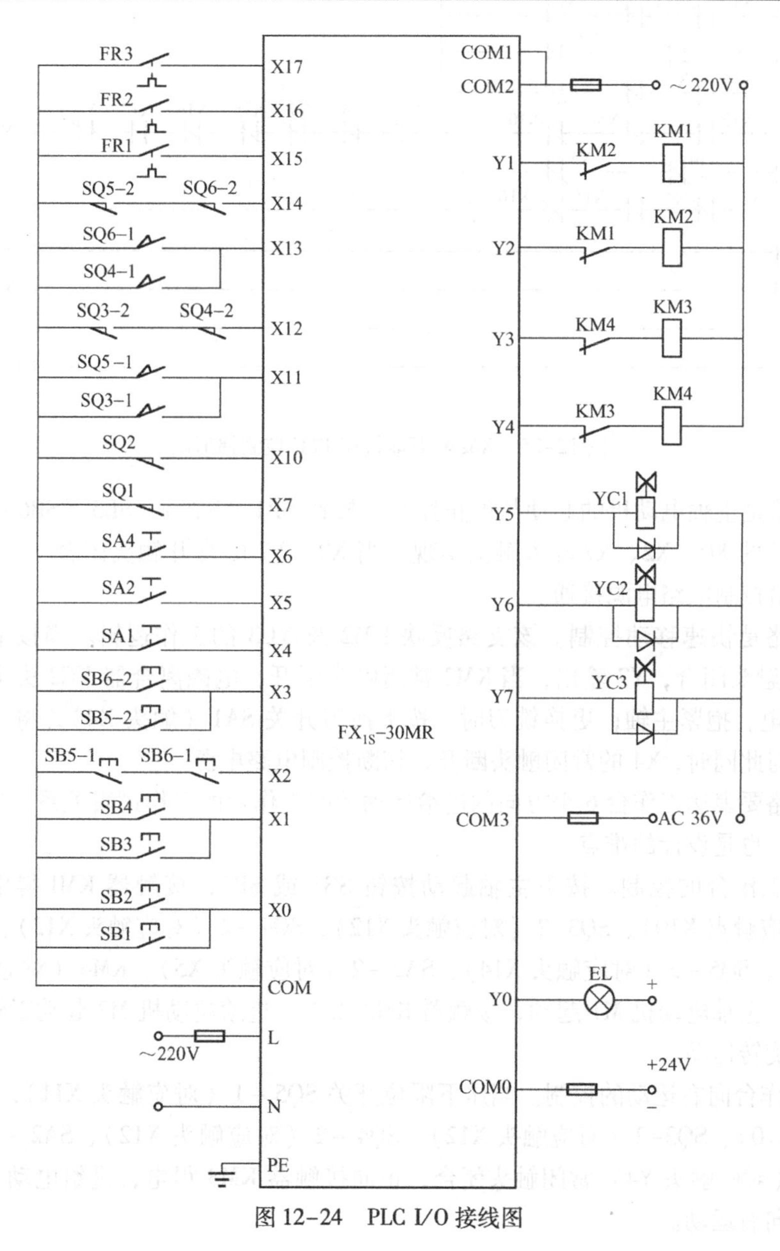

图 12-24　PLC I/O 接线图

三、PLC 程序设计

根据 X62W 万能铣床的控制电路，设计该电气控制系统的 PLC 控制梯形图，如图 12-25 所示。该程序共有 8 条支路，在梯形图中已反映了原继电器电路中的各种逻辑关系。

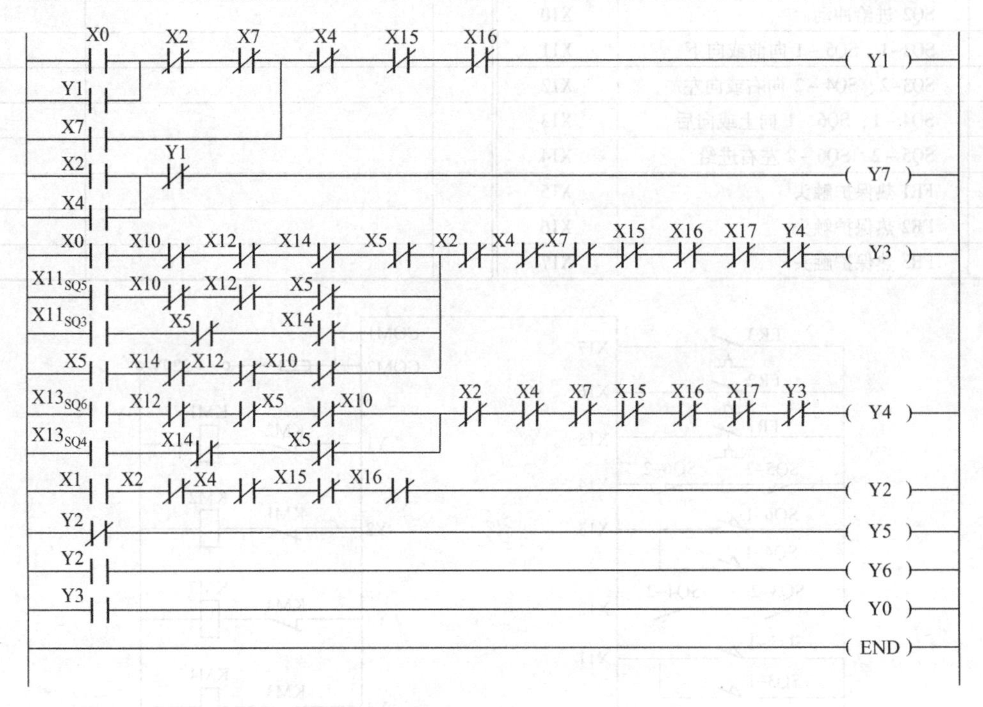

图 12-25　X62W 万能铣床 PLC 控制梯形图

第 1 支路是主轴电动机的起动与停止控制。按钮 SB1（SB2）、SB5（SB6）及位置开关 SQ1 接于 PLC 的 X0、X2、X7 输入触头实现。当 X2、X7 的常开触头闭合，Y1 线圈得电并自锁，将进给控制电路电源接通。

第 2 支路是快速移动控制。该支路反映 KM2 及 YC3 的工作逻辑。当按下 SB5 或 SB6 时，X2 常开触头闭合，Y7 输出，当 KM2 常闭触头断开，电磁离合器 YC2 失电，使电磁离合器 YC3 得电，抱紧主轴；更换铣刀时，按下换刀开关 SA1（触头 X4），将主轴抱紧，换刀很方便，与此同时，X4 的常闭触头断开，切断控制电路电源。

第 3 支路要表达工作台 6 个方向的进给运动及圆工作台的工作逻辑关系。这是一支非常重要的支路，也是设计的难点。

（1）圆工作台的控制。按下主轴起动按钮 SB1 或 SB2，接触器 KM1 得电吸合，因为 SQ2－2（对应触点 X10）、SQ3-2（对应触头 X12）、SQ4－2（对应触头 X12）、SQ6－2（对应触头 X14）、SQ5－2（对应触头 X14）、SA2－2（对应触头 X5）、KM4（对应触头 Y4）常闭触头闭合，主轴电动机 M1 起动，接触器 KM3 得电，进给电动机 M2 起动正转。工作台沿一个方向作旋转运动。

（2）工作台向右运动的控制。当压下限位开关 SQ5－1（对应触头 X11），因为 SQ2－2（对应触头 X10）、SQ3-2（对应触头 X12）、SQ4－2（对应触头 X12）、SA2－3（对应触头 X5）、KM4（对应触头 Y4）常闭触头闭合，正向接触器 KM3 得电，进给电动机 M2 起动正转，工作台向右运动。

（3）工作台作向下（或向前）运动的控制。当压下限位开关 SQ3-1（对应触头 X11），因为 SA2-1（对应触头 X5）、SQ5-2（对应触头 X14）、SQ6-2（对应触头 X14）、SA2-3（对应触头 X5）、KM4（对应触头 Y4）常闭触头闭合，正向接触器 KM3 得电，进给电动机 M2 起动正转，工作台作向下（或向前）运动。

（4）进给变速的冲动控制。压下开关 SQ2，SQ2-2 先断开，SQ2-1 后接通，SA2-1（对应触头 X5）、SQ5-2（对应触头 X14）、SQ6-2（对应触头 X14）、SQ4-2（对应触头 X12）、SQ3-2（对应触头 X12）、SQ2-1（对应触头 X10）、KM4（对应触头 Y4）常闭触头闭合，接触器 KM3 得电，进给电动机 M2 起动正转。

第 4 支路为反转控制。

工作台向左移动的控制。压下限位开关 SQ6-1（对应触头 X13），因为 SQ2-2（对应触头 X10）、SQ3-2（对应触头 X12）、SQ4-2（对应触头 X12）、SA2-3（对应触头 X5）、KM3（对应触头 Y3）常闭触头闭合，正向接触器 KM4 得电，进给电动机 M2 起动反转，工作台向左移动。由于其常闭触头串联在左右进给控制电路中，实现了联锁。

工作台作向上（或向后）运动的控制。压下限位开关 SQ4-1（对应触头 X13），输出 Y4，因为 SA2-1（对应触头 X5）、SQ5-2（对应触头 X14）、SQ6-2（对应触头 X14）、SA2-3（对应触头 X5）、KM3（对应触头 Y3）常闭触头闭合，正向接触器 KM4 得电，进给电动机 M2 反转。工作台作向上（或向后）运动。由于其常闭触头串联在左右进给控制电路中，实现了联锁。

第 5、6、7 支路为工作台快速进给起动控制。可通过操作快速移动按钮 SB3（或 SB4）对应输入触头 X1，使 KM2 得电，控制 Y6、Y7 的输出，分别接通快速电磁离合器 YC3 和切断常速电磁离合器 YC2，再配合各个方向的操纵手柄，实现工作台向相应方向的快速移动。

第 8 支路是照明控制。由转换开关 SA4（对应输入触头 X6）控制 Y0 实现。

X62W 万能铣床是普遍使用的机械加工机床，在机械加工和机械修理中得到广泛的应用。X62W 万能铣床的电气控制系统，由于电路触头多、电路复杂、故障率高、检修周期长，给生产与维护带来诸多不便，严重地影响生产。若将电气控制系统进行 PLC 改造，可保证原电路的工作逻辑关系和整机的安全性能，改造后的 PLC 控制系统能适应经常变动的工艺条件。PLC 工作稳定可靠，抗干扰能力强，可大大减轻控制系统故障，提高整机效率，取得较好的经济效益。如果把这种改造应用于学生的实践教学，不但培养了学生的动手能力，丰富实践教学环节；更重要的是加深了学生对 PLC 应用技术的理解，为今后从事 PLC 技术的应用打下了良好的基础。

模块 3 实训课题练习

项目 14 普通车床电气控制电路的 PLC 改造实训

一、实训目的

（1）学习运用 PLC 实现简单电气控制电路。

（2）培养运用 PLC 进行传统设备改造的能力。

（3）培养工程绘图以及书写技术报告和编写技术资料的能力。

二、实训设备

关于CA6140普通车床的主要机构、运动形式、控制要求、电气原理图等的分析，请参考项目13。

三、设计要求

根据CA6140普通车床的工艺特点及控制要求，结合图3-3 CA6140车床的电气控制电路，采用PLC实现CA6140车床的控制。

四、实训报告

(1) 参见图3-3，确定PLC的输入设备（包括按钮、开关等）、输出设备（包括接触器线圈、指示灯等）。

(2) 根据输入/输出设备，对PLC的输入/输出通道进行分配，列出I/O通道分配表（包括I/O编号、设备代号、设备名称及功能），画出PLC的I/O接线图。根据工艺要求，将所需要的定时器、计数器、辅助继电器等也进行相应的分配。

(3) 进行PLC控制系统的软件设计，画出梯形图。

(4) 对编制的梯形图进行调试，直到满足要求为止。

(5) 设计并绘制工艺图，包括电器板布置图、电器板接线图、底板加工图；控制面板布置图、接线图及面板加工图；电气箱图及总装接线图。

(6) 编制设计、使用说明书，列出参考资料目录。

项目15　平面磨床电气控制电路的PLC改造实训

一、实训目的

(1) 培养运用PLC进行传统设备改造的能力。

(2) 培养工程绘图以及书写技术报告和编写技术资料的能力。

二、实训设备

关于M7130型磨床的主要机构、运动形式、控制要求、电气原理图等的分析，请参考项目13。

三、设计要求

根据M7130型磨床的工艺特点及控制要求，结合图3-6 M7130型磨床的电气控制电路，采用PLC实现M7130型磨床的控制。

四、实训报告

(1) 参见图3-6，确定PLC的输入设备（包括按钮、行程开关等）、输出设备（包括接触器线圈、指示灯等）。

(2) 根据输入/输出设备，对PLC的输入/输出通道进行分配，列出I/O通道分配表（包括I/O编号、设备代号、设备名称及功能），画出PLC的I/O接线图。根据工艺要求，将所需要的定时器、计数器、辅助继电器等也进行相应的分配。

(3) 进行PLC控制系统的软件设计，画出梯形图。

(4) 对编制的梯形图进行调试，直到满足要求为止。

(5) 设计并绘制工艺图，包括电器板布置图、电器板接线图、底板加工图；控制面板布置图、接线图及面板加工图；电气箱图及总装接线图。

(6) 编制设计、使用说明书，列出参考资料目录。

项目 16　自动装料小车的 PLC 控制实训

一、实训目的

培养运用 PLC 解决实际工程技术问题的能力。

二、控制要求

如图 12-26 所示的自动装卸小车，小车起始原点位置是行程开关 SQ0，根据要求可在 6 个位置上停车，小车运动情况有向右、向左、停止，可分别停在 6 条生产线上，行程开关分别为 SQ1～SQ6，各生产线位置有按钮 SB1～SB6 为选择小车停车按钮。小车控制要求如下。

（1）小车由交流电动机拖动，为了准确停车，使用了反接制动，直接起动，正转为向右行驶，反转为向左行驶。

（2）小车必须按各生产线的呼叫时间顺序运动。共有 6 条生产线，有可能出现在很短时间内接到多条生产线上发来的呼叫，要求小车有记忆功能，准确按呼叫的时间顺序执行呼叫指令。

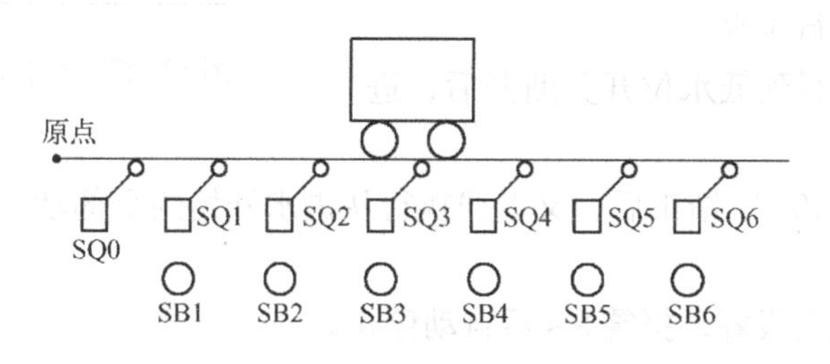

图 12-26　装卸小车示意图

三、设计要求

根据系统说明，结合图 12-26 分析题目的要求和目标，弄清楚输入信号和输出信号以及这些信号的性质（ON 或 OFF）。

（1）根据输入/输出的点数选择 PLC 的型号。

（2）根据系统的工作顺序条件画出流程图。

（3）画出系统梯形图，并列写程序清单。

（4）编制设计说明书、使用说明与设计小结。

（5）列出设计参考资料。

四、实训报告

报告内容包括设计思路、方案选择、器件选择、I/O 分配图、梯形图、程序清单、系统工作原理和设计心得，画出输入和输出连接图。

项目 17　全自动洗衣机的 PLC 改造实训

一、实训目的

学习用 PLC 改造全自动洗衣机。

二、实训设备

全自动洗衣机 1 台，PLC 1 台，编程器 1 个。

三、控制要求

全自动洗衣的过程有：洗涤、清洗和脱水。全自动洗衣机的运行全过程包括：起动、进水、洗涤、排水、脱水等。通常洗涤2次，清洗3次，每次排水后均进行脱水。设计满足下面要求的控制程序。全自动洗衣机的实物示意图如图12-27所示。

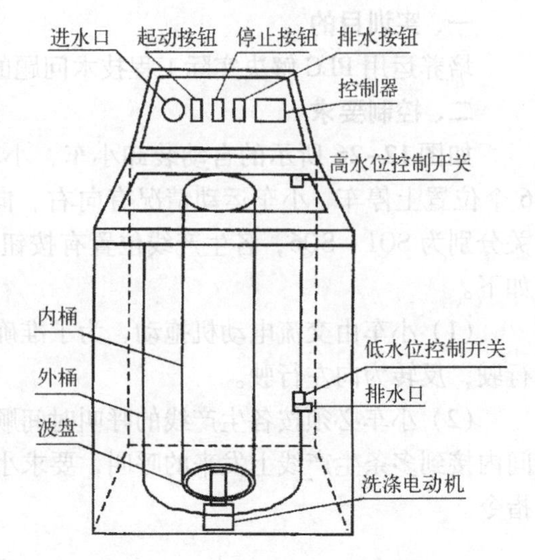

图12-27　全自动洗衣机示意图

（1）按下起动按钮，进水阀进水，直到高水位后结束。

（2）首先进行正向洗涤，洗涤15 s后暂停。

（3）暂停3 s后，进行反向洗涤，洗涤15 s后暂停。

（4）暂停3 s后，完成一次洗涤过程。

（5）再返回进行从正向洗涤开始的全部动作，连续重复2次后结束。

（6）开排水阀进行排水。

（7）排水一直进行到低水位开关断开后，进行脱水。

（8）脱水动作（10 s）结束后，又返回执行从进水开始的全部动作，要连续重复全部动作3次。

（9）最后进行洗完报警，报警8 s后自动停止。

四、设计要求

设计题目可以采用FX系列PLC或S7－200系列PLC，也可以采用其他型号的PLC完成任务。内容可根据实际需要进行调整，以上所给参数仅供设计时参考。

五、实训报告

报告内容包括设计思路、方案选择、洗衣机的控制面板选择、I/O分配图、梯形图、程序清单、系统工作原理和设计心得，画出输入和输出连接图。

模块4　机床电气故障诊断与检修实训

项目18　机床电气常见故障诊断与检修实训

一、检修目的

（1）掌握电气设备维修的一般方法。

（2）掌握机床电气故障的分析与维修。

二、电气设备维修要求

机床电路不论简单还是复杂，对其检修都有一定的规律和方法可循。通过本项目的练习，可初步掌握机床电气设备的维修要求、检修方法和维修步骤。

在第3章介绍了CA6140型普通车床、M7130型平面磨床和X62W型万能铣床的电气控制电路的工作原理及电路分析。本项目将介绍CA6140型车床、M7130型平面磨床和X62W

型万能铣床的电气控制电路故障分析与检修方法。

1. 电气设备维修的一般要求

(1) 采取的维修步骤和方法必须正确。

(2) 不得随意更换电器元件及连接导线的型号规格。

(3) 不得擅自改动电路。

(4) 修理后的电器装置必须满足质量标准要求。

(5) 电气设备的各种保护性能必须满足使用要求。

(6) 修复后的电力电路应满足各种功能要求。

2. 电气设备的日常维护和保养

(1) 电动机的日常维护保养。

(2) 控制设备的日常维护保养。

三、电气设备检修的一般分析方法

机床的种类很多，故障的发生是多种多样的，产生的原因也比较复杂，即使同一类型的机床因其生产厂家的不同，其控制电路、电器安装也有差异，如X62W型万能铣床的电气控制电路就有几种。所以在机床维修前，必须先了解该机床的电路图、接线图和位置图，甚至包括电器元件明细表，然后对该机床的电气电路进行分析。具体步骤如下。

(1) 了解机床主要结构和运动情况。首先应对本机床的结构、运动情况、加工工艺过程、操作方法加以了解。再者就是搞清楚机床对电气控制的基本要求，根据控制电路及有关说明来分析该机床的各个运动形式是如何实现的。

(2) 看懂主电路。主电路一般比较简单，从主电路中看该机床用几台电动机和每台电动机的作用。这些电动机由哪些接触器或开关控制，有没有短路保护、过载保护、速度继电器及有无机械联系等。

(3) 分析控制电路。控制电路一般要复杂些，可以分为几个单元，每个单元一般主要控制一台电动机。主电路和控制电路中的相同文字符号是一一对应的，要分清控制电路所对应的主电路部分；机械操作手柄和行程开关之间有什么联系；明确各个电器线圈通电，其触头会引起或影响哪些动作等。

四、电气故障检查和维修的一般方法

故障的类型大致可分两大类：一类是有明显外表特征并容易被发现的，例如电动机、继电器温度过高、冒烟，甚至发出焦臭味或火花等；另一类是在控制电路中，如触头、压接线端子接触不良、机械动作失灵、元件调整不当、零件损坏、导线断裂等。

故障判断和检修方法、步骤如下。

(1) 检修前的调查　电路出现故障，不要盲目乱动，在检修前，通过问、看、听、摸、闻来了解故障，应对故障发生情况作尽可能详细的调查，根据故障现象判断出故障发生的原因及部位，进而准确地排除故障。

问：询问操作人员故障发生前后电路和设备的运行状况，发生时的迹象，如有无异响、冒烟、火花、异常振动；是否闻到了焦煳味；故障是经常发生还是偶尔发生；故障发生前有无频繁起动、制动、正反转、过载等情况；有无经过保养检修或改动电路等。

听：在电路还能运行和不扩大故障范围的前提下，可通电起动运行，细听电动机、接触器和继电器等电器的运转声音是否有异常。如有，应尽快判断出异响的部位后迅速停车。

看：看电气装置上的零件有无脱落、断线、卡死，触头是否烧蚀、熔毁；线头是否松动、松脱；线圈是否发高热烧焦；熔体是否熔断；脱扣器是否脱扣；三相是否严重不平衡，电压是否正常；开关、操作手柄的位置是否正常；限位开关是否被压上；操作者的操作程序是否正确等。

摸：刚切断电源后，用手触摸电动机、变压器、电磁线圈、触头等容易发热的部分，看温升是否正常。

闻：辨别有无异味，用嗅觉检查有无电器元件发高热和烧焦的异味。

通过上述方法，对于比较明显的故障，可直接排除。

（2）缩小故障范围　检修简单的机床电气控制电路一般能很快找到故障点。但对复杂的机床电气控制电路，通常采用逻辑分析法进行检查比较好。根据机床控制电路图的工作原理，结合故障现象进行故障分析，可缩小目标范围，快速判断故障部位。

分析电路时，结合故障现象，通常先从主电路入手，进行认真分析排查，迅速判定故障发生的可能范围。当故障的可疑范围较大时，可在故障范围内的中间环节进行检查，也可先易后难、先表后里，判断故障究竟发生在哪一部分，从而缩小故障范围，提高检修速度，迅速找出故障部位。

（3）测量法确定故障点　测量法常用的测试工具和仪表有万用表、钳形电流表、兆欧表、试电笔、校验灯、示波器等，测试的方法有电压法、电流法、电阻法、元件替代法等。通过对电路进行带电或断电时的有关参数，如电压、电阻、电流等的测量，来确定元器件的好坏、电路的通断等情况，查找出故障部位。图 12-28 所示采用灯校检修电路的通断故障。

（4）电压法　电路在带电情况下，测量各节点之间的电压值，与正常工作时应具有的电压值进行比较，以此来判断故障点及故障元件的所在处。电压法可根据故障部位选用不同的测量设备，常用的测量设备有试电笔、校验灯、示波器、万用表等。电压的分阶测量如图 12-29所示，电压的分段测量如图 12-30 所示。

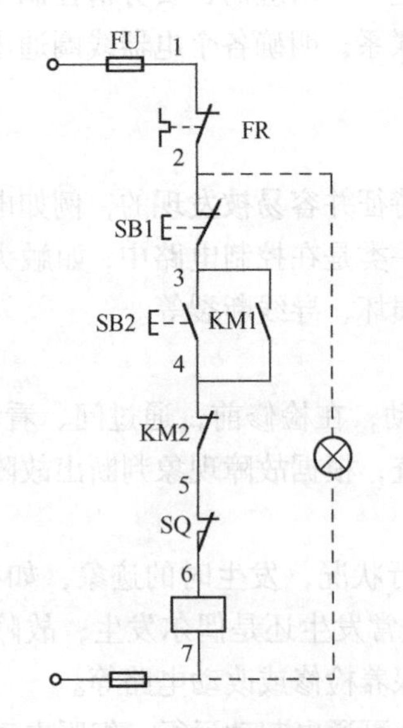

图 12-28　灯校检修断路故障方法示意图

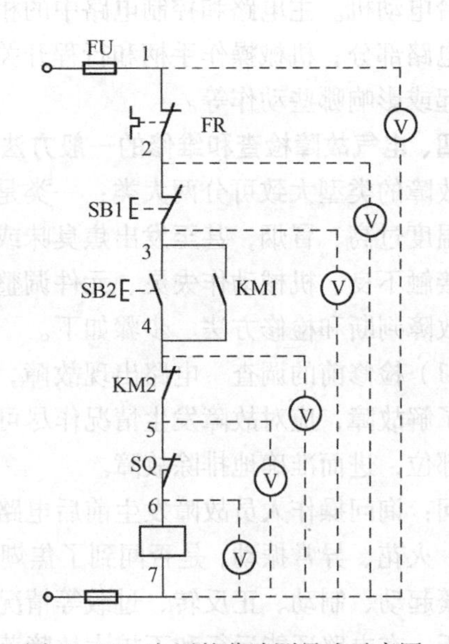

图 12-29　电压的分阶测量法示意图

（5）电阻法　电阻法就是在电路切断电源后用万用表测量两点之间的电阻值，通过对电阻值的对比，找到故障点。电阻法检测电路故障时必须断开电源。电阻的分段测量法如图 12-31所示，电阻的分阶测量法如图 12-32 所示。

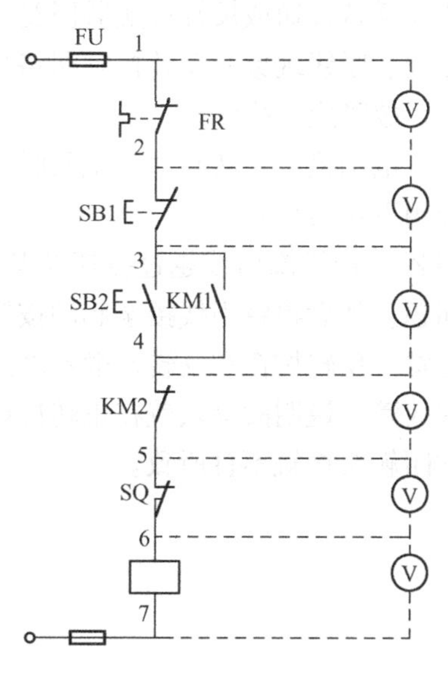

图 12-30　电压的分段测量法示意图

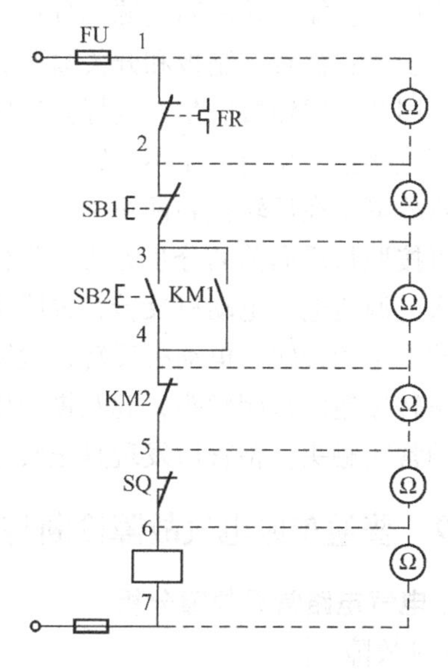

图 12-31　电阻的分段测量法示意图

（6）跨接线法　跨接线法是对怀疑断路的部位用一根良好的导线短接，若短接处电路接通，说明该处存在断路故障。局部短接法如图 12-33 所示。

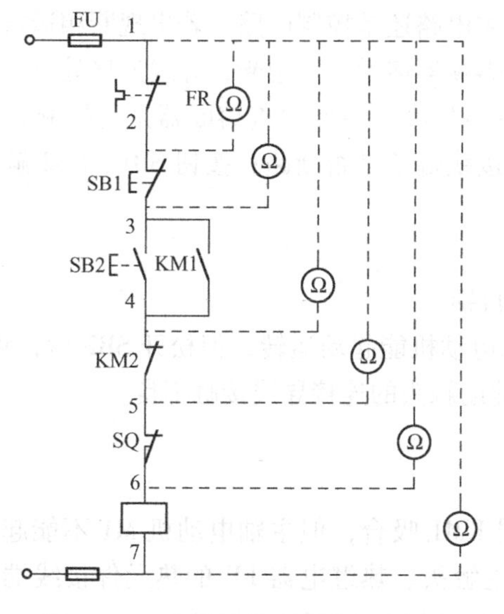

图 12-32　电阻的分阶测量法示意图

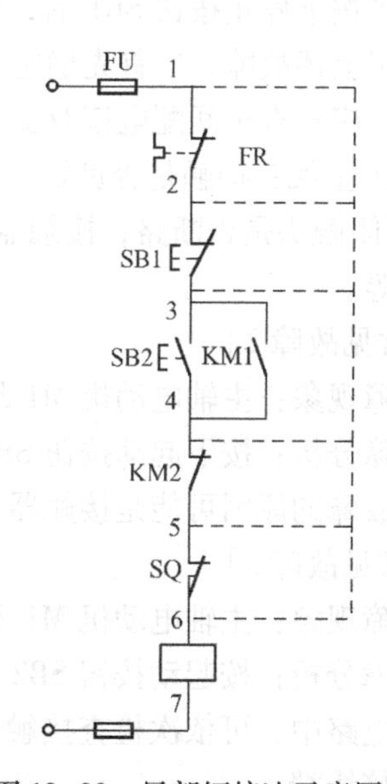

图 12-33　局部短接法示意图

（7）电流法　电流法是在电路中串入电流表，最好是用钳形电流表在线检测负载电流，判断三相电流是否平衡；检测交流电动机运行状态，交流电动机某相是否存在匝间短路故障。

（8）元件替代法　元件替代法是用相同型号和规格的元件去替代可能有故障的元件。

五、检修实例

故障现象：有一台能可逆运行的电动机只能正转，不能反转。

检修思路：能正转说明电源部分正常。故障可能在反转按钮或反转接触器回路。

检修步骤：检查控制板和开关盒所有引线有无掉线、脱线现象，反转控制回路是否是通路，正转回路的联锁接触是否良好。这些都没有问题，故障应该排除。

也可直接按下反转按钮不放，再按正转起动按钮，电动机不正转起动，说明联锁功能有效，电路故障出在反转控制回路中。最好是切断电源用万用表检查。

还可按照从后向前的分步方法，先检查反转接触器。将线圈引线越过按钮及其他触头，直接接入电源通电，电动机反转，说明接触器没有问题。然后再将引线接至起动按钮后接通电源，按下起动按钮，电动机反转，说明反转按钮正常。反转按钮和反转接触器之间只串接了一个正转按钮的常闭触头，起互锁作用。电路出现故障，说明故障点就在正转按钮和正转接触器的常闭触头。检查后发现是正转起动按钮的常闭触头接触不良所致。

项目 19　普通车床电气故障诊断与检修实训

一、电气电路常见故障分析

［常见故障 1］

故障现象：主轴电动机 M1 不能起动。

故障分析：主轴电动机 M1 不能正常起动有多种情况，比如按下起动按钮 SB2，主轴电动机 M1 不能起动；电动机在运行中突然停车，并且不能立即再起动；按下 SB2，FU2 熔丝熔断；当按下停止按钮 SB1 后，再按起动按钮 SB2，电动机 M1 不能再起动。

关于上述故障，应首先确定故障发生在主电路还是控制电路。若出现断相运行，故障在主电路。应检查车间配电箱及支电路开关的熔断器熔丝是否熔断；导线连接处是否有松脱现象；KM1 主触头接触是否良好。若是控制电路故障，主要检查熔断器是否熔断；过载保护 FR 的常闭触头是否断路；接触器 KM1 线圈接线端子是否断路；按钮 SB1、SB2 触头接触是否良好等。

［常见故障 2］

故障现象：主轴电动机 M1 起动后不能自锁。

故障分析：按下起动按钮 SB2 时，主轴电动机能起动运转，但松开 SB2 后，M1 也随之停止。故障的原因可能是接触器 KM1 常开辅助触头的连接导线接触不良。

［常见故障 3］

故障现象：主轴电动机 M1 不能起动。

故障分析：按起动按钮 SB2 后，接触器 KM1 吸合，但主轴电动机 M1 不能起动。故障应在主电路中，可依次检查接触器 KM1 的主触头、热继电器 FR 的热元件接线端及三相电动机的接线端。

［常见故障 4］

故障现象：主轴电动机 M1 不能停止。

故障分析：这类故障的原因多数为接触器 KM1 的主触头发生熔焊使上下铁心不能释放或停止按钮 SB1 击穿短路所致。

[常见故障5]

故障现象：刀架快速移动电动机 M3 不能起动。

故障分析：按点动按钮 SB3，接触器 KM3 没吸合，可用万用表依次检查热继电器 FR1 和 FR2 的常闭触头，点动按钮 SB3 及接触器 KM3 的线圈是否有断路现象。

二、故障检修流程

1）按下起动按钮 SB2，主轴电动机 M1 不能起动，KM1 不吸合故障。

在检修故障时，通常对于同一个线号至少有两个相关接线连接点，应根据电路逐一测量，判断是哪个连接点处出了故障，或是同一线号两连接点之间的导线故障。

主轴电动机 M1 不起动的检修流程图如图 12-34 所示。本例采用的是电压法，实际检测中应根据试车情况尽量缩小故障范围。在测量中应注意元器件的实际安装位置。

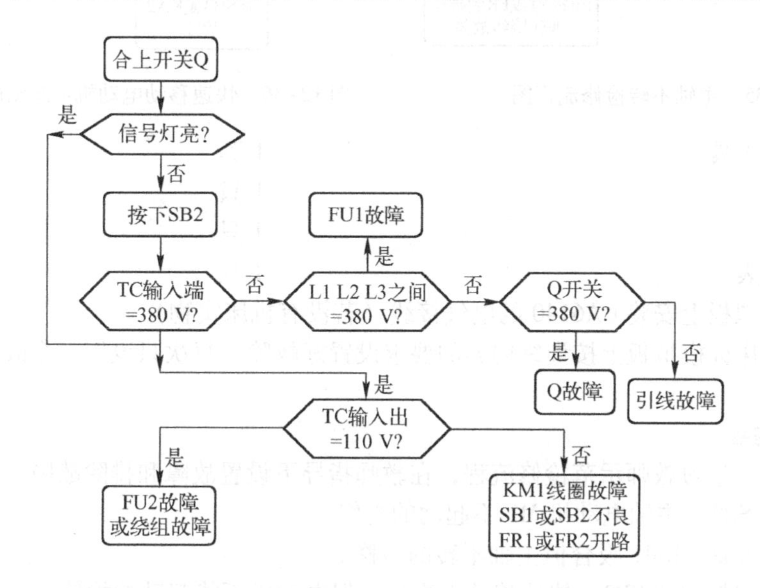

图 12-34　主轴电动机 M1 不起动的检修流程图

2）按下起动按钮，KM1 吸合但主轴不转。故障检修流程如图 12-35 所示。

对于接触器吸合而电动机不运转的故障，属于主电路故障。主电路故障应立即切断电源，按以上流程逐一排查，尽量不要通电测量。

对于电动机断相故障，如果断两相，电动机无任何声音；如果断一相，电动机的声音比正常大得多。

3）按下刀架按钮 SB3，快速移动大拖板，但电动机不能起动。检修流程如图 12-36 所示。

三、技能训练

1. 训练目的

(1) 进一步熟练掌握车床的电气控制图。

(2) 掌握机床检修常用的方法和步骤。

(3) 掌握 CA6140 车床电气控制电路的故障分析与检修方法。

2. 准备工作

(1) 设备与器材

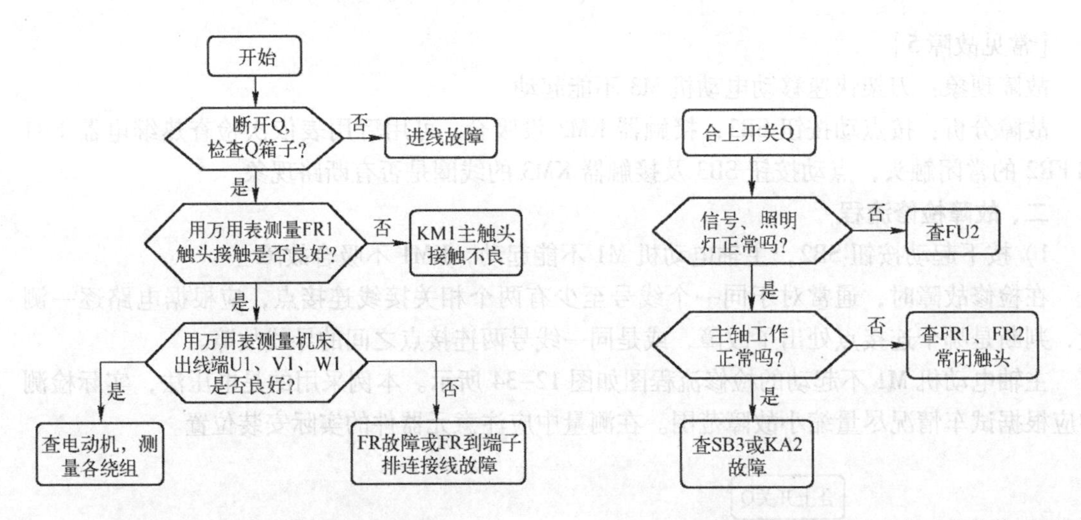

图 12-35　主轴不转检修流程图　　　　图 12-36　快速移动电动机不起动的检修流程图

常用电工工具	1 套
万用表	1 只
兆欧表	1 只
钳形电流表	1 只

（2）在模拟板上安装 CA6140 的电气接线（若没有机床实物）。

（3）在机床或模拟板上按训练内容的要求设置好故障。每次只设置一个故障，进行一个内容的训练。

3. 训练内容

首先观察、学习教师示范检修流程，在教师指导下设置故障和排除故障。

（1）按下 SB2，主轴电动机 M1 不起动的检修。

（2）按下 SB2，KM1 吸合但主轴不转的检修。

（3）按下刀架按钮 SB3，快速移动大拖板，但电动机不能起动的检修。

（4）在教师指导下对车床进行检修。

（5）参照元器件位置图和机床接线图，熟悉车床各元器件的位置、电路走向。

（6）观察、学习教师示范检修流程。

四、注意事项及说明

（1）控制电路的故障测量通常采用电压法，测量到故障后，应断开电源再排除。

（2）对主电路故障的测量，最好采用电阻法检测。

（3）故障检测时应根据电路的特点，尽量缩小故障范围。

五、实训报告

（1）画出电动机不能起动，砂轮升降失灵检修流程图。

（2）根据 CA6140 车床的电气控制原理图画出接线图。

项目 20　平面磨床电气故障诊断与检修实训

一、电气电路常见故障分析

［常见故障 1］

故障现象：电动机不能起动，砂轮升降失灵。

故障分析：主要检查熔断器、接触器等元件，基本方法与车床一样。

[常见故障2]

故障现象：工作台不能作往复运动。

故障分析：液压泵电动机 M3 不工作，工作台不能做往复运动；若液压泵电动机运转正常，电动机旋转方向正确，而工作台不能往复运动，故障通常在液压传动部分。

[常见故障3]

故障现象：电磁吸盘的故障。

故障分析：电磁吸盘无吸力：先检查变压器 T1 的整流输入端熔断器 FU4 及电磁吸盘电路；接着检查接插器的接触是否良好，电磁吸盘 YH 线圈两端的出线头是否短路或断路。若输出电压下降一半，通常是某一支整流二极管开路造成，更换二极管即可。

[常见故障4]

故障现象：磨床中的电动机都不能起动。

故障分析：磨床中的电动机都不能起动，一是欠电流继电器 KA 的触头接触不良，导致电动机的控制电路中的接触器不能通电吸合，电动机不能起动。二是转换开关接触不良使控制电路断开，各电动机无法起动。查继电器触头是否接通，不通要修理或更换触头，可排除故障。

[常见故障5]

故障现象：电磁吸盘退磁效果差，退磁后工件难以取下。

故障分析：一是退磁电路电压过高，此时应调整 *R*2，使退磁电压为 5 ~ 10 V；二是退磁电路断开，使工件没有退磁，此时应检查转换开关接触是否良好，电阻 *R*2 有无损坏；三是退磁时间掌握不好，不同材料的工件，所需退磁时间不同，应掌握好退磁时间。

二、故障检修流程

(1) 三台电动机不能起动的检修流程如图 12-37 所示。

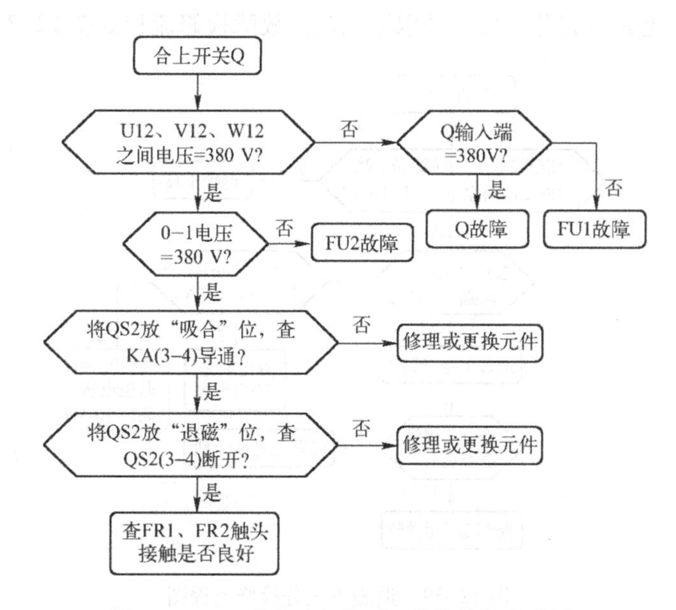

图 12-37 三台电动机都不工作的检修流程图

控制电路的故障测量尽量采用电压法，当故障测量到后，应切断电源再排除。

（2）电磁吸盘无吸力，故障检修流程如图 12-38 所示。

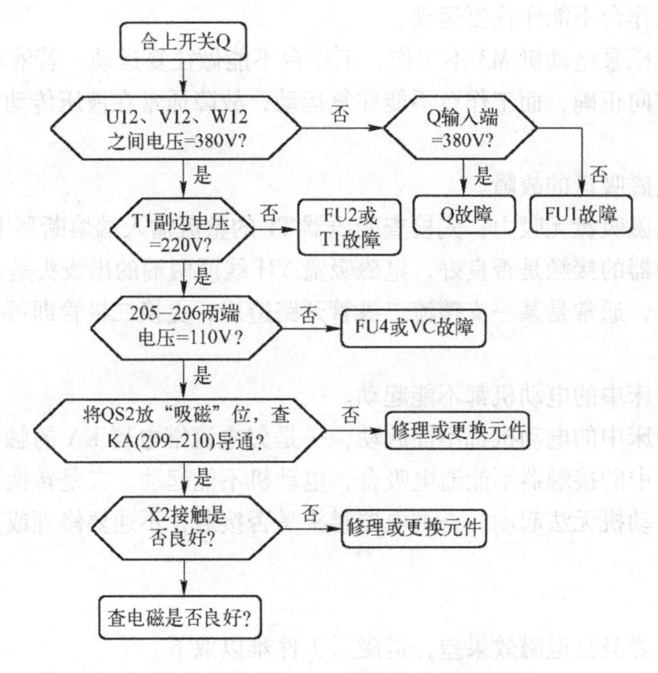

图 12-38　电磁吸盘无吸力检修流程图

检查空载时整流器输出电压是否正常及有关接插器是否接触不良。

在故障测量时，对于同一个线号至少有两个相关接线连接点，要根据电路逐一测量，判断是属于连接点处故障还是同一线号两连接点之间的导线故障。还要检查吸盘控制电路的其他元件，应根据电路测量各点电压，判断出故障位置。

（3）电磁吸盘退磁不充分，使工件取下困难。故障检修流程如图 12-39 所示。

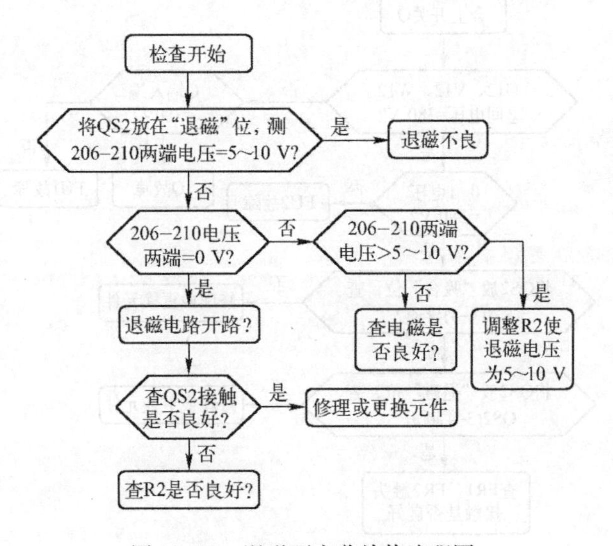

图 12-39　退磁不充分检修流程图

对于不同材质的工件，所需的退磁时间有所不同，要掌握好退磁时间。

三、技能训练

1. 训练目的

(1) 进一步熟练掌握磨床的电气控制图。

(2) 掌握 M7130 磨床电气控制电路的故障分析与检修方法。

2. 准备工作

(1) 设备与器材

常用电工工具	1套
万用表	1只
兆欧表	1只
钳形电流表	1只

(2) 在模拟板上安装 M7130 的电气接线（若没有机床实物）。

(3) 在机床或模拟板上按训练内容的要求设置好故障。每次只设置一个故障，进行一个内容的训练。

3. 训练内容

首先观察、学习教师示范检修流程，在教师指导下设置故障与排除故障。

(1) 三台电动机不能起动的故障检修。

(2) 砂轮电动机的热继电器 FR1 经常脱扣的故障检修。

(3) 电磁吸盘无吸力的故障检修。

(4) 电磁吸盘退磁不充分，使工件取下困难的故障检修。

(5) 工作台不能往复运动的故障检修。

四、注意事项及说明

(1) 试车前，应将工作台往返行程挡铁调至很近，以防工作台冲出；砂轮应和工作台保持一定距离，以防工作台面磨损。

(2) 故障检测时应根据电路的特点，尽量缩小故障范围。

五、实训报告

(1) 画出工作台不能往复运动的检修流程。

(2) 根据 M7130 型平面磨床电气控制原理图画出接线图。

项目 21　万能铣床电气故障诊断与检修实训

一、电气电路常见故障分析

X62W 型万能铣床电气电路故障率是比较高的，在分析与检修中，要重点注意电气与机械配合之间的联锁关系。下面是常见故障的分析。

[常见故障 1]

故障现象：主电动机能起动，进给电动机能转动，但工作台不能进给。

故障分析：工作台不能进给，当进给手柄放在中间位置时，起动主轴，进给电动机 M2 工作，扳动任一进给手柄，都会切断 KM3 的通电电路，使进给电动机停转。只有将 SA2 拨到“断开”位时，才能正常进给。这时重点检查圆工作台转换开关 SA2 是否拨到了“接通”位置上。

[常见故障2]

故障现象：工作台不能左右（纵向）进给运行。

故障分析：工作台上下进给正常，而左右进给不工作，说明故障出现在左右进给的公共通道（10→SQ2－2→13→SQ3-2→14→SQ4－2→15）之间。应首先检查垂直与横向进给手柄是否在中间位置；变速冲动开关接触否良好；SQ3或SQ4触头及其连接线是否良好，只要其中有一对触头接触不良或损坏，工作台就不能向左或向右进给。

[常见故障3]

故障现象：圆工作台不工作。

故障分析：圆工作台不工作时，可将圆工作台转换开关SA2重新转至断开位置，检查纵向和横向进给工作是否正常。若四个位置开关（SQ3～SQ6）常闭触头之间联锁控制正常，圆工作台不工作的故障通常是在SA2－2触头或其连接线上。

[常见故障4]

故障现象：工作台不能快速进给。

故障分析：工作台不能快速进给，通常原因是电磁铁回路不通，如线头脱落、线圈损坏或机械卡死。如果牵引电磁铁吸合正常，故障通常是由于杠杆卡死或离合器摩擦片间隙调整不当引起的。

X62W型万能铣床电气电路故障还有主轴电动机不能起动；主轴停车没有制动作用；工作台能右进给但不能左进给；主轴停车后产生短时反向旋转；按下停止按钮后主轴不停；主轴不能变速冲动；工作台不能向上进给等故障。下面再分析部分故障的检修流程。

二、故障检修流程

（1）主轴电动机不能起动。这种故障现象分析可采用电压法，从上到下逐一测量，也可分段快速测量。检修流程如图12－40所示。

（2）主轴停车不能制动。无制动作用，通常是交流电路中FU3、TC2，整流桥，直流电路中的FU4、YC1，SB5－2（SB6－2）等的问题。故障检查时可将换向转换开关SA3扳到停止位置，然后按下SB5（或SB6），检修流程如图12-41所示

（3）工作台各个方向都不能进给。可用万用表检查各个回路的电压是否正常，若主轴工作正常，而进给方向均不能进给，故障通常出现在公共点上。检修时可将主轴换向开关SA3转至停止位置，检修流程如图12－42所示。

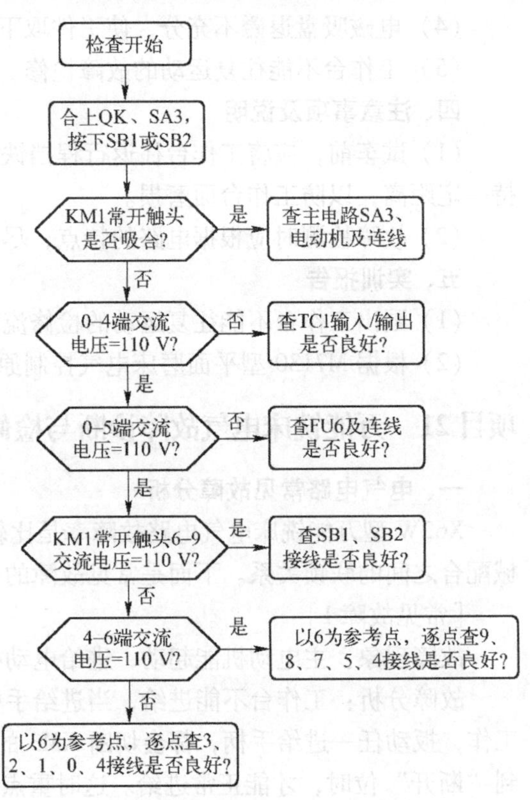

图12–40　主轴电动机不能起动的检修流程图

（4）工作台能右进给但不能左进给。由于工作台的左进给和工作台的上（后）进给都是由接触器KM4吸合，电动机M2反转控

制的，可通过向上进给来缩小故障范围。故障检修流程如图 12-43 所示。

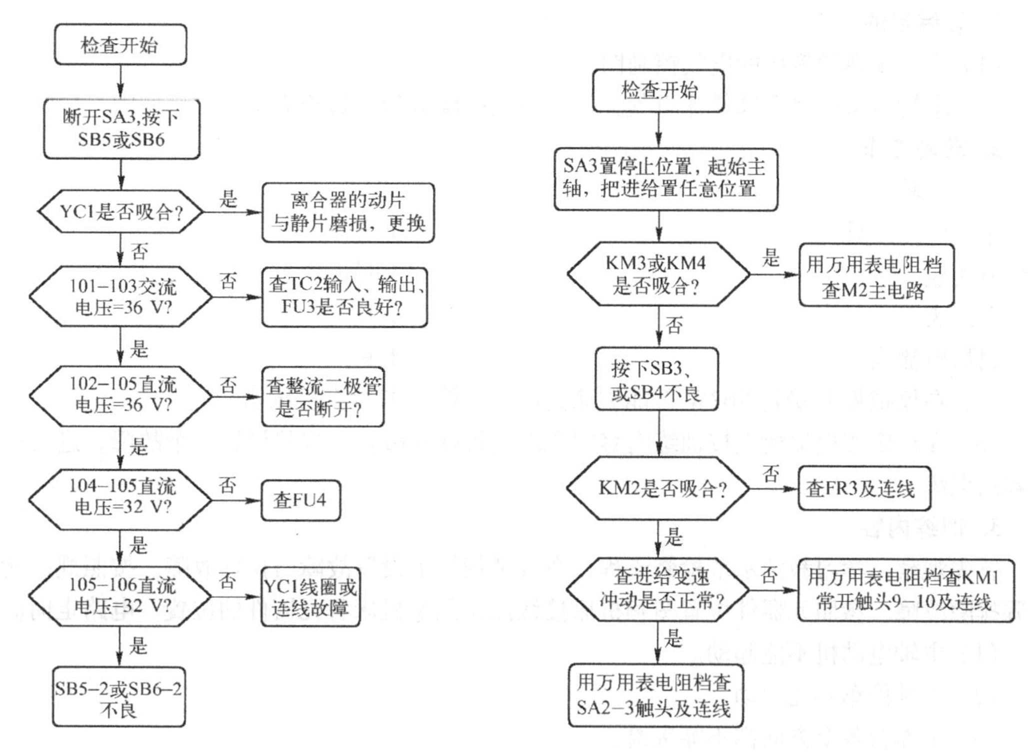

图 12-41　主轴停车不能制动的检修流程图

图 12-42　工作台各个方向都不能进给的检修流程图

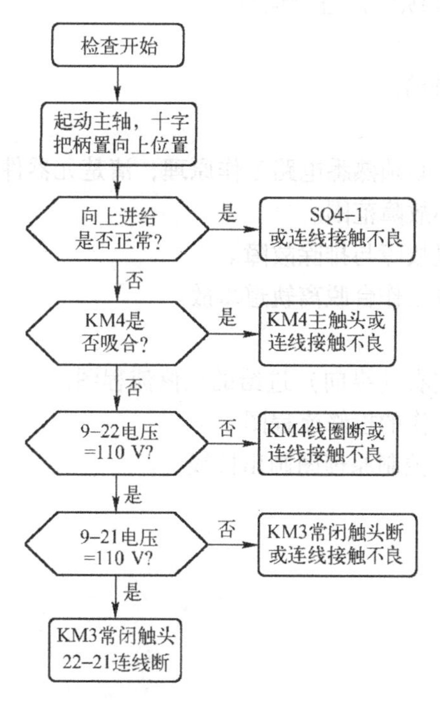

图 12-43　工作台能右进给但不能左进给检修流程图

三、技能训练

1. 训练目的

（1）进一步熟悉铣床的电气控制图。

（2）掌握 X62W 型万能铣床电气控制电路的故障分析与检修方法。

2. 准备工作

（1）工具

常用电工工具	1 套
万用表	1 只
兆欧表	1 只
钳形电流表	1 只

（2）在模拟板上安装 X62W 万能铣床的电气接线（若没有机床实物）。

（3）在机床或模拟板上按训练内容的要求设置好故障。每次只设置一个故障，进行一个内容的训练。

3. 训练内容

首先观察、学习教师示范检修流程，在教师指导下设置故障与排除故障。按照规范检修步骤排除故障。参照元器件位置图和机床接线图，熟悉机床各元器件的位置、电路走向。

（1）主轴电动机不能起动。

（2）主轴停车不能制动。

（3）工作台各个方向都不能进给。

（4）工作台能右进给但不能左进给。

（5）主电动机能起动，进给电动机能转动，但工作台不能进给。

（6）工作台不能左右（纵向）进给运行。

（7）圆工作台不工作。

（8）工作台不能快速进给。

四、注意事项及说明

（1）在故障检测之前，必须熟悉电路工作原理，清楚元器件位置及电路大致走向，熟悉铣床的运动特点，尽量缩小故障范围。

（2）在教师指导下设置故障与排除故障。

（3）应注意避免顶撞或工作台脱离轨道事故。

五、实训报告

（1）编写工作台不能左右（纵向）进给的检修流程图。

（2）编写圆工作台不工作的检修流程图。

（3）根据图 X62W 电气控制原理图画出接线图。

附　　录

附录 A　PLC 实验装置

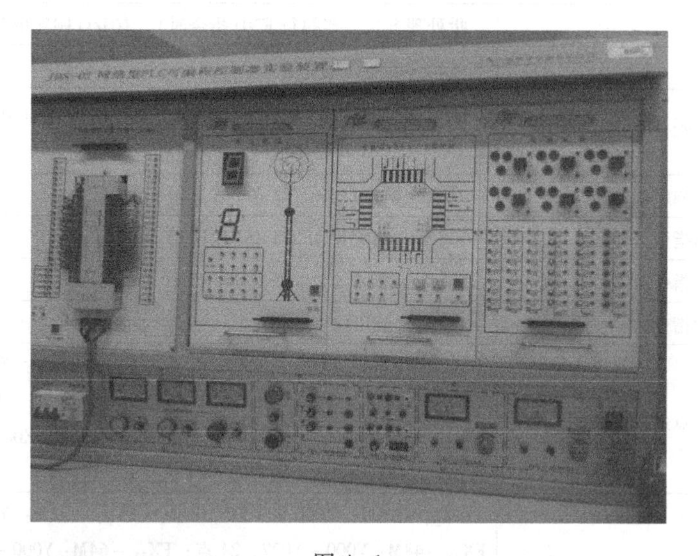

图 A-1

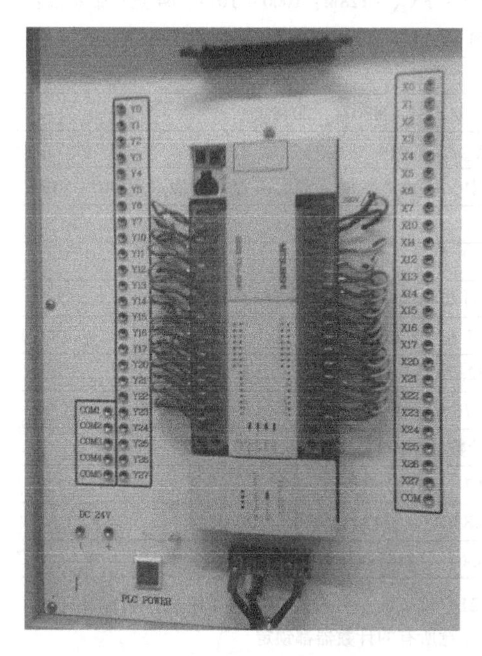

图 A-2

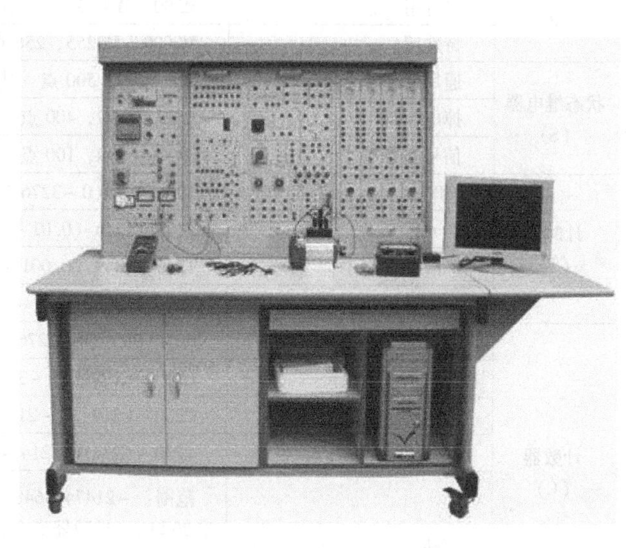

图 A-3

附录 B　FX_{2N}系列 PLC 相关信息

1. FX_{2N}系列 PLC 性能规格见表 B-1。

表 B-1　FX_{2N} PLC 性能规格

项　目		FX_{2N}系列
运算控制方式		存储程序反复运算方式（专用 LSI）中断命令
输入/输出控制方式		批处理方式（当执行 END 指令时），有 I/O 刷新指令
编程语言		逻辑梯形图和指令清单
程序内存	程序容量	8000 步内置，使用附加寄存器盒可扩展到 16000 步（可选 RAM，EPROM E^2PROM 存储卡盒）
指令种类	基本顺序指令	基本（顺控）指令 27 条，步进指令 2 条
	应用指令	128 种，最大可用 298 条应用指令
运算处理速度	基本指令	0.08 μs/指令
	应用指令	1.52 μs 至几百 μs /指令
输入输出点数	输入点数（八进制）	FX_{2N} - 16M：X000 ~ X007，8 点；FX_{2N} - 32M：X000 ~ X017，16 点；FX_{2N} - 48M：X000 ~ X027，24 点；FX_{2N} - 64M：X000 ~ X037，32 点；FX_{2N} - 80M：X000 ~ X047，40 点；FX_{2N} - 128M：X000 ~ X077，64 点；带扩展：X000 ~ X267（X177），184 点（128 点）
	输出点数（八进制）	FX_{2N} - 16M：Y000 ~ Y007，8 点；FX_{2N} - 32M：Y000 ~ Y017，16 点；FX_{2N} -48M：Y000 ~ Y027，24 点；FX_{2N} -64M：Y000 ~ Y037，32 点；FX_{2N} -80M：Y000 ~ Y047，40 点；FX_{2N} - 128M：Y000 ~ Y077，64 点；带扩展：Y000 ~ Y267（Y177），184 点（128 点）
辅助继电器（M）	通用	M0 ~ M499，500 点
	保持用	M500 ~ M1023，524 点；M1024 ~ M3071，2048 点
	特殊用	M8000 ~ M8255，256 点
状态继电器（S）	通用	S0 ~ S499，500 点　其中，初始状态 S0 ~ S9，10 点；回原点用 S10 ~ S19
	掉电保持用	S500 ~ S899，400 点
	信号报警用	S900 ~ S999，100 点
计时器（T）	100 ms	T0 ~ T199（0 ~ 3276.7 s）200 点，子程序用 T192 ~ T199
	10 ms	T200 ~ T245（0.01 ~ 327.67 s）46 点
	1 ms 保持型	T246 ~ T249（0.001 ~ 32.767 s）4 点积算
	100 ms 保持型	T250 ~ T255（0.1 ~ 3276.7 s）6 点积算
计数器（C）	16 位通用型	C0 ~ C99，（0 ~ 32767 计数器）100 点
	16 位保持型	C100 ~ C199，（0 ~ 32767 计数器）100 点
	32 位通用型	C200 ~ C219，（ -2147483648 ~ 2147483647 数）20 点
	32 位保持型	C220 ~ C234（ -2147483648 ~ 2147483647 计数）15 点
	高速	范围： -2147483648 ~ 2147483648　一般规则：选择组合计数频率不大于 20 kHz　计数器组合，注意所有的计数器都锁定 单相：C235 ~ C240，6 点；单相 c/w 起始停止输入：C241 ~ C245，5 点；双相：C246 ~ C250，5 点；A/B 相：C251 ~ C252，5 点

（续）

项目			FX_{2N}系列
数据寄存器（D、V、Z）	通用数据寄存器	一般	D0 ~ D199，200 点（32 位元件的 16 位数据存储寄存器）
		保持	D200 ~ D511，312 点；D512 ~ D7999，7488 点（32 位元件的 16 位数据存储寄存器）
	文件寄存器		D1000 ~ D7999，7000 点（通过 14 块 500 点为单位设定文件寄存器）
	特殊		D8000 ~ D8255，256 点（16 位数据存储寄存器）
	变址		V0 ~ V7、Z0 ~ Z7，16 点（16 位数据存储寄存器）
嵌套指针	跳转、程序调用		P0 ~ P62、P64 ~ P127 共 127 点，均为标号，用来条件跳转、子程序调用，P63 结束跳转用
	输入中断、定时中断、计数中断		输入中断，I0 口口 ~ I5 口口，6 点 定时中断：I6 口口 ~ I8 口口，3 点 计数中断：I010 ~ I060，6 点
	主控		N0 ~ N7，8 点
常数	10 进制数（K）		16 位：－32768 ~ 32767 32 位：－2147483648 ~ 2147483647
	16 进制数（H）		16 位：0 ~ FFFFH 32 位：0 ~ FFFFFFFFH

2. FX_{2N}系列 PLC 32 位增/减计数器计数方向对应的辅助继电器（M）的地址号见表 B-2。

表 B-2　FX_{2N} PLC 32 位增/减计数器计数方向对应的辅助继电器（M）的地址号

计数器地址号	方向切换	计数器地址号	方向切换	计数器地址号	方向切换	计数器地址号	方向切换
C200	M8200	C209	M8209	C218	M8218	C226	M8226
C201	M8201	C210	M8210	C219	M8219	C227	M8227
C202	M8202	C211	M8211	—	—	C228	M8228
C203	M8203	C212	M8212	C220	M8220	C229	M8229
C204	M8204	C213	M8213	C221	M8221	C230	M8230
C205	M8205	C214	M8214	C222	M8222	C231	M8231
C206	M8206	C215	M8215	C223	M8223	C232	M8232
C207	1918207	C216	M8216	C224	M8224	C233	M8233
C208	M8208	C217	M8217	C225	M8225	C234	M8234

3. FX_{2N}的扩展模块（见表 B-3）

4. 特殊功能单元

特殊功能单元是一些专门用途的装置，如模拟量 I/O 单元、高速计数单元、位置控制单元、通信单元等。常用的特殊功能单元的型号及功能见表 B-4。

表 B-3　FX_{2N}的扩展模块

型号	总 I/O 数目	输　　入			输　　出	
		数目	电压	类型	数目	类型
FX_{2N}－32ER	32	16	24 V 直流	漏型	16	继电器
FX_{2N}－32ET	32	16	24 V 直流	漏型	16	晶体管
FX_{2N}－48ER	48	24	24 V 直流	漏型	24	继电器
FX_{2N}－48ET	48	24	24 V 直流	漏型	24	晶体管
FX_{2N}－48ER－D	48	24	24 V 直流	漏型	24	继电器（直流）
FX_{2N}－48ET－D	48	24	24V 直流	漏型	24	继电器（直流）

表 B-4　FX_{2N}的特殊功能单元的型号及功能

型　号	功能说明
FX_{2N}－4AD	4 通道 12 位模拟量输入模块
FX_{2N}－4AD－PT	供 PT－100 温度传感器用的 4 通道 12 位模拟量输入
FX_{2N}－4AD－TC	供热电偶温度传感器用的 4 通道 12 位模拟量输入
FX_{2N}－4DA	4 通道 12 位模拟量输出模块
FX_{2N}－3A	2 通道输入、1 通道输出的 8 位模拟量模块
FX_{2N}－1HC	2 相 50 Hz 的 1 通道高速计数器
FX_{2N}－1PG	脉冲输出模块
FX_{2N}－10GM	有 4 点通用输入、6 点通用输出的 1 轴定位单元
FX－20GM 和 E－20GM	2 轴定位单元，内置 E^2PROM
FX_{2N}－1RM－SET	可编程凸轮控制单元
FX_{2N}－232－BD	RS－232C 通信用功能扩展板
FX_{2N}－232－IF	RS－232C 通信用功能模块
FX_{2N}－422－BD	RS－422 通信用功能扩展板
FX－485PC－IF－SET	RS－232C/485 变换接口
FX_{2N}－485－BD	RS－485C 通信用功能扩展板
FX_{2N}－8AV－BD	模拟量设定功能扩展板

5. FX_{2N} PLC 的技术指标（见表 B-5、表 B-6）

表 B-5　FX_{2N}的一般技术指标

环境温度	使用时：0～55℃，储存时：－20～70℃
环境湿度	35%～89% RH 时（不结露）使用
抗振	JIS C0911 标准 10～55 Hz 0.5 mm（最大 2G），3 轴方向各 2 h（但用 DIN 导轨安装时 0.5G）
抗冲击	JIS C0912 标准 10G 3 轴方向各 3 次

（续）

抗噪声干扰	在用噪声仿真器产生电压为 1000 Vp－p、噪声脉冲宽度为 1 μs、周期为 30～100 Hz 的噪声干扰时工作正常
接地	第三种接地，不能接地时也可浮空
使用环境	无腐蚀性气体，无尘埃
耐压	AC1500V 1 min
绝缘电阻	5 MΩ 以上（DC 500 V 兆欧表）

表 B-6　FX_{2N}输入技术指标

项　目		继电器输出	晶闸管输出	晶体管输出
外部电源		AC 250 V，DC 30 V 以下	AC 85～240 V	DC 5～30 V
最大负载	电阻负载	2 A/1 点，8 A/4 点共享，8 A/8 点共享	0. 3 A/1 点 0. 8 A/4 点	0. 5 A/1 点 0. 8 A/4 点
	感性负载	80 V · A	15 V · A/AC 100V 30 V · A/AC 200 V	12 W/DC24 V
	灯泡负载	100 W	30 W	1. 5W/DC24 V
开路漏电流		无	1 mA/AC 100V 2 mA/AC 200 V	0. 1 mA 以下/DC30 V
响应时间	OFF 到 ON	约 10 ms	1 ms 以下	0. 2 ms 以下
	N 到 OFF	约 10 ms	最大 10 ms	0. 2 ms 以下①
电路隔离		机械隔离	光电晶闸管隔离	光电耦合器隔离
动作显示		继电器通电时 LED 灯亮	光电晶闸管驱动时 LED 灯亮	光电耦合器隔离驱动时 LED 灯亮

附录 C　FX_{2N}系列 PLC 常用基本逻辑指令表

FX_{2N}系列 PLC 常用基本逻辑指令基本上与 FX_{1S}相同。下面以 FX_{2N}机型为例加以说明。

1. FX_{2N}系列 PLC 常用（20 个）基本逻辑指令见表 C-1。

表 C-1　FX_{2N}系列 PLC 常用（20 个）基本逻辑指令表

序号	助记符名称	操作功能	梯形图与目标组件
1	LD（取）	常开触头运算开始	
2	LDI（取反）	常闭触头运算开始	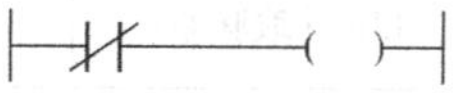
3	OUT（输出）	线圈驱动	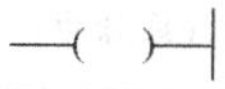
4	AND（与）	常开触头串联连接	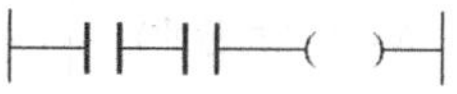
5	ANI（与非）	常闭触头串联连接	

（续）

序号	助记符名称	操作功能	梯形图
6	OR（或）	常开触头并联连接	
7	ORI（或非）	常闭触头并联连接	
8	ONB（块或）	串联电路块的并联连接	
9	ANB（块与）	并联电路块的串联连接	
10	MPS（进栈）	进栈	
11	MRD（读栈）	读栈	
12	MPP（出栈）	出栈	
13	SET（置位）	线圈得电保持	SET YMS
14	RST（复位）	线圈失电保持	RST YSMTCD
15	PLS（升）	微分输出上升沿有效	PLS YM
16	PLF（降）	微分输出下降沿有效	PLF YM
17	MC（主控）	公共串联接点另起新母线	CM N YM
18	MCR（主控复位）	公共串联接点新母线解除	MCR N
19	NOP（空操作）	空操作	无
20	END（结束）	程序结束返回0步	无

2. FX_{2N}系列PLC不常用（7个）基本逻辑指令见表C-2。

表C-2　FX_{2N}系列PLC不常用（7个）基本逻辑指令表

序号	助记符名称	操作功能	梯形图
1	LDP（取脉冲）	上升沿检出运算开始	
2	LDF（取脉冲）	下降沿检出运算开始	
3	ANDP（与脉冲）	上升沿检出串联连接	
4	ANDF（与脉冲）	下降沿检出串联连接	

（续）

序号	助记符名称	操作功能	梯形图
5	ORP（或脉冲）	上升沿检出并联连接	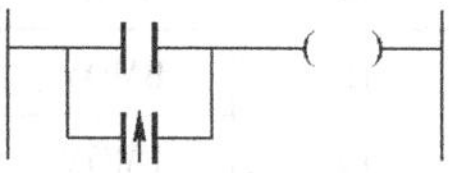
6	ORF（或脉冲）	下降沿检出并联连接	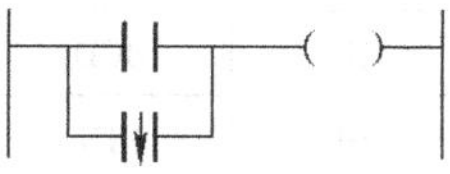
7	INV（反转）	运算结果的反转	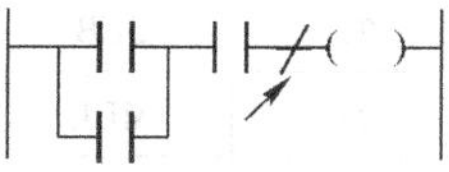

3. FX_{2N}系列 PLC 步进指令见表 C-3。

表 C-3　FX_{2N}系列 PLC 步进指令

助记符名称	操作功能	梯形图
STL（步进梯形图指令）	步进梯形图开始	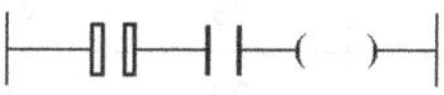
RET（返回）	步进梯形图结束	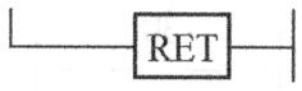 RET

附录 D　FX_{0S}、FX_{0N}、FX_{1S}、FX_{1N}、FX_{2N}功能指令表

分类	编号	指令号	功能	FX_{0S}	FX_{0N}	FX_{1S}	FX_{1N}	FX_{2N}
程序流	00	CJ	有条件跳转	√	√	√	√	√
	01	CALL	子程序调用	×	×	√	√	√
	02	SRET	子程序返回	×	×	√	√	√
	03	IRET	中断返回	√	√	√	√	√
	04	EI	允许中断	√	√	√	√	√
	05	DI	禁止中断	√	√	√	√	√
	06	FEND	主程序结束	√	√	√	√	√
	07	WDT	监视定时器刷新	√	√	√	√	√
	08	FOR	循环开始	√	√	√	√	√
	09	NEXT	循环结束	√	√	√	√	√
数据传送和比较	10	CMP	比较	√	√	√	√	√
	11	ZCP	区间比较	√	√	√	√	√
	12	MOV	传送	√	√	√	√	√
	13	SMOV	BCD 码移位传送	×	×	×	×	√

（续）

分 类	编号	指令号	功能	FX_{0S}	FX_{0N}	FX_{1S}	FX_{1N}	FX_{2N}
数据传送和比较	14	CML	取反传送	×	×	×	×	√
	15	BMOV	数据块传送	×	√	√	√	√
	16	FMOV	多点传送	×	×	×	×	√
	17	XCH	数据交换	×	×	×	×	√
	18	BCD	BCD 变换	√	√	√	√	√
	19	BIN	BIN 变换	√	√	√	√	√
四则逻辑运算	20	ADD	BIN 加法	√	√	√	√	√
	21	SUB	BIN 减法	√	√	√	√	√
	22	MUL	BIN 乘法	√	√	√	√	√
	23	DIV	BIN 除法	√	√	√	√	√
	24	INC	BIN 加 1	√	√	√	√	√
	25	DEC	BIN 减 1	√	√	√	√	√
	26	WAND	字逻辑与	√	√	√	√	√
	27	WOR	字逻辑或	√	√	√	√	√
	28	WXOR	字逻辑异或	√	√	√	√	√
	29	NEG	求补码	×	×	×	×	√
循环移位	30	ROR	右循环	×	×	×	×	√
	31	ROL	左循环	×	×	×	×	√
	32	RCR	带进位右循环	×	×	×	×	√
	33	RCL	带进位左循环	×	×	×	×	√
	34	SFTR	位右移	√	√	√	√	√
	35	SFTL	位左移	√	√	√	√	√
	36	WSFR	字右移	×	×	×	×	√
	37	WSFL	字左移	×	×	×	×	√
	38	SFWR	先进出先写入	×	×	√	√	√
	39	SFRD	先进出先读出	×	×	√	√	√
数据处理	40	ZRST	区间复位	√	√	√	√	√
	41	DECO	解码	√	√	√	√	√
	42	ENCO	编码	√	√	√	√	√
	43	SUM	求置 ON 位总数	×	×	×	×	√
	44	BON	ON 位判别	×	×	×	×	√
	45	MEAN	平均值计算	×	×	×	×	√
	46	ANS	信号报警器置位	×	×	×	×	√
	47	ANR	信号报警器复位	×	×	×	×	√
	48	SQR	BIN 开方运算	×	×	×	×	√
	49	FLT	浮点数与十进制数	×	×	×	×	√

（续）

分类	编号	指令号	功能	FX_{0S}	FX_{0N}	FX_{1S}	FX_{1N}	FX_{2N}
高速处理	50	REF	输入输出刷新	√	√	√	√	√
	51	REFF	刷新和输入滤波调整	×	×	×	×	√
	52	MTR	矩阵输入	×	×	√	√	√
	53	HSCS	高速计数器比较置位	×	√	√	√	√
	54	HSCR	高速计数器比较复位	×	√	√	√	√
	55	HSZ	高速计数器区间比较	×	×	×	×	√
	56	SPD	速度检测	×	×	√	√	√
	57	PLSY	脉冲输出	√	√	√	√	√
	58	PWM	脉冲宽度调制	√	√	√	√	√
	59	PLSR	加减速的脉冲输出	×	×	√	√	√
方便指令	60	IST	状态初始化	√	√	√	√	√
	61	SER	数据搜索	×	×	×	×	√
	62	ABSD	绝对值式凸轮顺控	×	×	√	√	√
	63	INCD	增量式凸轮顺控	×	×	√	√	√
	64	TIMR	示教定时器	×	×	×	×	√
	65	STMR	特殊定时器	×	×	×	×	√
	66	ALT	交替输出	√	√	√	√	√
	67	RAMP	斜坡信号输出	√	√	√	√	√
	68	ROTC	旋转工作台控制	×	×	×	×	√
	69	SORT	数据排序	×	×	×	×	√
外部I/O设备	70	TKY	10键输入	×	×	×	×	√
	71	HKY	16键输入	×	×	×	×	√
	72	DSW	数字开关输入	×	×	√	√	√
	73	SEGD	7段译码	×	×	×	×	√
	74	SEGL	带锁存的7段显示	×	×	√	√	√
	75	ARWS	方向开关	×	×	×	×	√
	76	ASC	ASCII码转换	×	×	×	×	√
	77	PR	打印输出	×	×	×	×	√
	78	FROM	从特殊功能模块读出	×	√	×	√	√
	79	TO	向特殊功能模块写入	×	√	×	√	√
FX系列外部设备	80	RS	串行数据通信	×	√	√	√	√
	81	PRUN	并行运行	×	×	√	√	√
	82	ASCI	HEX换转成ASCII码	×	√	√	√	√
	83	HEX	ASCII码换转成HEX	×	√	√	√	√
	84	CCD	校验	×	√	√	√	√
	85	VRRD	模拟量扩展板读出	×	×	√	√	√

（续）

分 类	编号	指令号	功能	FX_{0S}	FX_{0N}	FX_{1S}	FX_{1N}	FX_{2N}
FX 系列外部设备	86	VRSC	模拟量扩展板开关设定	×	×	√	√	√
	88	PID	PID 回路运算	×	×	√	√	√
FX 外部单元	90	MNET	NET/MINI 网络					√
	91	ANRD	模拟量读出					√
	92	ANWR	模拟量写入					√
	93	RMST	RM 单元启动					×
	94	RMWR	RM 单元写入					√
	95	RMRD	RM 单元读出					√
	96	RMMN	RM 单元监控					√
	97	BLK	GM 程序块指定					√
	98	MCDE	机器码读出					√
浮点数运算	110	ECMP	二进制浮点数比较	×	×	×	×	√
	111	EZCP	二进制浮点数区间比较	×	×	×	×	√
	118	EBCD	二→十进制浮点数转换	×	×	×	×	√
	119	EBIN	十→二进制浮点数转换	×	×	×	×	√
	120	EADD	二进制浮点数加法	×	×	×	×	√
	121	ESUB	二进制浮点数减法	×	×	×	×	√
	122	EMUL	二进制浮点数乘法	×	×	×	×	√
	123	EDIV	二进制浮点数除法	×	×	×	×	√
	127	ESQR	二进制浮点数开方	×	×	×	×	√
	129	INT	二进制浮点数→取整数	×	×	×	×	√
	130	SIN	二进制浮点数正弦函数	×	×	×	×	√
	131	COS	二进制浮点数余弦函数	×	×	×	×	√
	132	TAN	二进制浮点数正切函数	×	×	×	×	√
	147	SWAP	高低字节交换	×	×	×	×	√
位置控制	155	ABS	当前值读取	×	×	√	√	×
	156	ZRN	返回原点	×	×	√	√	×
	157	PLSV	变速脉冲输出	×	×	√	√	×
	158	DRVI	增量式单速位置控制	×	×	√	√	×
	159	DRVA	绝对式单速位置控制	×	×	√	√	×
时钟运算	160	TCMP	时钟数据比较	×	×	√	√	√
	161	TZCP	时钟数据区间比较	×	×	√	√	√
	162	TADD	时钟数据加法	×	×	√	√	√
	163	TSUB	时钟数据减法	×	×	√	√	√
	166	TRD	时钟数据读出	×	×	√	√	√
	167	TWR	时钟数据写入	×	×	√	√	√
	169	HOUR	计时器	×	×	√	√	×

（续）

分 类	编号	指令号	功能	FX_{0S}	FX_{0N}	FX_{1S}	FX_{1N}	FX_{2N}
转换	170	GRY	二进制数→格雷码	×	×	×	×	√
	171	GBIN	格雷码→二进制数	×	×	×	×	√
	176	RD3A	FX_{0N} -3A 模拟量模块读出	×	√	×	√	×
	177	RW3A	FX_{0N} -3A 模拟量模块写入	×	√	×	√	×
比较触头	224	LD =	S1 = S2 时起始触头接通	×	×	√	√	√
	225	LD >	S1 > S2 时起始触头接	×	×	√	√	√
	226	LD <	S1 < S2 时起始触头接通	×	×	√	√	√
	228	LD < >	S1 不等于 S2 时起始触头接通	×	×	√	√	√
	229	LD≤	S1≤S2 时起始触头接通	×	×	√	√	√
	230	LD≥	S1≥S2 时起始触头接通	×	×	√	√	√
	232	AND =	S1 = S2 时串联触头接通	×	×	√	√	√
	233	AND >	S1 > S2 时串联触头接通	×	×	√	√	√
	234	AND <	S1 < S2 时串联触头接通	×	×	√	√	√
	236	AND < >	S1 不等于 S2 时串联触头接通	×	×	√	√	√
	237	AND≤	S1≤S2 时串联触头接通	×	×	√	√	√
	238	AND≥	S1≥S2 时串联触头接通	×	×	√	√	√
	240	OR =	S1 = S2 时并联触头接通	×	×	√	√	√
	241	OR >	S1 > S2 时并联触头接通	×	×	√	√	√
	242	OR <	S1 < S2 时并联触头接通	×	×	√	√	√
	244	OR < >	S1 不等于 S2 时并联触头接通	×	×	√	√	√
	245	OR≤	S1≤S2 时并联触头接通	×	×	√	√	√
	246	OR≥	S1≥S2 时并联触头接通	×	×	√	√	√

参考文献

[1] 刘祖其. 机床电气控制与 PLC [M]. 北京：高等教育出版社，2009.
[2] 邓则名，等. 电器与可编程序控制器应用技术 [M]. 北京：机械工业出版社，2006.
[3] 向晓汉. 电气控制与 PLC 技术基础 [M]. 北京：清华大学出版社，2007.
[4] 张运波，等. 工厂电气控制技术 [M]. 北京：高等教育出版社，2008.
[5] 孙平. 电气控制与 PLC [M]. 北京：高等教育出版社，2008.
[6] 郁汉琪. 机床电气及可编程序控制器实验指导 [M]. 北京：高等教育出版社，2002.
[7] 许谬，等. 电气控制与 PLC 应用 [M]. 北京：机械工业出版社，2005.
[8] 李伟. 机床电器与 PLC [M]. 西安：西安电子科技大学出版社，2006.
[9] 向晓汉. 电气控制与 PLC 技术基础 [M]. 北京：清华大学出版社，2007.
[10] 俞国亮. PLC 原理与应用 [M]. 北京：清华大学出版社，2005.
[11] 王兵. 常用机床电气检修 [M]. 北京：中国劳动社会保障出版社，2006.
[12] 黄净. 电气控制与可编程序控制器 [M]. 北京：机械工业出版社，2005.
[13] 高勤. 可编程序控制器原理及其应用 [M]. 北京：电子工业出版社，2006.
[14] 林春方. 可编程序控制器原理及其应用 [M]. 上海：上海交通大学出版社，2004.
[15] 汤自春. PLC 原理与应用技术 [M]. 北京：高等教育出版社，2008.
[16] 祝红芳. PLC 及其在数控机床中的应用 [M]. 北京：人民邮电出版社，2008.